# Fabbriche, sistemi, organizzazioni

## Storia dell'ingegneria industriale

T0220201

Ana Millán Gasca

# Fabbriche, sistemi, organizzazioni
## Storia dell'ingegneria industriale

 Springer

Ana Millán Gasca

Facoltà di Ingegneria
Università degli Studi di Roma "Tor Vergata"

ISBN 88-470-0303-2
ISBN 978-88-470-0303-3

Springer fa parte di Springer Science+Business Media
springer.it
© Springer-Verlag Italia, Milano 2006

In copertina: *Profil*, Catalogue Raisonné N, 445, p. 110
Signé daté en bas à droite F. Léger 26; au dos F. Léger 26; huile sur toile; 64X46 cm
© Fernand Léger by Siae

Progetto grafico della copertina: Valentina Greco, Milano
Fotocomposizione e impaginazione: Valentina Greco, Milano
Stampa: Signum Srl, Bollate (MI)

# Presentazione

"Ingegneria industriale. Applicazione di principi di ingegneria e di tecniche di gestione scientifica al mantenimento di un alto livello di produttività a costo ottimo nelle imprese industriali [...] L'ingegnere industriale o della gestione si basa sull'ingegneria di sistemi, la scienza della gestione aziendale, la ricerca operativa e l'ingegneria dei fattori umani. Fra le sue responsabilità vi sono la selezione degli strumenti e dei materiali per la produzione più efficienti e meno costosi per l'azienda. L'ingegnere industriale può anche determinare la sequenza della produzione e la configurazione degli impianti o delle fabbriche. Molte delle decisioni dell'ingegnere industriale si basano sulle competenze gestionali. Per esempio, questo ingegnere è colui che conduce gli studi sui tempi e movimenti nel lavoro, che determina le scale salariali sulla base della valutazione delle mansioni specializzate e che stabilisce le procedure di controllo di qualità necessarie alla produzione di un prodotto competitivo"

Dall'*Encyclopaedia Britannica* (1994-98), ad vocem

L'ingegnere è una figura professionale fondamentale nel sistema industriale moderno, che è maturata e si è profondamente evoluta durante il processo di industrializzazione dei paesi occidentali. I tecnici-imprenditori che guidarono le fabbriche della Rivoluzione industriale – ne è un esempio emblematico James Nasmyth – misero le basi del macchinario industriale moderno e si confrontarono con i problemi di gestione economica, di pianificazione del processo produttivo e di organizzazione del lavoro umano. I *civil engineers* britanici (l'aggettivo "civile" sottolineava la separazione dagli ingegneri al servizio dello Stato, che erano ingegneri militari) fondarono una propria associazione a Londra nel 1818. Nell'Europa continentale si parlava piuttosto di *ingegneri industriali* per riferirsi a questo tipo di ingegnere che – invece di entrare, come era nella tradizione, nei corpi statali degli ingegneri – offriva il proprio lavoro professionale alle aziende private e che si occupava prevalentemente di macchine. L'incontro degli ingegneri con l'industria fu sancito dalla fondazione della *École centrale des arts et manufactures* a Parigi nel 1829 allo scopo di proporre una formazione "di scuola" specializzata negli impianti industriali. Il progresso tecnologico spinse verso una specializzazione delle figure professionali: nel gruppo degli ingegneri industriali, agli ingegneri meccanici si affiancarono progressivamente gli ingegneri elettrici, e gli ingegneri chimici acquistarono una propria identità.

Negli ambienti della American Society of Mechanical Engineers si parlò per la prima volta, verso il 1885, di "gestione aziendale sistematica" e di *scientific management*. Alla fine dell'Ottocento e all'inizio del Novecento l'ingegnere industriale era alla vigilia di una profonda trasformazione, che avrebbe spostato la sua specializzazione dai problemi meccanici ed elettrotecnici "del ferro" ai problemi "immateriali" della sequenza delle lavorazioni, della struttura degli impianti, dell'organizzazione delle mansioni; dalle fabbriche come aggregati di macchine a una visione integrata dei sistemi di produzione. Attorno al 1900 nacque quindi una nuova disciplina, l'*ingegneria industriale*, trasversale alle varie tecnologie e che mira a trattare da un punto di vista teorico i problemi di pianificazione, organizzazione e coordinamento della produzione industriale*.

L'ingegnere ha avuto fin dai tempi antichi responsabilità di direzione e coordinamento, e ha sempre affiancato alla competenza tecnica un'esperienza di tipo amministrativo-organizzativo, sia delle attività sia degli uomini che ne sono gli artefici. Tuttavia, solo nel Novecento è nata una vera e propria *tecnologia della gestione*, basata su strumenti logico-sistemici e su strumenti matematici di ricerca operativa e collegata alle tecnologie dell'automazione dell'informazione e della comunicazione. Le tecniche matematiche, sviluppate a partire dagli anni Trenta (programmazione lineare, ottimizzazione combinatoria), hanno assunto un ruolo centrale così che, alla fine del Novecento, le espressioni *industrial engineering* e *operations research* sono diventate praticamente sinonime in ambito accademico negli Stati Uniti.

La ricerca operativa, volta allo studio matematico dei problemi di gestione delle operazioni in senso generale, è uno dei principali fattori che ha indotto l'evoluzione oggi in atto della disciplina dell'ingegneria industriale verso una *ingegneria gestionale* (tale denominazione, oggi usata in Italia per designare specifici corsi di laurea, fu assunta nel 1990 dal corso di laurea in "Ingegneria delle tecnologie industriali ad indirizzo economico-organizzativo" creato otto anni prima dal Politecnico di Milano). Un'evoluzione quindi – volendo usare una descrizione che va oltre le parole usate nelle varie lingue – verso una vera e propria *ingegneria matematica dell'organizzazione*, i cui campi di applicazione sono vastissimi, in ragione della centralità del problema organizzativo

---

*La storia di questa disciplina è in gran parte centrata nella Gran Bretagna e soprattutto negli Stati Uniti. Molte delle idee, metodi e problemi sono stati formulati con termini inglesi che solo in parte hanno una traduzione italiana comunemente accettata. Questo libro adopera per quanto possibile le traduzioni più consolidate, spesso completate dall'espressione originale in inglese. Ci sembra utile proporre qui di seguito nella versione originale la definizione di ingegneria industriale in tale senso ristretto che figura in epigrafe: "Application of engineering principles and techniques of scientific management to the maintenance of a high level of productivity at optimum cost in industrial enterprises [...] The industrial, or management, engineer draws upon the fields of systems engineering, management science, operations research, and human-factors engineering. Among his responsibilities are the selection of tools and materials for production that are most efficient and least costly to the company. The industrial engineer may also determine the sequence of production and the design of plant facilities or factories. Many of the decisions of an industrial engineering draws upon management expertise. For example, it is this engineer who conducts time-and-motion studies, who determines wage scales based on an assessment of job skills, and who institutes the quality-control procedures necessary for production of a competitive product". Sull'introduzione di questi studi in Italia, si veda *L'ingegnere gestionale del Politecnico di Milano. La storia, le finalità e le caratteristiche di una figura professionale recente ma ormai consolidata*, Milano, Politecnico di Milano, 1996.

nelle società contemporanee. Sistema, rete, controllo, decisione, ottimizzazione, sono le parole chiave di una proposta tecnologica che investe settori quali la produzione industriale, la distribuzione di beni e servizi, la pubblica amministrazione o i servizi sociali, accomunati dal fatto che all'interno della loro struttura organizzativa, le macchine e i dispositivi tecnici e gli esseri umani interagiscono sotto forme caratterizzate dalla complessità.

Beninteso, anche le discipline economiche e sociali offrono una proposta teorica e operativa a tali problemi (la *management science*, i *business administration studies*, che hanno le proprie radici nella storia dell'amministrazione), e negli ultimi anni si è lavorato a una nuova *scienza dell'organizzazione* che combina l'approccio tecnologico-matematico con quello economico-sociale. Tuttavia, l'ingegneria ha dalla sua un solido retroterra culturale, che fece diventare l'ingegnere, nell'Ottocento, una figura emblematica del processo di modernizzazione e che oggi lo rende ancora una figura chiave – benché molto meno riconosciuta – nella società ipertecnologica. La tradizione culturale dell'ingegneria è il prodotto di una lunga esperienza storica del rapporto fra teoria e *praxis* e dell'interazione fra l'uomo reale (l'operaio, il soldato, il cittadino) e gli oggetti e le procedure artificiali.

L'approccio dell'ingegnere al problema organizzativo è segnato da vari elementi storici: la storia dell'ingegnere e delle scienze dell'ingegneria, dall'epoca classica, all'ingegneria moderna nata nel Settecento, fino all'ingegneria del Novecento; l'uso degli strumenti matematici nelle scienze dell'ingegnere; l'evoluzione del problema industriale, dallo scenario protoindustriale fino alla prima e seconda rivoluzione industriale. Questo libro è uno sforzo di integrare questi elementi in una visione della storia dell'ingegneria industriale che possa arricchire il bagaglio culturale degli studenti di ingegneria e fornire spunti di riflessione agli ingegneri che si confrontano, nella loro pratica professionale, con articolati problemi decisionali.

Nel primo capitolo sono introdotti alcune idee e termini di storia della tecnica e del pensiero tecnico che costituiscono una base necessaria per la lettura del testo. Il libro è organizzato in tre parti secondo un ordine cronologico. All'interno delle tre parti i capitoli affrontano separatamente temi di storia dei sistemi industriali, di storia dell'ingegneria e di storia della scienza e della tecnica. Quindi i capitoli sono relativamente indipendenti fra di loro, e le connessioni sono indicate da rinvii interni. Sono possibili varie letture parziali: i capitoli 4, 6 e 10 trattano la storia della professione dell'ingegnere e della creazione delle scienze dell'ingegnere, con particolare attenzione all'ingegneria meccanica; i capitoli 2, 3, 5, 7 e 9 e 11 si avvicinano alla storia della creazione del sistema economico basato sull'industria a forte componente tecnologica che caratterizza la storia dell'Europa e del mondo occidentale; i capitoli 8, 12, 13 e 14 riguardano la storia dell'ingegneria gestionale; il capitolo 12 presenta una sintesi della nascita della ricerca operativa; e il capitolo 13 si occupa delle origini dell'ingegneria dei sistemi. Le letture presentano alcune fonti primarie e alcuni brani di storia e filosofia della tecnica che permettono di approfondire le questioni aperte alla riflessione e alla ricerca.

Dedico questo libro alla memoria di Mario Lucertini (1947-2001), ingegnere, professore, studioso convinto dell'utilità della storia anche nella cultura scientifico-tecnica e, soprattutto, ricercatore instancabile di un'ingegneria capace di fornire al mondo contemporaneo non soltanto soluzioni e decisioni tecniche, ma soprattutto donne e uomini in grado di rispondere, con idee, ispirazione e onestà intellettuale, alle sfide e ai nuovi scenari nati dal progresso tecnologico. Al suo insegnamento devo moltissimo.

Roma, febbraio 2005                                                    Ana Millán Gasca

# Indice

**1** Invenzione e innovazione nella storia della tecnica      1

**Parte I: Il periodo preindustriale: sviluppo tecnico,**      11
**attività produttive e il lavoro dei primi ingegneri**

**2** L'innovazione tecnica alle origini dell'Europa moderna      13
**3** L'organizzazione della produzione in epoca preindustriale      29
**4** Ingegneri, scienziati e filosofi dal Rinascimento alla Rivoluzione      39
Scientifica

**Parte II: L'industrializzazione e le origini**      61
**dell'ingegneria moderna**

**5** Sistema di fabbrica e macchine nella Rivoluzione Industriale      63
in Gran Bretagna
**6** Un nuovo ingegnere per una nuova società      83
**7** Economia di mercato e manifatture, un nuovo contesto      103
per l'attività dell'ingegnere
**8** I primi tentativi di quantificazione del problema della gestione      117
delle attività interdipendenti: dai sistemi di fortificazione
ai sistemi di produzione
**9** Dal sistema inglese al sistema americano di produzione      135
**10** Ingegneria, industria e modernizzazione nella cultura      147
dell'Ottocento

**Parte III: Automazione, organizzazione e controllo:**      169
**l'ingegneria industriale nel Novecento**

**11** Gli ingegneri e la rivoluzione manageriale      171
**12** Verso la matematica dell'organizzazione      193
**13** La creazione dei grandi sistemi:      223
sviluppo tecnologico e assetti organizzativi
**14** Il futuro dell'ingegneria industriale      253

**Percorsi di lettura e bibliografia**      269

**Fonti delle illustrazioni**      289

**Indice dei nomi**      291

# 1 Invenzione e innovazione nella storia della tecnica

**SOMMARIO**
**1.1** Tecnica, attività pratica e specializzazione del lavoro
**1.2** Conoscenza pratico-tecnica e conoscenza teorico-scientifica
**1.3** Tecnica e tecnologia
**1.4** Invenzione e innovazione
**Lettura 1** Tecnica e conoscenza nelle prime civiltà
**Lettura 2** Pensiero tecnico-pratico e tecnologia

## 1.1 Tecnica, attività pratica e specializzazione del lavoro

Con la parola «tecnica» facciamo riferimento a un insieme di procedure, metodi e oggetti artificiali che sono stati sviluppati dagli esseri umani per condurre molti tipi di attività: dall'agricoltura e l'allevamento, all'edilizia, alla gestione del territorio, alla guerra e la difesa militare, all'organizzazione, al commercio e alla produzione artigianale o industriale di beni, fino alla miriade di settori di attività economiche delle società contemporanee.

Lo sviluppo della tecnica inizia con il genere umano: l'uso del fuoco e la fabbricazione di utensili, oggetti e armi in legno, osso e pietra sono segni che fanno riconoscere agli studiosi della preistoria l'esistenza di comunità di *homo sapiens* che cercavano di stabilire il proprio dominio sull'ambiente naturale. Quando l'uomo primitivo diventa sedentario, nelle culture neolitiche, si ritrovano tecniche legate all'agricoltura e l'allevamento – ossia le attività che garantiscono la sussistenza – e anche metodi per preparare il cibo e per distillare delle bevande e tecniche di lavorazione dei metalli. Il processo di urbanizzazione e la nascita delle prime civiltà – che sviluppano la scrittura e i numeri – è infine legato allo sviluppo di tecniche più sofisticate e specializzate in collegamento con i diversi tipi di attività o lavori, manuali e intellettuali: 1) tecniche di lavorazione di materiali quali ceramica, vetro e tessuti, oltre ai metalli, per produrre dei manufatti; 2) tecniche idrauliche e di agrimensura per la gestione del territorio e delle risorse idriche; 3) tecniche di edilizia; 4) tecniche di tipo gestionale o amministrativo; 5) tecniche relative al calendario.

**Fig. 1.1** Le tecniche di lavorazione dei metalli in Egitto attorno al 1500 a. C.: colata di una porta di bronzo, rappresentata in una tomba della città di Tebe (vicino all'attuale Luxor). Per la fusione del bronzo nel crogiuolo all'aria aperta si adoperano quattro mantici azionati dai piedi di due uomini.

Le illustrazioni di questo capitolo sono tratte dalla fondamentale *Storia della tecnologia* (6 voll., a cura di Charles Singer et al.) pubblicata in italiano da Bollati Boringhieri (si veda in bibliografia, Singer 1992-96).

## Matematica pratica e tecniche gestionali

Nelle prime civiltà urbane, in Mesopotamia e in Egitto, emersero le strutture organizzative collegate alla creazione dello Stato burocratico e alla divisione del lavoro. Oltre ai diversi mestieri con competenze tecniche specializzate, nacque anche una professione intellettuale, quella dello scriba, le cui competenze riguardavano strumenti di conoscenza quali la scrittura e il calcolo matematico.

Gli scribi erano al servizio delle grandi organizzazioni, il tempio o il palazzo, come amministratori e insieme come custodi della tradizione culturale e religiosa presente nei primi testi scritti, quali le compilazioni della divinazione mesopotamica. Nelle loro funzioni amministrative, essi gestivano l'attività economica, si occupavano di raccogliere i tributi, di dirigere l'edilizia pubblica, di appaltare diversi lavori agli operai specializzati e di pagare i relativi compensi. Le prime testimonianze scritte di tecniche di registrazione numerica di calcolo e di misura sono costituite da raccolte di problemi risolti relativi a questioni amministrative quali quelli descritte oppure di edilizia. Queste tecniche di matematica pratica furono sviluppate molti secoli prima dello sviluppo da parte dei Greci, a partire dal VI secolo a. C., di un sapere teorico sui numeri e sulle figure geometriche, ossia della matematica come disciplina a sé, indipendente dell'uso pratico di tale idee.

Per lungo tempo la matematica pratica si sviluppò indipendentemente dalla matematica teorica, anzi essa rimase sempre viva, anche in periodi di declino delle ricerche matematiche pure, proprio per la sua utilità per commercianti, architetti e geometri.

## 1.2 Conoscenza pratico-tecnica e conoscenza teorico-scientifica

La tecnica, o meglio, le tecniche (agricole, militari, metallurgiche e di lavorazione dei vari materiali e così via) si basavano principalmente sull'esperienza pratica e su forme di conoscenza empirica. Fin dall'Antichità si è stabilita una distinzione fra la conoscenza tecnica e la conoscenza speculativa.

---

### Tecnica, arte, conoscenza

La parola «tecnica» deriva dal termine greco di *techne*, che fa riferimento al "saper fare", ossia alla capacità pratica di operare per raggiungere un dato scopo, basata sulla conoscenza ed esperienza del modo in cui è possibile raggiungerlo.

Le tecniche, manuali e intellettuali, sono riconosciute dai Greci come uno dei tratti decisivi di differenziazione tra l'uomo e gli animali.

Aristotele distingue la *techne* (attività produttive di oggetti durevoli), la *praxis* (le attività proprie del cittadino, ossia la politica e la guerra) e l'*episteme* (la vita teorica o contemplativa del filosofo, ossia il sapere disinteressato e non orientato verso scopi utilitari).

La parola latina corrispondente a *techne* è *ars*, dalla quale deriva «arte», un termine che nel passato è stato riferito all'abilità pratica, alla capacità di realizzare opere materiali che accomuna artigiani, architetti, costruttori di macchine o meccanici, pittori e scultori. Modernamente la parola arte si riserva alla realizzazione di opere di valore estetico guidate non solo da abilità pratica ma soprattutto dall'ispirazione "artistica".

---

Nel Medioevo si usava l'espressione "arti meccaniche" per far riferimento ai saperi collegati alle attività pratiche, che permettono di operare nel modo migliore per raggiungere un dato fine, costruendo anche oggetti artificiali come gli utensili e le macchine; si parlava invece di "arti liberali" per far riferimento al sapere disinteressato, che non si prefigge un fine concreto ma cerca invece la conoscenza del mondo per sé. Questa distinzione si approfondisce a partire dalla Rivoluzione scientifica, con la nascita della scienza moderna: si stabilisce la differenza fra, da una parte, il metodo scientifico e la ricerca delle leggi naturali e, dall'altra, l'indagine tecnica basata sul metodo della prova ed errore e sulla risoluzione caso per caso.

## 1.3 Tecnica e tecnologia

Vi sono alcuni esempi molto antichi di "manuali" tecnici: le istruzioni agricole babilonesi, risalenti alla prima metà del II millennio a. C., e i manuali ippici oppure le opere riguardanti la fabbricazione del vetro, dei profumi e delle droghe sviluppate nel Vicino oriente antico verso il 1500 a. C. Essi sono testimonianze dell'esistenza di una "consapevolezza tecnologica", poiché le procedure e i metodi praticati erano descritti in termini generali in testi di carattere didattico. Tuttavia, le conoscenze tecniche, fino a tempi molto recenti, si sono tramandate per lo più oralmente, da padre a figlio oppure attraverso l'apprendistato all'interno dei gruppi di praticanti dei vari mestieri.

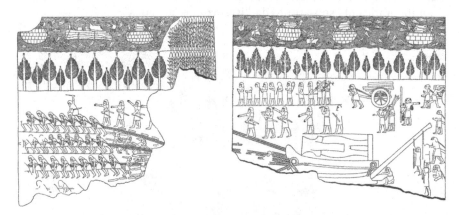

**Fig. 1.3** Organizzazione e tecnica nel mondo antico: il trasporto di una statua colossale di toro raffigurato in un bassorilievo del palazzo di Sennacherib (che regnò negli anni 706-681 a. C.) a Ninive (in Mesopotamia, vicino all'attuale Mosul). Nell'operazione è sfruttato il lavoro umano, ma sono presenti anche strumenti quali una slitta su rulli, funi di buona fattura e un carretto. Il sollevamento e trasporto dell'acqua e dei materiali si è basato per secoli sulla forza umana, ma è anche una delle principali attività per le quali furono progettate le prime macchine. Confrontare quest'immagine con la fig. 8.1.

È altrettanto vero che in epoca moderna le interazioni fra scienza e tecnica sono state continue, e le frontiere fra entrambe forme di sapere sono difficili da stabilire. A partire dalla Rivoluzione scientifica si è affermata l'esigenza di fondare la conoscenza tecnica sul sapere scientifico, e anche di piegare la conoscenza tecnica alle forme di trasmissione tipiche delle discipline teoriche, quali la scrittura di manuali e la formazione dei tecnici nelle scuole. Quest'esigenza ha trovato compimento alla fine dell'Ottocento. Il passaggio dal sapere empirico al sapere teorico rivolto alle attività, alla pratica, è il passaggio dalla *tecnica* alla *tecnologia*.

## 1.4 Invenzione e innovazione

Per capire l'evoluzione delle tecniche è necessario far riferimento alla distinzione fra invenzione e innovazione, introdotta dallo storico dell'economia Josef A. Schumpeter (1883-1950). L'*invenzione* è la scoperta di una tecnica, ossia l'idea o il progetto iniziale di una procedura, un metodo o un oggetto tecnico. L'*innovazione* è l'applicazione di una tecnica: si tratta di un processo che porta a riconoscere le potenzialità di un'invenzione e quindi sfruttarla nella pratica, anche economicamente o militarmente. Il cuore della trasformazione tecnica delle società è costituito quindi dall'innovazione, che è in grado di aumentarne la produttività e l'efficienza e di rafforzarle internamente o nei rapporti di potere con i vicini. L'innovazione richiede una società aperta al cambiamento, capace di superare la resistenza al nuovo che è tipica d'ogni ordine sociale stabilito.

### Schumpeter : innovazione e cicli economici

Ministro delle finanze nel suo paese natale, l'Austria, e poi docente di economia a Bonn e a Harvard, Schumpeter ha mostrato il ruolo dell'innovazione tecnica nella trasformazione economica, e in particolare nello sviluppo del capitalismo. Egli ha collegato due processi, le «ondate di distruzione creatrice» dell'innovazione e i cicli economici del capitalismo, collegando così il dinamismo del sistema economico occidentale ai continui sconvolgimenti portati dallo sviluppo tecnico.

Le sue idee sono state discusse approfonditamente dagli storici dell'economia. Tuttavia, dal punto di vista della storia della tecnica, egli ha dato un contributo fondamentale per superare una visione dell'universo tecnico come un insieme di macchine, metodi e attività collegati a un esercito indistinto di tecnici e a un gruppo ridotto di inventori geniali. Inserire la tecnica nella cultura, nelle culture umane – insieme alla scienza, al pensiero filosofico e all'evoluzione sociale ed economica – ci permette di comprenderla meglio, ma è oltretutto fondamentale per capire meglio la storia e la struttura della nostra società. Schumpeter ha anche arricchito la visione del ruolo delle varie figure dei "tecnici", in particolare nello sviluppo del sistema economico capitalista occidentale. Egli ha sottolineato la tempra "eroica" degli imprenditori-innovatori che hanno condotto l'industrializzazione, poiché considerava l'innovazione più come un atto della volontà che come un atto dell'intelletto (Freeman 1994).

Nelle grandi civiltà del passato il progresso tecnico fu molto lento, perché vi era un atteggiamento di prudenza di fronte alle invenzioni, ossia una forte resistenza a trasformarle in innovazioni che avrebbero potuto modificare la struttura sociale ed economica tradizionale. Vi era una selezione rigida delle invenzioni dalle quali potevano trarre vantaggio le classi dominanti, come quelle utili per la gestione del territorio o per ottenere la superiorità militare. D'altra parte, poiché erano disponibili grandi quantità di manodopera, non si sviluppò l'esigenza di sviluppare delle macchine in grado di sostituire il lavoro umano. Inoltre, il sapere tecnico, legato alla tradizione e ai gruppi chiusi dei mestieri, era esso stesso piuttosto conservatore.

La spinta all'innovazione tecnica emerse nell'Europa moderna perché le nuove strutture economiche e sociali permisero di superare questo ferreo controllo delle innovazioni. La libertà economica e politica spingeva gli individui alla ricerca di nuove fonti di guadagno, e infine lo sviluppo della tecnologia trasformò profondamente il pensiero tecnico, innestando la tensione verso la ricerca continua di innovazioni tecniche e organizzative.

# Lettura 1

## Tecnica e conoscenza nelle prime civiltà

Nelle prime civiltà il sapere tecnico si allarga e si diversifica, viene affiancato dagli aspetti organizzativi e stabilisce le prime forme di interazione con il sapere erudito, il quale inizia a costruirsi in forme ancora lontane dalla nostra idea di "scienza". La figura centrale di questi sviluppi è lo scriba, colui che conosce la scrittura e il calcolo matematico grazie a un impegnativo addestramento in apposite scuole; egli è amministratore, geometra, ma anche indovino e mago. Non vi sono chiare delimitazioni fra il sapere pratico-operativo, la sapienza religiosa e la scienza (astronomia, medicina). Ecco come lo storico del Vicino Oriente antico Mario Liverani ci descrive una società e una cultura lontane, ma dove vediamo emergere prime forme di complessità organizzativa.

La specializzazione delle competenze, che senza dubbio costituisce un fattore positivo (se non indispensabile) per il progresso dei procedimenti tecnico-operativi e per la riflessione sul loro contesto logico-teorico, è molto avanzata nel Vicino Oriente antico. Sin dalle prime attestazioni scritte (fine del IV millennio) è documentata un'ampia gamma di operatori specializzati. Essi lavorano in parte in proprio, in ambito familiare, e in parte per conto del tempio o del palazzo, che è al tempo stesso datore di lavoro, committente, fornitore delle materie prime. Esistono anche forme miste, con operatori che svolgono parte del loro lavoro in proprio e parte per conto del tempio o del palazzo, oppure settori che comportano sia operatori privati sia operatori inquadrati nei ranghi delle grandi organizzazioni.

Esiste però una specializzazione particolare, quella dello scriba, che è l'unica specializzazione "intellettuale" prevista. Il lavoro dello scriba è il più impegnativo, nel senso che l'addestramento richiede lunghi anni di dura applicazione a causa dei complessi sistemi logosillabici in uso, ed è anche quello maggiormente valutato dal punto di vista della retribuzione e del rango sociale. In un qualunque campo di competenza tecnico-scientifica, dunque, si assiste a una sorta di divaricazione tra sapere tecnico e sapere teorico, che non ha giovato al sorgere di una speculazione propriamente scientifica.

Si consideri, per esempio, il caso della chimica: procedimenti che comportano la conoscenza delle trasformazioni subite da una sostanza quando è fortemente riscaldata o quando è a contatto con altre sostanze sono applicati nella produzione della ceramica e poi del vetro, nella metallurgia, nella preparazione dei profumi e delle droghe, ecc. Per ciascuna di queste applicazioni esistono i tecnici specializzati, che trasmettono all'interno del loro gruppo, di generazione in generazione (di norma di padre in figlio), nozioni ed esperienze; un'esposizione teorica dei principi potrebbe però avvenire soltanto da parte degli scribi, che monopolizzano l'uso della scrittura e che sono potenzialmente interessati a una concettualizzazione non strettamente legata all'attività produttiva e quotidiana.

Questa trasmissione del sapere tecnico all'ambito degli scribi si palesa solo raramente, e piuttosto per tecnologie nuove che non per quelle tradizionali. Per esempio, sempre nel campo della chimica, questa trasmissione si verifica per la produzione del vetro verso la metà del II millennio, con la compilazione di istruzioni scritte; oppure, nel campo della zootecnia, si verifica per l'allevamento del cavallo, nuova tecnica introdotta anch'essa verso la metà del II millennio, mentre non avviene per l'allevamento di altri animali che faceva parte da tempo ormai remoto delle comuni pratiche e conoscenze. In linea generale, la struttura socio-culturale dell'epoca respinge le competenze tecnico-scientifiche verso un ambito di lavoro manuale, non particolarmente apprezzato, mentre riserva agli scribi una competenza generale ma astratta, di gestione e controllo del lavoro altrui.

Allo scriba sono peraltro riservate alcune competenze specialistiche; non a caso, si tratta proprio di quei settori che assumono una configurazione più vicina a quella di "scienza". Innanzitutto gli scribi, in quanto amministratori, sono gli specialisti del calcolo matematico; in effetti, tutto il settore matematico è fra i più sviluppati e fra i più fertili in sperimentazioni e in esemplificazioni astratte (sotto forme di "problemi"), svincolate dal caso concreto. Inoltre, certe categorie di scribi si specializzano nell'astronomia, altro settore vistosamente avviato verso uno statuto scientifico; sono gli scribi a eseguire le osservazioni celesti, a registrarle per iscritto, a consultare le serie "canoniche" per la decodifica dei fenomeni. Altre categorie, anch'esse rientranti nel sapere scribale, sono specializzate nella consultazione delle serie mantiche, mediche, magiche, e conferiscono a queste tecniche – che per noi sarebbero assai poco scientifiche – uno statuto scientifico secondo i canoni dell'epoca.

Il rapporto tra sapere pratico e riflessione teorica è dunque strettamente collegato al rapporto tra specialisti e scribi, nonché alla posizione sociale e alla funzione di questi ultimi. Il risultato è che certi settori considerati meno prestigiosi sono rimasti tagliati fuori dalla riflessione teorica, mentre questa si è accentrata su settori che proprio per la loro centralità nella "mappa mentale" del sapere cosmologico mesopotamico erano maggiormente esposti al condizionamento da parte di punto di vista teologici, cosmologici e magici.

[Tratto da Liverani 2000: 203-204]

# Lettura 2

## Pensiero tecnico-pratico e tecnologia

---

La tecnica precede nella storia la nascita della scienza. L'idea di condurre una riflessione teorica, indipendente dagli scopi pratici, sui fenomeni di ogni genere (del mondo fisico, dell'uomo, della società) è nata nel mondo greco, a partire dal VI secolo a. C. Platone e Aristotele contrapponevano l'atteggiamento tradizionale o conservatore della tecnica (*techne*) e lo spirito innovatore della scienza (*episteme*). Ne è un esempio il contrasto fra le conoscenze geometriche applicate dagli scribi egizi e babilonesi nell'edilizia e nell'agrimensura e le ricerche geometriche dei matematici greci Euclide, Archimede o Apollonio. Ciononostante, nel periodo più tardo della cultura greca, quando il Mediterraneo era dominato dall'Impero romano, vi furono tentativi di elaborare teoricamente i problemi tecnici, a cominciare dalle macchine. Ne è un esempio il trattato *Meccaniche* o *Sollevamento dei corpi pesanti* di Erone di Alessandria (I secolo d. C.).

Anche se questo libro non si occupa della tecnica antica, essa rappresenta un punto di riferimento importante per capire la storia delle idee nell'ingegneria moderna e industriale. A questo proposito sono interessanti le riflessioni di un grande studioso russo, Alexandre Koyré (1892-1964), che lavorò in Francia e negli Stati Uniti. In un importante saggio su *I filosofi e la macchina*, egli presentò alcuni interessanti passaggi storici, dal mondo antico di stagnazione tecnica, a quello medievale europeo ricco di innovazione, fino a quello moderno di accelerazione dello sviluppo tecnico e di nascita della tecnologia. La conoscenza della storia permette di capire meglio la natura del pensiero tecnico e i suoi rapporti con la scienza, e il rapporto fra la mentalità di tecnici e ingegneri e quella degli scienziati. Koyré cita Vitruvio, l'autore romano di un libro classico nella storia dell'ingegneria, e Francis Bacon, un autore inglese, contemporaneo di Galileo, che esaltò lo sviluppo tecnico europeo e il ruolo della tecnica nel migliorare la vita dell'uomo, nel progresso dell'industria e nello sviluppo della società. Su questi temi torneremo nel capitolo 4, leggendo un secondo brano di Koyré.

---

In effetti, come ci ha più volte spiegato Platone, la *techne* è abitudinaria quasi per essenza, perché essa opera conformemente alle regole che non comprende e che, di conseguenza, non è capace di criticare ed ancor meno di cambiare, se non per inavvertenza o per dimenticanza (la stagnazione delle tecniche agricole, lo spirito abitudinario del contadino, press'a poco in tutte le parti del mondo, è una conferma clamorosa di questa tesi). Niente può spiegare meglio la curiosa impressione che si prova leggendo Vitruvio: quella di un livello intellettuale al tempo stesso molto elevato e molto basso. Il fatto è che Vitruvio copia e non inventa, e di fatto si limita a codificare le regole e a inventariare le ricette. Nonostante le sue pretese così altamente ostentate, egli non possiede la "scienza" e non è in nessun modo un sapiente. Proprio a causa appunto del suo spirito pratico ("tecnico") il mondo romano ha ignorato la scienza. Per questo, forse, secondo una giusta ritorsione delle cose, la sua tecnica è stata talmente abitudinaria. Per questo, inoltre, essa compì così scarsi progressi, salvo che nell'architettura.

La concezione aristotelica (o platonica) dell'opposizione radicale fra *episteme* e *techne* è sicuramente molto perspicace e profonda. Essa appare anche confermata dalla storia, per lo meno in parte. Poiché è evidente che nella storia umana la tecnica precede la scienza, e non viceversa. Ora, poiché non dall'*episteme* la *techne* riceve le regole che essa segue e osserva, e poiché queste regole non le cadono dal cielo, siamo costretti ad ammettere un'origine indipendente della tecnica, e dunque l'esistenza di un *pensiero tecnico*, di un pensiero pratico essenzialmente differente dal pensiero teorico della scienza.

Pensiero attivo, operativo – per impiegare i termini di Bacone, che se ne era fatto il campione – è quello che costituisce, all'interno del senso comune, per esperienza, per *trial and error*, gli artifici dei mestieri e le regole delle arti. Queste regole, trasmettendosi di generazione in generazione, accumulandosi e combinandosi, hanno formato quel tesoro di sapere empirico – sapere prescientifico, ma comunque sapere – che ha permesso agli uomini di sviluppare tecniche ed anche di portarle ad un livello di perfezione insuperabile, prima, e molto prima di aver concepito la teoria.

Ciò beninteso non vuol dire che la scienza non possa volgersi verso la tecnica e fare la *teoria* della *pratica*; allora, appunto, appare la *tecnologia*, scienza tecnica e tecnica scientifica, che in rapporto alla tecnica empirica è ciò che la scienza greca è in rapporto al sapere geometrico degli Egizi. Così il problema della stagnazione (del livello relativamente basso) della tecnica antica racchiude in realtà due questioni interamente differenti:

a  perché il pensiero tecnico dell'antichità non ha progredito quanto poteva, senza uscire dai limiti della *techne*, senza elevarsi a un *livello superiore*? (È alla pratica, non alla teoria, che sono dovuti i progressi tecnici del Medioevo, così nell'agricoltura (l'aratro) come nell'industria).

b  perché gli inventiori dell'*episteme* non l'hanno applicata alla *praxis*, perché in alti termini, la scienza greca non ha sviluppato una tecnologia di cui aveva pure formulato l'idea? (Si potrebbe addirittura pretendere che nella sua teoria delle "cinque potenze" (delle macchine semplici) essa ne abbia posto le basi, e che, per questo fatto, la tecnica antica sia una *techne* semiscientifica).

[Tratto da Koyré 1967: 84-86].

# Parte I

## Il periodo preindustriale: sviluppo tecnico, attività produttive e il lavoro dei primi ingegneri

– Qual è dunque il tuo lavoro?

– Tengo un registro delle entrate e delle uscite, di ogni cosa che entra, sia del contributo degli azionisti, sia del metallo estratto, e di ogni cosa che esce, le spese per mantenere la miniera e gli stipendi degli operai. Di tutto ciò devo render conto al Direttore della miniera e a due Commissari finanziari giurati. Chi si occupa di un tale lavoro potrebbe ben chiamarsi "direttore amministrativo". In verità, vi sono tanti compiti fra i minatori, vi sono leggi e vi sono decreti. E che altro? I loro affari pubblici sono ben organizzati.

[Georgius Agricola, *Bermannus, ovvero un dialogo sul mondo minerale* (1530)]

# 2 L'innovazione tecnica alle origini dell'Europa moderna

SOMMARIO

**2.1** Le basi dell'identità europea e la spinta verso l'innovazione tecnica

**2.2** Il mulino ad acqua e la meccanizzazione

**2.3** La rivoluzione industriale del Medioevo

**Lettura 3** Azione e innovazione nella vita monastica medievale

La nascita e lo sviluppo della società industriale sono strettamente legati alla rivoluzione tecnologica, ossia la straordinaria accelerazione del progresso tecnico nell'Europa a partire dal Settecento, anche in collegamento con le scoperte scientifiche. Si tratta di un fenomeno storico di enorme portata, che, intensificandosi e diffondendosi, ha trasformato il nostro pianeta e la forma de vita di un numero sempre maggiore di esseri umani. Si tratta anche di un fenomeno per certi versi sorprendente, e tuttavia esso affonda le radici nelle circostanze specifiche della storia dell'Europa fra il Basso Medioevo e l'inizio dell'Età Moderna.

## 2.1 Le basi dell'identità europea e la spinta all'innovazione tecnica

Per collocarci storicamente, dobbiamo ricordare che, ancora fra Cinquecento e Seicento, confrontando le diverse aree del mondo dal punto di vista della loro potenza in termini di popolazione, risorse, attività produttive e sviluppo tecnico, l'Europa era indietro rispetto ai grandi imperi asiatici: Cina, India, Giappone e l'Impero Ottomano. Gli Europei avevano però una grande intraprendenza commerciale, e l'espansione commerciale si trasformò progressivamente in egemonia militare e territoriale, con la creazione dei grandi imperi coloniali. I primi furono quelli creati in America dalla Spagna e dal Portogallo; nel seguito furono l'Olanda, la Francia e soprattutto la Gran Bretagna i paesi che guidarono questo processo. Alla fine del Settecento l'Europa era diventata l'area più ricca e potente del mondo.

Questa supremazia si collega a una specifica identità europea che cominciò a delinearsi nel passaggio dal Medioevo all'Età Moderna. Nella creazione dell'identità culturale europea durante il Medioevo svolsero un ruolo molto importante l'eredità dell'epoca romana e l'egemonia della chiesa cristiana. Vi furono, dopo la fine del mondo antico, lunghi secoli di decadenza e di miseria, che furono alla base del clima di terrore diffuso fra gli Europei cristiani di fronte all'arrivo dell'Anno Mille. Tuttavia, superata quella data fatidica, iniziò la rinascita dell'Europa: si ampliarono i terreni coltivati e migliorarono le tecniche agricole, con l'introduzione della rotazione delle colture e l'uso dell'aratro pesante a versoio, e vi fu un forte sviluppo demografico. Si cominciarono a manifestare in molte parti del Vecchio Continente alcuni di quei tratti distintivi della cultura europea: da una parte, dal punto di vista economico-politico, il dinamismo, lo spirito d'iniziativa e la tensione verso la libertà e i diritti individuali che portarono alla nascita del *capitalismo commerciale*; e, dall'altra, da un punto di vista culturale, la *spinta all'innovazione tecnica*.

---

**L'innovazione tecnica alle radici della storia europea: alcuni punti di riferimento**

| | | |
|---|---|---|
| **Alto Medioevo** | | 476 fine dell'Impero Romano di Occidente |
| | | 527 Giustiniano, capo dell'Impero bizantino, che fece codificare il corpus del diritto romano |
| | | Benedetto da Norcia fonda i primi monasteri |
| | | 622 inizio del calendario musulmano: l'Egira |
| | 800 *Compositiones ad tingenda* (Ricette per la tintura) | 800 nasce il Sacro Romano Impero sotto la guida di Carlomagno, incoronato dal papa nella basilica di San Pietro |
| | uso del mulino ad acqua verticale per macinare il grano | |
| | | 910 fondazione del monastero benedettino di Cluny |
| | 950 *Diversarum artium schedula* (Nota sulle varie arti) di Teofilo | |
| | passaggio dai buoi al cavallo nei lavori agricoli | |
| | 987-96 mulino per la fabbricazione della birra, monastero de Saint-Sauveur (Montreuil, Francia) | |
| | | 992 primo trattato commerciale fra Venezia e Bisanzio |

| | **Anno Mille** | |
|---|---|---|
| XI secolo | diffusione del ferro da cavallo diffusione dei mulini ad acqua<br><br>1086 *molendinum follonarium* in Normandia | Regolamenti comunali italiani 1054 scisma di Oriente 1066 battaglia di Hastings: Guglielmo il Conquistatore sul trono d'Inghilterra 1085 Riconquista in Spagna: presa di Toledo 1096-1099 prima crociata e presa di Gerusalemme |
| XII secolo | 1112 con San Bernardo inizia l'espansione dei monasteri cistercensi<br><br>espansione dell'attività mineraria in Sassonia fondazione della Società du Bazacle per sfruttare i mulini ad acqua sul corso del Garonna<br><br>1197 mulino per lavorare il ferro presso l'abbazia cistercense di Sorø (Svezia) mulino a vento europeo | 1120 primo nucleo dell'università di Parigi 1154 Federico I Barbarossa scende in Italia: incoronato imperatore, riafferma la supremazia del potere imperiale su quello papale 1158 fondazione dell'università di Bologna |
| XIII secolo | 1202 *Liber abaci* di Fibonacci<br><br><br><br>diffusione delle assicurazioni e fioritura delle banche genovesi e fiorentine diffusione del telaio orizzontale e del fuso a ruota | 1215 Magna Charta che regola i poteri della monarchia inglese rafforzamento delle monarchie europee<br><br>1231 cattedra di anatomia creata da Federico II presso la scuola medica di Salerno scuole di traduzione (Spagna, Sicilia) |

| XIII secolo | 1225-50 attività di Villard de Honnecourt<br>1240 Trattato di agronomia di Roberto Grossatesta<br>traduzione latina della *Meccanica* aristotelica<br>"scoperta" della polvere da sparo nelle opere arabe<br>ricerche sul magnetismo e la bussola e perfezionamento dei vascelli<br>1272-76 usi industriali del mulino in Italia<br><br>scioperi e proteste dei lavoratori tessili nelle Fiandre | opere di Tommaso d'Aquino, che cercano di conciliare Aristotele e il credo cristiano<br>1271 viaggio di Marco Polo<br>1277 il vescovo di Parigi condanna gli errori circolanti nell'università |
| XIV secolo | 1323 uso della ruota idraulica per azionare i mantici nei forni fusori<br><br><br><br>perfezionamento del cannone<br><br>1405 *Bellifortis* di Konrad Kyeser<br>diffusione dell'altoforno<br>1427 *De ingeneis* di Taccola<br>Brunelleschi lavora alla cupola di Santa Maria del Fiore a Firenze<br>la carta sostituisce la pergamena<br>torchio da stampa a caratteri mobili<br>perfezionamento del cannone<br>diffusione di *De architectura* di Vitruvio | 1337 inizia la guerra dei cent'anni tra Francia e Inghilterra<br>crisi della banca fiorentina e rivolta dei Ciompi<br>1348 inizia l'epidemia di peste nera |

| XV secolo | |
|---|---|
| 1452 *De re aedificatoria* di Alberti | 1453 fine della Guerra dei Cent'anni caduta di Costantinopoli e fine dell'impero Bizantino |
| 1474 legge veneziana sui brevetti diffusione del lavoro a domicilio *Trattati* di Francesco di Giorgio sviluppo dell'archibugio | 1486 *Oratio de hominis dignitate* di Pico della Mirandola |
| creazione della ditta Beretta 1497 Aldo Manuzio stampa a Venezia la *Meccanica* pseudoaristotelica | 1492 Cristoforo Colombo arriva in America |

Nei secoli finali del Medioevo emersero in Europa molte novità sviluppate superando i vincoli imposti dal sistema feudale, con lo sviluppo delle città. Le città europee – per prime quelle italiane, fiamminghe e tedesche – guadagnarono sempre maggior autonomia e capacità di iniziativa, e in esse si svilupparono le attività dei mercanti e degli artigiani senza pesanti ostacoli o senza essere alla mercé dell'arbitrarietà dei nobili. La tradizione del diritto romano e della cultura giudaico-cristiana tutelava i diritti di proprietà: il diritto alla proprietà individuale di beni mobili e immobili e il diritto alla trasmissione ereditaria. Vi era quindi la possibilità di intraprendere delle attività commerciali e produttive che potevano permettere un guadagno e con la garanzia di poter accumulare ricchezze. Si svilupparono quindi strutture economiche originali: un'economia monetaria, un mercato tendenzialmente libero e di concorrenza, banche e compagnie commerciali, forme di assicurazione del rischio. Il sistema economico sviluppato su queste basi è noto come capitalismo commerciale.

La tradizione cristiana stimolò l'intraprendenza in campo tecnico e l'apertura all'innovazione per due motivi. In primo luogo, l'avversione alla schiavitù contribuì a creare un problema di scarsità di mano d'opera, e quindi alla ricerca di congegni in grado di sostituire il lavoro manuale e dispositivi per sfruttare forze naturali alternative alla forza umana o animale, come il mulino ad acqua. Il mulino a ruota verticale sviluppato alla fine dell'epoca romana era usato per macinare il grano in tutta Europa durante il X secolo. In secondo luogo, la tradizione monastica medievale (a partire dall'ordine benedettino, fondato nel VI secolo, ma soprattutto con la severa riforma cistercense dal XI-

XII secolo) ebbe un influsso doppiamente positivo: esaltando il valore spirituale del lavoro e creando uno spazio di autonomia e intraprendenza tecnica ed economica. Infatti, nei monasteri furono sviluppate molte delle innovazioni tecniche medievali, riguardanti la rotazione delle culture, l'impiego dei cavalli come animali da tiro, la fabbricazione della birra, la fabbricazione dei tessuti e la lavorazione del ferro. L'uso del mulino ad acqua per processi di tipo industriale, come le operazioni di follatura dei tessuti o per azionare i mantici e i magli delle forge nella lavorazione del rame e del ferro si registra per la prima volta nelle comunità monastiche nei secoli XII-XIII.

---

### L'assimilazione delle innovazioni tecniche dall'Oriente

Il "risveglio" dell'Europa nel Basso Medioevo portò con sé anche l'apertura verso l'Oriente, i viaggi, l'attivazione del commercio e il fascino per le merci e i prodotti esotici, per le invenzioni tecniche e per la cultura di altre civiltà. Lo sviluppo delle città, prima, e la creazione delle monarchie nazionali, dopo, furono accompagnati da una forte competizione nell'avventura commerciale. L'Italia fu protagonista di quest'apertura, segnata da notevoli iniziative individuali alla ricerca di guadagno e successo: da Leonardo da Pisa, detto Fibonacci, figlio di un commerciante italiano stabilito a Bugea (nel nord Africa), che nel XIII secolo fece conoscere all'Europa cristiana il sistema di numerazione originario dell'India e gli strumenti della matematica in lingua araba; a Marco Polo (1254-1324 ca.), pioniere nella riattivazione del commercio lungo l'antica via della Seta; fino a Matteo Ricci (1552-1610), che arrivò in Cina come missionario e mise a contatto la scienza cinese e la scienza europea.

In un periodo in cui le lavorazioni artigianali erano scarse in Europa, da Est arrivavano, oltre alla seta cinese, mosaici bizantini, ceramiche e tessuti persiani, vetro e lavori in metallo egizi e siriani. Per il tramite di merci e prodotti, grazie all'emigrazione degli artigiani bizantini e attraverso contatti diretti nelle frontiere fra mondo islamico e mondo cristiano – in Spagna, nella Sicilia, oppure nel vicino Oriente delle crociate – giungevano in Europa informazioni sulle tecniche di lavorazione dei materiali mediorientali, l'agronomia e la zootecnica arabe, ma anche invenzioni come la polvere da sparo e la bussola magnetica (attorno al XIII secolo), la fabbricazione della carta in sostituzione della pergamena o cartapecora (XV secolo).

Le diversità culturali e religiose, le differenze linguistiche e la precarietà delle vie di comunicazione e, infine, le rivalità politiche e le guerre non riuscirono a impedire la circolazione delle conoscenze tecnico-pratiche riguardanti l'agronomia, le armi, il lavoro dei materiali e anche la matematica pratica, ossia le tecniche di misurazione, di contabilità e di risoluzione di problemi. Le vie di trasmissione sono difficili da ricostruire, perché si tratta di forme di sapere orale. Nel caso della matematica pratica, un affascinante indizio è costituito dai giochi e indovinelli matematici che accompagnavano le raccolte di problemi e che si ritrovano, con gli stessi enunciati alle volte, in testi dell'antica Babilonia, dell'Europa latina, arabi, dell'India e della Cina. Il mulino a vento è invece un esempio interessante perché vi fu probabilmente una scoperta indipendente in Europa (alla fine del XII secolo) e in Persia (dal X secolo), con possibili trasferimenti di conoscenza tecnica da Occidente a Oriente durante la terza crociata.

Viceversa, vi era una chiusura degli imperi asiatici nei confronti dei "barbari" che arrivavano da Ovest, anche per via della rivalità militare (soprattutto con il mondo islamico, contiguo geograficamente) e per la paura di mettere a rischio un sistema di potere tradizionale con l'introduzione delle "novità" europee (soprattutto in Cina, dove in effetti Ricci usò l'astronomia europea per indebolire l'adesione degli uomini colti in Cina alla loro cultura tradizionale). Non vi fu quindi spirito di rivalità o di emulazione. Lo sviluppo tecnico delle civiltà orientali era notevole, ma dal punto di vista dello sfruttamento e applicazione delle invenzioni vi era un grande immobilismo frutto di un sistema politico tradizionale, perché il possesso dei beni e l'iniziativa economica erano in fatti sottoposti all'autorità del sovrano e quindi a decisioni arbitrarie e imprevedibili.

## 2.2 Il mulino ad acqua e la meccanizzazione

Le fonti di energia più antiche sono la forza umana e la forza degli animali. Nel Medioevo si aprì in Europa una parentesi nello sfruttamento della schiavitù (che riprenderà attivamente all'inizio dell'Età Moderna in occidente, e che continuò a essere praticato nelle terre dell'islam, dove ci fu un fiorente mercato degli schiavi). Tuttavia, la forza umana aveva sempre un ruolo centrale, per sollevare e trasportare pesi e nelle varie attività, oppure per azionare delle macchine per il tramite di funi o manovelle. Come vedremo nel capitolo 8, proprio il lavoro umano fu l'oggetto di uno dei primi studi matematici di ottimizzazione delle attività. A partire dal X secolo si diffuse progressivamente in Europa (probabilmente a partire dal nord) l'impiego del cavallo nei lavori agricoli e per tirare i carri, con il conseguente aumento della produttività e facilitazione del trasporto. Esso fu possibile grazie alla sua corretta bardatura con l'uso di un collare rigido (diverso da quello usato per i buoi, e che quindi non intralciava la respirazione) e grazie al rinforzo dei ferri chiodati (usati ovunque nel XI secolo).

Tuttavia, dal punto di vista dell'industria, la grande novità del Basso Medioevo fu l'uso intensivo del mulino ad acqua. Esso non fu inventato allora: i primi mulini ad acqua furono costruiti in epoca romana, verso la fine del II secolo a. C. Ne menziona uno il geografo Strabone (I sec. a. C.), e sono famosi i versi in greco che lodano questa invenzione usando il linguaggio mitologico che associava alle ninfe la potenza dell'acqua: "Smettete di macinare, o donne che lavorate al mulino; dormite sino a tardi, anche se il canto del gallo annun-cia l'alba. Poiché Demetrio ha ordinato alle ninfe di eseguire il lavoro che face-vate con le vostre mani, ed esse, saltando giù dalla sommità della ruota, fanno girare l'assale che, con le sue razze rotanti, fa girare le pesanti macine concave di Nisiria" (cit. in Singer, 1992-96: vol. 2, 603). I tecnici romani migliorarono pro-gressivamente il rendimento dei mulini idraulici, grazie al passaggio dalla ruota orizzontale del mulino noto come "greco" o "scandinavo" a quella verticale. Vi è almeno un esempio importante di uno stabilimento industriale per le sue dimensioni e complessità, quello di Barbegal, vicino ad Arles (nel sud della Francia), che era in grado di produrre farina per 80000 persone, risalente al II secolo e ricostruito nel periodo in cui l'imperatore Costantino stabilì la sua residenza ad Arles (308-316). L'impianto contava due gruppi di otto macine, e usava l'acqua portata grazie a un acquedotto. Un problema fondamentale del-l'uso del mulino era la sua dipendenza da un corso d'acqua e l'esigenza, per il suo funzionamento, di regolare un flusso d'acqua difficile da piegare alle esi-genze della macchina e che dipendeva dalle stagioni e dalle condizioni climati-che. Si potrebbe dire che la soluzione dei romani, ossia l'uso dell'acquedotto, fu più nella mentalità degli architetti che in quella degli ingegneri, in quanto l'in-gegnere tende piuttosto a cercare dei regolatori o dispositivi di controllo che gli permettano di piegare il processo ai propri scopi.

La parola «macina» deriva dal latino *machina*: il mulino ad acqua – più delle macchine da guerra o delle macchine per sollevare i pesi usate nel mondo anti-co – poiché sfruttava la forza dell'acqua, rappresenta un salto qualitativo rispet-to all'utensile, verso quello che Koyré ha definito (2000: 50) "l'essenza stessa della macchina, l'*automatismo*, che le macchine hanno realizzato pienamente solo nei nostri tempi". L'introduzione di forme di automazione era la strada per l'eliminazione progressiva del lavoro umano, non solo quello degli schiavi ma anche quello degli uomini liberi, e gli antichi erano ben consci dei pericoli di stravolgimento dell'ordine sociale che si correvano, se essa veniva invocata. Aristotele (IV sec. a. C.), nella sua *Politica*, scrisse che la schiavitù avrebbe smes-so di essere necessaria se le spole e i plettri, gli utensili della tessitura, avessero potuto mettersi in moto da soli; e lo storico romano Svetonio racconta che l'im-peratore Vespasiano (I sec. a. C.) "ricompensò liberalmente un ingegnere che aveva inventato un apparecchio per trasportare, a poco costo, delle enorme colonne sul Campidoglio. Ma non adoperò l'apparecchio, dicendo che gli avreb-be impedito di nutrire il piccolo popolo" (cit. in Gimpel 1975: 15). Alcuni studio-si di lingua greca che lavorarono ad Alessandria d'Egitto in epoca romana costruirono dei dispositivi automatici, ma per quanto ne sappiamo non per un impiego nelle attività pratiche oppure nel lavoro, ma per stupire e meraviglia-re, nelle corti reali o nei templi, con giocattoli che suonavano da soli oppure con porte che si aprivano senza l'intervento umano.

La "politica di meccanizzazione" che i Romani non intrapresero fu svilup-pata durante il Basso Medioevo. Tuttavia, in assenza di un potere forte (quelli rivali del papato e dell'impero non lo erano), non si trattò di una politica cen-tralizzata, bensì di una miriade di singole iniziative sparse sul territorio, colle-

**Fig. 2.1** Applicazione di una ruota idraulica alimentata per di sotto da un ruscello per la follatura dei tessuti (sopra) e per azionare due mantici e un maglio in una forgia (sotto) nella descrizione di Jacopo de Strada (1507-1588).

gate alla rete dei corsi d'acqua e sotto l'impulso principale delle abbazie e delle città. A partire dal IX secolo, il numero dei mulini per macinare il grano si moltiplicò, anche perché essi rappresentavano nell'economia medievale un ottimo investimento. Fu sviluppata la tecnica di costruzione di dighe per regolare il flusso dell'acqua, si costruivano mulini sulla riva dei fiumi, mulini flottanti, e, a partire dal XII secolo, mulini – non usati nel mondo antico – che sfruttavano la forza della marea e mulini a vento. Nel XII secolo fu creata a Toulouse, per sfruttare i mulini sulla Garonna, una delle prime società per azioni, la Société du Bazacle. Nei secoli XIII-XIV questa società si trovò in mezzo a una serie di cause legali con altre società che sfruttavano il fiume in altri punti e con le quali vi era una forte concorrenzialità. I mulini furono infatti al centro di molte contese, relative agli affitti, al pagamento delle tasse dei proprietari, ai prezzi per l'uso e ai tentativi di salvaguardare situazioni di monopolio.

Il ruolo centrale dei mulini nell'economia medievale aumentò ulteriormente con la diffusione del loro uso industriale, iniziato in questo periodo e che si protrasse fino alla Rivoluzione Industriale inoltrata. Esso fu reso possibile dall'uso dell'albero a camme che trasformava il moto rotatorio uniforme delle ruote idrauliche in un moto rettilineo alternato e dall'applicazione di ingranaggi. La ruota idraulica rese possibile meccanizzare operazioni che prima erano svolte dall'uomo con la forza delle mani oppure dei piedi: azionare i mantici delle fucine e sollevare e far cadere il maglio del fabbro e dei ferrai; la follatura delle stoffe o la torcitura della setta; e alcune operazioni della fabbricazione della birra e della carta. Alcuni mulini da grano furono trasformati ad uso industriale, ad esempio per la follatura, per ottenere più redditività. Anche se i primi esempi risalgono all'XI secolo, tale diffusione si ebbe nel XIII secolo, e alcuni degli esempi più originali si ebbero in Italia (Fabriano, per la carta, menzionato nel 1276; e Bologna, per la seta, nel 1272). La meccanizzazione della follatura fu un evento tanto significativo quanto quella della filatura e tessitura nell'Inghilterra del XVIII secolo, come ha scritto E. M. Carus-Wilson (1952), uno dei primi a parlare della "rivoluzione industriale del XIII secolo". Le ricerche tecniche per migliorare e adattare ai vari usi le ruote idrauliche proseguiranno fino al Settecento: il sollevamento dell'acqua per azionarle – insieme al pompaggio dell'acqua dalle miniere – saranno fra le prime applicazioni delle macchine a vapore.

## 2.3 La rivoluzione industriale del Medioevo

L'Europa del Basso Medioevo vide la popolazione aumentare, l'alimentazione arricchirsi, la qualità della vita migliorare un po' nelle campagne, le abbazie operose diversificare le loro istallazioni con mulini e officine di lavorazione del ferro e di fabbricazione di bibite e di tessuti e un numero sempre maggiore di città fiorire, con le loro istituzioni, le università, le botteghe degli artigiani e dei commercianti. Pur trattandosi ancora di un'economia agricola e di un mondo prevalentemente rurale, le merci circolavano con dinamismo crescente e fervevano le attività. Innanzitutto, nel settore tessile, centrato sul lavoro della lana

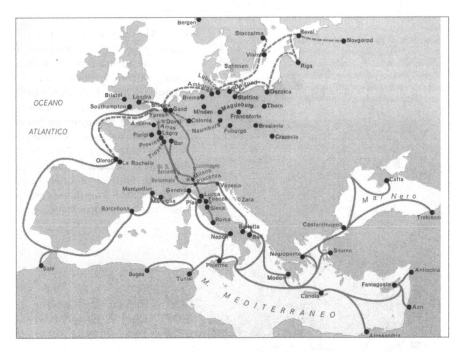

**Fig. 2.2** L'attività produttiva e commerciale in Europa nel XIII secolo: principali centri tessili (contrassegnati da una stella) e rotte commerciali delle città italiane (linea continua) e delle città nordeuropee unite nella lega anseatica (linea tratteggiata).

inglese che arrivava a Firenze e nelle città fiamminghe, e che era lavorata in parte in opifici cittadini, ma anche nelle campagne nei tempi morti del lavoro agricolo. Vi era poi l'attività edilizia, il lavoro dei tagliapietre e lo sfruttamento delle cave, particolarmente in Francia, che esportava ad esempio la pietra di Caen fin dal IV sec.

Il quadro si completa con l'estrazione e la lavorazione dei metalli, e soprattutto del ferro, nelle ferriere e nelle fucine. Con il ferro erano prodotti in grandi quantità i ferri per i cavalli, elementi per la costruzione (aste, tiranti), parti degli attrezzi agricoli, utensili di lavoro, chiodi di molti tipi e dimensioni; inoltre, esso serviva per le armature e per la fabbricazione dei cannoni. Nel 1323 è menzionato un forno per la fusione del minerale di ferro dotato di mantici azionati da una ruota idraulica, e alla fine del XIV secolo si usavano in Europa i primi altiforni.

I minatori più esperti erano quelli tedeschi, che viaggiavano per tutta Europa offrendo il loro lavoro a pagamento ("sassone" era usato come sinonimo di minatore in quell'epoca). Infatti, in Germania furono trovati molti giacimenti di argento (usato per coniare le monete), fra cui quelli di Freiberg, che nel 1170 contava 30000 abitanti; i minatori tedeschi contribuirono alla ricerca e lo sfruttamento delle ricchezze minerali in centro Europa (piombo, rame) e in Inghilterra (carbone).

**Fig. 2.3** Le miniere sono state, fin dall'epoca dell'Impero Romano, una delle attività produttive di maggiore complessità tecnica e organizzativa, sia per quanto riguarda l'organizzazione dell'impianto e delle operazioni, sia per le condizioni del lavoro dei minatori (che godevano di molti privilegi), sia per gli aspetti economici legati ai diritti di proprietà, ai guadagni degli investitori e alle tasse imposte dai governanti.

Nella storia della tecnica e dell'ingegneria, la documentazione scritta risale spesso a un periodo successivo agli sviluppi storici, in quanto fra i tecnici colti e gli ingegneri l'informazione è circolata per secoli in forme orali, o attraverso rapporti, abbozzi di progetti o, in alcuni casi, quaderni di appunti personali. I libri veri e propri risalgono spesso a periodi successivi, come nel caso dell'opera sulla tecnica di estrazione e lavorazione dei metalli dell'autore sassone Agricola, dalla quale procede l'illustrazione, pubblicata postuma nel 1556 e che ci permette di capire i progressi di questo settore fra la fine del Medioevo e l'inizio dell'Età Moderna. La traduzione inglese di quest'opera, curata dall'ingegnere minerario Herbert C. Hoover (1874-1964, futuro presidente degli Stati Uniti) insieme alla moglie Lou Henry Hoover, fu pubblicata nel 1912.

Questo grande sviluppo fu frenato da un lungo periodo di grave crisi fra Trecento e Quattrocento, segnato dall'epidemia di peste nera iniziata nel 1348 che decimò la popolazione europea, dall'inizio della Guerra dei Cent'anni (1337) fra le monarchie – sempre più forti– francese e inglese e dai gravi contraccolpi sulla rete di circolazione delle merci, sulla banca fiorentina e sulla produzione. Tuttavia, le basi tecniche e organizzative di una crescita economica erano state poste, ed essa continuò lenta ma sostenuta nei primi secoli dell'Età moderna, soprattutto nell'Europa occidentale. Questa fase di "preparazione", come ha scritto David S. Landes (1978: 20), serve a spiegare l'industralizzazione dell'Europa a partire dal XVIII secolo: "L'Europa occidentale, in altre parole, era già ricca prima della Rivoluzione Industriale, ricca in comparazione con altre parti del mondo all'epoca e con il mondo pre-industriale di oggi. Questa ricchezza era il prodotto di secoli di lenta accumulazione, basata a sua volta sugli investimenti, sull'appropriazione di risorse e di lavoro extra-europeo e su un progresso tecnologico sostanziale, non solo nella produzione dei beni materiali, ma anche nell'organizzazione e il finanziamento del loro scambio e della loro distribuzione".

Nel prossimo capitolo ci occuperemo dell'evoluzione organizzativa della produzione verso forme protoindustriali all'inizio dell'Età Moderna, come controparte del progresso tecnico (utensili e macchine). Nel capitolo 4 ci occuperemo dell'evoluzione del sapere tecnico e delle figure professionali che operavano, nello stesso periodo, nei contesti organizzativi più complessi – nei cantieri, nelle miniere e nel genio militare – e che si rafforzarono con lo sviluppo degli stati moderni nell'Europa occidentale a partire dal Quattrocento.

## Lettura 3

### Azione e innovazione nella vita monastica medievale

---

Parlare di "rivoluzione industriale del Medioevo", anche se non vi fu il ritmo accelerato della Rivoluzione Industriale in Gran Bretagna, è giustificato in parte per le somiglianze, in entrambi casi, fra il fluire un po' disordinato di iniziative economiche, innovazioni tecniche ed esperimenti organizzativi, frutto di un simile desiderio di guadagno ed spirito di iniziativa. Tuttavia, non vi fu prima dell'Ottocento niente di simile al processo sistematico di industrializzazione, ossia di creazione di una infrastruttura industriale, che fu portato avanti con ritmi diversi nei vari paesi europei, e che è ancora oggi l'aspirazione dei paesi in via di sviluppo. L'unica eccezione è forse costituita dalla rete delle 742 abbazie cistercensi europee (dal Portogallo all'Ungheria, dalla Svezia alla Scozia), costruite secondo un piano analogo – con un ruolo strutturale dell'energia idraulica – e che condividevano un analogo approccio alla gestione del lavoro e al valore della meccanizzazione e della sostituzione del lavoro umano – e persino di quello dei cavalli – come fonte di energia. Eccone una testimonianza, scritta nel XIII secolo da un frate dell'abbazia di Clairvaux, in Francia, vicino al fiume Aube, un affluente della Senna.

---

Un braccio dell'Aube, attraversando i numerosi laboratori dell'abbazia, si fa benedire ovunque per i servigi che rende. L'Aube vi sale con gran fatica; e se non ci arriva tutta intera, per lo meno non vi rimane oziosa. Un letto le cui curve tagliano in due la valle nel mezzo è stato scavato non dalla natura, ma dall'industria dei monaci [...] ammesso nell'abbazia tanto quanto il muro, facente funzione di portiere, lo permette, il fiume si slancia dapprima con impeto nel mulino, dove è molto indaffarato e produce molto movimento, tanto per triturare il frumento sotto il peso delle mole, quanto per agitare il vaglio che separa la farina dalla crusca. Eccolo già nell'edificio vicino, riempie la caldaia e si abbandona al fuoco che lo cuoce per preparare una bevanda ai monaci, se per caso la vite ha dato all'industria del vignaiolo la cattiva risposta della sterilità e se, mancando il sangue al grappolo, si è dovuto supplire con la figlia della spiga. Ma il fiume non si ritiene libero. Le gualchiere poste vicino al mulino lo chiamano presso di loro. Nel mulino si è occupato di preparare il nutrimento dei frati; ci sono dunque tutte le buone ragioni per esigere che egli pensi ora al loro vestiario. Il fiume  non contraddice e non rifiuta nulla di quello che gli si chiede. Alza o abbassa alternativamente quei pesanti pestelli, quei magli, se preferite, o per meglio dire quei piedi di legno (poiché quest'immagine esprime più esattamente il lavoro saltellante delle gualchiere), risparmia ai follatori una grande fatica. Buon Dio! Quante consolazioni accordate ai vostri servitori per impedire che siano colpiti da troppa tristezza! Come alleggerite le fatiche dei vostri figli che fanno penitenza,  e come evitate loro il sovraccarico di lavoro! Quanti cavalli si sfinirebbero, quanti uomini si stancherebbero le braccia nei lavori che fa per noi, senza alcun lavoro da parte nostra, questo fiume così gentile, al quale dobbiamo i nostri vestiti e il nostro nutrimento! [...] Dopo aver fatto girare con movimento accelerato tante ruote veloci, esce fuori schiumando; si direbbe che è stato macinato anche lui e che diventa più molle.

Uscendo di là, entra nella conceria dove, per preparare le materie necessarie alle calzature dei frati, mostra grande attività e altrettanta cura; poi si divide in un gran numero di bracci, e va nella sua corsa servizievole a vedere i diversi lavori, cercando diligentemente dappertutto quelli che hanno bisogno del suo ministero per qualsiasi cosa, che si tratti di cuocere, setacciare, girare, stritolare, annaffiare, lavare o macinare; offrendo il suo aiuto e non rifiutandolo mai. Infine, per completare la sua opera, porta via l'immondizia e lascia tutto pulito.

[Tratto da Le Goff 1999: 240]

# 3 L'organizzazione della produzione in epoca preindustriale

SOMMARIO

**3.1** Dalle botteghe artigiane ai sistemi protoindustriali
**3.2** Le manifatture tessili: innovazioni tecniche e innovazioni organizzative
**3.3** L'organizzazione del lavoro e le prime reazione operaie
**3.4** Meccanizzazione e concentrazione nell'industria metallurgica

## 3.1 Dalle botteghe artigiane ai sistemi protoindustriali

Dopo una lunga fase di ripiegamento nelle campagne, la rinascita dell'economia urbana nel Basso Medioevo portò con sé la divisione fra le attività rurali e le attività urbane. Gli attrezzi, i tessuti e gli altri beni manufatti, prima fabbricati anch'essi in campagna e nei monasteri, cominciarono ad essere prodotti e venduti in laboratori e botteghe. Infatti, un'attività urbana per eccellenza era la produzione dei manufatti nelle botteghe artigiane, specializzate in un particolare genere di attività (i mestieri). La qualità dei prodotti andò migliorando progressivamente. Il lavoro e la produzione artigianale si organizzarono secondo schemi ben precisi, che emersero fra i secoli XI e XIII nelle città dell'Italia centro-settentrionale, delle Fiandre e della valle del Reno. Il proprietario della bottega (il maestro) possedeva attrezzi e materie prime e dirigeva l'attività dei lavoratori, divisi in due categorie: gli operai (detti "socii", ossia compagni di lavoro) e gli apprendisti (detti "discipuli"). Questi ultimi erano reclutati attorno agli undici anni e il loro tirocinio durava molto a lungo. Le arti o corporazioni, associazioni dei maestri di un determinato mestiere, regolavano rigidamente le condizioni e gli orari di lavoro nelle botteghe e l'organizzazione dell'attività produttiva al loro interno. La concorrenza era vietata e le iniziative individuali erano controllate, sotto la vigilanza di sovrintendenti (detti "priori").

Le corporazioni erano anche associazioni di mutuo soccorso, e infatti questo tipo di organizzazione era volta soprattutto alla tutela degli artigiani come liberi cittadini di fronte ai nobili che basavano la loro ricchezza sul possesso della terra. La vitalità e la solidità dello sviluppo urbano dell'Europa occidentale, rafforzato dall'alleanza dei borghesi (gli abitanti delle città) con le nascenti monarchie nazionali, condussero infatti allo sfaldamento del sistema feudale e del potere dei signori terrieri, e quindi anche alla liberazione dei contadini dai vincoli che continuarono invece ad affliggerli nell'Europa orientale. Inoltre, in occidente anche la rigida struttura della produzione secondo gli ordinamenti delle arti e corporazioni del tardo Medioevo fu messa in discussione da nuove iniziative e da crescenti investimenti.

All'interno delle città, già a partire dal Trecento e soprattutto all'inizio dell'Età Moderna, emersero forme di organizzazione della produzione guidate da mercanti o artigiani arricchiti, oppure da nobili, diventati imprenditori, in particolare nel settore tessile. L'industria tessile presentava una notevole complessità dovuta alla circolazione delle materie prime, ai volumi di produzione e al numero e alla varietà di operazioni del processo produttivo, che richiedeva sempre di più un'iniziativa di organizzazione delle attività. L'iniziativa privata di tipo capitalistico si sviluppò grazie alla definizione del marco giuridico della proprietà privata, che implicava certe garanzie nei confronti dei governanti e la possibilità di stabilire rapporti economici e di prestazione di lavoro basati su un contratto e non sull'imposizione della forza.

All'iniziativa privata si aggiunse, in quei paesi europei dove si stavano costituendo le strutture dello Stato moderno, l'iniziativa del potere centrale. Entrambe contribuirono allo sviluppo di forme più articolate di organizzazione della produzione, soprattutto in alcuni settori: oltre all'industria tessile, nelle miniere e nell'industria metallurgica, nei cantieri navali e in alcuni settori come l'artigianato di lusso o la produzione delle armi. In questi settori, soprattutto a partire dal Cinquecento, la produzione dei beni esula dalle mura delle città, sia per la collocazione fisica di alcuni impianti, sia per la partecipazione dei contadini alle attività manifatturiere tramite il lavoro a domicilio (*cottage production*). Il rimescolamento fra attività urbane e attività rurali si accentuerà con lo sviluppo della agricoltura commerciale (promosso questo sì dai proprietari terrieri in tutta l'Europa). Tutte queste novità, segno del dinamismo europeo, portarono crescita economica e ricchezza, ma anche sfruttamento dei più deboli: i contadini e il proletariato industriale urbano.

Diversi tratti segnano la comparsa di forme di produzione *protoindustriale*, vale a dire, che anticipano i sistemi di produzione della Rivoluzione Industriale; essi sono presenti in diversa misura nei vari settori produttivi. Dal punto di vista economico: lo sviluppo di una produzione rivolta soprattutto al mercato e i notevoli investimenti di capitali iniziali. Dal punto di vista organizzativo: la creazione e organizzazione di grandi impianti (miniere, cantieri opifici o manifatture) di produzione; la segmentazione della produzione in più fasi e quindi la nascita dei problemi di pianificazione; l'uso di manodopera salariata e quindi la nascita dei problemi di gestione del lavoro umano; la specializzazione della mano d'opera e l'uso e sfruttamento di mano d'opera non specializzata. Infine, dal punto di vista tecnico: lo sviluppo di alcune innovazioni tecniche riguardanti gli utensili e le procedure e la lavorazione dei materiali; l'interazione fra innovazione tecnica e innovazione organizzativa; e i tentativi di meccanizzazione, con l'uso delle macchine e l'applicazione dell'energia idraulica.

## 3.2 L'industria tessile: innovazioni tecniche e innovazioni organizzative

Nel mondo antico la fabbricazione delle stoffe era un'attività industriale, funzionalmente legata alle attività rurali (l'allevamento degli ovini e la coltivazione delle piante dette "industriali", ossia quelle che non servono per l'alimentazione ma per ottenere fibre grezze o coloranti per le tinture) e i cui prodotti erano al centro del commercio internazionale. I tessuti più pregiati erano il lino dell'Egitto, il cotone dell'India e la seta della Cina, mentre i Greci e i Romani perfezionarono notevolmente la tessitura delle stoffe di lana. A partire dall'XI secolo, l'Europa aumentò i suoi scambi commerciali in questo settore e cominciò a sviluppare un'industria autonoma.

La produzione tessile diventò il settore più attivo dell'economia medievale, per il volume produttivo, il numero di persone impegnate in quest'attività e per la divisione del lavoro spinta. La *lana* più pregiata era inglese, e nelle Fiandre e in Italia fiorì la produzione dei tessuti di lana. Oltre al settore della lana, il *lino*, molto usato, era coltivato in tutta Europa, e dal 1300 in poi il lino egiziano perse la supremazia. La tecnica dell'allevamento del baco da *seta* fu introdotta nelle aree a contatto con i conquistatori musulmani, e dal XII secolo si sviluppò in Italia, con centro a Lucca, una ricca industria dei tessuti di seta. Infine il cotone di migliore qualità era ancora importato dall'Oriente, ma fu introdotto dai musulmani in Spagna, e l'industria cotoniera si sviluppò in Italia e Francia (XII sec.), nelle Fiandre (XIII sec.), in Germania (XIV sec.) e in Inghilterra (XV sec.). Era prodotto anche il fustagno, un tessuto misto di cotone e lino. Gli scambi commerciali e l'attività produttiva subirono una grave crisi nel XIV secolo, la quale, tuttavia, più che arrestare la crescita modificò gli equilibri fra i vari paesi europei. L'Italia perse il suo ruolo principale nel settore a beneficio dei Paesi Bassi e soprattutto della crescente potenza dell'Inghilterra.

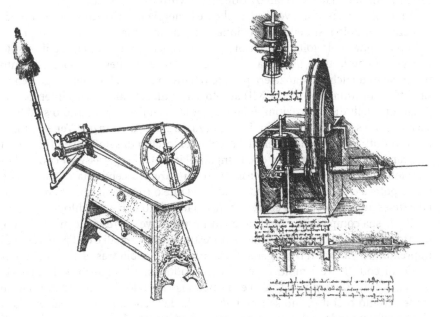

**Fig. 3.1** Filatoio a ruota azionata manualmente con l'aggiunta dell'aletta che permette di filare e avvolgere simultaneamente il filo in un disegno del 1480 (a sinistra) e nello studio svolto nel Codice Atlantico da Leonardo da Vinci (a destra). Il pedale fu introdotto alla fine del XV secolo.

Il processo produttivo nella settore tessile era diviso in molte operazioni, diverse per ogni tipo di tessuto (varie lavorazioni preliminari, filatura, torcitura della seta, tessitura, operazioni di rifinitura), e gli operai erano divisi secondo le loro competenze: cardatori, filatrici, tessitori, setai, drappieri, tintori, folloni e così via. In molte delle singole operazioni vi furono innovazioni negli arnesi, nelle macchine e nelle procedure impiegate. Per esempio, i trattamenti preliminari della lana diventarono sempre più accurati, soprattutto nelle Fiandre; furono creati utensili per cardare la lana con punte metalliche (anticamente erano usate proprio le teste del cardo selvatico) e nuove procedure come l'archettatura (con un arco che si fa vibrare per districare la lana); nel XIV secolo fu inventato in Olanda un attrezzo per battere il lino in modo da estrarre le fibre dagli steli della pianta.

Nel XIII secolo era già usato il telaio orizzontale a pedali (i Romani, come i Greci, usavano quello verticale, si veda fig. 1.2); nello stesso periodo la filatura fu agevolata con l'introduzione del fuso a ruota o arcolaio, ossia con l'aggiunta di un dispositivo, il mulinello, che è uno dei primi esempi di applicazione del moto rotatorio continuo, modificato ulteriormente alla fine del Medioevo con l'introduzione di un'aletta e di un pedale, per ottenere un filatoio continuo. Le informazioni al riguardo procedono soprattutto da rappresentazioni artistiche, alcune in miniature o persino in vetrate delle chiese, ed è difficile precisare la loro origine. Il loro carattere anonimo ci induce a pensare che, come è successo nel periodo della Rivoluzione Industriale, esse siano state incentivate dalla specializzazione del lavoro degli operai.

Vi furono anche sforzi volti ad applicare l'energia motrice idraulica per meccanizzare singole fasi della produzione, sostituendo il lavoro umano. Il primo esempio riguarda la follatura, un processo che permette di infeltrire il tessuto facendo sì che le fibre aderiscano le une alle altre. A questo scopo, il tessuto immerso in qualche sostanza era pestato o battuto con dei bastoni. La gualchiera, diffusa in tutta Europa nel XIII secolo, riproduceva questo movimento: due pesanti pestelli di legno azionati da una ruota idraulica si alzavano o si abbassavano sul tessuto contenuto in una tinozza. In Italia, a Firenze e Venezia furono introdotti verso la metà del XIV secolo dei torcitoi di seta (dove i fili di seta venivano ritorti per impedire che i singoli filamenti si separassero) comandati da ruote idrauliche per di sotto: il lavoro di parecchi centinaia di torcitori a mano poteva essere realizzato in tal modo da due o tre operai. Questa invenzione è un esempio precoce di segreto industriale molto ben custodito.

Per la sua complessità e per le allettanti prospettive di crescita e di guadagno, il settore tessile fu l'oggetto di notevoli investimenti di capitali e dell'intervento di imprenditori (mercanti o artigiani ricchi, ma anche nobili trasferitisi in città) in grado di coordinare i molti aspetti della produzione: l'acquisto della materia prima, l'organizzazione del lavoro e lo smercio dei prodotti. La manifattura delle stoffe diventò così il primo settore industriale dell'economia europea, che dava lavoro alla manodopera più numerosa e specializzata. Nel contempo i tessuti diventarono la merce al centro dei sempre più ricchi intrecci commerciali e finanziari europei e oggetto di iniziative produttive, commerciali e di regolamentazione da parte di singoli, di banche e imprese, di corporazioni e di governanti.

## 3.3 L'organizzazione del lavoro e le prime reazione operaie

Nel periodo preindustriale furono sperimentate diverse forme organizzative della produzione dei beni di consumo. L'organizzazione della *bottega artigiana* rappresenta un primo modello nel superamento dell'attività domestica per l'autoconsumo: si tratta di un sistema di produzione molto semplice e a scala ridotta, ma con alcuni tratti archetipici che sono utili per pensare i sistemi di produzione industriale moderni. Infatti, la bottega è un sistema semplice ma caratterizzato da flessibilità e integrazione, dovuta al ruolo fondamentale dell'uomo e dell'interazione fra un gruppo umano affiatato (padrone, operai specializzati, apprendisti). Nel contempo, però, esso andò irrigidendosi attorno alle norme tradizionali sul reclutamento della manodopera, sull'organizzazione del lavoro e sulla struttura gerarchica, che ostacolarono il rinnovamento produttivo e la mobilità nel mondo del lavoro. L'emergere della concorrenza e l'ampliamento dei mercati portò all'innovazione organizzativa, vale a dire, alla creazione di forme organizzative che permettevano di abbassare i costi e che erano in grado di rispondere all'andamento del mercato: iniziava così il passaggio dalla bottega alla *manifattura*. Flessibilità e integrazione, tuttavia, diminuiscono con l'aumentare della complessità del sistema produttivo, che è conseguenza dell'aumento dei volumi di produzione, della segmentazione del processo in molte operazioni, dell'aumento della manodopera e della meccanizzazione.

Le manifatture tessili impegnavano un gran numero di operai; alcuni erano contadini (fra cui molte donne) che dedicavano parte del loro tempo e la stagione morta a quest'attività, altri facevano parte del proletariato industriale urbano. Vi furono due forme organizzative principali che sostituirono progressivamente la bottega alla fine del Medioevo: il *lavoro a domicilio* o *manifattura dispersa*, nel quale il datore di lavoro forniva la materia prima e ritirava il prodotto semilavorato o finito; e l'*opificio* o *manifattura concentrata*, ossia grandi laboratori nei quali lavorano insieme un gran numero di operai adoperando anche macchine, utensili o impianti che richiedevano un investimento del proprietario. L'opificio potrebbe sembrare un primo passo verso il sistema di fabbrica, anche perché in esso si attuava una razionalizzazione dei tempi di lavoro, con l'introduzione di orari e di caporeparto che imponevano la disciplina. In realtà la scelta dell'una o dell'altra forma organizzativa derivava dalle esigenze delle singole operazioni: filatura e tessitura erano realizzate prevalentemente a domicilio (si parla al riguardo di *industria rurale domestica*), mentre le fasi di preparazione (lavaggio, cardatura ecc.) e le fasi finali di tintura o di follatura si svolgevano nell'opificio.

È piuttosto il sistema delle manifatture tessili nel loro insieme che presenta caratteri protoindustriali: la segmentazione del processo produttivo accentuata dalla separazione dei luoghi fisici, i nuovi rapporti interni (mercanti-imprenditori, capitecnici, operai specializzati, operai non specializzati), il rapporto con il contesto esterno di mercato concorrenziale e, infine, i tentativi di meccanizzazione, anche impiegando la ruota idraulica, per diminuire l'impiego di manodopera. Lavoro a domicilio e opifici erano già molto sviluppati a Firenze nel XVI secolo, dove la manifattura della lana dava lavoro a 30000 persone in città e nei dintorni, e negli opifici dei Medici gli operai erano soggetti a una rigida disciplina. D'altra parte, nel XVIII secolo la manifattura inglese del cotone – settore cruciale nello sviluppo della Rivoluzione Industriale – poté rispondere con flessibilità alla domanda in gran parte grazie al lavoro a domicilio.

Gli operai del settore tessile erano numerosi, specializzati e anche organizzati, come dimostra il fatto che tentassero di opporsi alle novità tecniche introdotte, secondo un atteggiamento conservatore tipico delle corporazioni artigiane. Il pregiudizio di fronte alla meccanizzazione era comune, e ve ne sono esempi in tutti i paesi: nel 1292 fu vietato nella città francese di Blois l'uso dei mulinelli da filatura per i tessuti di migliore qualità; nel 1298 il regolamento della gilda dei tappezzieri della città tedesca di Spira vietava l'uso del mulinello nella filatura dei fili dell'ordito e ancora a Firenze, nel XV secolo, il mulinello veniva adoperato solo per la trama; e nel 1409 i lanaioli di Costanza si lamentarono di fronte ai magistrati perché l'arco per la preparazione della lana veniva adoperato anche per il cotone, ma le autorità cittadine accettarono tale nuova applicazione. Tuttavia, la rapida evoluzione del settore e la sua crescente complessità rendeva la loro posizione sempre più fragile: essi diventavano sempre di più manodopera salariata – e meno specializzata di quella attiva nei settori minerario, metallurgico e della costruzione – più che artigiani autonomi.

Questa tendenza si manifestò precocemente, portando a numerose proteste e rivolte. Alla fine del XIII secolo l'industria delle Fiandre soffrì le conseguenze della concorrenza italiana nell'accaparramento della lana inglese, e si ebbero i primi scioperi; un secolo dopo ci fu a Firenze la ribellione fallita dei Ciompi, ossia i lavoratori dell'arte della lana che erano circa 10000, un terzo della manodopera nelle attività manifatturiere e che lottavano per il salario, le condizioni di lavoro e per avere una propria organizzazione o arte del "popolo minuto". La crisi del XIV secolo spinse infatti i padroni a tentare di regolare e prolungare i tempi di lavoro. La campana, usata nel Medioevo nelle chiese, in un mondo agricolo che viveva secondo i ritmi naturali della giornata, iniziò  a essere usata negli opifici per introdurvi un "tempo artificiale". Nel 1349 i tessitori di Gand avevano ottenuto, dopo uno sciopero, di iniziare e cessare il lavoro autonomamente. Tuttavia, i lavoratori urbani non erano più protetti dagli ordinamenti tradizionali delle corporazioni che, alla fine del Medioevo, servivano ormai piuttosto a difendere i privilegi degli imprenditori, borghesi arricchiti che detenevano il potere municipale. E lo sviluppo dell'industria domestica nelle campagne, che andò diffondendosi nei secoli XVI e XVII, fu un ulteriore modo di scavalcare le rigide norme corporative che avevano regolato tradizionalmente il lavoro.

## 3.4 Meccanizzazione e concentrazione nell'industria metallurgica

Il settore tessile fu al centro dell'economia europea preindustriale e fu anche lo scenario di molte innovazioni organizzative protoindustriali. Tuttavia, il lavoro degli addetti non richiedeva particolari competenze tecniche e la sua organizzazione era nelle mani dei mercanti-imprenditori, senza che vi fosse un intervento dei tecnici e degli ingegneri. L'uso delle macchine e i tentativi di applicare la ruota idraulica, oltre alla presenza di operai tecnici specializzati salariati, era tipica invece di grandi impianti e progetti tecnici: i cantieri navali; le cave di pietra; l'attività edilizia (chiese, edifici pubblici, fortezze); le miniere; e l'industria metallurgica (fonderie e industrie di trasformazione). I tecnici di più alto livello erano architetti-ingegneri, capaci di dirigere un cantiere e di progettare le macchine necessarie, come l'inglese James de Saint-Georges e il francese Villard de Honnecurt (ne parleremo nel capitolo 4). Fra gli operai tecnici specializzati vi erano i tagliatori di pietra, i carpentieri, i fabbri, i minatori.

Il livello tecnico raggiunto nel Medioevo nell'estrazione dei metalli e nella loro lavorazione per produrre utensili e armi è testimoniato dalle opere sulla guerra e sull'armamento scritte in tedesco a partire dal XV secolo e soprattutto dall'opera *De re metallica libri XII* (1556) del sassone Georg Bauer (1494-1555), noto come Agricola, laureato in medicina in Italia (presso la stamperia di Aldo Manuzio a Venezia collaborò all'edizione delle opere di Galeno) e che dal 1526 lavorò come medico e farmacista a Joachmistal, in Boemia (oggi Repubblica ceca). L'opera di Agricola vide la luce alla metà del XVI secolo: l'industria metallurgica, ancora modesta per i volumi di produzione, iniziava allora un grande sviluppo, soprattutto in Germania e in centro Europa. In questo settore, in particolar nella siderurgia, emersero numerosi caratteri protoindustriali dal punto di vista tecnico (uso delle macchine e automazione) e organizzativo. Inoltre, se il settore tessile fu l'attività trainante della Rivoluzione Industriale in Gran Bretagna, l'industria siderurgica fu al centro degli sviluppi che riguardarono l'uso del carbone minerale e l'introduzione della macchina a vapore, come vedremo nel capitolo 5.

Nelle miniere le tecniche estrattive si perfezionarono per risolvere problemi quali la ventilazione delle gallerie, il pompaggio dell'acqua o il sollevamento dei carichi. Nei secoli XIII e XIV era stata introdotta nei monasteri la ruota idraulica per azionare magli e mantici in sostituzione della forza umana o animale. Questo uso si diffuse e si ampliò, e le ruote idrauliche furono applicate anche per mettere in moto le pompe o i ventilatori nelle miniere. Inoltre, dal XV secolo si diffuse l'altoforno, un forno interamente murato nel quale si raggiungevano alte temperature e veniva quindi prodotta, a partire dal minerale di ferro, la ghisa ad elevato contenuto di carbonio. Il minerale di ferro era deposto su strati di carbone di legna che era attizzato grazie a mantici azionati da ruote idrauliche. L'abbondante uso del carbone di legna fu una delle cause principali dello scarseggiare del legname, e quindi, in alcuni parti d'Europa, in particolare in Inghilterra, il carbone fossile iniziò ad essere usato per fondere e forgiare il ferro oltre che per gli usi domestici.

a

b

c

d

**Fig. 3.2** La "meccanizzazione" nelle miniere metallifere nell'opera *De re metallica* di Agricola. Si osservi la varietà delle soluzioni sviluppate a seconda delle varie operazioni, che includono l'uso di ruote, ingranaggi, argani e manovelle che sfruttano l'energia umana (in (a), per azionare la ruota B collegata alla ruota dentata C; e in (d), in un impianto per azionare i doppi e triplici mantici), animale (cavallo) e idraulica (due esempi di ruote idrauliche alimentate per di sopra, in (b), per sollevare il secchio di acqua; in (c), in un impianto di ventilazione sotterraneo). Le illustrazioni del libro di Agricola sono reperibili nel sito dedicato alla storia dell'industria mineraria *www.miningheritage.com*

Nel XIV secolo il settore del ferro soffrì le conseguenze della guerra e della peste, che fecero scarseggiare le materie prime, il combustibile e la manodopera e ne fecero alzare i prezzi. La ripresa del settore, motivata anche paradossalmente dalla guerra ed in particolare dallo sviluppo delle armi da fuoco (polvere da sparo, cannone), fu segnata da una tendenza alla concentrazione e alla meccanizzazione. Si crearono grandi impianti con molte attrezzature, dotati di ruote idrauliche: le ferriere si trovavano inizialmente vicine ai giacimenti minerari, ma l'uso dell'energia idraulica portò alla loro collocazione in vicinanza dei corsi d'acqua e quindi alla loro separazione dalle miniere (la macchina a vapore porterà invece le ferriere, alcuni secoli dopo, vicino ai giacimenti di carbone). Questo settore aveva quindi bisogno di notevoli investimenti di capitali e la conduzione delle aziende richiedeva abilità e impegno dal punto di vista della gestione economica e delle attività (l'organizzazione dei lavoratori era particolarmente complessa). Nell'opera di Agricola, oltre alle arti minerarie, alle tecniche di fusione e di lavorazione dei metalli e alle tecniche chimiche, vengono descritte, oltre agli aspetti economici, "le funzioni degli addetti alla miniera" e "l'arte del sopraintendente".

Le nuove forme organizzative manifatturiere (lavoro a domicilio, opifici) furono adottate anche nell'industria metallurgica di trasformazione e in altri settori produttivi, dove però non vi era una segmentazione del processo produttivo simile a quella tipica dell'industria tessile. Per esempio, in Belgio fiorì un'industria rurale dei merletti e in Germania si lavoravano a domicilio i coltelli e le armi; la ditta italiana di armi Beretta (ancora oggi in attività, ne parleremo nel capitolo 14) fu fondata nel Quattrocento. Inoltre, il rafforzamento delle monarchie nazionali portò anche iniziative statali nel campo dell'industria, soprattutto nel settore militare (fabbricazione di armi e di divise) e nella produzione di oggetti di lusso, di alto valore commerciale, come arazzi e porcellane. Lo Stato era in grado di sostenere le spese di grandi opifici dove lavoravano un gran numero di operai, le cui materie prime erano costose e che avevano notevoli volumi produttivi. La parola «manifatture» si è riservata spesso per questi impianti, fra cui spiccano le manifatture create da Jean Baptiste Colbert (1619-1683), controllore delle finanze di Luigi XIV, nell'ambito di una politica economica (il "colbertismo") che considerava opportuno l'intervento statale nel settore commerciale e industriale per aumentare la ricchezza nazionale.

# 4 Ingegneri, scienziati e filosofi dal Rinascimento alla Rivoluzione Scientifica

SOMMARIO
4.1 L'eredità dell'ingegneria classica
4.2 L'incontro fra scienza e tecnica nella Rivoluzione Scientifica
4.3 Il valore della tecnica e il progresso del sapere
**Lettura 4** Natura, tecnica e matematica fra gli ingegneri del Rinascimento
**Lettura 5** Gli strumenti scientifici e le origini della tecnologia nella Rivoluzione Scientifica

## 4.1 L'eredità dell'ingegneria classica

La ricchezza di attività e iniziative che fiorirono nell'Europa del Basso Medievo per produrre meglio e di più, le "fabbriche" nei monasteri, gli impianti cittadini e la rete di produzione rurale, affiancarono al lavoro umano – per alleviarne le fatiche oppure per sfruttarlo di più – una gran varietà di utensili e dispositivi tecnici. Questi congegni, così come l'impiego delle ruote idrauliche verticali, mostrano la continuità della tradizione del sapere pratico che circolava nei gruppi di artigiani e tecnici esperti nei vari mestieri (fabbri, carpentieri, tagliatori di pietra, minatori, muratori). Su tale tradizione, essenzialmente orale, pesò molto meno che sul sapere erudito greco-latino la fine del mondo antico, il dissolvimento della struttura politica dell'Impero Romano, delle sue città, delle sue istituzioni e delle sue strutture produttive e commerciali. Inoltre, il sapere tecnico dell'Europa latina beneficiò di molti influssi di altre aree culturali (bizantina, islamica, del lontano Oriente), trasmessi sempre oralmente attraverso i contatti commerciali e il movimento di artigiani e tecnici.

Che ne fu invece della tradizione dell'ingegneria antica? Essa era un'attività basata su un pensiero tecnico che si collocava a metà strada fra il sapere pratico orale di artigiani e tecnici e il sapere erudito delle arti liberali, e quindi fu danneggiata dall'interruzione della ricerca nei grandi centri culturali del mondo antico, e in particolare delle ricerche sulle scienze fisiche e matematiche, che sotto il dominio di Roma si svolsero soprattutto in Alessandria d'Egitto. Inoltre, la professione dell'ingegnere si discostava dai mestieri artigiani e tecnici in quanto rivolta soprattutto alla realizzazione di progetti tecnici legati alla struttura sociale e politica delle città antiche: progetti urbanistici ed edilizi, strade, ponti e conduzione dell'acqua, agrimensura e catasti, organizzazione e azione militare (castrametazione, macchine belliche). L'ingegneria quindi soffrì fortemente della disintegrazione dell'autorità imperiale e delle strutture organizzative del mondo antico, e della frammentazione del potere nel mondo feudale, ma iniziò un lento recupero non appena in Europa emersero tendenze all'organizzazione e alla razionalizzazione della vita sociale, prima nelle città e soprattutto negli Stati nazionali che ampliarono l'orizzonte geografico e la base economica dei progetti tecnici.

## Gli ingegneri nell'Impero Romano

Dalla fine dell'epoca repubblicana e all'inizio dell'epoca imperiale, lo sviluppo dell'urbanizzazione, i lavori pubblici e le esigenze dell'organizzazione militare conferirono un'importanza sempre maggiore alle professioni tecniche di alto livello: architetto, ingegnere e agrimensore. Queste attività – spesso non ben distinte – erano esercitate da uomini liberi oppure da schiavi o liberti, sia come liberi professionisti sia come funzionari, anche raggruppati in un corpo diretto da un funzionario capo, come nel caso degli agrimensori a partire da Costantino. Si sentiva l'esigenza e il problema posto dalla loro formazione specializzata. Oltre all'addestramento nel cantiere, tipico delle attività tecniche, era generalmente accettato che era necessario ricevere un insegnamento da parte di precettori privati oppure stipendiati dalle città; un editto dell'epoca dell'imperatore Costantino prescrisse l'apertura di vere e proprie scuole a spese dello Stato. Tuttavia, non si raggiunse un'unanimità su quale doveva essere il contenuto di tale insegnamento: bisognava ricevere una formazione matematica, oppure una formazione enciclopedica (la *enkyklios paideia*), oppure era più utile l'insegnamento di tecnici esperti nella materia, che erano in grado di trasmettere anche solidi principi di deontologia professionale?

Molti dei tecnici di alto livello erano di lingua greca, e avevano studiato ad Alessandria di Egitto, il centro della scienza all'epoca, ricevendo una formazione teorico-pratica che includeva la geometria, la fisica, la metallurgia o la carpenteria. Ne è un esempio famoso Apollodoro di Damasco, architetto (*architekton*) e ingegnere (*mechanikos*) che costruì il foro di Traiano. Tuttavia, le figure più rappresentative dell'ingegneria del mondo romano e più influenti nell'ingegneria classica europea furono personaggi come Marco Vitruvio Pollione e Sesto Giulio Frontino, entrambi funzionari imperiali che ricoprirono importanti incarichi militari e nell'amministrazione civile. Essi scrissero delle opere che raccolsero in modo sistematico il sapere tecnico colto, che includeva: l'edilizia (con compiti che erano insieme di architetto e di capomastro); la conduzione dell'acqua; la costruzione di macchine di guerra e la poliorcetica (l'arte di assediare ed espugnare le città); e l'agrimensura e topografia militare, che includeva la castrametazione (l'organizzazione dei campi), la divisione delle terre in lotti da rappresentare sulle carte catastali quando venivano colonizzate nuove terre, e anche la logistica e l'approvvigionamento.

La ricca letteratura tecnica scritta sotto l'Impero Romano continuò a circolare dopo la fine del mondo antico, anche sotto forma di raccolte quale il *Corpus agrimensorum*. Queste opere mantennero vive le conoscenze di geometria pratica anche nei secoli in cui nessuno era più in grado di leggere le grandi opere della geometria greca: la parola "geometra", infatti, e anche la parola "matematico" si usò per molti secoli per designare i tecnici.

▶ Ma l'opera che ebbe un ruolo decisivo nella rinascita dell'ingegneria in Europa fu il trattato in dieci libri *De architectura*, scritto da Vitruvio, che visse sotto Cesare e Augusto. Nell' "epoca buia" del Medioevo questo libro non ebbe circolazione, anche se è significativo che ne fosse in possesso di una copia Eginardo, il cancelliere di Carlomagno. Ma il numero dei manoscritti in circolazione aumentò fra il XII e XIII secolo, e, "riscoperto" all'inizio del Quattrocento e pubblicato a stampa nel 1487, diventò il punto di riferimento dei tecnici e degli artisti del Rinascimento. È un'opera che combina elementi filosofico-scientifici (sui quattro elementi, sul clima, sull'astronomia), con istruzioni tecnico-pratiche, e con una modesta presenza di idee geometriche. I primi sette libri sono dedicati ai materiali e alle tecniche di costruzione di templi, teatri, carceri, porti, bagni, case private e tutte le altre tipologie architettoniche. Nell'ottavo libro si occupa dell'acqua e dell'idraulica, dalla ricerca dell'acqua e il rilevamento dei livelli ai vari tipi di acquedotto; nel nono libro si occupa di astronomia, astrologia e dei vari tipi di orologi (meridiane, orologi ad acqua); infine il decimo libro è dedicato alle macchine: pompe per il sollevamento dell'acqua, macchine per sollevare i pesi, armi (catapulte, balista) e macchine da assedio (incluse indicazioni di stratagemmi militari), la madrevite per la filettatura delle viti e il mulino ad acqua.

La rinascita dell'ingegneria non derivò quindi direttamente dallo sviluppo delle attività industriali e commerciali in Europa nei secoli XI-XIII e avvenne in una fase successiva, proprio mentre tali attività iniziavano a superare la crisi di fine Trecento e gli equilibri politici europei erano in ricomposizione. Possiamo parlare di recupero e di rinascita, in quanto non vi fu forte discontinuità fra l'ingegneria antica e l'ingegneria europea: non a caso essa emerse in Italia ed è uno degli aspetti del Rinascimento italiano, la stagione culturale che riavvicinò l'Europa alla filosofia, la letteratura, le arti e le scienze greco-latine. L'Italia aveva perso l'egemonia sulle rotte commerciali e la sua struttura industriale era in crisi, ma i servizi degli ingegneri italiani erano richiesti presso le corti di nobili e re europei che volevano creare le strutture tecniche dell'amministrazione del potere centralizzato. I loro compiti e le loro competenze non erano inizialmente dissimili da quelle degli ingegneri-funzionari romani, anche se – uomini del loro tempo – oltre alle macchine usate nella costruzione e alle macchine belliche, si interessarono anche al funzionamento dei dispositivi per la filatura oppure delle ruote idrauliche.

L'ingegnere di stampo classico era un architetto-ingegnere che lavorava al servizio di un committente "istituzionale" – una città, un governante, un re –, esperto di macchine (era spesso chiamato proprio "meccanico" o *machinator*) adoperate nei cantieri o a scopo militare, capace di progettare edifici, ponti e canali e nel contempo capocantiere in grado di coordinare uomini e macchine. Era un professionista riconosciuto, del quale si ricorda il nome. Il termine "ingegnere" (o *ingeniator*) era usato soprattutto nel senso di ingegnere militare, sia che lavorasse in questa veste temporaneamente o integrato in un esercito. L'architetto non era ben distinto dall'ingegnere (così come l'artista e l'artigiano si confondevano), e infatti la figura dell'architetto moderno emergerà solo con la progressiva separazione fra l'abilità tecnica e i compiti organizzativi e l'ispirazione artistica. Spesso aveva familiarità con la matematica, ma la sua competenza era basata essenzialmente sull'esperienza e la filosofia della sua azione era quella di "ingannare la Natura", strappando le sue regole grazie alle macchine frutto dell'ingegno.

---

**Macchina**

La parola «macchina» deriva dal termine greco *mechane* (in latino *machina*), che era usato originariamente – nelle opere di Omero – per designare una risorsa, una trovata ingegnosa, a volte nel senso di tranello, di astuzia. Gli storici Erodoto e Tucidide e il filosofo Platone la usano parlando rispettivamente del sistema di costruzione della piramide di Cheope, delle macchine da guerra e dei dispositivi usati nella scenografia a teatro, in riferimento quindi a "macchine" o congegni intesi proprio come risorse e artifici per ottenere uno scopo.

Verso la fine del IV secolo a. C., fra i discepoli di Aristotele ad Atene, fu elaborata un'opera intitolata proprio *Meccanica* (nota anche con il titolo latino *Quaestiones mechanicae* e considerata, erroneamente, opera dello stesso Aristotele), dove si discute il funzionamento della bilancia e della leva, e sulla base della teoria della leva si parla del remo, del timone, del cuneo, della puleggia, del verricello, ma anche delle tenaglie dei dentisti e degli schiaccianoci. Oltre alle questioni su questi vari strumenti e dispositivi, vi si trovano considerazioni sul trasporto di un peso da parte di un uomo, sul moto umano e questione sul moto in generale. Il funzionamento della leva è esaminato usando un linguaggio geometrico e in riferimento al cerchio (considerato in movimento), ma si usano anche le concezioni della fisica aristotelica, mentre altrove si svolgono ragionamenti basati sulla esperienza pratica e il senso comune. È pertanto un libro ibrido, un primo tentativo di sviluppare una *teoria* della *pratica* e di consegnarla per scritto, che quindi è indice dell'evoluzione del pensiero tecnico greco verso la tecnologia; ma nel contempo permane una visione della *tecnica* in opposizione alla *natura*, come un insieme di risorse concepite dall'uomo per "averla vinta" sulla Natura, sfidandola. Si legge infatti all'inizio del libro:

*Desta meraviglia ciò che accade sì secondo natura, ma di cui non si scopre la causa; ed egualmente quanto prodotto contro natura, per artificio, a favore delle necessità degli uomini. In molte cose infatti la natura opera contro i bisogni dell'uomo [...] Se quindi deve essere prodotto qualcosa contro natura, ciò, a causa delle difficoltà, implica il ricorso a arti speciali. Intendiamo con il nome di meccanica quell'arte che serve alla risoluzione*

▶

di tali difficoltà, secondo il detto del poeta Antifonte: "l'arte procuri la vittoria, che natura impedisce". Appartengono a questo genere di fenomeni
quelli in cui il più piccolo vince il più grande, e una modesta forza solleva
pesanti carichi, e tutti gli altri problemi che chiamiamo meccanici.

La visione della macchina come "inganno" alla Natura e della sfera tecnica come regno dell' "artificio" (da cui deriva la parola «artificiale») fu
ereditata dall'ingegneria europea. Il superamento di questa visione e l'e-
voluzione verso una concezione del dominio della Natura come governo o
"controllo" (ossia, forzare un comportamento richiesto sulla base della
conoscenza delle sue leggi) è uno degli aspetti che portarono alla nascita
dell'ingegneria moderna.

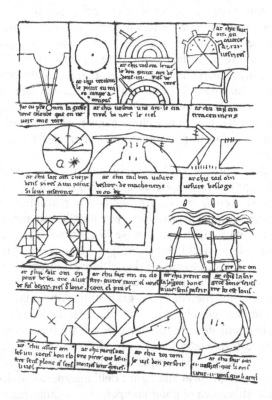

**Fig. 4.1** L'"ingegneria del pressappoco" nei disegni geometrici dei quaderni di Villard de
Honnecurt, conservati presso la Biblioteca Nazionale di Francia a Parigi. Nella prima fila, da
sinistra, procedure di calcolo del diametro di una colonna, del centro di un terreno e di
costruzione di un arco; in terza fila, regola di costruzione di un ponte di venti piedi, di un
chiostro e calcolo di lunghezze a distanza (di un corso d'acqua, di una finestra); in quarta
fila altre regole relative a un chiostro e al taglio di una pietra. Si può consultare un'analisi
di parte di questi quaderni nel sito *classes.bnf.fr*, fra cui il funzionamento di una sega "automatica" azionata dalla forza dell'acqua e dotata di un meccanismo che portava automaticamente il legno alla sega.

Sappiamo poco sugli architetti-ingegneri medievali, anche perché non hanno lasciato testi scritti. Tuttavia, le commesse affidate loro non erano da poco: chiese e cattedrali e fortezze, che diventarono sempre più importanti con l'introduzione della polvere da sparo e dei cannoni. Ad esempio, in Inghilterra vi fu un "ingegnere capo" del re (o della regina) fin dall'epoca della conquista normanna nel 1066. Nel XIII secolo lavorarono James de Saint-Georges, incaricato della costruzione di una catena di dieci fortezze al nord del Galles fra il 1277 e il 1295, e Villard de Honnecourt, che ebbe vari incarichi in Picardia, la sua terra natale, e altre città francesi, ma anche in Ungheria (dove si forse edificò la chiesa di Santa Elisabetta a Kosice) e Upsala, in Svezia.

Nell'opera *Bellifortis* (1405) di Konrad Kyeser (nato nel 1366), che ebbe ampia circolazione e nelle opere di Mariano Daniello di Jacopo (1381- 1453/58), detto Taccola, autore del *De ingeneis* (4 volumi, a partire del 1427) e del *De rebus militaribus* (1449), si trovano le novità dell'ingegneria meccanica medievale, fra cui nuove armi come il trabbuco e il cannone ma anche dispositivi usati in applicazioni non militari, come pompe, mulini e macchine per il sollevamento (gru, paranchi), con pulegge e ingranaggi, e si descrive anche la trasformazione del moto rotatorio in moto alternato con la manovella, combinata con la biella. Taccola era noto come "l'Archimede di Siena", per la fama di Archimede come costruttore di macchine e inventore di stratagemmi militari, ma questi autori non fanno riferimento alle opere della tradizione classica, incluso Vitruvio.

Capostipite degli ingegneri del Rinascimento fu Filippo Brunelleschi (1377-1446), ricordato soprattutto come architetto di alcune delle più famose chiese dell'epoca, e che si occupò anche di progettare le macchine necessarie a tale scopo, fra cui una complicata macchina per il sollevamento. Egli non lasciò alcun testo scritto, ma si ritiene che avesse conoscenze matematiche e meccaniche (forse aveva letto Archimede) che guidarono la sua attività, come la costruzione della cupola di Santa Maria del Fiore a Firenze. La cultura matematica si accrebbe notevolmente nel Rinascimento con la riscoperta dei testi greci di Euclide e Archimede, che erano già stati tradotti in latino nel Medioevo ma avevano avuto poca circolazione. Tuttavia, forse la diffusione dell'opera di Vitruvio ostacolò quella della tradizione greca di studi matematici dei problemi tecnici, con la notevole eccezione di Leonardo da Vinci (1452-1519).

La descrizione delle proprie competenze che Leonardo da Vinci fece al duca di Milano corrisponde proprio alla figura dell'ingegnere classico che abbiamo descritto, quando affermava di poter competere con chiunque in architettura e nella costruzione dei canali e di conoscere inoltre: un sistema per la costruzione di ponti molto leggeri, facili ad essere trasportati, la tecnica per la costruzione dei fossati e delle scale per gli assalti, la costruzione di balestre leggere di facile trasporto e in grado di lanciare materiali infiammabili; lo scavo di cunicoli allo scopo di aprire un passaggio in posti inaccessibili e di spingersi anche sotto i fiumi; la costruzione di cannoni, mortai e macchine da fuoco diversi da quelli in uso a quei tempi. Tuttavia, il pensiero tecnico di Leonardo si discosta dalla corrente generale dell'epoca, come vedremo subito. Bisogna però ricor-

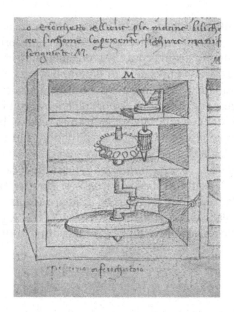

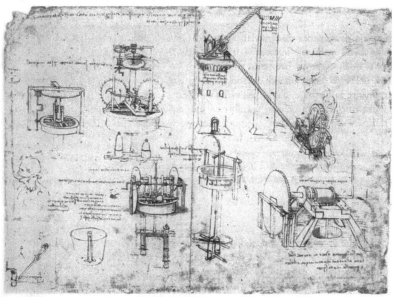

**Fig. 4.2** Gli architetti-ingegneri del Rinascimento e le macchine. (a) Disegno di Francesco di Giorgio Martino (manoscritto conservato presso la Biblioteca Laurenziana a Firenze), che lavorò a Siena, Urbino e Napoli. Si occupò di una gran varietà di mulini e ruote, oltre a gru, meccanismi di sollevamento e pompe. Uno dei manoscritti conservati apparteneva a Leonardo, e contiene sue annotazioni marginali. (b) Dispositivi idraulici in uno dei "quaderni" di Leonardo, il Codice Atlantico (conservato presso la Biblioteca Ambrosiana di Milano).

dare che egli si lamentava ugualmente della sua mancata accettazione nei circoli degli umanisti. Egli infatti scriveva: "Sebbene, come loro, non sapessi allegare gli autori, molto più degna cosa a leggere allegando la sperienza, maestra ai loro maestri. Costoro vanno sgonfiati e pomposi, vestiti e ornati non delle loro, ma delle altrui fatiche; e le mie a me medesimo non conciedono; e se me inventore disprezzeranno, quanto maggiormente loro, non inventori ma trombetti e recitatori delle altrui opere, potranno essere biasimati" (*Codice Atlantico*, Reale Accademia dei Lincei, Roma, 1900-04, f. 117, r. b.).

La trattatistica tecnica del Rinascimento – ad esempio i famosi *Trattati di architettura, ingegneria e arte militare* del senese Francesco di Giorgio Martino (1439-1501), ben noti da Leonardo – si caratterizza per uno stretto legame, tipico della tradizione tecnica, con il sapere acquisito e tramandato, da un parte, e con la realtà e l'esperienza pratica, dall'altra. Segni di rinnovamento sono invece il pregio assegnato all'invenzione, dimostrato dai primi tentati-

Aurum probatur igni, ingenium uero Mathematic

**Fig. 4. 3** "L'oro si riscontra attraverso il fuoco, l'ingegno attraverso la matematica": una raffigurazione nel frontespizio di un manuale tecnico pubblicato a Norimberga nel 1547.

vi di regolare i brevetti (in modo da proteggere gli "acutissimi ingegni apti ad excogitar et trovar varii ingegnosi artificii", come scritto in una legge data a Venezia nel 1474) e l'insistenza sul ruolo della matematica nell'ingegneria. Fra gli ingegneri si ritrova l'eco della tensione culturale tipica del Rinascimento, che da una parte rivalutava l'azione terrena dell'uomo e la vita pratica, e quindi anche l'attività tecnica, mentre dall'altra persisteva nella visione classica della minore dignità delle arti meccaniche, anche per influsso dell'umanesimo. Il ruolo della matematica era per lo più sottolineato nelle prefazioni dei libri, ma non si realizzava effettivamente negli studi sulla progettazione e il rendimento delle macchine o sulla statica degli edifici. Venivano compilate tavole numeriche empiriche, oppure il linguaggio della teoria delle proporzioni era usato per esprimere regole o "ricette" desunte dall'esperienza, ad esempio riguardanti le dimensioni delle armi o il rapporto tra la carica di polvere da sparo e il peso di una palla di canone, oppure per le misure dei ponti di pietra. Nel caso di Leon Battista Alberti (1404-1472), raffinato umanista, la teoria delle proporzioni era adoperata in funzione di canoni estetici che dovevano guidare la costruzione degli edifici. Ciò mostra che la matematica era considerata soprattutto una chiave della riaffermazione della dignità della tecnica.

Leonardo da Vinci, nonostante le molte competenze tecniche e le sue realizzazioni nel campo dell'idraulica, era più un teorico che un realizzatore vero e proprio di edifici e di macchine. Egli, infatti, sottolineava il valore dell'invenzione, e mostrò interesse per tutti i vari contesti dell'attività tecnica, e segnatamente per le macchine usate nella manifattura – come la filatrice (fig. 2.1), i mulini e le macchine per la lavorazione del metallo – e per gli orologi meccanici. La sua affermazione del valore della matematica – era un autodidatta, ma aveva studiato matematica con il famoso Luca Pacioli (1445-1517) – come modello della vera conoscenza corrispondeva al tentativo di ottenere una conoscenza sistematica del funzionamento delle macchine, esaminando le componenti e studiando aspetti quali la frizione e l'efficienza. I suoi studi, che sono i più significativi del periodo precedente lo sviluppo della meccanica razionale e della fisica matematica, andavano nella direzione di superare la visione della macchina come un artificio, come un inganno alla Natura.

Fra la fine del Quattrocento e il Cinquecento si ebbe una nuova fioritura della letteratura tecnica, in latino e nelle lingue volgari, scritta da autori soprattutto italiani, tedeschi, francesi, che costituì una parte importante dei primi libri stampati, fra cui i *Mechanicorum libri* (1577) di Guidobaldo Dal Monte (1545-1607) e *Le diverse et artificiose macchine* (1588) di Agostino Ramelli (1531-1608). La tradizione dell'ingegneria classica al servizio dello Stato raggiunse il punto di maggior sviluppo nel Seicento, con l'attività di Vauban, capo del genio militare francese sotto Luigi XIV. Solo nel Settecento un insieme di fattori, quali la fine delle monarchie assolute, la filosofia dell'Illuminismo e gli ideali di riforma sociale e di diffusione dell'istruzione e, infine, lo sviluppo della meccanica e l'evoluzione del pensiero tecnico colto, portarono alla creazione dell'ingegnere moderno. Quest'evoluzione fu anch'essa indipendente dall'evoluzione dell'industria e del commercio, nella quale operarono soprattutto artigiani e tecnici: l'incontro fra l'ingegneria moderna e l'industria avvenne soltanto nell'Ottocento.

## 4.2 L'incontro fra scienza e tecnica nella Rivoluzione Scientifica

Il sapere dell'ingegnere classico era il frutto di una lunga esperienza pratica. Esso poggiava su invenzioni e conoscenze frutto dell'ingegno e del contatto con i materiali, le sostanze o l'acqua, sviluppate secondo ragionamenti basati non su misurazioni precise ma su considerazioni del "pressappoco" (espressione di Koyré), sul metodo della prova ed errore, sulla messa alla prova e i successivi rimaneggiamenti di metodi, procedure e oggetti artificiali. In essa vi era, quindi, una miscela di potenziale portata rivoluzionaria e di attaccamento alla tradizione. Nelle origini dell'ingegneria europea la tensione verso il rinnovamento – rappresentata da Leonardo – si accentuò, riflettendo l'apertura all'innovazione della società europea manifestatasi già nel Medioevo, ma anche l'atmosfera culturale del Rinascimento: la valorizzazione dell'impegno civile, del buon governo e dell'operosità, la ricerca di un pensiero autonomo dai timori teologici e dai divieti ecclesiastici, il recupero di tutti gli elementi della cultura greco-latina, colmando le lacune lasciate dalla travagliata trasmissione delle conoscenze in epoca medievale.

Per quanto riguarda l'ingegneria, quest'ultimo aspetto significò il recupero delle due correnti principali del pensiero tecnico colto del mondo classico, e quindi non solo quello pratico-empirico rappresentato da Vitruvio, ma anche quello dei "meccanici" greci di epoca ellenistica, rappresentato da Archimede di Siracusa, che svilupparono la statica, l'ottica e la teoria delle cinque macchine semplici, usando il linguaggio e i concetti della geometria.

---

### I meccanici greci, le macchine semplici e le origini della tecnologia

La cultura greca, a partire dal grande slancio dei secoli VI al IV a. C., diede un grande contributo alla creazione di una riflessione teorica sul cosmo, sui fenomeni naturali, sull'uomo, sulla società e sulla conoscenza. Fra i Greci nacque la filosofia, così come anche la nostra idea di "matematica": ossia una matematica teorica che tratta oggetti (i numeri, i segmenti, i cerchi e le altre figure geometriche) che erano anche al centro della matematica pratica, ma da un punto di vista diverso, ossia ricercando – invece di conoscenze *utili* nella pratica – conoscenze *certe*, la cui verità è provata da una dimostrazione geometrica.

Meno noto è il fatto che proprio in quel periodo si ebbe anche un notevole sviluppo dell'innovazione tecnica, in particolare per quello che riguarda le macchine. Come ha spiegato lo storico Bertrand Gille, le innovazioni

▶

furono legate a due attività molto apprezzate e importanti nel mondo greco: la navigazione e il teatro. Per esempio, puleggia e verricello sono due macchine semplici usate dai greci sia nelle navi, sia sul palcoscenico.

Bisogna quindi sfumare il giudizio secondo il quale i Greci, poiché accettavano la schiavitù, si disinteressarono delle tecniche che potevano agevolare il lavoro umano e quindi disprezzavano la tecnica. Piuttosto, caratteristica della cultura greca è lo sviluppo della scienza o teoria (*episteme*) autonomamente dal sapere pratico-tecnico (*techne*). Inoltre, i Greci iniziarono a fare la "teoria" della "tecnica", ossia diedero inizio alla tecnologia. A questo scopo essi si servirono del linguaggio e dei concetti della geometria. Si occuparono di questo problema già i pitagorici, e ad uno di essi, Archita di Taranto, è attribuita dalla tradizione – ma non vi sono elementi per provarlo – l'invenzione della vite. Come è caratteristico del sapere teorico greco, anche queste riflessioni furono consegnate per scritto, in trattati specialistici. Uno dei primi è la *Meccanica* pseudo-aristotelica che abbiamo citato prima, libro nel quale si tenta di considerare la bilancia e la leva da un punto di vista geometrico. Ma il vero tentativo riuscito di analizzare questo problema fu realizzato da Archimede di Siracusa (287-212 a.C.), in un'opera intitolata *Sull'equilibrio dei piani*, che forse era una parte di un più ampio trattato intitolato *Elementi di meccanica* (sull'attività di Archimede come costruttore di macchine, invece, vi sono molte leggende ma nessuna è documentata). Archimede, studiando la bilancia e la leva, si spinse oltre i problemi pratici, verso la delucidazione dei principi generali della statica, ossia la scienza dell'equilibrio dei corpi, e così nella sua opera sull'idrostatica, dal titolo *Sui corpi galleggianti*. Ebbe così inizio nel mondo greco lo sviluppo della meccanica come scienza: il progetto di una tale disciplina era stato concepito, anche se dopo Archimede non vi furono contributi teorici altrettanto elaborati.

Ad Alessandria di Egitto fiorì una scuola di studiosi di macchine e dispositivi, incluse le tecniche militari che interessavano particolarmente la corte che sosteneva la loro attività. Essi elaborarono la classificazione delle macchine in macchine semplici (cinque: leva, cuneo, vite, puleggia e verricello, alle quali si aggiunse in seguito una sesta, il piano inclinato) e macchine complesse, ossia combinazioni delle macchine semplici. Essi svilupparono i loro studi seguendo il criterio di precisione guidato dalla matematica. Il loro contributo principale, dal punto di vista tecnico, è la progettazioni di dispositivi automatici, basati sull'utilizzazione dell'acqua per comprimere l'aria (lo studio della compressibilità dell'aria si chiama «pneumatica», oggi parte della meccanica dei fluidi). A Ctesibio di Alessandria, probabilmente vissuto nello stesso periodo di Archimede, si attribuisce la costruzione di un organo idraulico. Il suo discepolo Filone di Bisanzio scrisse un trattato intitolato *Meccanica* nel quale si occupò di macchine da guerra, della teoria della leva e di una grande varietà di macchine automatiche e automi di nessuna utilità nel lavoro, bensì concepiti come giocattoli, per divertire e meravigliare.

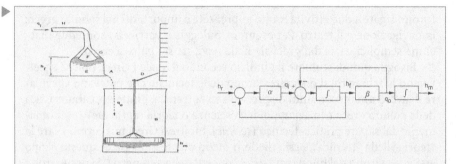

**Fig. 4.4** La tradizione attribuisce a Ctesibio l'invenzione di un orologio idraulico (descritto ad esempio da Vitruvio) nel quale gli storici della tecnica e gli ingegneri individuano un primo esempio di un dispositivo di controllo tramite *feedback* o retroazione (Mayr 1970; si veda la lettura 5). A destra, una ricostruzione dell'orologio e a sinistra un'analisi in termini di feedback, secondo Lepschy e Viaro (2004). La valvola F svolge le funzioni di trasduzione dell'informazione e regolazione del flusso dal serbatoio, senza che sia richiesta alcuna energia esterna, grazie alla spinta idrostatica: $h_r$ indica il livello di riferimento della valvola galleggiante F nel primo recipiente E; $h_f$ il livello effettivo nel recipiente E, che dipende dall'integrale della differenza fra il flusso d'ingresso $q_i$ dal serbatoio e il flusso in uscita $q_o$; $h_m$ il livello nel secondo recipiente B, indicato da D (a partire dell'integrale di $q_o$). Vi sono due cicli di retroazione: il flusso $q_i$ dipende dalla posizione di F, ossia da $h_r$ - $h_f$; e il flusso $q_o$ fra i due recipienti dipende da $h_f$.

Il più famoso e influente di questi autori fu Erone di Alessandria, autore di un trattato intitolato *Meccanica* dedicato alle macchine semplici, agli ingranaggi e alle macchine complesse e rivolto a un pubblico di artigiani e tecnici; di un libro di "meccanica di precisione" intitolato *Dioptra*, sulla costruzione e l'uso di alcuni strumenti di misura; e di un trattato di *Pneumatica* dove descrive automi e dispositivi come quelli di Filone: fontane con animali che bevono e uccelli che cantano, dispositivi automatici da usare nei templi, per aprire e chiudere le porte oppure per fare arrivare l'acqua all'entrata di un tempio. In questo libro figura persino un dispositivo che usa il vapore allo scopo di far girare una palla, ispirato ai principi che portarono alla creazione delle turbine a reazione.

La *Meccanica* pseudo-aristotelica, che era già stata tradotta al latino all'inizio del XIII secolo, fu stampata nel 1497 e tradotta e commentata da vari autori, fra cui anche Galileo Galilei (1564-1642), che nel anno 1597-98 se ne occupò nel suo corso all'università di Padova e scrisse, forse come dispense per i suoi studenti, un trattato sulla teoria delle macchine semplici intitolato *Della scienza meccanica, e delle utilità che si traggono da gl'istromenti di quella* (pubblicato a stampa soltanto nel 1634). Gli interessi di Galileo andavano però molto oltre la *meccanica come parte della tecnologia*. Egli si interessava principalmente della ricerca teorica delle leggi del moto dei corpi indipendentemente da qualsiasi considerazione di utilità, ossia della *meccanica come scienza*. Lo scopo di entrambi i filoni di ricerca sono diversi: nel primo caso, il ricercatore si prefigge un obiettivo pratico; nel secondo cerca di carpire le leggi naturali. Entrambi sono collegati fra di loro: il funzionamento delle macchine, a partire della leva e le macchine semplici, fino alle macchine composte oppure gli automi, sollecitano problemi generali sul moto; e viceversa dallo studio delle leggi del moto si può capire come funzionano le macchine e quindi come perfezionare quelle già esistenti, aumentandone il rendimento, oppure come progettarne delle nuove utili a certi scopi. E un analogo rapporto esiste fra l'idraulica e la meccanica dei fluidi.

La meccanica teorica greca era stata studiata, dopo la fine del mondo antico, sia dagli autori in lingua araba che dagli studiosi di lingua latina delle università europee medievali. Tuttavia, in quel periodo le ricerche di tipo teorico furono mantenute rigidamente separate dalle sollecitazioni della tecnica, e i tecnici, che non conoscevano il latino né avevano formazione matematica, ignoravano la teoria delle macchine e l'idraulica. Inoltre, nelle università medievali – ma anche nei centri di ricerca dell'islam – si studiava principalmente la fisica e la meccanica aristoteliche, perché Aristotele fu il filosofo greco recuperato dalla scolastica medievale, la scuola di pensiero che perseguì una fusione fra la teologia e l'eredità classica.

Il Rinascimento portò all'interazione fra gli uomini colti e i tecnici e ingegneri; inoltre, fra gli eruditi europei – anche per reazione alla tendenza scolastica a ricondurre ogni problema all'autorità indiscussa di Aristotele oppure al dogma cristiano – fu rivalutato il pensiero di Platone e circolarono anche le correnti mistiche medievali, legate alla tradizione magica, oppure alla kabbalah ebraica. Da tutti questi fermenti filosofici emergeva una rivalutazione del ruolo della matematica nella comprensione dell'universo, e anche la convinzione che, tramite lo studio della matematica e la conoscenza approfondita dei fatti reali, esaminati attraverso la lente della matematica, l'uomo sarebbe stato in grado di decifrare i misteri dell'universo. Gli studi di Archimede ne fornivano un esempio brillante, nel quale le conclusioni erano espresse usando il linguaggio geometrico degli *Elementi* di Euclide.

In questo ambiente si formò il giovane Galileo fra Pisa e Firenze, incoraggiato dal suo mentore, l'ingegnere Guidobaldo Dal Monte. Egli frequentava i luoghi di lavoro dei tecnici e si occupò della fabbricazione e del perfezionamento di strumenti come il cannocchiale oppure l'orologio. Egli però non era un tecnico o un ingegnere, bensì un filosofo della Natura, e il suo principale interesse fu di andare oltre gli studi di statica, iniziando quindi lo studio dei fenomeni del moto (caduta dei gravi, il moto su un piano inclinato, moto parabolico). Egli ne ricercava le leggi espresse in termini matematici, che dovevano poi essere verificate per il tramite di un esperimento (il "cimento", nel linguaggio galileano). Con gli studi di meccanica di Galileo inizia la creazione della scienza moderna, un processo di portata rivoluzionaria per la cultura europea noto come Rivoluzione scientifica, al quale contribuirono un gran numero di studiosi e che raggiunse il suo punto più alto con l'opera di Isaac Newton (1642-1727).

---

### Galileo e l'arsenale di Venezia

Nell'opera *Discorsi e dimostrazioni matematiche intorno a due nuove scienze attinenti alla meccanica e i movimenti locali* pubblicata a Leida nel 1638 – nonostante il divieto della Chiesa di pubblicare le sue opere, dopo il processo intentatogli dall'Inquisizione per la sua difesa delle dottrine copernicane – Galileo si occupò di resistenza di materiali, a proposito di un problema di teoria delle macchine, della resistenza delle travi incastrate o appoggiate e soprattutto di meccanica. È molto famosa la menzione dell'arsenale di Venezia con la quale i personaggi Salviati (Galileo) e Sagredo iniziano la loro discussione sulle nuove idee meccaniche con l'aristotelico Simplicio (Galileo 1638: vol. II, 83):

*Salviati: Largo campo di filosofare a gl'intelletti speculativi parmi che porga la frequente pratica del famoso arsenale di voi, Signori Veneziani, ed in particolare in quella parte che meccanica si domanda; atteso che quivi ogni sorta di strumento e di macchina vien continuamente posta in opera da un numero grande d'artefici, tra i quali e per le osservazioni fatte da i loro antecessori, e per quelle che di propria avvertenza vanno continuamente per sé stessi facendo, è forza che ve ne siano dei peritissimi e di finissimo discorso.*

*Sagredo: V. S. non s'inganna punto; ed io, come per natura curioso, frequento per mio diporto la visita di questo luogo e la pratica di questi che noi, per certa preminenza che tengono sopra il resto della maestranza domandiamo proti; la conferenza dei quali mi ha più volte aiutato nell'investigazione di effetti non solo meravigliosi ma reconditi ancora e quasi inopinabili.*

---

Un ingrediente fondamentale della Rivoluzione Scientifica fu quindi l'interazione fra la nascente scienza moderna e l'antica tradizione tecnica. Dal mondo tecnico i filosofi della Natura ricavarono molti problemi, dall'artiglieria, dalla navigazione e dalla costruzione navale, dalla fabbricazione delle lenti. Inoltre, i tecnici, i "meccanici", li aiutarono a costruire gli strumenti scientifici, ossia strumenti di misura attendibili, precisi e controllabili, fondamentali per l'applicazione del metodo sperimentale. Infine, le conquiste della tecnica europea (ben prima che i filosofi ottenessero i loro principali successi) furono alla base del loro "ottimismo", ossia della fiducia nel potere dell'uomo di capire e dominare la Natura, e della loro visione dell'universo e delle sue leggi, che fu molto condizionata dall'esempio della macchina.

Viceversa, il mondo tecnico uscì profondamente trasformato dall'interazione con la nuova scienza, a partire da Nicolò Tartaglia (1500 ca.-1557), da Galileo e dagli studiosi olandesi Simon Stevin (1548-1620) e Christian Huygens

(1629-1695). Le opere di Tartaglia – come ha fatto vedere Koyré – mostrano che la balistica fu sviluppata sì *per* gli artiglieri e artificieri, ma di fatto *contro* di loro, nel senso che essi avrebbero continuato volentieri a usare le loro tavole di tiro, basate sull'esperienza accumulata e abbastanza precise per i loro scopi, e che solo lentamente iniziarono a convincersi dell'utilità pratica dello studio matematico-sperimentale del moto dei proiettili. Infatti, la ricerca di precisione e di verità tipica della matematica teorica non era stata presente nel mondo terreno della tecnica, né in epoca greca, e nemmeno nel Medioevo. Fu l'influsso degli scienziati a portare nell'ambito tecnico l'aspirazione alla precisione, che diede un grande impulso all'innovazione. Un esempio importante dell'evoluzione dei tecnici, fra Seicento e Settecento, è dato dalle origini della macchina a vapore, della quale parleremo nel capitolo 5; e anche l'ingegneria uscì profondamente trasformata da questo contagio intellettuale, come vedremo nel capitolo 6.

## 4.3 Il valore della tecnica e il progresso del sapere

La Rivoluzione Scientifica consumò definitivamente la rottura iniziata nel Rinascimento con il pensiero medievale europeo strettamente legato alla teologia cristiana e al principio di autorità. Fu una rottura dolorosa che mise in opposizione radicale gli scienziati e le autorità della Chiesa, con i processi dell'Inquisizione, le esecuzioni, i roghi e i divieti di libri. Erano a confronto due visioni cosmologiche, e infatti il conflitto ideologico si accentrò attorno all'ipotesi eliocentrica avanzata da Copernico (1473-1543), come frutto dei suoi studi di astronomia derivati dall'autore greco Tolomeo, e a problemi come quelli sollevati da Giordano Bruno (1548-1600) sull'infinità dell'universo o la pluralità dei mondi. Ma erano anche a confronto due visioni dell'uomo: superando la visione cristiana medievale di un uomo schiacciato dal confronto con l'onnipotenza divina e tutto volto verso la vita futura nell'aldilà, nell'Europa moderna emerse una nuova consapevolezza della dignità dell'uomo, della potenza del suo sapere e del valore delle sue opere.

Questa nuova visione dell'universo e dell'uomo e il suo luogo in esso furono in parte condizionate dalla ricchezza della tradizione tecnica europea, che nel Cinquecento e Seicento era sotto gli occhi di tutti e aveva iniziato a trasformare – anche se in modo circoscritto – la società agricola tradizionale. Essa è alla base dell'*ottimismo tecnologico* del filosofo René Descartes (Cartesio, 1596-1650), vale a dire, della sua convinzione della capacità dell'uomo di conoscere i segreti della Natura e di dominarla. Per lui, come per Galileo, il mondo terreno non era diverso da quello perfetto degli astri celesti. Anzi, Cartesio – che progettò una macchina per tagliare i vetri parabolici – per riferirsi al rapporto di Dio con il mondo usò la fortunata metafora del meccanico che ha costruito una macchina perfetta, anzi un orologio. Secondo i filosofi della Natura, quindi, oltre all'astronomia, scienza esatta degli astri, era possibile sviluppare una fisica "razionale" esatta e anche una tecnica esatta, ossia

**Fig. 4.5** L'unione ideale di matematica e sapere tecnico nel manuale per gli ingegneri *Ingenieurs-Schul* di Johann Faulhaber (1580-1635), il quale – oltre alle responsabilità tecnico-ammistrative nella sua città natale, Ulm – diresse una scuola presso la quale studiò matematica Cartesio nel 1620. Nella copertina del primo volume sono raffigurate 12 donne che rappresentano altrettante discipline teoriche e pratiche.

una tecnologia. Spingendosi ancora oltre, Cartesio formulò la dottrina filosofica del *meccanicismo*, secondo la quale l'universo intero ed ogni fenomeno è assoggettato alle leggi della meccanica. Questa dottrina è stata il fondamento filosofico dello sviluppo di tutte le branche della scienza moderna, ed è anche alla base della visione dell'uomo come macchina che ha avuto lungo corso nel Novecento (ne parleremo nel capitolo 13).

Il meccanicismo di Cartesio appartiene allo sfondo culturale della creazione della tecnologia e della sua diffusione in tutti gli ambiti della vita moderna, e ha avuto un grande influsso nel pensiero tecnico moderno. Inoltre, soprattutto in Gran Bretagna, ebbe anche un notevole influsso il pensiero di Francis Bacon (Bacone,1561-1626), contemporaneo di Galileo, studioso di diritto e storia politica e uomo politico sotto la regina Elisabetta I e il suo successore Giacomo I, fondatore della dinastia Stuart. Bacone esprimeva lo spirito del suo tempo opponendo la "filosofia delle parole", ossia le infinite dispute tipiche delle università medievali da lui considerate sterili, alla "filosofia delle opere", ossia l'atteggiamento attivo e costruttivo di fronte alla realtà tipico dei mondi tecnico, produttivo e commerciale che aveva portato tanti miglioramenti alla vita dell'uomo fin dal tardo Medioevo. La sua critica però non era solo riservata alla scolastica medievale; egli fu ugualmente critico delle grandi concezioni teoriche della filosofia greca; del pensiero del Rinascimento attratto dalla magia e dall'alchimia, perché erano saperi esoterici, ossia riservati ad alcuni eletti, che pretendevano anche di trovare chiavi universali dei fenomeni; ed infine delle azzardate teorie astronomiche e fisiche degli scienziati suoi contemporanei, che considerava elucubrazioni frutto più di ipotesi matematiche che non di una conoscenza ravvicinata dei fenomeni.

Per Bacone le *arti meccaniche* (la tecnica) erano una forma di conoscenza, anzi un modello di come procedere per carpire i segreti della Natura con un atteggiamento umile e reverente di fronte ad essa. Secondo lui l'universo è un labirinto (oggi potremmo dire che è il regno della complessità), nel quale è inutile cercare di individuare leggi semplici, ordine e l'"armonia universale"; bisogna anzi liberarsi dei pregiudizi, non solo religiosi, ma anche della superstizione o dei massimi sistemi filosofici, e procedere nel sapere partendo dalla realtà, per induzione, per arrivare a individuare gli elementi essenziali dei fenomeni, che ci permettono di ottenere una serie di progressive conquiste sulla natura. Un secondo pregio della tecnica era proprio che si trattava di un sapere collettivo, che cresce accumulando lentamente piccole porzioni di conoscenza ottenute da tutti i suoi cultori.

Bacone lavorò alla compilazione di un elenco sistematico della molteplicità di progressi tecnici accumulati in Europa, nell'agricoltura, nella chimica e nelle manifatture (del vetro, della carta, della polvere da sparo e così via). Tale elenco era per lui parte della storia naturale, in quanto egli rifiutava l'opposizione tradizionale fra natura e arte, fra il naturale e l'artificiale. Egli fu un grande propagandista delle tecniche e dei servizi che esse rendevano agli esseri umani, senza nascondere che alcune (le macchine belliche, le sostanze tossiche) potevano diventare "strumenti di vizio e di morte". Il progresso nelle condizioni di vita doveva essere il vero scopo dei sapienti. Egli dedicò la sua famosa opera *Sull'avanzamento e il progresso del sapere umano e divino* (*Advancement of learning*, 1605) al re Giacomo I, invitandolo a promuovere il sapere sviluppando quello che oggi chiameremo una "politica culturale": sviluppo delle università, delle biblioteche, organizzazione della collaborazione fra studiosi.

Sotto la dinastia Stuart, che unificò l'Inghilterra e la Scozia, la Gran Bretagna si dotò, prima fra le monarchie europee, di un quadro costituzionale, punto di partenza di una dinamica evoluzione politica, sociale e culturale segnata da uno spirito di operosità, di tolleranza e di apertura all'iniziativa individuale. Fra i tratti che distinguono la cultura britannica (diffusa poi nei paesi dell'area culturale di lingua inglese, soprattutto negli Stati Uniti) vi sono elementi tipici del pensiero di Bacone, quali il valore concesso all'invenzione tecnica e la fiducia nelle procedure empiriche nell'acquisizione del sapere. Bacone riteneva necessaria una maturazione del metodo di lavoro empirico e dell'attività tecnica, in modo tale da superare la *experientia erratica* dei meccanici. Bisognava costituire, a partire da un insieme sparso di dati e osservazioni, un corpus sistematico di conoscenze, anche attraverso la collaborazione fra artigiani qualificati, costruttori di macchine e di strumenti e filosofi della natura e uomini colti. Quest'idea ispirò la creazione nel 1662 da parte di Robert Boyle (1627-1691) e altri seguaci di Bacone della Royal Society, il cui più illustre presidente fu Isaac Newton.

## Lettura 4

### Natura, tecnica e matematica fra gli ingegneri del Rinascimento

------------------------------------------------------------------------

Nei *Mechanicorum libri* di Guidobaldo Dal Monte (1545-1607) pubblicati a Pesaro nel 1577, troviamo, fondata su ragioni non dissimili da quelle avanzate dall'Agricola, un'altrettanto appassionata difesa della dignità delle arti meccaniche: *"Ma percioché questa parola Mechaniche non verrà forse intesa da ciascheduno per lo suo vero significato, anzi troveransi di quelli che stimeranno lei essere voce d'ingiuria (solendosi in molte parti d'Italia dire ad altrui Mechanico per ischerno et villania, et alcuni per essere chiamati Ingegneri si prendono sdegno), non sarà fuor di proposito ricordare che meccanico è vocabolo onoratissimo ... convenevole ad uomo di alto affare et che sappia con le sue mani et co'l senno mandare ad esecuzione opere meravigliose a singolare utilità et diletto del vivere umano."* Pur rifacendosi indifferentemente sia ai problemi di meccanica pseudoaristotelici, sia ad Archimede, Guidobaldo si preoccupa di rivendicare, contro un famoso passo di Plutarco [nella sua opera Vita di Marcello], il carattere integralmente meccanico dell'opera archimedea: *"Quantunque Plutarco, nella stessa vita, affermi che egli dispregiasse le Meccaniche come basse et vili et materiali, né di loro degnasse scrivere giammai, et che non per opera principale, ma per un cotal sollazzo et gioco di geometria impiegava la fatica nelle Meccaniche ... leggiamo noi tuttavia in altri autori lui havere dettato un libro della misura et proportione d'ogni maniera di vasello divinando la forma della gran nave fabricata da Hierone, et Pappo Alessandrino allega il libro della bilancia d'Archimede che è più mechanico tutto, e l'istesso, nell'ottavo delle raccolte matematiche, pone un istrumento da mover pesi mostrando essere il quarantesimo trovato da Archimede...; il suo libro su cose che igualmente pesano è tutto mechanico. Oltre a ciò una parte del libro della quadratura della parabola e il secondo delle cose che stanno sopra l'acqua, ovvero a galla, sono mechanici. Da questi luoghi vedesi espresso che non solamente Archimede fece opere mechaniche, ma ne scrisse anco molti trattati".* Lo stesso Plutarco, del resto, ha dovuto riconoscere che la fama di Archimede è legata alle sue imprese meccaniche mediante le quali egli si procacciò fama "non di scienza umana, ma di sapienza divina". L'errore di Plutarco deriva, ancora una volta, da pregiudizio contro le arti.

Per distruggere tale pregiudizio Guidobaldo fa notare come utilità e nobiltà concorrano insieme ad adornare le discipline meccaniche e come queste traggano origine dall'armonico congiungimento e dalla comunione concorde della geometria e della fisica. Nella meccanica la geometria giunge a suo pieno compimento e mediante la meccanica l'uomo giunge a dominare le cose fisiche e naturali. Quanto è di aiuto agli artigiani, agli artisti, ai contadini, ai marinai: tutto ciò rientra nella meccanica. Dal suo sviluppo e dal suo progredire nel tempo son derivati all'uomo l'aratro e i mezzi di trasporto per le mercanzie, i remi e il timone, i mezzi per sollevare l'acqua e per irrigare i campi, la spremitura dell'olio e del vino, il taglio degli alberi e del marmo, le tecniche della fortificazione e dell'assedio.

Sulla traccia delle *Quaestiones* pseudoaristoteliche, Guidobaldo concepisce la natura come una realtà che può essere dominata, quasi ingannata per astuzia dall'intelligenza e dal lavoro, fino alla realizzazione di quei "miracoli" attuati dall'arte che non rientrano nell'ordine immediatamente "naturale" delle cose: *"L'essere mechanico dunque et ingegniero è officio da persona degna e signorile, et meccanico è voce greca significante cosa fatta con artificio da movere, come per miracolo, et fuori dell'humana possanza, grandissimi pesi con picciola forza; et in generale comprende ciascun edificio, ordigno, strumento, argano, mangano overo ingegno maestrevolmente ritrovato et lavorato per cotali effetti et simili altri infiniti, in qual si voglia scienza, arte et esercitio."* Questa stessa concezione del rapporto arte-natura – contro la quale polemizzerà Galileo – compare anche nella prefazione premessa da Filippo Pigafetta all'edizione in volgare dell'opera di Guidobaldo, pubblicata a Venezia nel 1581. La meccanica non ha solo il compito di sforzare i corpi *"per via di machine a partirsi dai propri siti"* e di trasportarli *"all'insù et per ogni lato in movimenti contrari alla natura loro"*, essa deve occuparsi anche *"degli elementi in universale et del moto e della quiete dei corpi"*; si realizza in tal modo, attraverso l'opera dei meccanici, una sintesi *"di altissima speculatione et di sottile manifattura"*. Nella *speculatione* il meccanico si serve *"dell'aritmetica, della geometria, dell'astrologia e della filosofia naturale"*, nella manifattura egli ha necessità dell'*"esercitio et lavoro delle mani"* e userà *"l'architettura, la pittura, il disegno, l'arte dei fabri, de' legnaiuoli, de' muratori et d'altri mestieri"*. Filosofia naturale, matematiche ed

**Fig. 4.6** Copertina dell'opera *Le meccaniche* (Venezia, 1581) di Guidobaldo Dal Monte

arti manuali concorrono in tal modo, nell'opera del meccanico, ad un unico fine. Da *"arte povera e vile"* Archimede trasformò la meccanica in arte *"nobile et pregiata"* e ad Archimede fanno appello quanti, da Leon Battista Alberti a Giorgio Agricola a Guidobaldo hanno contribuito a *"risuscitare a chiara luce la Meccanica dalle oscure tenebre ove giaceva sepolta"*.

Le diverse et artificiose macchine di Agostino Ramelli, ingegnere del Re di Francia e di Polonia, furono pubblicate a Parigi nel 1588 in un'edizione bilingue (italiana e francese) splendidamente illustrata. Il Ramelli tiene in scarsa considerazione il problema dell'effettiva eseguibilità dei suoi complicati progetti, ma insiste anch'egli, con forza, sulla necessità di un "congiungimento" di matematica e di meccanica. Nella Prefazione all'opera, che è dedicata all' *"eccellenza delle matematiche"*, Ramelli contrappone alla varietà delle opinioni dei filosofi (*"la contesa grande fra li filosofi intorno alli principi delle cose naturali"*) la certezza e la infallibilità delle ragioni matematiche. Sui principi della natura *"a pena tre o quattro filosofi s'accordarono in tal materia, ma se dai matematici nella geometria o nell'arithmetica vien con ragione confirmata cosa alcuna, ciò stimiamo tanto infallibile e sicuro, come se fose detto dall'oracolo d'Apolline"*.

Ramelli vede nell'arte meccanica la fonte del progresso umano, il segno del passaggio dallo stato primitivo allo stato civile: *"nelli stessi principi del mondo tanto fu necessaria a gli uomini, che s'essa fusse stata levata, sarè parso fusse rimasta estinta la luce del sole"*.

[Tratto da Rossi 2002: 62-65]

# Lettura 5

## Gli strumenti scientifici e le origini della tecnologia nella Rivoluzione Scientifica

----------------------------------------------------------------

Se si pensa infatti che per determinare il valore dell'accelerazione Galileo, al momento delle sue famose esperienze del corpo ruotante su un piano inclinato, era stato obbligato ad adoperare una clessidra ad acqua, una clessidra assai più primitiva nella sua struttura di quella di Ctesibio (tanto è vero che aveva ottenuto cifre completamente false) e che Riccioli nel 1647, per studiare l'accelerazione dei corpi in caduta libera era stato costretto a montare un orologio umano, ci si renderà conto dell'improprietà degli orologi usuali per l'uso scientifico e dell'assoluta urgenza per la meccanica fisica di scoprire un mezzo per misurare il tempo. È anche perfettamente comprensibile che Galileo si sia preoccupato della questione: a che scopo infatti possedere formule che permettano di determinare la velocità di un corpo a ciascun istante della sua caduta in funzione dell'accelerazione e del tempo trascorso, se poi non si può misurare né la prima né il secondo?

Ora per misurare il tempo – visto che non lo si può fare direttamente – è indispensabile far uso di un fenomeno che lo incarni in maniera appropriata; ciò può corrispondere sia a un processo che si svolga in modo uniforme (velocità costante), sia a un fenomeno che, pur non essendo uniforme in sé stesso, si riproduce periodicamente nella sua identità (ripetizione isocrona). Verso la prima soluzione si orientò Ctesibio col mantenere costante il livello dell'acqua in uno dei recipienti della sua clessidra, dal quale, proprio per questa circostanza, essa passa nell'altro con velocità costante; verso la seconda si è orientato Galileo (e Huygens) quando ha scoperto nelle oscillazioni del pendolo un fenomeno che si riproduce eternamente.

Ma è chiaro – o almeno dovrebbe essere chiaro – che tale scoperta non poté essere frutto dell'empiria. É chiaro che né Ctesibio né Galileo – che gli storici della scienza collocano non di meno fra gli empiristi, per lodarli di avere stabilito attraverso esperienze qualcosa che *non poteva* essere stabilito per quella via – non hanno potuto stabilire né la costanza del flusso, né l'isocronismo dell'oscillazione per mezzo di misure empiriche. Non fosse che per la ragione semplicissima – ma del tutto sufficiente – che mancava loro precisamente ciò con cui essi avrebbero potuto misurarlo; in altri termini, mancava loro quello strumento di misura che la costanza di flusso o l'isocronismo del pendolo avrebbero appunto permesso di realizzare.

Non già guardando il grande lampadario bilanciarsi nella cattedrale di Pisa, Galileo scoprì l'isocronismo del pendolo; se non altro perché quel lampadario vi fu collocato soltanto dopo la sua partenza dalla città – benché non sia affatto impossibile che uno spettacolo di questo genere lo abbia incitato a meditare su quella struttura propria del va-e-vieni: le leggende contengono quasi sempre un elemento di verità –; bensì grazie allo studio matematico, a partire dalle leggi del movimento accelerato che egli aveva stabilito attraverso una deduzione razionale, della caduta dei corpi gravi lungo le corde di un cerchio posto in verticale. Dunque, soltanto allora, cioè *dopo* la deduzione teorica, egli poté pensare a una verifica sperimentale (il cui fine non era in nessun modo di confermare quella, ma di trovare come questa caduta si realizzi *in rerum natura*, cioè come si comportano in pendoli reali e materiali che oscillano non nello spazio puro della fisica, ma sulla terra e nell'aria) e, dopo il successo dell'esperienza, tentare di costruire lo strumento capace di utilizzare in pratica la proprietà meccanica del movimento pendolare.

Esattamente nella stessa maniera, attraverso cioè uno studio puramente teorico, Huygens scoprì l'errore dell'estrapolazione galileiana e dimostrò che l'isocronismo si realizza non sul cerchio, ma sul cicloide; furono considerazioni puramente geometriche che gli permisero di trovare il mezzo di realizzare – in teoria – il movimento cicloidale. In quel momento stesso si pose per lui – esattamente come si era posto per Galileo – il problema tecnico, o più esattamente tecnologico, della realizzazione effettiva, cioè dell'esecuzione materiale, del modello che aveva concepito. Non c'è neppure da stupire se  – come Galileo prima, e Newton dopo di lui – egli ebbe bisogno di "mettere le mani in pasta". Si trattava appunto di insegnare ai "tecnici" a fare qualcosa che non avevano mai fatto e di inculcare al mestiere, all'arte, alla *techne* regole nuove: le regole di precisione dell'*episteme*.

La storia della cronometria ci offre un esempio impressionante, forse il più impressionante di tutti, della nascita del pensiero tecnologico che, progressivamente, penetra e trasforma il pensiero e la realtà tecnica stessa. E la innalza a un livello superiore. Questo spiega a sua volta come mai i tecnici, gli orologiai del Settecento, abbiano potuto migliorare e perfezionare gli strumenti che i loro predecessori non hanno potuto inventare: ciò avenne perché essi vivevano in un altro "clima" o "ambiente" tecnico, ed essi erano contagiati dallo spirito di precisione.

L'ho già detto, ma conviene ripeterlo: proprio attraverso lo strumento la precisione si incarna nel mondo del pressappoco; proprio nella costruzione di strumenti si afferma il pensiero tecnologico; proprio per la loro costruzione si inventano le prime macchine precise. Ora, attraverso la precisione delle sue macchine, risultato dell'applicazione della scienza all'industria, come attraverso l'uso di fonti di energia e di materiali che la natura non ci dà tali e quali, si caratterizza l'industria dell'età paleotecnica, l'età del vapore e del ferro, l'età tecnologica nel corso della quale si effettua la penetrazione della tecnica da parte della teoria.

Ed è con la presa di possesso della teoria sulla pratica che si potrebbe caratterizzare la tecnica della seconda rivoluzione industriale, per servirci dell'espressione di Friedmann [1975], quella dell'industria neotecnica dell'età dell'elettricità e della scienza applicata. Con la loro fusione si caratterizza l'epoca contemporanea, quella degli strumenti che hanno la dimensione di officine, e di officine che hanno tutta la precisione di strumenti.

[Tratto da Koyrè 2000: 109, 111]

# Parte II

## L'industrializzazione e le origini dell'ingegneria moderna

---

Fra gli scienziati propriamente detti e i direttori effettivi dei lavori produttivi, inizia a formarsi ai tempi nostri una classe intermedia, quella degli ingegneri, la cui missione speciale è quella di organizzare i rapporti tra teoria e pratica. Senza avere in vista in alcun modo il progresso delle conoscenze scientifiche, essa le considera nel loro stato presente per dedurne le applicazioni industriali di cui sono suscettibili [...] queste dottrine intermedie fra la teoria pura e la pratica diretta non sono ancora formate: ne esistono finora soltanto alcuni elementi imperfetti relativi alle scienze e alle arti più avanzate, e che permettono solo di concepire la natura e le possibilità di simili lavori per l'insieme delle operazioni umane.

[Auguste Comte, *Corso di filosofia positiva* (1830)]

---

# 5 Sistema di fabbrica e macchine nella rivoluzione industriale in Gran Bretagna

SOMMARIO
5.1 L'affermazione del dominio europeo nel commercio e nelle manifatture
5.2 Inventori, tecnici e ingegneri: lo sviluppo della meccanizzazione nell'industria
5.3 La manifattura del cotone e le origini del sistema di fabbrica
Lettura 6 Botteghe, fabbriche e lavoro a domicilio

## 5.1 L'affermazione del dominio europeo nel commercio e nelle manifatture

Fra Cinquecento e Seicento si andò consolidando il concerto delle nazioni dell'Europa occidentale, unite da un'eredità culturale comune, da progressi condivisi nelle condizioni tecniche e materiali e da una comune ambizione di dominio politico e commerciale, e divise da specificità culturali che si profilavano con chiarezza e dalla rivalità per la supremazia e per la conquista dei mari, delle terre e dei mercati.

L'inizio dell'Età Moderna fu segnato dalle esplorazioni geografiche, dall'espansione del commercio e dalla creazione delle colonie europee negli altri continenti. Questi sviluppi furono accompagnati dall'evoluzione delle manifatture, le quali beneficiarono delle acquisizioni tecniche, dello spirito imprenditoriale e del sostegno delle monarchie e di nuove soluzioni organizzative che si affiancavano a quelle tradizionali. Il ritmo di crescita era però lento, se confrontato al periodo di accelerazione vissuto durante la "rivoluzione industriale" del XIII secolo. Dal punto di vista tecnico non vi era stato arretramento, e anzi la diffusione fra i tecnici e gli artigiani del nuovo spirito di precisione e di alcune delle nuove conoscenze meccaniche e fisiche agevolò continui progressi, ad esempio nella navigazione e nella costruzione navale, nelle armi da fuoco e nella fabbricazione delle lenti. Tuttavia, dal punto di vista economico vi era un continuo flusso e riflusso: dopo la crisi del Trecento, periodicamente altre epidemie (fra gli uomini o fra gli animali), guerre o carestie dovute a raccolti scarsi derivati anche dalle condizioni meteorologiche avverse spopolavano l'Europa; viceversa, i periodi di crescita producevano un aumento demografico che però finiva con annullare gli effetti positivi, perché l'agricoltura era poco produttiva e l'equilibrio alimentare fragile.

Questi secoli costituiscono la fase preparatoria della conquista della supremazia mondiale da parte dell'Europa, basata sullo sviluppo di un'economia industriale a base tecnologica. In quel periodo si ebbe una profonda evoluzione religiosa: la "tensione verso la libertà" che abbiamo visto essere la base dell'impulso propulsivo della cultura europea si manifestò nel movimento della Riforma protestante. Si ebbe, inoltre, uno spostamento degli equilibri di potere politico ed economico europei che portò la Gran Bretagna a un dominio incontrastato e alla creazione di un immenso impero commerciale e coloniale.

Nei paesi del sud e del centro dell'Europa, e soprattutto nelle monarchie del Portogallo, Spagna e Francia, che grazie alle vittorie militari e agli imperi coloniali erano protagonisti della scena europea, la Controriforma rappresentò un atteggiamento di chiusura alle novità dal punto di vista non solo religioso, ma anche culturale e sociale. Inoltre, in questi paesi – come anche nelle monarchie non cattoliche di Russia e di Prussia – questa tendenza fu rafforzata dall'assolutismo monarchico. Da un punto di vista economico, in questi paesi lo Stato sviluppò politiche protezioniste, intervenendo attivamente nella regolazione del commercio e anche nello sviluppo delle manifatture.

## Tecnica e impero

L'inizio dell'Età Moderna è rappresentato dalla data del 1492 della scoperta dell'America da parte di Cristoforo Colombo, in una spedizione finanziata dai Re Isabella e Ferdinando sotto il cui governo si unificò la Spagna come Stato nazionale con la fine dell'ultimo regno musulmano a Granada. La Spagna cristiana entrò quindi sulla scena europea con una gran forza e con la capacità di sostenere un impero in Europa: nel Cinquecento, si diceva che sui domini della Spagna non tramontava il Sole. Il paese aveva iniziato anche un discreto sviluppo delle attività produttive: era attiva nel settore dell'estrazione dei metalli, nella manifattura tessile, grazie alla sua pregiata lana merino, e grazie anche all'incorporazione delle Fiandre ai suoi domini, e furono create manifatture reali. Nella corte di Filippo II lavorarono, oltre agli ingegneri stranieri, alcuni spagnoli che si erano formati in Italia, fra cui Pedro Juan de Lastanosa (1527-1576), nominato *machinario real* nel 1563 per la sua "abilità ed esperienza in lettere, fabbriche, macchine, fortificazioni e altre cose" e forse autore di un'opera inedita nota come *I vent'un libri degli ingegni e delle macchine*. Nel 1583 fu fondata un'accademia di matematiche per formare nuovi architetti-ingegneri.

Tuttavia, le origini della monarchia nazionale spagnola furono condizionate da una radicale scelta derivata dall'intolleranza religiosa cristiana: la persecuzione e l'espulsione dei sudditi di religione ebraica e di quelli arabi musulmani. Questa scelta privò al paese della ricchezza culturale e dell'operosità di ampi gruppi di persone attive nei più vari mestieri. Entrò così a formar parte della cultura nazionale un intreccio fra due esigenze: quella della *limpieza de sangre* dal punto di vista religioso e quella di non "sporcarsi" le mani nel lavoro produttivo. L'adesione totale alla Controriforma all'epoca di Filippo II e l'attività dell'Inquisizione, inoltre, portarono alla chiusura di fronte alle nuove idee scientifiche, filosofiche e anche tecniche che circolavano in Europa nel Seicento, attraverso i libri a stampa e attraverso le persone.

Tale irrigidimento sociale e culturale ebbe effetti catastrofici sullo sviluppo industriale e tecnico della Spagna che si fecero sentire fino all'Ottocento. Com'era già successo in Italia dopo la crisi del Trecento, si ebbe allora uno straordinario sviluppo nei campi letterari e artistico, il cosiddetto Secolo d'Oro. La figura tragica di Don Chisciotte di Miguel de Cervantes (1547-1616) riflette proprio questa deriva tipica della Spagna: la miseria e la follia di un povero "hidalgo" (ossia "figlio di qualcuno") e vecchio cristiano, che rifiuta per principio la possibilità di guadagnare e di migliorare la sua sorte intraprendendo qualche iniziativa nei "bassi" mestieri commerciali o delle arti meccaniche.

La Francia, pur dilaniata dalle guerre di religione, ebbe una posizione meno intransigente, consacrata dall'editto di Nantes del 1598. Tuttavia, fu l'intolleranza religiosa a provocare l'espulsione degli ugonotti sotto Luigi XIV, nel 1685, fra cui molti tecnici, commercianti e imprenditori che ebbero un ruolo attivo in Gran Bretagna durante la Rivoluzione Industriale.

Le monarchie dell'Europa del nord, i Paesi Bassi, la Svezia e l'Inghilterra – più precisamente, la Gran Bretagna, dopo l'ascesa al trono inglese della dinastia scozzese degli Stuart, nel 1603 – aderirono prima alla Riforma protestante e si orientarono poi verso un atteggiamento tollerante in materia religiosa. Inoltre, adottarono forme temperate di monarchia, nelle quali i sudditi godevano di spazi di libertà. Si è discusso a lungo la tesi secondo la quale proprio il valore concesso alle opere dell'uomo secondo le confessioni protestanti spinse gli abitanti di questi paesi verso uno spirito d'azione e di impresa e verso la ricerca del profitto. Comunque, non vi è dubbio che soprattutto l'evoluzione della società britannica creò le condizioni per un inaudito sviluppo commerciale, industriale e tecnico. Ciò non fu senza difficoltà: un movimento rivoluzionario e una guerra civile, conclusa nel 1649 con l'esecuzione del re Carlo I, che chiuse la strada all'assolutismo; uno sviluppo progressivo della legislazione che portò alla creazione di uno stato di diritto e alla monarchia costituzionale (dal diritto di *Habeas corpus* che tutelava di fronte gli arresti arbitrari fino alla fondamentale *Bill of rights*); e infine, l'introduzione delle libertà civili (inclusa la libertà di stampa) e, fatta salva l'esigenza di fedeltà alla Chiesa anglicana delle cariche pubbliche, la piena tolleranza religiosa, sancita da una legge del 1689.

In tal modo, nella Gran Bretagna si allentarono le rigide divisioni sociali di origine medievale, come anche il pregiudizio nei confronti del lavoro manuale e dell'abilità tecnica, e si creò un ambiente flessibile, nel quale gli individui potevano progredire nella scala sociale e i nobili non avevano difficoltà a interagire con altri gruppi sociali. Vi erano condizioni sufficienti di libertà e di speranza di guadagno per spingere le persone a intraprendere iniziative industriali o commerciali, oppure a tentare di produrre un'invenzione allo scopo di sfruttarla economicamente. A questa società dinamica, ricca e avida di idee tecniche e imprenditoriali, capace di sfruttare le ricchezze proprie e altrui (a cominciare dalla lana, dal carbone e dal cotone), si ispirarono i filosofi francesi del Settecento critici della rigidità e dell'incapacità di portare il progresso della loro società, caratteristiche del cosiddetto *Ancien Régime*. Le regole di convivenza e il regime di libertà britanniche, insieme alle riflessioni dei pensatori francesi, ispirarono poi l'ordinamento costituzionale degli Stati Uniti dopo l'indipendenza nel 1776.

Per quanto riguarda le manifatture britanniche, nel 1624 fu introdotto lo Statuto dei monopoli, che eliminò i privilegi privati di sfruttamento esclusivo di certi settori commerciali e manifatturieri. Questo regolamento, da una parte, apriva nuovi spazi di azione in opposizione alle strutture corporative di origine medievale; dall'altra proteggeva le invenzioni, poiché stabiliva come un'unica eccezione i diritti di sfruttamento per non più di 14 anni delle nuove manifatture al suo o ai suoi inventori (periodo esteso poi a 21 anni). Questo valore attribuito all'invenzione in quanto motore del progresso di una nazione moderna – insieme a quello riconosciuto alla scienza – furono recepiti nella Costituzione degli Stati Uniti, che conferì al Congresso il potere di "promuovere il progresso della scienza e delle arti utili, assicurando per un tempo limitato agli autori e inventori il diritto esclusivo dei suoi rispettivi scritti e scoperte" (art. I, sez. 8).

La Gran Bretagna e i Paesi Bassi impressero una svolta all'attività commerciale, classicamente concentrata sulle merci rare e pregiate, e che essi organizzarono invece come distribuzione su larga scala di merci e beni anche a basso costo. I mercanti britannici e olandesi erano anche coinvolti nell'attività manifatturiera, facendo leva soprattutto sul lavoro a domicilio. Dalla fine del Seicento, anche per vicende legate alle lotte di potere fra le potenze europee, i Paesi Bassi cedettero posizioni e la Gran Bretagna diventò il leader del commercio mondiale. La prosperità e la flessibilità sociale spingeva anche la domanda interna britannica, oltre a quella internazionale, e l'intero paese diventò un'enorme manifattura, nella quale le campagne erano altrettanto coinvolte delle città. Ciononostante, la produzione non bastava, in particolar modo nel settore fondamentale della manifattura tessile, e in questo contesto vi erano anche problemi organizzativi dovuti alla segmentazione del processo produttivo.

La Gran Bretagna era avvantaggiata anche dalle ricchezze naturali del paese. Nel settore tessile, sfruttava una gran ricchezza, la lana, che era stata la base del precoce sviluppo industriale dell'Italia e delle Fiandre; ora però non la esportava, ma la lavorava in proprio. D'altra parte, gli imprenditori britannici capirono che il settore del cotone era quello che aveva maggiori prospettive: ambito sia dai ricchi (che cominciavano a distinguere tipi e stagioni per l'abbigliamento) che dai cittadini con meno potere d'acquisto, sia in patria sia nelle terre calde delle colonie. Nel corso del Settecento la produttività nella manifattura tessile britannica aumentò fortemente grazie alle innovazioni tec-

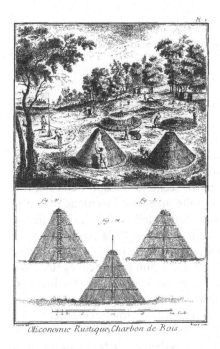 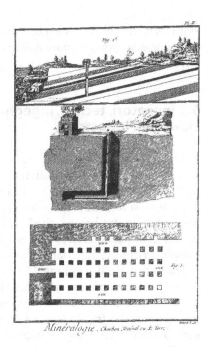

**Fig. 5.1** La produzione del carbone di legna e del carbone minerale in due tavole della *Enciclopedia, o dizionario ragionato delle scienze, delle arti e dei mestieri,* pubblicata a Parigi a partire dal 1751 sotto la direzione di Denis Diderot e, per la parte matematica, di Jean le Rond D'Alembert. Alla base di quest'opera simbolo dell'Illuminismo e di altre opere enciclopediche pubblicate in Gran Bretagna vi era l'idea di Bacon dell'utilità di catalogare il patrimonio europeo di tecniche e delle loro applicazioni industriali. Nell'*Encyclopédie* il carbone di legna è inserito fra le tecniche di ambito agricolo, mentre quello del carbone minerale (detto carbone di terra) si trova invece nelle tecniche minerarie: ciò è emblematico della transizione che l'Europa iniziava a intraprendere da un'economia agricola-rurale a un'economia industriale-urbana.

niche che servivano ad agevolare il lavoro umano e grazie all'innovazione organizzativa che fu alla base dell'industrializzazione, ossia il sistema di fabbrica, introdotto dapprima nella manifattura del cotone.

La meccanizzazione della manifattura progredì grazie allo sfruttamento dell'energia idraulica e del carbone minerale, tramite ruote idrauliche, pompe e motori a vapore. L'industria siderurgica e metallurgica europea vedevano gravemente intralciato il loro sviluppo dal problema energetico, perché l'uso intensivo del legno nella produzione di ogni genere di bene (fra cui le navi), nell'edilizia e come combustibile aveva provocato una grave deforestazione. La Gran Bretagna aveva molti giacimenti di carbone minerale: dopo la famosa lana inglese, una nuova risorsa naturale veniva a coadiuvare la curiosità pratica e l'attivismo dei cittadini dell'isola. Il carbone fu alla radice delle innovazioni tecniche che, insieme alla diffusione del sistema di produzione in fabbrica, rappresentarono il cuore dell'industrializzazione: la macchina a vapore e la ferrovia.

## 5.2 Inventori, tecnici, ingegneri: lo sviluppo della meccanizzazione nell'industria

Nell'attività tecnica e nel sapere tecnico europeo dell'Età Moderna si manifestarono i segni inequivocabili di una profonda trasformazione, frutto del contatto personale e del contagio intellettuale fra tecnici e filosofi della natura. Beninteso, si registrarono in quel periodo molte invenzioni tecniche in continuità con la tradizione medievale, ossia frutto dell'esperienza pratica e manuale, in particolare per quanto riguarda le varie fasi della lavorazione dei tessuti. Il ritmo serrato delle invenzioni nel settore tessile nella Gran Bretagna, soprattutto a partire dal 1750, fu spettacolare. Esso può essere collegato, oltre che alle condizioni economiche, politiche e culturali generali, che facilitavano l'invenzione e la sua trasformazione in innovazione, anche all'interconnessione organizzativa fra le varie fasi del processo produttivo. In ogni caso, come ha scritto Koyré (2000, 86) "è impossibile, in storia  svuotare il fatto e spiegare tutto"; e tanto meno, aggiungiamo, nella storia della tecnica tanto legata all'enigma della creatività e dell'iniziativa umana.

Più semplice è invece rintracciare l'evoluzione della nuova *tecnica della precisione*, ossia delle ricerche dei tecnici colti europei. Alcuni di essi avevano ricevuto una formazione nelle varie scuole e accademie sorte un po' ovunque fra Cinquecento e Seicento, dove si insegnava soprattutto la matematica pratica (si veda fig. 4.5). Altri erano autodidatti, che si giovavano della ricca pubblicistica tecnica che circolava in Europa e degli incontri e contatti personali favoriti dalla creazione di società come la Royal Society. Tale ricerche erano guidate dall'ideale della scienza come metodo di conoscenza, anche se il loro scopo era perfezionare o progettare macchine oppure sviluppare le tecniche idrauliche o militari. Quindi, da una parte, la ricerca tecnica colta aspirava a formulare il sapere pratico in termini *matematici* – ossia sotto la forma di leggi stabilite tramite equazioni matematiche fra variabili misurabili – o quanto meno in termini *quantitativi*, ossia attraverso coefficienti numerici empirici oppure confrontando i dati di misurazione in grafici o tabelle in modo fruibile. Dall'altra, in questo periodo si intrapresero dei progetti sistematici di raccolta di dati *sperimentali*, sentiti come controparte imprescindibile dell'*esperienza*, anche attraverso dei modelli a scala, allo scopo di ottenere conoscenze più accurate oppure per mettere alla prova delle ipotesi basate sull'esperienza o sull'intuizione.

A questo filone appartengono le innovazioni nell'ambito delle macchine o *motori* primari. In primo luogo, lo studio del funzionamento e dell'efficienza di quelli già esistenti, ossia i mulini a vento – studiati dal fiammingo Simon Stevin (1548-1620) e dal britannico John Smeaton (1724-1792) – e la ruota idraulica – studiata da Smeaton e poi da Jean Charles Borda (1733-1799) e da altri ingegneri francesi –, rese possibile il loro perfezionamento. In secondo luogo, fu inventato un motore completamente nuovo, la macchina a vapore, un'idea alla quale si lavorò in molti paesi fra Seicento e Settecento, e che fu realizzata e sfruttata commercialmente da Thomas Savery (1650?-1715), Thomas Newcomen (1663-1729) e soprattutto James Watt (1736-1819), diventando il cuore pulsante del sistema di fabbrica inglese.

## John Smeaton e la ruota idraulica

Le più antiche ruote idrauliche erano orizzontali, ma in epoca romana furono introdotte le ruote verticali che ebbero larga diffusione nell'agricoltura, nelle miniere e nell'industria in Europa a partire dal XIII secolo, con lo sviluppo di ingranaggi e altri congegni per la trasmissione della potenza dell'acqua. La maggioranza delle ruote erano azionate dall'acqua dal di sotto, ma vi erano anche ruote azionate dal di sopra (si veda fig. 3.2) e dal di fianco. All'inizio del XVIII secolo, anche se l'esperienza accumulata nella progettazione di tali ruote era molto ampia, la potenza erogata era scarsa e il loro rendimento molto basso. Quest'affermazione che abbiamo appena fatto usa parole caratteristiche della tecnologia moderna, ma bisogna ricordare che le conoscenze degli esperti di ruote a quel tempo erano slegate da nozioni di carattere teorico. Essi lavoravano sulla base di un'idea *qualitativa* dell'effetto di una macchina o dispositivo e della sua efficienza in rapporto al fine stabilito.

*Potenza* e *rendimento* sono esempi di concetti tecnici teorici, che furono introdotti negli ambiente tecnici colti per analogia con quelli creati dai filosofi della natura nella meccanica teorica, e quindi formulati come grandezze misurabili. Essi sono collegati all'idea di *lavoro meccanico* di una forza, che è un concetto *quantitativo*, misurabile, che serve a valutare l'adeguatezza delle macchine al compito prefissato e quindi a guidarne la progettazione. Il rendimento misura l'efficienza o capacità di resa utile di una macchina attraverso il rapporto fra lavoro utile e lavoro motore (espresso generalmente in percentuale); la potenza misura l'effetto o azione di una macchina come lavoro di una forza nell'unità di tempo.

Smeaton fu il primo che intraprese lo studio quantitativo sistematico – espresso in termini delle grandezze citate – dell'azione delle ruote idrauliche. Figlio di un avvocato, lasciò il lavoro presso lo studio del padre per specializzarsi nella costruzione di strumenti di precisione. Nel 1753 diventò membro della Royal Society, davanti alla quale presentò le sue conclusioni nel 1759; nel frattempo aveva iniziato la sua carriera come ingegnere con la ricostruzione del faro di Eddystone. Egli costruì due modelli di ruote idrauliche, per di sotto e per di sopra, azionate da un cir-

▶

cuito chiuso di acqua messa in moto sollevandola mediante una pompa a stantuffo. Grazie ai modelli era possibile misurare: 1) la quantità d'acqua somministrata (contando il numero di corse al minuto dello stantuffo) e 2) l'effetto o potenza prodotta dalla ruota (misurando la altezza raggiunta in un minuto dal piatto di una bilancia caricata di pesi). Egli scoprì così che nelle ruote per di sotto molto lavoro era consumato dall'attrito, e quindi il massimo rendimento che si poteva ottenere era il 22%, mentre nelle ruote per di sopra era del 63%.

Le sue ricerche sperimentali furono alla base della formulazione da parte dell'ingegnere militare Borda, nel 1767, delle equazioni che regolano la potenza erogata da una ruota, e quindi di un criterio per ottimizzare il loro rendimento.

Smeaton suol essere considerato il primo ingegnere civile inglese. L'espressione "ingegnere civile", che sottolineava la differenza con gli ingegneri militari che uscivano dalla Accademia militare di Woolwich, si diffuse in Gran Bretagna fra la fine Settecento e l'inizio dell'Ottocento per designare gli ingegneri impiegati o consulenti delle aziende private per la realizzazione di opere civili o stabilimenti industriali. Quindi, Smeaton, come altri suoi colleghi, si occupavano sia delle attività che nel seguito sono diventati l'ambito di specializzazione in senso stretto dell'ingegneria civile (edificazioni, ponti, strade, canali) sia di quello che è oggi ingegneria meccanica, e quindi il primo settore della nascente ingegneria industriale. Nel suo lavoro di consulente e progettista in quest'ultimo ambito, egli si avvalse delle sue indagini sulle ruote idrauliche (anche alimentate per di fianco), sui mulini a vento e sulla macchina a vapore. Per esempio, progettò le ruote idrauliche azionate dalla corrente del Tamigi per l'impianto idrico che riforniva di acqua il centro di Londra. Viceversa, il suo lavoro come consulente della Carron Company, un'azienda del settore metallurgico, gli permise di sperimentare sui pezzi di ferro per le ruote idrauliche.

La macchina a vapore nacque come una macchina per il sollevamento di pesi, e principalmente per pompare l'acqua. Questo problema era diventato centrale soprattutto nelle miniere, che andavano sempre più in profondità, in modo tale che l'applicazione delle ruote idrauliche al loro drenaggio era sempre più impraticabile. Se ne occuparono in tanti, fra cui Giovanni Branca (1571-1640), Edward Somerset (1601-1667), marchese di Worcester, e Christian Huygens e il suo collaboratore Denis Papin (1647-1712). L'idea chiave era quella di sfruttare la pressione atmosferica per azionare un pistone in un recipiente cilindrico. Per ottenere quest'effetto, era necessario escogitare un procedimento per creare il vuoto, e a questo scopo Huygens, ad esempio, pensò di far esplodere della polvere da sparo. Papin, dopo aver esperimentato questa possibilità, costruì nel 1690 un prototipo nel quale applicava semplicemente il vapore ottenuto riscaldando l'acqua.

In Gran Bretagna, dove l'estrazione del carbone era in pieno sviluppo, furono concessi molti brevetti nel Seicento relativi a macchine per pompare acqua, ma il primo basato sul vapore fu quello ottenuto dall'ingegnere militare Thomas Savery, nel 1698, per una "nuova invenzione per sollevare acqua e produrre il moto nelle fabbriche di qualsiasi tipo, per mezzo della forza esercitata dal fuoco; che sarà di grande utilità e vantaggio per il prosciugamento delle miniere, per il rifornimento di acqua alle città e per il funzionamento di tutte le specie di mulini laddove non è possibile usufruire di acqua né di venti costanti" (Dickinson 1994: 177). Egli presentò la sua macchina un anno dopo alla Royal Society.

Una macchina molto più pratica e sicura e che ebbe un grande successo commerciale fu inventata da Thomas Newcomen, un commerciante di manufatti di ferro di Darmouth, nel sudovest dell'Inghilterra. Egli iniziò a lavorare attorno al 1700 costruendo dei modelli, ispirati senza dubbio dalle idee che abbiamo menzionato; non era però interessato a ottenere conoscenze fisiche, bensì a far funzionare la sua macchina. Essa era costituita da un cilindro con un pistone e una caldaia dalla quale arrivava il vapore nel cilindro per una condotta. Alcuni dei problemi da risolvere riguardavano la circolazione del vapore e dell'acqua fredda: come far entrare l'acqua fredda nel cilindro della macchina per ottenere la condensazione del vapore e creare il vuoto che faceva scendere il pistone (collegato alla pompa di sollevamento da un bilanciare che riportava anche il pistone alla posizione originaria), come far entrare il vapore, il diametro degli orifici. Vi era poi la questione di come ottenere, grazie al bilanciere e a una serie di valvole, l'automatismo del movimento del pistone.

Nel 1712 egli installò la sua prima macchina a Dudley, nella zona centrale dell'Inghilterra, in una miniera di carbone. Infatti, poiché la macchina consumava una grande quantità di carbone, il suo uso era ragionevole soprattutto in queste miniere, dove erano disponibile scarti di carbone a basso costo. Meno di vent'anni dopo, alla scadenza del brevetto, vi erano più di cento macchine di Newcomen nel centro e nord dell'Inghilterra e altre in Francia, Ungheria, Svezia, e Russia, e la diffusione aumentò ancora. Inoltre, essa cominciò ad essere usata nelle manifatture tessili e metallurgiche per azionare altri macchinari in combinazione con la ruota idraulica, ossia per pompare acqua in un serbatoio dal quale era fatta cadere sulla ruota. Newcomen fu costretto a sfruttare la sua invenzione in società con Savery, a causa del brevetto molto generico di quest'ultimo, e difatti ottenne scarsi guadagni.

Il funzionamento della macchina di Newcomen era una notevole sfida per i filosofi della natura, ma per decenni (fino al 1840 circa) non fu elaborata alcuna teoria scientifica in grado di spiegare i fenomeni di base relativi al calore. I tecnici però continuarono a lavorare sulla macchina allo scopo di guidarne la costruzione, ad esempio fornendo misure ricavate empiricamente in funzione del volume e della profondità dell'acqua da pompare. Attorno al 1770 Smeaton si occupò anche di questo motore, seguendo la stessa impostazione usata per le ruote idrauliche. Egli introdusse una grandezza per misurare l'efficienza (*duty*) in termini del lavoro effettuato dalla macchina consumando una certa unità di carbone, e lavorò su un modello modificando ad una ad una le componenti. Le sue conclusioni sul rendimento erano organizzate sotto forma di tavola, collegando dati numerici relative alla pressione, le misure delle componenti, e la variabile di rendimento (*duty*). In tal

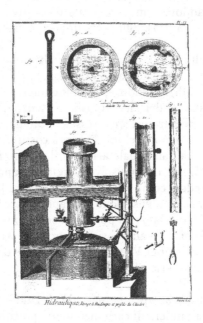

**Fig. 5.2** La potenza del fuoco: la macchina di Newcomen (detta "pompa a fuoco degli inglesi") installata nei dintorni di Parigi, in una tavola dell'*Encyclopédie*, inserita fra le scienze matematiche.

Il funzionamento delle ruote idrauliche ottenne una spiegazione teorica molto prima di quella della macchina a vapore, anche grazie all'uso di una grandezza, il lavoro meccanico, che era misurabile ma faceva ancora riferimento al concetto tecnico intuitivo di lavoro di una forza (umana, animale, o dell'acqua). Difatti, nei lavori sulle macchine non vi era una definizione esplicita di lavoro: le unità di misura servivano come definizione di molte grandezze, in particolare tecniche. Gli sforzi volti alla comprensione del funzionamento della macchina a vapore fu tra i principali stimoli intellettuali dello sviluppo della teoria del calore, a partire dalla memoria dell'ingegnere militare Sadi Carnot *Riflessioni sulla potenza motrice del fuoco e sulle macchine atte a sviluppare tale potenza* (1824). Il desiderio di capire il "lavoro" del vapore o del calore ("del fuoco", per usare il linguaggio dell'epoca usato anche nell'*Encyclopédie*) portò alla creazione del concetto di base della termodinamica, ossia l'*energia*. In termini di energia, un concetto che ci risulta oggi naturale, il *rendimento* di un processo di trasformazione dell'energia è il rapporto tra energia trasformata e energia spesa e la *potenza* è l'energia che in un dato fenomeno viene scambiata nell'unità di tempo. Tuttavia, l'idea di energia, anche se oggi appartiene al nostro bagaglio di interpretazione dei fenomeni, è un concetto fisico-matematico di natura astratta e si profilò molto lentamente nell'Ottocento.

modo fu in grado di progettare macchine con un rendimento doppio rispetto a quelle precedenti.

Nel 1769 James Watt aveva brevettato un nuovo modello di macchina (in effetti "un nuovo metodo per diminuire il consumo di vapore e di combustibile nelle macchine a vapore"), che, anche grazie a successivi perfezionamenti, permise di superare i limiti della macchina di Newcomen riguardo alla potenza erogata, il consumo di combustibile e l'applicabilità generale per azionare altri dispositivi. Watt era anch'egli un tecnico specializzato nella costruzione di strumenti di precisione, impiegato presso l'università di Glasgow, in Scozia, dove vi era un notevole attività di ricerca scientifica. Egli aveva iniziato le sue ricerche tentando di riparare un modello della macchina di Newcomen di proprietà dell'università. La sua metodologia di lavoro fu simile a quella di Smeaton, ma egli usufruì anche delle idee dei ricercatori di Glasgow che si occupavano della teoria del calore. La prima modifica che egli ideò, ossia il suo brevetto principale, fu quella di affiancare al motore un secondo recipiente o condensatore, il che diminuì notevolmente le perdite di calore. Fra le successive modifiche, vi fu un brevetto del 1781 per ottenere dalla macchina un movimento rotatorio in modo da allargare le sue applicazioni nelle manifatture; e quello del 1787 che perfezionò l'automatismo grazie all'introduzione di un regolatore (di questo dispositivo parleremo nel capitolo 13).

I tecnici che abbiamo finora citati, anche se tutti appartenenti al livello colto, rappresentano un buon campione della ricca articolazione dell'attività tecnica professionale europea dell'epoca: Savery e Borda erano ingegneri usciti dalle accademie militari; Newcomen era un commerciante, un uomo curioso che aveva viaggiato e letto; Watt e Smeaton erano due costruttori di strumenti, quindi tecnici altamente specializzati diventati ingegneri di un nuovo tipo, ingegneri civili, il primo in società con un imprenditore, il secondo forse il primo consulente (*consultant*) della storia dell'ingegneria. Tutti avevano nozioni scientifiche, come quelle di meccanica, di idrodinamica oppure sulla pressione atmosferica, alle quali far riferimento nella ricerca di fenomeni naturali da sfruttare, di spiegazioni del comportamento dei dispositivi, oppure di idee per risolvere i problemi riscontrati.

Le ricerche che abbiamo descritto si collocano alle origini delle cosiddette "scienze dell'ingegnere", ossia quell'insieme di discipline teoriche per l'attività tecnica che diventarono la base delle conoscenze dell'ingegnere moderno. Esse furono sviluppate a partire dalla Rivoluzione Scientifica e in interazione con lo sviluppo delle scienze della natura, ma in modo autonomo, sia per gli scopi perseguiti, sia per i temi trattati, sia per i metodi adottati. L'interazione fra fisica (e poi anche chimica) e ingegneria fu proficuo in entrambe le direzioni. Abbiamo visto come i concetti di lavoro meccanico e di energia, centrali nella meccanica e nella termodinamica, abbiano le loro radici nello studio delle macchine e dei motori. Le scienze fisico-chimiche continuarono a trovare problemi suscettibili di studio nei dispositivi e nelle procedure tecniche.

L'idea stessa delle scienze dell'ingegnere e i primi contributi in tale direzione si devono a un folto gruppo di autori francesi, i quali, come Borda, erano ingegneri e insieme *savants*, ossia scienziati (su questo sviluppo torneremo nel capitolo 7). Invece, la motivazione principale del lavoro dei tecnici britannici era molto concreta, ossia l'applicazione delle macchine nell'estrazione mineraria, nell'industria oppure nelle opere civili. Smeaton e Watt sono figure di spicco di un folto gruppo di inventori, tecnici e tecnici-imprenditori, artefici della meccanizzazione della produzione industriale. Nel settore tessile, la meccanizzazione andò di pari passo con lo sviluppo del sistema di fabbrica. Lo sviluppo delle macchine utensili azionate dalla macchina a vapore (ce ne occuperemo nel capitolo 9) fu il grande contributo dei tecnici-imprenditori britannici, che permise la diffusione del modello produttivo delle fabbriche di cotone all'insieme della produzione industriale.

## 5.3 La manifattura del cotone e le origini del sistema di fabbrica

L'industria rurale domestica sulla quale poggiava la produzione tessile britannica fu a lungo una forma organizzativa di successo, che permise di aumentare la produttività e di rispondere in modo flessibile alle richieste del mercato. Il datore di lavoro, il mercante-imprenditore, era infatti molto libero nel suo rapporto con i lavoratori e con le lavoratrici, in quanto poteva interromperlo o riprenderlo a seconda delle vendite o delle proprie vicende finanziarie. Tuttavia, tale formula presentava anche diversi problemi. L'aumento della domanda interna e dall'estero, frutto dell'espansione del commercio britannica e dell'aumento della ricchezza del paese, mise in evidenza i limiti assoluti dell'aumento di produzione che poteva essere ottenuto con tale sistema. I commercianti avevano raggiunto anche le valli più isolate dell'Inghilterra, e vi furono persino tentativi di cercare lavoro a domicilio all'estero. Essi non ebbero seguito anche perché tale soluzione aumentava ulteriormente la complessità di siffatto sistema produttivo, derivata non soltanto dal gran numero e dalla dislocazione delle unità produttive, ma conseguenza anche della varietà di tali unità a seconda delle operazioni.

Dal punto di vista organizzativo, il problema più incalzante era quello di armonizzare il ritmo delle operazioni di preparazione dei materiali, di filatura e di tessitura. Anche con il filatoio a pedale, la filatura era una procedura molto lenta: erano necessarie da tre a cinque filatrici per procurare il filato a un solo tessitore (Patterson 1993: 166). I datori di lavoro tentarono diverse strategie per cercare di aumentare la produzione di filato, senza successo, perché il lavoro a domicilio rappresentava, anche dal punto di vista del lavoratore, un legame molto lento, difficile da sottomettere alla disciplina dell'opificio. Le ore dedicate al lavoro tessile erano poche e irregolari, i furti e tentativi di truffa erano all'ordine del giorno e nemmeno l'incentivo economico funzionava. La richiesta di lavoro era superiore alla disponibilità e il lavoro era caro. Tale problema si acutizzò ulteriormente come conseguenza delle innovazioni tecniche, ossia nuovi utensili, nuovi metodi di lavorazione e l'introduzione di elementi di automazione, sia nelle operazioni preparatorie e di finissaggio, sia nella tessitura.

## Sforzi e ostacoli nella meccanizzazione della manifattura tessile

Il ruolo centrale dei tessuti nel commercio a scala europea e internazionale si mantenne inalterato nell'Età Moderna, e fra Seicento e Settecento lo sviluppo della manifattura tessile europeo fu accompagnato da un gran numero di innovazioni tecniche. In Olanda e in Gran Bretagna furono sperimentate e brevettate molte macchine, azionate a mano, o tramite un mulino idraulico o a vento, per le operazioni preliminari: macchine per battere e per cardare la lana, per gramolare e scotolare il lino, per battere il lino, per gramolare la canapa (fibra usata per fabbricare vele e corde). Un esempio ci illustra l'interesse europeo per la meccanizzazione: il cotone, che in America come in India era raccolto a mano, doveva poi essere passato fra due rulli per separare il seme dalle fibre. Ora, mentre la macchina usata in India era azionata a mano, nelle Indie occidentali l'aggiunta di un pedale accelerò enormemente il lavoro, in quanto un unico uomo poteva lavorare 27 kg di cotone al giorno.

La tessitura rimase un'operazione manuale fino all'Ottocento, e a lungo continuò a essere eseguita a domicilio, mentre il resto della lavorazione era già stato inglobato nel processo produttivo di fabbrica. Vi fu però un continuo miglioramento dei telai, specializzati a seconda dei tessuti ordinari

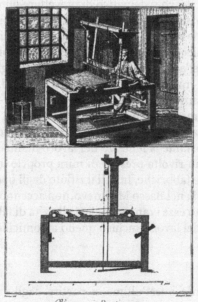

OEconomic Rustique. Coton.

o di pregio (come la seta, il damasco, i velluto, le batiste); inoltre vi furono dei tentativi di costruire telai meccanici (un idea sulla quale aveva già riflettuto Leonardo da Vinci), o quanto meno di automatizzare parti del movimento dei telai: per eliminare il lavoro del garzone che doveva aiutare il tessitore, oppure per facilitare i cambiamento di modello. Alcuni importanti sviluppi si ebbero in Francia, con i telai di Claude Dangon (all'inizio del Seicento), un tessitore di Lione, di Jacques Vaucanson (1709-1782), un famoso inventore e costruttore di automi, e infine di Joseph-Marie Jacquard (1752-1834).

La diffusione delle innovazioni fu molto irregolare, per via delle peculiarità nelle lavorazioni locali e per l'attaccamento alle procedure tradizionali, considerate garanzia di qualità, che indusse spesso a vietare l'uso delle macchine. Così, a lungo in Francia non fu adoperato il commando a pedale – noto fin dal 1530 – del filatoio ad aletta bensì una manovella azionata a mano. Si ha notizia di molte proteste dei lavoratori e divieti riguardanti i telai meccanici, in Olanda, in Germania e persino a Londra (nel 1675). Le innovazioni riguardanti la filatura ebbero un ruolo centrale nello sviluppo della manifattura del cotone inglese e nella creazione del sistema di fabbrica. Una di queste macchine, la *jenny*, fu brevettata da un operaio, James Hargreaves, tessitore senza studi che, d'altra parte, non riuscì a sfruttare il frutto del suo ingegno. Tuttavia, esse furono dovute per lo più a uomini dell'incipiente classe media britannica, senza un profilo di tecnici ma piuttosto coinvolti in uno sforzo sistematico di brevettare nuove macchine tessili in vista del loro sfruttamento economico. Essi non erano quindi operai analfabeti, anche se le loro origini e formazione erano disuguali: Lewis Paul era figlio di un medico, Richard Arkwright era un barbiere che faceva parrucche (e già in quest'attività mostrò interesse per i miglioramenti tecnici), Edward Cartwright era un gentleman educato a Oxford.

Per quanto riguarda il finissaggio dei tessuti, anche se la follatura era eseguita meccanicamente, le macchine per altre operazioni (come la garzatura e la cimatura, anch'esse esaminate da Leonardo) furono ripetutamente vietate, nonostante la lentezza del lavoro manuale. Nel 1812 gli operai dello Yorkshire in rivolta presero di mira proprio le garzatrici e cimatrici introdotte nelle fabbriche. Infatti il rifiuto degli operai di adoperare le macchine, emerso già nel Basso Medioevo, non accennò a diminuire, e anzi si accentuò in quanto esse erano associate alla vita di fabbrica, opposta alle forme tradizionali del lavoro, incluso quello a domicilio.

Per quanto riguarda quest'ultima, a partire dagli anni 1750-60 ebbe un notevole impatto la spola "volante" inventata da John Kay (ca. 1704-ca.1780), brevettata nel 1733, che serviva a far scorrere fili della trama attraverso l'ordito. Si trattò di un accorgimento abbastanza semplice ma che aumentava la velocità di tessitura, rendeva possibile effettuare il lavoro da una persona sola (senza dover interagire con un garzone) e, inoltre, permetteva di tessere stoffe di qualunque larghezza, laddove prima la larghezza dipendeva dall'ampiezza delle braccia del tessitore.

Nonostante questi vari problemi, la manifattura della lana, il settore di gran lunga più importante in Gran Bretagna, mantenne a lungo la struttura produttiva ormai consolidata. Nella manifattura del cotone fu impiantata invece una nuova forma organizzativa, il sistema di fabbrica, nel quale i lavoratori erano riuniti in un grande impianto fisso e lavoravano sotto la disciplina legata alla sequenza delle operazioni nel processo produttivo. Essa quindi ereditava la struttura degli opifici già ben sperimentati e molto attivi ad esempio in Francia, ma con una forte divisione del lavoro frutto dell'evoluzione organizzativa specifica del settore tessile.

Questo tipo di organizzazione richiedeva imprenditori più agguerriti e solidi, pronti a investire capitali e a misurarsi con i relativi rischi; d'altra parte, essa rese possibile aumenti inauditi di produttività e un forte abbassamento dei costi di produzione. Basti pensare che, nel 1741, le importazioni di cotone grezzo britanniche ammontavano a un milione e mezzo di libbre, lavorate nel Lancashire, mentre l'industria della lana lavorava attorno a 40 milioni di libbre di materiale grezzo. Quasi tutta la produzione di tessuti di cotone era commercializzata internamente, ed essi non potevano competere con i prodotti di qualità importati dall'India. Cent'anni dopo si importavano 366 milioni di libbre di cotone (essenzialmente dall'America, dove era coltivato da manodopera schiava). I tessuti di cotone inglese, di buona qualità e a prezzi molto competitivi, erano venduti in tutto il mondo e il settore aveva superato la lana per capitali investiti e valore del prodotto (il valore delle esportazioni era quattro volte quello dei derivati della lana; Landes 1978). Tranne che per la tessitura, la maggior parte degli operai del settore, che aveva assorbito molta emigrazione interna dalla Scozia e dall'Irlanda, lavoravano in fabbriche.

La manifattura del cotone diventò il simbolo della Rivoluzione Industriale inglese per il suo dinamismo dal punto di vista economico e perché il suo sviluppo ebbe come fulcro il sistema di fabbrica. Questo sistema di produzione agì come un catalizzatore dell'innovazione, nel senso che ebbe un ruolo fondamentale nella diffusione e nello sfruttamento del ricco patrimonio di idee tecniche che circolavano in Europa volte soprattutto a meccanizzare le varie operazioni. Gli operai degli stabilimenti manifatturieri – vi è un paradosso infatti nell'uso continuato di questo termine ereditato dalla produzione manuale di oggetti di consumo – oltre ad adoperare *utensili* sempre più perfezionati, si videro affiancare o sostituire nel lavoro da vere e proprie *macchine*, azionate per lo più da ruote idrauliche: di qui l'impiego del termine inglese per "mulino", *mill* (usato per la ruota idraulica ma anche per le macchine), in riferimento a questi impianti. In una fase successiva esso fu rimpiazzato da *factory*, un termine generico usato per designare le botteghe e officine oppure i magazzini: il primo uso legale risale a una legge sulle fabbriche tessili del 1844.

Lo sviluppo delle macchine per filare il cotone fu agevolato dalla resistenza di questa fibra. Difatti, non di rado le innovazioni in questo settore erano state dapprima pensate per la lana, come nel caso della spola di Kay oppure il primo prototipo di filatrice meccanica, di Lewis Paul (m. 1759) e John Wyatt (1700-1766), basato su un dispositivo di trazione a rulli e azionato da due asini, che risale al 1738. Le invenzioni fondamentali che portarono alla meccanizzazione della filatura si ebbero in collegamento con la diffusione del sistema di fabbrica, a partire dalla macchina nota come *spinning jenny* ("giannetta", così detta perché sostituiva la classica ragazza filatrice) costruita da James Hargreaves (1720-1778) attorno al 1764 e brevettata nel 1769, che segnò la fine della filatura tradizionale con l'arcolaio. Allo stesso anno risale il brevetto del filatoio di Richard Arkwright (1732-1792) basato sulle idee di Paul e che, a differenza della giannetta, era in grado di produrre un filato abbastanza resistente da poter essere usato non solo per la trama ma anche per l'ordito; e dieci anni più tardi fu perfezionata da Samuel Crompton (1753-1827) una macchina nota come *mule* (perché era un ibrido fra le due macchine precedenti) che alla fine del secolo aveva sostituito la giannetta grazie alla produttività e qualità molto maggiori che garantiva.

La macchina di Arkwright fu il primo passo di un'iniziativa molto più ambiziosa, portata avanti con altri soci: la creazione di una serie di fabbriche (prima a Nottingham, poi a Cromford, nel Derbyshire) volte a raggiungere elevati volumi produttivi grazie alla divisione del lavoro, alle macchine e all'impiego dell'energia motrice. Il suo filatoio, progettato per essere azionato da un cavallo, fu implementato con una ruota idraulica, alla quale fu associata una macchina di Newcomen nel 1780. Allo stesso modo Arkwright sviluppò l'applicazione dell'energia idraulica ad altre operazioni preliminari, come la cardatura, e di finissaggio. Le fabbriche di Arkwright, che nel 1782 davano lavoro a 5000 operai, sono un esempio rappresentativo dell'evoluzione organizzativa del settore e delle straordinarie capacità dell'imprenditoria britannica: Manchester, che era al centro della zona geografica di produzione del cotone, moltiplicò per sei la popolazione nel periodo 1760-1830.

Il sistema di fabbrica compiuto, che unificava il processo produttivo in un unico ambiente sotto la rigida disciplina legata alla meccanizzazione e all'uso centralizzato della macchina a vapore, fu quindi sviluppato come l'assemblaggio dei pezzi di un puzzle, e si consolidò lentamente. Assieme agli entusiasti della nuova civiltà industriale vi furono le proteste, soprattutto da parte del nuovo proletariato industriale. La distruzione delle macchine fu una delle manifestazioni della protesta "luddista" (dal nome di un tessitore, Ned Ludd, che nel 1779 avrebbe distrutto un telaio) esplosa negli anni 1811-12, che segnò l'inizio delle agitazioni sociali in Gran Bretagna. Tuttavia, questa nuova formula organizzativa trasformò profondamente l'economia britannica, e portò anche radicali cambiamenti sociali e nella mentalità.

# Lettura 6

## Botteghe, fabbriche e lavoro a domicilio

---

L'organizzazione della produzione nel mondo industriale e le ricadute sul lavoro e la vita di uomini, donne e bambini fu al centro delle riflessioni di molti pensatori sociali dell'Ottocento, fra cui spicca Karl Marx (1818-1883), dalla cui opera critica trasse ispirazione il movimento comunista. Nel Novecento, che si aprì all'insegna della proposta taylorista, tale questione ha suscitato studi, ma anche sentimenti e opinioni molto contrastanti, oltre che "mode" nel campo della gestione seguite come panacee, ma anche soggette a critiche di disumanizzazione e quant'altro.

L'esame storico di questo problema, in casi significativi come la nascita della manifattura nel XIII secolo oppure le origini del sistema di fabbrica nella Rivoluzione Industriale, ci permette di capire che, mentre nell'ambito delle tecniche (macchine, processi di sintesi e così via) lo sviluppo è stato sempre in avanti, irreversibile – e quindi le nuove scoperte hanno preso il posto delle precedenti soluzioni, nelle "ondate di distruzione creatrice" descritte da Schumpeter – invece dal punto di vista organizzativo, che coinvolge il fattore umano e le condizioni culturali e sociali, le soluzioni possono essere riproposte, ripensate o affiancate da alternative. Quindi la flessibilità e il giudizio ponderato è in questo ambito imprescindibile, per coadiuvare gli strumenti tecnico-matematici. Per approfondire questo discorso è utile leggere le riflessioni dello storico statunitense David S. Landes a proposito della fabbrica come sistema di produzione. Si confronti, ad esempio, il ruolo del lavoro a domicilio nella produzione di beni durante la Rivoluzione Industriale e le reazione degli operai al suo smantellamento e l'attuale tendenza al lavoro per progetto e al telelavoro soprattutto nell'ambito della produzione di servizi. Torneremo su questo tema nella lettura 17.

---

Un tempo l'avvento del sistema di fabbrica veniva raffigurato come un cataclisma, che aveva travolto il vecchio ordine e trasformato l'industria inglese nel giro di una generazione. Tale fu certamente l'impressione dei contemporanei, che impegnati in un'aspra polemica sulle conseguenze sociali della trasformazione tecnologica forzavano inevitabilmente le tinte e vedevano tutto in bianco e nero. Alcuni dei primi storici dell'economia accettarono questa visione, anche se per ragioni largamente diverse. Fra l'altro, la tendenza a vedere il sistema di fabbrica come l'ultima di una serie di fasi ascendenti dell'organizzazione industriale, cominciata con la bottega artigiana e passata attraverso l'industria a domicilio, implicava l'esclusione reciproca di queste forme, e metteva in ombra quei peculiari vantaggi concorrenziali di ciascuna di esse che hanno reso possibile il loro coesistere fino a oggi. [...]

La base economica della sopravvivenza dei vecchi modi di produzione va cercata in parte nella loro medesima natura, in parte nelle esigenze del sistema di fabbrica e nello sviluppo generale che tenne dietro al suo sorgere. Tanto la bottega artigiana quanto la fabbrica permettevano il controllo del processo lavorativo dall'alto (nella bottega l'imprenditore è di solito anche lavoratore); e mentre la fabbrica è in grado di produrre una quantità maggiore di merci più a buon mercato, la bottega può lavorare in modo assai più economico su ordinazione; di modo che se la produzione di fabbrica segnò la fine di molte imprese artigiane, fu altresì l'inizio di molte altre. La costruzione e la manutenzione delle macchine, in particolare, fece sorgere una folla di piccole ditte artigianali; e in generale la grande industria trovò conveniente per ragioni di razionalità economica dare in subappalto buona parte di questi lavori.

Il sistema dell'industria a domicilio è debole sotto entrambi i riguardi: l'artigiano casalingo di rado ha la capacità tecnica di realizzare singoli prodotti finiti di alta qualità, né può competere con la fabbrica nella produzione di massa di merci standardizzate. Tuttavia la debolezza dell'industria a domicilio è per molti versi ingannevole. Intanto, non bisogna sottovalutare la capacità di miglioramenti di produttività di una manifattura sparsa; la divisione del lavoro rese possibile per esempio notevoli livelli di produzione in taluni campi – in particolare nelle lavorazioni metalliche – assai prima dell'avvento delle macchine. Inoltre, se la semplificazione del processo lavorativo insita in questa specializzazione è un invito alla meccanizzazione, i congegni che ne risultano rafforzano spesso in un primo tempo la posizione del lavoratore casalingo: le prime macchine punzonatrici, tagliatrici e da stampaggio erano eminentemente adatte al cottage o alla cantina. Solo quando la costruzione meccanica raggiunge uno stadio superiore, con la creazione di grandi congegni azionati meccanicamente, la manifattura di fabbrica ha la partita vinta.

Anche dove la specializzazione e semplificazione non possono essere spinte molto oltre, per esempio nei tessili, il lavoratore a domicilio ha un grande vantaggio: costa poco. Di solito è in grado di trarre una parte del suo sostentamento dal suolo, magari solo da un orticello; e il suo attaccamento alla libertà di lavoro a casa propria è tale da fargli accettare salari che un operaio di fabbrica non tollererebbe. Per il manifatturiere, inoltre, egli non rappresenta un legame; l'immobilizzo di capitale in impianti e attrezzature è minimo, e in tempo di crisi si può fermare il lavoro senza timore di forti spese fisse non compensate.

Per queste ragioni il sistema dell'industria a domicilio si dimostrò più tenace del prevedibile. Si mantenne a lungo in settori nei quali i progressi tecnici dell'attrezzatura meccanica erano ancora modesti (come nella tessitura), o in cui l'artigiano casalingo poteva costruirsi rudimentali attrezzi meccanici (come nella lavorazione dei chiodi o in altre lavorazioni metalliche leggere), e spesso sopravvisse in simbiosi con la fabbrica: molti imprenditori trovavano conveniente installare solo quel tanto di macchine sufficienti a soddisfare una domanda preventivata cautamente come normale, ricorrendo a una riserva di manodopera sparsa per la produzione supplementare in tempi di prosperità.

Al tempo stesso, buona parte del terreno perduto dalla bottega artigiana e dall'industria casalinga nei settori industriali di recente meccanizzazione fu recuperato in altri campi. Da un lato, i progressi di produttività in certe fasi della manifattura, con conseguenti riduzioni di prezzo e aumento della domanda del prodotto finito, accrebbero il fabbisogno di manodopera per le altre fasi, organizzate in modo tradizionale. Così le sartorie trassero profitto dalla trasformazione della filatura e della tessitura, e la fabbricazione di merletti e ricami dalla disponibilità di filato a buon mercato. D'altro canto, certi progressi tecnici crearono industrie artigianali e casalinghe dove prima non esistevano, o le estesero molto oltre i confini tradizionali. La macchina da cucire è un ottimo esempio del genere: essa trasformò le massaie in cucitrici e le cucitrici in sarte; e così facendo accelerò la trasformazione in attività professionale di quello che un tempo era stato il lavoro proprio di ogni donna.

In generale, industrializzazione e urbanizzazione portarono a una specializzazione sempre più accentuata del lavoro e alla decomposizione della versatilità domestica. Si ebbe così l'espansione o la nascita di tutta una serie di occupazioni: panetteria, macelleria, fabbricazione delle cose più diverse, candele, saponi, lucidi. Contemporaneamente l'incremento della popolazione e del reddito reale pro capite – grazie allo sviluppo della produttività agricola e industriale – aumentò i consumi e ne accrebbe la porzione dedicata ai manufatti e ai servizi, con conseguente stimolo dei mestieri a organizzazione tradizionale oltre che di quelli recentemente meccanizzati. Per la sola edilizia di abitazione occorreva un esercito di carpentieri, muratori, stagnai, imbianchini, vetrai, conciatetti e semplici manovali.

[...] la transizione dal vecchio al nuovo si accelerò di pari passo col ritmo della trasformazione tecnologica. In particolare, i miglioramenti nella tecnica delle costruzioni meccaniche fecero sì che idee e congegni sviluppati in un determinato settore industriale fossero trasferiti e adattati rapidamente ad altri: fra tagliare panni e tagliare cuoiame o metallo il passo non è lungo. E portarono alla creazione di macchine più grandi e veloci, che richiedevano una forza motrice ed erano incompatibili con la manifattura casalinga.

[Tratto da Landes 1978:156-160]

# 6 Un nuovo ingegnere per una nuova società

SOMMARIO

6.1 Gli ingegneri al servizio dello Stato dall'assolutismo alla Rivoluzione Francese

6.2 La scienza degli ingegneri

6.3 Dalla "cultura di officina" alla "cultura di scuola"

6.4 Riforma, controllo e razionalità scientifico-tecnica

Lettura 7 Precisione, industria ed educazione nazionale

Nel Settecento si ebbe in Europa un'evoluzione della figura dell'ingegnere classico che fu in gran parte frutto di un progetto culturale nell'ambito dell'attività tecnica elaborato in Francia: si parla infatti di una vera e propria "invenzione dell'ingegnere moderno". Tale progetto s'iscrive nel contesto più generale dell'Illuminismo, una corrente di pensiero che fu alla radice della profonda trasformazione della cultura e della società europee a cavallo fra Settecento e Ottocento. Una rivoluzione politica, la Rivoluzione Francese iniziata nel 1789 e il cui ciclo si chiude con la disfatta di Napoleone nel 1815, fu la svolta più radicale del periodo. Questo movimento rivoluzionario, che portò alle estreme conseguenze l'aspirazione alla libertà che aveva guidato l'evoluzione politica in Gran Bretagna e negli Stati Uniti di America, segna convenzionalmente l'inizio storico dell'Età Contemporanea. Infatti, in esso si trovano i fondamenti dell'organizzazione politica (la democrazia liberale) e delle regole di convivenza (i diritti dell'uomo) del nostro mondo occidentale contemporaneo; esso rappresenta quindi la controparte della trasformazione tecnica e economica sorta dalla Rivoluzione Industriale. Vi sono, come vedremo, delle profonde interconnessioni fra lo scenario politico e il mondo della tecnica, al centro delle quali si colloca la nuova figura di ingegnere.

## 6.1 Gli ingegneri al servizio dello Stato dall'assolutismo alla Rivoluzione Francese

La ricca articolazione delle professionalità tecniche e l'intreccio fra i profili tecnici e imprenditoriali che abbiamo visto realizzarsi nella Gran Bretagna fra Seicento e Settecento rappresentava un'eccezione nel contesto europeo. Infatti, negli altri paesi si ritrovano i mestieri tecnici tradizionali: artigiani tecnici autonomi, operai specializzati salariati, ingegneri. La figura classica dell'ingegnere tornò in auge con il rafforzamento del potere centralizzato nelle monarchie nazionali, e ancor di più con l'avvento dell'assolutismo. Ne è un esempio emblematico la Francia, a partire dall'epoca di Luigi XIV, il re Sole: l'ingegnere francese fra Seicento e Settecento era un'ingegnere al servizio dello Stato. Esso quindi manteneva il profilo classico, anche se le sue competenze e i suoi campi di interesse si allargarono in funzione delle ambizioni di dominio della monarchia.

Il governo assoluto di Luigi XIV nella seconda metà del Seicento e fino alla morte nel 1715 si espresse nella riorganizzazione dell'amministrazione statale e dell'esercito nazionale permanente. L'impronta dei suoi ministri principali, il controllore generale delle finanze Jean-Baptiste Colbert e il ministro della guerra, il marchese di Louvois, fu quella di una gestione razionale delle attività e del territorio, ossia una gestione centralizzata ed efficiente volta a semplificare la sovrapposizione di strutture tradizionali. Per quanto riguarda la politica militare, oltre alla politica di espansione, si fece strada l'idea innovativa di difesa e controllo del territorio, che fu realizzata grazie soprattutto alla creazione di un sistema di piazzeforti sulle città di frontiera terrestre e marittima ad opera di un famoso ingegnere militare, Vauban. Si profilava così la delimitazione "razionale" del suolo nazionale, ossia una delimitazione geometrica (che fu alla base della successiva costruzione delle infrastrutture di trasporto e comunicazione francesi) e basata sulla geografia scientifica e sulla cartografia.

### Sebastien Le Prestre de Vauban (1633-1707), il più grande degli ingegneri

Il maresciallo Vauban, "il più grande ingegnere che mai ci sia stato" secondo la definizione di Voltaire, può essere considerato l'ultimo dei grandi ingegneri classici e insieme uno degli artefici del nuovo profilo dell'ingegnere.

Egli condusse uno studio sistematico delle tecniche di assedio delle piazze forti e parallelamente di quelle di fortificazione, ispirato alla propria attività nel succedersi di campagne militari e di periodi di pace e di ricostruzione sotto Luigi XIV. Egli fu quindi un esperto militare e uomo di azione; ma la sua attività lo condusse a una formulazione teorica dei problemi pratici e, viceversa, le sue iniziative si svilupparono sulla base di tale riflessione, raccolta nelle sue "istruzioni" e in varie memorie pubblicate in gran parte dopo la morte (e che ebbero molte traduzioni e una gran diffusione in Europa). Inoltre, in consonanza con il contesto politico e culturale nel quale operò, i suoi interessi andarono molto oltre gli aspetti tecnici e militari di stampo classico, verso questioni di gestione degli uomini, di amministrazione e anche di economia. Egli pubblicò una memoria sulle imposte, nella quale proponeva una tassa uguale per tutti i sudditi, che fu vietata dal re subito dopo la sua pubblicazione nel 1707.

Infine, nel 1689 egli si rivolse pubblicamente al re chiedendo il ripristino dell'editto di Nantes che, revocato da Luigi XIV, aveva portato all'esilio dei cittadini francesi ugonotti, basandosi non solo su considerazioni morali ma anche sui danni che tale decisione aveva portato alla ricchezza del paese.

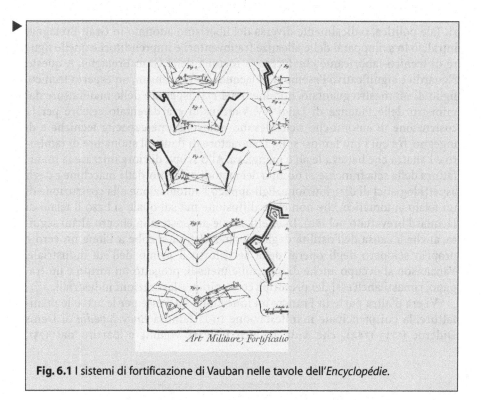

**Fig. 6.1** I sistemi di fortificazione di Vauban nelle tavole dell'*Encyclopédie*.

Servivano quindi allo Stato, oltre agli ufficiali e ai generali, più che mai gli ingegneri, e anche qui si tentò di razionalizzazione l'organizzazione delle varie figure tecniche militari preesistenti, a partire dalla creazione, nel 1691, del corpo degli ingegneri militari. Non senza difficoltà (per rivalità tradizionali, ad esempio fra gli ingegneri geografi e il genio militare), l'impostazione che si sviluppò nel Settecento fu tendenzialmente di centralizzazione, sotto l'autorità dell'ingegnere capo a Parigi, e di controllo del territorio, attraverso gli ingegneri distaccati in provincia. Lo stesso schema fu seguito quando a questo corpo fu affiancato il corpo degli ingegneri civili (*corps de ponts et chaussées*) nel 1716, dopo la morte di Luigi XIV. I corpi degli ingegneri al servizio dello Stato, soppressi all'indomani della Rivoluzione perché associati alle vecchie strutture corporative avversate dai rivoluzionari, furono subito ripristinati e rafforzati ulteriormente con l'eliminazione delle forme di autonomia regionale che avevano limitato il loro ambito territoriale di competenza.

Con la creazione del corpo di *ponts et chaussées* le opere civili furono poste in Francia sotto la responsabilità dello Stato, il quale assunse così il controllo della creazione delle infrastrutture moderne del paese. D'altra parte, anche per quanto riguarda le arti e le manifatture, la politica colbertista fu quella di un intervento diretto dello Stato, che creò anche delle scuole per imparare i mestieri. Tale politica, radicalmente diversa del liberismo adottato in Gran Bretagna, intralciò lo svilupparsi delle alleanze fra inventori e imprenditori e quelle figure di tecnico-fabbricante che fecero la fortuna della Gran Bretagna. A questo riguardo è significativo l'esempio di Jacques de Vaucanson, un esperto tecnico, figlio di un mastro guantaio, nominato nel 1741 ispettore delle manifatture dal ministro delle Finanze di Luigi XV. Vaucanson era diventato celebre per la costruzione di automi che richiedevano notevolissime capacità tecniche e di ingegno, fra cui i più famosi sono il suonatore di flauto, il suonatore di tamburo e l'anatra che batteva le ali e mangiava. Allo scopo di riorganizzare la manifattura della seta francese, si occupò dei metodi di lavoro, delle macchine e degli aspetti logistici di distribuzione. Egli applicò l'automazione alla costruzione di un telaio automatico, che non ebbe diffusione ma sul quale si basò il telaio di Jacquard brevettato nel 1801. In effetti, le sue proposte non ebbero alcun seguito, anche a causa dell'ostilità degli operai. Nel 1744 si ebbe a Lione un vero e proprio sciopero degli operai della seta, forse il primo dell'età industriale. Vaucanson si occupò anche di macchine utensili: progettò un tornio e un trapano, rimasti anch'essi dei prototipi, concepiti per lavorazioni industriali.

Vi era d'altra parte in Francia un innegabile interesse per le arti e le manifatture, la cui principale manifestazione fu la famosa *Encyclopédie* di Denis Diderot (1713-1784), che vide la luce in vari volumi a partire dal 1751.

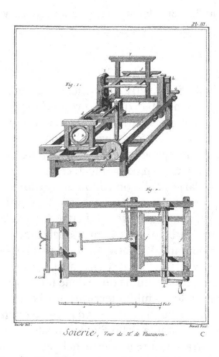

**Fig. 6.2** La macchina di Vaucanson per la manifattura della seta nelle tavole dell'*Encyclopédie*

Quest'opera, come succede spesso nei trattati sulla tecnica (tanto più trattandosi di un'enciclopedia), rifletteva più le tecniche acquisite che non l'evoluzione in corso (come si evince dalle tavole riprodotte nelle figure nel capitolo 5). Tuttavia, nei vari articoli emergeva una riflessione filosofico-politica molto ricca sulla cultura tecnica europea, ed in particolare su due aspetti fondamentali: il rapporto fra tradizione (rappresentato dalle corporazioni, criticate per esempio nel articolo «Arte») e innovazione; e il rapporto fra la nuova scienza e il sapere tecnico. D'altra parte, una delle prime descrizioni della manifattura in termini di processo produttivo – anche indipendentemente dalla sua meccanizzazione – è contenuta in due memorie di un famoso ingegnere, futuro direttore del corpo di *ponts et chaussées*, Jean-Rodolphe Perronet (1708-1794), relative alla fabbricazione degli spilli nella cittadina di Laigle, in Normandia, scritte negli anni passati in quella regione, distaccato nel distretto di Alençon, all'inizio della sua carriera. Quando, in piena Rivoluzione Francese, alcune manifatture come quelle dei cannoni e della polvere da sparo diventarono di interesse nazionale per difendere il paese dall'attacco delle potenze straniere, gli ingegneri militari e anche gli scienziati francesi si occuparono per la prima volta in modo sistematico dei problemi tecnici della manifattura industriale.

Ci occuperemo delle idee sulla gestione delle infrastrutture di trasporto e di comunicazione e sulle manifatture industriali che sono al centro dell'evoluzione verso l'ingegneria civile e industriale moderna all'inizio dell'Ottocento nei capitoli 7 e 8. Nel frattempo, però, dobbiamo rivolgere l'attenzione alla trasformazione profonda del pensiero tecnico degli ingegneri francesi del Settecento, coinvolti ancora molto fortemente nei problemi di ingegneria militare, ma posti di fronte a nuove responsabilità relative ai nuovi aspetti tecnici dell'amministrazione dello Stato e attenti allo sviluppo delle macchine e dell'industria dal punto di vista dell'interesse nazionale. Vi è un contrasto culturale forte fra il mondo britannico della Rivoluzione Industriale impegnato nel *realizzare*, nello sviluppo delle tecniche e nel suo sfruttamento economico, e l'interesse "filosofico" degli intellettuali francesi per l'evoluzione in atto. La Francia del Settecento, un paese ricco di fermenti politici e culturali, ebbe un ruolo fondamentale nel *pensare* tale evoluzione: da una parte, furono poste le basi della costruzione di un sapere tecnologico; dall'altra, fu inventato un nuovo ruolo e un nuovo modello di formazione degli ingegneri.

## 6.2 La scienza degli ingegneri

Sotto l'influsso del pensiero di Cartesio, nella cultura francese fra Seicento e Settecento si diffuse la coltivazione della scienza e la convinzione che fosse necessario stabilire un rapporto virtuoso fra le nuove conoscenze scientifiche e il sapere tecnico, fra i *savants* (studiosi delle scienze) e gli "artisti" (ossia artigiani e tecnici) e ingegneri. Una delle iniziative dell'Accademia delle Scienze (*Académie Royale des Sciences*) fondata a Parigi, sotto l'ispirazione di Colbert, nel 1666, fu un progetto di descrizione sistematica delle arti e dei mestieri, curato da René-Antonine Ferchault de Réamur (1683-1757). All'Accademia delle Scienze appartenevano Vauban e Vaucanson (che presentò i suoi automi all'Accademia nel 1738), come più tardi molti altri ingegneri.

Fra gli ingegneri militari francesi si fece strada prepotentemente l'idea e l'esigenza di un sapere proprio degli ingegneri, sistematico e oggetto di trattati "colti", una vera e propria "scienza degli ingegneri". Quest'espressione apparse per la prima volta in un'opera pubblicata nel 1729 da Bernard Forest de Bélidor (1697-1761), intitolata *La scienza degli ingegneri nella conduzione dei lavori di fortificazione e di architettura civile*, che includeva in appendice varie istruzioni di Vauban. Bélidor completò la sua esposizione dei campi principali di interesse degli ingegneri statali francesi con il trattato *Architettura idraulica, o l'arte di condurre, sollevare e gestire le acque per i diversi bisogni della vita* (4 voll., 1737-1753). Queste opere ebbero ampia circolazione fino agli inizi dell'Ottocento, ma dal punto di vista dell'uso della matematica e dell'approccio ai problemi tecnici esse erano in continuità con la trattatistica tecnica europea di origine rinascimentale. Bélidor, criticava infatti i "calcoli algebrici a perdita d'occhio" prodotti da taluni filosofi della natura interessati a problemi tecnici e auspicava la formulazione di "massime" o ricette ad uso degli ingegneri, che essi potevano adoperare "con la fiducia che si ha ordinariamente in tutto ciò che si sa essere stato stabilito sulla base di principi matematici, anche se si ignora la via per la quale vi si è arrivati" (Bélidor 1737: 70).

I trattati tecnici si limitavano a descrivere conoscenze relative ai materiali, alle procedure adoperate o consigliate e alle macchine costruite e a fornire tavole per guidare la progettazione che raccoglievano dati numerici ottenuti empiricamente. Le prime formulazioni teoriche dei problemi della tecnica, nei campi della balistica, della costruzione delle lenti, delle macchine o della statica delle strutture furono sviluppate fra il Seicento e il Settecento, con l'ausilio delle teorie fisiche. Nel corso del Settecento l'esigenza di costruire una scienza dell'ingegnere fu all'origine di alcune importanti novità, emerse in Francia attorno ai classici problemi dell'ingegnere militare, ma che avrebbero cambiato profondamente il pensiero tecnico colto. Gli ingegneri francesi dell'Illuminismo condividevano la fiducia nella matematica, intesa come fondamento rigoroso del sapere, tipica della loro epoca. La matematica e la scienza potevano fornire un quadro teorico atto a individuare nuovi strumenti per la risoluzione dei problemi tecnici, e quindi superare i limiti di quelli allora disponibili, derivati essenzialmente da una tradizione di uso basata sull'esperienza più che su un'analisi sistematica e "razionale".

In primo luogo, l'uso della geometria come strumento grafico nella progettazione e costruzione di opere edili o di macchine fu portato da Gaspard Monge (1746-1818) da un maneggio "naïf" e approssimativo a un vero e proprio linguaggio codificato, quello della *geometria descrittiva*. La geometria descrittiva, a dispetto del nome, non era una branca della matematica teorica ma una disciplina tecnica volta alla rappresentazione e all'analisi degli oggetti nello spazio, concepita originariamente per la fortificazione, ma di applicazione universale, che adattava i principi di proiezione della prospettiva alle esigenze dei tecnici. In secondo luogo, vi fu un forte impulso nell'elaborazione di teorie riguardanti i problemi dell'ingegneria (i materiali, le strutture, le macchine, l'idraulica) seguendo la metodologia scientifica.

## La creazione della fisica matematica

Nel 1687 Isaac Newton pubblicò i *Principi matematici della filosofia naturale*, nel quale presentava una descrizione in termini matematici della meccanica celeste, portando così a compimento l'ambizioso progetto intellettuale della Rivoluzione Scientifica. Tutti i fenomeni del moto dei corpi terrestri e celesti erano diventati oggetto di uno studio unificato, come anche i fenomeni della luce, esaminati anche da Newton nella sua *Opticks*, pubblicata nel 1704.

Alla base di questo successo vi era un'importante novità nel campo della matematica. Infatti, mentre Copernico, Galileo e Kepler avevano a disposizione soltanto la geometria euclidea, Newton e, indipendentemente, anche Gottfried Leibniz (1646-1716), elaborarono una nuovo calcolo matematico, ossia il calcolo infinitesimale, basato sull'uso del linguaggio algebrico creato alla fine del Cinquecento e costruito proprio per esaminare i problemi del moto. Infatti, l'idea di derivata che era alla base del calcolo differenziale permetteva di calcolare tassi di variazione istantanei quali la velocità o l'accelerazione.

Oltre al calcolo differenziale, furono sviluppate altre nuove teorie matematiche intimamente legate fra loro, come la teoria dei massimi e dei minimi, il calcolo integrale, la teoria delle equazioni differenziali e le equazioni alle derivate parziali, che insieme costituiscono una branca della matematica nota come «analisi matematica». Essa non soltanto si rivelò uno strumento fondamentale per lo studio del moto, ma era potenzialmente in grado di permettere la formazione di teorie scientifiche relative ad altri fenomeni fisici e la formulazione delle relative leggi in linguaggio matematico. Si tratta della fisica matematica, che si sviluppò insieme alla fisica sperimentale.

Nel Settecento continuarono gli studi di meccanica, relativi a problemi come il moto delle corde vibranti. L'analisi matematica fu applicata anche all'idrodinamica o meccanica dei fluidi, grazie soprattutto al lavoro di vari matematici della famiglia Bernoulli e a uno dei più grandi matematici di tutti i tempi, Leonhard Euler (1707-1783), nato a Basilea, e che lavorò presso l'Accademia Imperiale delle Scienze di San Pietroburgo. Anche se li abbiamo qualificati come matematici, questi studiosi erano ancora dei filosofi della natura, in quanto avevano un ventaglio di interessi molto ampio: l'analisi matematica (lo studio delle proprietà di oggetti matematici quali le equazioni differenziali, le serie o le funzioni), ma anche la sua applicazione come strumento nella fisica matematica e nei problemi tecnici. Basta scorrere l'elenco dei lavori di Euler, per trovare, accanto a ricerche puramente matematiche e a studi molto astratti di fisica matematica o di meccanica celeste, altri riguardanti le lenti, i mulini a vento, le macchine idrauliche o le vele delle navi.

In Gran Bretagna la ricerca scientifica dopo Newton ebbe un periodo di stagnazione, dovuto a un insieme di fattori. Da un parte, vi fu il rifiuto di adoperare l'approccio al calcolo infinitesimale sviluppato da Leibniz, che si dimostrò più fertile di quello newtoniano. Dall'altra, non si sviluppò un vero interesse per la ricerca teorica, sia nella fisica, sia nell'ambito tecnico. Per quanto riguarda la fisica, una notevole eccezione è rappresentata dall'università di Glasgow: infatti, nel Settecento la Scozia conobbe una stagione di fioritura culturale di stampo illuministico.

La grande sintesi newtoniana ebbe una grande eco in Francia, e rappresentò un importante elemento del movimento culturale dell'Illuminismo. Infatti, la fiducia che i filosofi illuministi riponevano nel potere della ragione per assicurare il progresso materiale e morale degli uomini poggiava in gran parte suoi trionfi della scienza moderna. I principi razionali che dovevano guidare la trasformazione della società dell'*ancien régime* e la costruzione di una società giusta di uomini liberi avevano un modello nei principi matematici e scientifici. Così, ad esempio, Montesquieu descriveva i rapporti fra i poteri esecutivo, legislativo e giudiziario in termini di equilibrio, in analogia con l'equilibrio del cosmo retto dalla legge di gravitazione universale. Oltre alla diffusione delle idee scientifiche negli ambienti colti, la ricerca scientifica ebbe nel Settecento un grande sviluppo in Francia, grazie a figure come Jean-Baptiste Le Rond D'Alembert (1717-1783), Joseph-Louis Lagrange (1736-1813), Pierre Simon Laplace (1749-1827) e Antoine-Laurent Lavoisier (1743-1794), il fondatore della chimica.

I primi problemi tecnici studiati dal punto di vista teorico-scientifico furono quelli relativi alla navigazione e alla costruzione di vascelli, che avevano un ruolo di primo piano nell'Europa dell'epoca: nel 1747 Euler pubblicò un'imponente monografia intitolata *Scientia navalis*, e nel 1773 un opera più semplice e volta all'attività pratica, *Teoria completa della costruzione e della manovra dei vascelli* (pubblicata a San Pietroburgo in francese, tradotta in inglese a Londra tre anni dopo). Gli studiosi di idrodinamica si occuparono anche della ruota idraulica, sulla quale Jean-Charles Borda presentò uno studio completo all'Accademia delle Scienze di Parigi nel 1767, deducendo dalle sue equazioni un criterio per il funzionamento ottimo della ruota ("nessun impatto all'ingresso, nessuna velocità all'uscita").

Mentre il lavoro di Smeaton si era limitato alla raccolta accurata di dati empirici relativi a grandezze tecniche misurabili, Borda seguiva una nuova metodologia più ambiziosa, articolata in varie fasi secondo il modello della conoscenza fisico-matematica: 1) la formulazione dei problemi in termini di *grandezze tecniche quantificabili o variabili*; 2) la sua soluzione in termini di *leggi matematiche di variazione* espresse grazie all'analisi matematica; 3) la *verifica empirica* di tali leggi, attraverso la costruzione di modelli sperimentali su scala ridotta o no. Le fasi 1 e 2 erano basate sulle conoscenze empiriche frutto di osservazioni ed esperimenti su modelli a scala, ma beneficiavano anche delle conoscenze della fisica; e le eventuali discordanze ricavate dalla fase 3 portavano anche a ritoccare la formulazione delle fasi 1 e 2.

Le grandezze tecniche erano principalmente variabili ottimizzabili e le leggi matematiche relative ad esse fornivano quindi criteri di ottimizzazione, ossia criteri per ottenere valori massimi o minimi delle variabili che rappresentavano le prestazioni migliori di un oggetto artificiale: prestazioni in termini di "operazione" o funzionamento desiderato di un vascello, di una ruota, di una macchina, oppure in termini di scelta del taglio di certi materiali, o ancora di solidità e funzionalità nella costruzione edile. Mentre lo scopo del ricercatore in meccanica razionale e in generale nella fisica era ritrovare le leggi che regolano i fenomeni naturali, lo studioso di meccanica applicata e in generale delle scienze dell'ingegnere si sforzava di "far andare le cose in un certo modo", vale a dire, *controllare* l'andamento di una situazione creata artificialmente per soddisfare certi scopi. Non *descrivere* la realtà, quindi, ma *prescrivere*, scegliendo la soluzione ottima di un problema. Vi era quindi un cambiamento radicale del pensiero tecnico di fronte alla Natura: per ottenere i propri fini di dominio, non si tentava più ingannare e scavalcare le leggi naturali considerate al di fuori della portata del sapere umano, ma nemmeno conoscere in modo esauriente tali leggi (come nella scienza), bensì ottenere la conoscenza utile a governare, a controllare la Natura.

| Le prime scienze dell'ingegnere | | |
|---|---|---|
| Meccanica applicata | Resistenza dei materiali e elasticità | Galileo |
| | Statica e strutture | Bélidor |
| | | Coulomb |
| | Macchine | Desaguliers (*Experimental philosophy*, 1734-44) |
| | | Lazare Carnot (*Saggio sulle macchine in generale*, 1782) |

| Meccanica dei fluidi | Idraulica e idrodinamica (ruote idrauliche, turbine) | Bélidor |
| --- | --- | --- |
| | | Borda |
| | | D'Aubuisson (*Trattato di idraulica ad uso degli ingegneri*, 1834) |
| | | Poncelet |
| | Architettura navale e teoria delle onde | Euler |
| Teoria del calore | | Sadi Carnot |
| | | Pambour (*Teoria della macchina a vapore*, 1837 e *Trattato teorico e pratico delle macchine locomotive*, 1835) |

Il successo della nuova impostazione fu straordinario per quanto riguarda lo sfruttamento della forza dell'acqua, un tema che fu oggetto di ricerca fino ai primi decenni dell'Ottocento, quando fu "reintrodotta" la ruota orizzontale ma a rotazione rapida, denominata «turbina» nel 1822. A questi studi contribuirono numerosi ingegneri francesi, militari come Borda, Lazare Carnot (1753-1823) e Jean Victor Poncelet (1788-1867) e anche ingegneri minerari. Tale impostazione fu applicata da un altro ingegnere militare, Charles-Augustin Coulomb (1736-1806), ai problemi di statica nella costruzione nel suo *Saggio sulla applicazione delle regole dei massimi e minimi ad alcuni problemi di statica relativi all'architettura*. Egli pubblicò questo lavoro nel 1773, poco dopo il suo ritorno dall'isola de La Martinica, dove trascorse otto anni in uno dei suoi primi incarichi nel corpo degli ingegneri militari, dirigendo la costruzione di un'imponente fortificazione, Fort Bourbon. Il suo saggio rappresentava un tentativo di andare oltre le soluzioni numeriche, ottenute caso per caso e raccolte in tavole, che erano usate dai suoi contemporanei nella progettazione delle costruzioni. Lo scopo, nelle parole dell'autore, era "determinare, nella misura in cui lo può permettere una combinazione di fisica e di matematica, l'influenza della frizione e della coesione in alcuni problemi di statica".

## Le tecniche di ottimizzazione dell'analisi matematica e oltre

Durante il Settecento, l'analisi matematica ebbe un grande sviluppo e mostrò le sue potenzialità sia nella soluzione di problemi molto generali dell'astronomia e della fisica, sia in quella di problemi concreti legati alla pratica e alla tecnica.

Il concetto di derivata è molto sfaccettato. Esso si collega tipicamente all'idea di tasso di variazione, ed in particolare ai concetti meccanici di velocità e accelerazione. Tuttavia, esso è anche collegato al calcolo di massimi e minimi, vale a dire, all'idea di ottimizzazione, che è invece tipica della formulazione dei problemi tecnici. Si consideri ad esempio il problema di calcolare l'angolo di inclinazione di un cannone rispetto al terreno che massimizzi la gittata (ossia la distanza orizzontale percorsa). Si tratta di un problema classico di balistica, che motivò alcune fra le ricerche seicentesche che portarono allo sviluppo del concetto di derivata e del calcolo differenziale. La formulazione del problema di balistica prima citato è emblematica della conoscenza tecnica. Il tecnico non è interessato al problema del moto in generale, e nemmeno al problema del moto parabolico. Il tecnico cerca il controllo del moto in un oggetto artificiale da lui progettato (in questo caso, un'arma, il cannone). Egli tenta di piegare il mondo fisico reale alle proprie esigenze, al proprio obiettivo.

Nel Settecento la teoria dei massimi e dei minimi, e poi il calcolo delle variazioni, diventarono un settore specifico dell'analisi matematica, che mantenne un rapporto privilegiato con le applicazioni: a questi studi si fa oggi riferimento parlando di *ottimizzazione classica* (che usa strumenti di analisi matematica). Tuttavia l'idea di ottimizzazione si presentava allora anche in altri problemi esaminati dai matematici. Per esempio, un classico problema di geometria è il seguente: qual è la forma che racchiude in un perimetro dato la massima superficie. Oppure, lo stesso Euler considerò un problema che apparteneva al filone delle "amenità" che hanno sollevato curiosità matematica fin dal mondo antico: il problema dei ponti di Königsberg. Questo è uno dei primi problemi di ottimizzazione finita (così detta poiché non sono coinvolte grandezze misurabili con numeri reali, come nell'analisi matematica, bensì un numero finito di unità): questi sono gli studi detti oggi di *ottimizzazione combinatoria* (che usano la teoria dei grafi e la matematica discreta). Infine, alcune tecniche di *ottimizzazione algebrica* si ritrovano agli inizi dell'Ottocento nei lavori di Joseph Fourier sui poliedri. Lo sviluppo di queste ultimi due filoni si ebbe però soltanto nel Novecento, ed esse sono fra le principali tecniche matematiche della moderna ingegneria industriale.

Quanto alla macchina a vapore, il primo tentativo di produrre uno studio teorico fu il saggio di Sadi Carnot (1796-1832), che sviluppava un'analogia fra il funzionamento della ruota idraulica e quello della macchina a vapore, basata sulle teorie correnti della fisica sperimentale del calore come fluido (il calorico). Lo sviluppo della termodinamica come parte della fisica e della termodinamica tecnica si svolse parallelamente nell'Ottocento, seguendo le due impostazioni distinte che abbiamo descritto, anche se in interazione intellettuale.

I due Carnot, come Borda, Coulomb, Monge e Poncelet, oltre a essere ingegneri erano anche filosofi della natura, e, oltre a impostare nuovi strumenti e teorie nel campo delle scienze dell'ingegnere, condussero ricerche scientifiche nel campo della fisica, della chimica e della matematica. Tale profilo intellettuale fu frutto del nuovo modello di formazione degli ingegneri che si sviluppò in Francia nella seconda metà dell'Ottocento, con il contributo determinante di Monge.

## 6.3 Dalla "cultura di officina" alla "cultura di scuola"

L'idea che le conoscenze matematiche dovessero avere un ruolo fondamentale nella formazione dell'ingegnere risale al mondo antico, e fu alla base della creazione di scuole e accademie, da parte di privati oppure come istituzioni cittadine o statali. Gli studi teorico-matematici erano però condizionati dal ruolo generalmente accordato all'esperienza pratica e all'apprendistato. Al riguardo è illuminante la testimonianza di John Wallis (1616-1703), professore dell'università di Oxford, sullo studio delle matematiche in Gran Bretagna nel Seicento: "da noi non erano tanto materia di studi accademici, quanto piuttosto di studi meccanici; esse erano coltivate da commercianti, mercanti, navigatori, carpentieri, agrimensori e simili e forse anche da alcuni stampatori di almanacchi di Londra [...] A quell'epoca vi erano più studiosi di matematica a Londra che non nelle università" (cit. in Musson, Robinson 1969: 22).

Nella Francia del Settecento vi fu una svolta da questa "cultura dell'officina" verso una "cultura di scuola", ossia una formazione professionale dell'ingegnere in vere e proprie scuole con lezioni regolari simili a quelle che si svolgevano nelle università. Fra queste lezioni vi erano molte di matematica, e questo era nel rispetto della tradizione e in continuità con il passato. Tuttavia, e questa era la seconda novità, all'interno di queste nuove scuole vi fu un'evoluzione dallo studio della matematica pratica verso un corso di studi molto più ricco, composto dalla matematica, dalle scienze della natura e dalle scienze dell'ingegnere.

La fondazione delle scuole tecniche centrali statali era in perfetta coerenza con la creazione dei corpi degli ingegneri come organizzazioni tecnico-amministrative al servizio dello stato. Infatti, esse furono create in corrispondenza con i vari corpi, per centralizzare, indirizzare e filtrare l'ingresso dei giovani aspiranti ingegneri. Innanzitutto, furono organizzate le scuole militari, della Marina, dell'artiglieria e del genio militare; fu poi creata la scuola del genio civile (*ponts et chaussées*). La scuola degli ingegneri-costruttori della Marina fu creata nel 1741 per completare la formazione dei giovani formati nelle scuole esistenti presso gli arsenali. La scuola degli ingegneri civili fu creata a partire dall'Ufficio centrale dei disegnatori, il cui compito era produrre una cartografia delle strade francesi, affidato nel 1747 a Perronet, nel quale i giovani aspiranti a entrare nel corpo erano istruiti secondo le forme classiche di apprendistato; ma il regolamento del 1775 prevedeva già lezioni regolari di matematica, cartografia, idraulica e disegno, e come materie facoltative chimica, fisica, idrodinamica e scienze naturali.

Molte novità emersero anche nella scuola degli ingegneri militari di Mézières, attiva dal 1748: una maggior apertura a giovani di origine non nobile, l'introduzione di un rigido esame di ingresso di matematica e l'organizzazione di corsi di lezioni teoriche di matematica e di scienza. In questa scuola si cominciò a delineare una formazione teorica e intellettuale per l'ingegnere, oltre la trasmissione di conoscenze utili, e fu creata una vera e propria struttura didattica interna. Il più famoso professore di Mézières fu Monge, che vi lavorò negli anni 1764-84. Egli sviluppò la geometria descrittiva in collegamento con la sua attività didattica nella scuola, ed in particolare con i problemi relativi alla fortificazione, al taglio delle pietre e alla carpenteria. Egli insegnò geometria, meccanica, fisica e vi introdusse infine un corso di chimica, occupandosi dell'istallazione di un laboratorio.

Nel 1783 fu creata anche la *École des mines* per la formazione degli ingegneri minerari, anch'essi raggruppati in un apposito corpo statale e ai quali fu affidata la gestione pubblica delle miniere, con competenze anche nel settore metallurgico. Le esperienze nell'ambito della formazione tecnica portarono alla creazione, nel 1794, sotto l'ispirazione di Monge e di altri scienziati che aderirono alla Rivoluzione, della *École polytechnique*, la Scuola politecnica di Parigi (chiamata all'inizio Scuola centrale dei lavori pubblici). Con questa scuola si voleva centralizzare completamente a Parigi la formazione di tutti gli ingegneri, unificandola all'insegna dell'alleanza fra scienza e competenza tecnica per creare la figura di un tecnico superiore al servizio dello Stato. Tale progetto, pensato e realizzato in piena Rivoluzione, era il frutto di decenni di riflessioni e di contributi sulle scienze dell'ingegnere, ma era anche carico di valore simbolico riguardante la nuova società che si voleva costruire. Esso svegliò infatti negli anni seguenti molte polemiche in Francia. Da una parte, vi si opponevano le singole scuole preesistenti; inoltre, attorno ad essa vi fu un intenso dibattito sul ruolo da attribuire alle conoscenze matematiche e scientifiche di per sé e ai saperi tecnico-applicativi. Mentre Monge era uno studioso molto attento alle esigenze degli ingegneri, gli insegnanti attivi all'inizio dell'Ottocento, fra cui matematici eminenti come Laplace o Augustin-Louis Cauchy (1789-1857), furono aspramente criticati dagli ingegneri. Era l'inizio di una discussione ancora oggi aperta sul rapporto fra scienza, tecnologia e matematica nella formazione degli ingegneri.

Infatti, la Scuola politecnica di Parigi rappresentò un modello internazionale, seguito da quasi tutti i paesi che, nell'Ottocento, affiancarono alle facoltà universitarie – dove si formavano medici, avvocati e funzionari dell'amministrazione – le scuole tecniche superiori o scuole di applicazione per gli ingegneri, create in tutte le grandi capitali, da Madrid a Napoli a Vienna a San

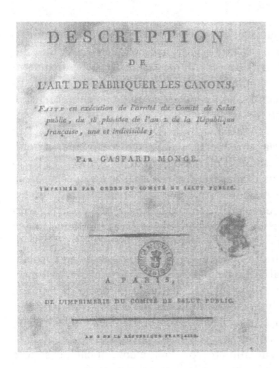

**Fig. 6.3** La memoria *Descrizione dell'arte di fabbricare i cannoni*, pubblicata da Monge nel 1794. Nell'organizzazione delle produzioni chimiche e metallurgiche a scopo militare negli anni della Rivoluzione ebbe un ruolo importante la famiglia di imprenditori industriali Périer, fondatori della fonderia di Chaillot, vicino a Parigi, che sarebbe diventata una delle più importanti manifatture meccaniche al di fuori della Gran Bretagna. Nel corso di un viaggio in Francia nel 1786, Watt e Boulton costatarono con disappunto, che, a Chaillot, i Périer avevano in funzione macchine a vapore senza pagar loro – che avevano ottenuto un privilegio anche in Francia – il dovuto canone (Payen 1969).

Pietroburgo. Tale modello era intimamente legato allo sviluppo dell'ingegneria al servizio dello Stato, con forti connotazioni militari e patriottiche. L'accademia militare di West Point, negli Stati Uniti, fondata nel 1802, s'ispirò all'esempio francese, e persino in Gran Bretagna fu creata una *School of Militar Engineering* nel 1812 per formare gli unici ingegneri statali britannici, gli ingegneri militari. Inoltre, esso veicolò internazionalmente l'immagine dell'ingegnere moderno come un professionista colto, con una solida preparazione matematica e scientifica, e con un elevato senso del proprio ruolo sociale al servizio del progresso materiale e morale del proprio paese. Tale ruolo si doveva svolgere, in un paese moderno, innanzitutto nelle opere civili e nelle infrastrutture, agendo per conto dello Stato, come in Francia, oppure lavorando in ambito privato, come in Gran Bretagna e negli Stati Uniti.

Ma, soprattutto, un nuovo ruolo si apriva per gli ingegneri nell'ambito delle manifatture, e quindi nell'arena della concorrenza e dell'economia di mercato. La meccanizzazione della produzione industriale e l'organizzazione delle fabbriche richiedevano ingegneri specializzati capaci di impiantare i sistemi inglesi. Nel 1829 iniziò a funzionare a Parigi la Scuola centrale delle arti e delle manifatture, su iniziativa di un gruppo di industriali, seguendo il modello già consolidato: al primo anno le materie di studio erano la meccanica, la fisica, la chimica e la geometria descrittiva.

## 6.4 Riforma, controllo e razionalità scientifico-tecnica

La forza del modello dell'*École polytechnique* si spiega perché esso traeva le proprie radici da un'ampia riflessione portata avanti nel Settecento sul ruolo dell'istruzione pubblica, delle scienze e della tecnica nella creazione di una nuova società, più ricca, più giusta, più dinamica e portatrice di progresso. Tale punto di vista, sviluppato da intellettuali come D'Alembert o Condorcet, anch'essi studiosi di scienza e membri dell'Accademia delle Scienze, filtrò con particolare intensità nell'ambiente degli ingegneri, e li portò naturalmente a dare il proprio contributo alla Rivoluzione del 1789. D'altra parte, tipico del pensiero dell'Illuminismo era considerare la comunità degli scienziati un modello per la comunità degli uomini dotti e gli uomini di scienza (filosofi della natura, ma anche gli ingegneri-studiosi formati nelle scuole degli ingegneri) come esperti cui affidare la costruzione di una nuova società.

Questo ruolo di scienziati e ingegneri si espresse innanzitutto nei compiti di natura propriamente scientifico-tecnica volti a "razionalizzare" le attività, nell'ambito della Commissione per la riforma del sistema dei pesi e delle misure e di quella per la riforma del calendario, alle quali parteciparono molti studiosi, anche di posizioni politiche moderate. Monge, fervente rivoluzionario, fu ministro di Marina per un anno e mezzo, e in tale veste firmò l'ordine di esecuzione del re Luigi XVI nel 1793. Nel periodo successivo, quando la Francia fu minacciata dalle potenze straniere, ingegneri e scienziati animarono e furono coinvolti in varie iniziative del Comitato di salute pubblica: oltre alla creazione dell'*École polytechnique*, essi si impegnarono nell'industria di guerra (fabbricazioni dei cannoni e della polvere da sparo, costruzione di aerostati), e applicarono ai problemi dell'organizzazione e dell'amministrazione industriale la loro mentalità scientifica.

### Brevetti e spionaggio industriale

La moderna concezione di brevetto eliminò quasi completamente l'invenzione anonima. Poiché, a partire dai primi del Settecento, invalse l'abitudine di presentare un rapporto scritto relativo a ogni brevetto, in questo periodo aumenta notevolmente la documentazione disponibile allo storico della tecnica riguardo all'invenzione e all'innovazione. D'altra parte, il brevetto sembra quasi aver incentivato l'emulazione, anche con strumenti illegali quale lo spionaggio industriale, ancor di più quando, dalla Rivoluzione Francese in poi, l'innovazione tecnica diventò una questione di interesse nazionale e lo spionaggio un atto patriottico (riconosciuto con una legge francese del 1791).

Un notevole episodio di spionaggio riguarda l'ingegnere spagnolo Agustín de Betancourt (1758- 1824), che soggiornò a Parigi negli anni 1784-

91, per studiare e preparare l'apertura a Madrid del Real Gabinete de Máquinas (nel 1792). Nel seguito visse a Londra e Parigi, e nel 1802 diventò ispettore capo del corpo degli ingegneri civili spagnoli e si occupò della creazione della scuola, seguendo il modello francese. Infine, come completamento della sua vita avventurosa, fu ingaggiato dallo zar Alessandro I e si trasferì a San Pietroburgo, dove visse il resto della vita, occupandosi di creare la scuola degli ingegneri civili russi e di molte opere pubbliche, fra cui la grande draga di Kronstadt. Ecco il suo racconto del tentativo di ottenere informazioni sul modello più perfezionato della macchina di Watt durante un viaggio in Gran Bretagna nel 1788. Esso si trova in una memoria presentata alla Accademia delle Scienze di Parigi un anno dopo (García Diego 1988):

*Trovandomi allora incaricato dalla Corte di Spagna di riunire una collezione di modelli relativi all'idraulica, desideravo vedere una macchina a vapore che riunisse tutte le scoperte fatte fino ad allora: a tale scopo mi decisi a passare in Inghilterra al fine di acquisire tutte le conoscenze necessarie per il perfezionamento di questa macchina; non si ignora che è in questo paese dove si sono avute più occasioni di riconoscere i suoi difetti e di conseguenza le correzioni che devono applicarsi.*

*Appena arrivato a Londra parlai con diversi meccanici e fisici; tutti si limitarono a spiegarmi l'effetto del vapore nelle macchine antiche; e non mi si disse niente che non fosse già conosciuto in Francia: ma sapendo che i signori Wast e Baulton [Watt e Boulton] avevano fatto sulla macchina a vapore scoperte recenti, attraverso i quali producevano gli stessi effetti con meno combustibili, presi la decisione di andare fino a Birmingham per conoscere questi celebri artisti. Mi ricevettero con la maggiore gentilezza e per darmi una dimostrazione di stima mi mostrarono le loro fabbriche di bottoni e di argento placcato; ma non mi mostrarono alcuna delle loro macchine a vapore, limitandosi a dirmi, che quelle che facevano attualmente erano superiori a tutte le altre, perché le loro velocità si moderavano a volontà e perché consumavano molto meno combustibile che quello che avevano fabbricato precedentemente; non mi lasciarono neanche sospettare da dove provenivano così gran vantaggi.*

*Di ritorno a Londra, un mio amico ottenne per me un permesso per vedere i mulini che erano in costruzione vicino al ponte di Black* Friars [era un importante impianto, Albion Mills] *che dovevano essere composti di tre macchine a vapore, ognuna delle quali doveva far andare dieci mulini. Una sola di queste macchine era finita, le altre sarebbero finite presto.[...] Tornai in Francia il giorno dopo a quello in cui avevo visto questa macchina; di ritorno a casa me ne occupai più particolarmente ricordando fedelmente tutti i pezzi che avevo potuto vedere, tentai di indovinare il loro uso; a questo scopo feci diversi piante e profili e riuscii a comporre la macchina a doppio effetto; da questo momento mi dedicai a fare il modello che ebbe successo oltre le mie aspettative.*

Alla fine del Settecento l'esperienza rivoluzionaria e lo sforzo bellico rappresentavano un campo di prova effettivo della visione "scientista", vale a dire, quella che pone al centro della società il sapere scientifico-tecnico e ripone piena fiducia nel ruolo di guida degli esperti, ossia gli ingegneri e gli scienziati. Secondo questo punto di vista, nella scienza e nella tecnica vi sono le chiavi del progresso sociale e economico e, ancora di più, esse forniscono il modello della razionalità che deve guidare le decisioni e che rende possibile agli uomini essere padroni della realtà. Di conseguenza, come vedremo nel capitolo 7, in quel periodo si fece strada anche l'idea di creare dei principi scientifici relativi ai fenomeni sociali ed economici, sulla base dei quali esercitare un governo scientifico della società, in analogia con le capacità di governo dei fenomeni fisici e chimici garantiti dalle scienze naturali e dalle scienze dell'ingegnere.

Queste idee sono state alla base dello sviluppo di una scienza oggi molto solida, l'economia matematica, alla cui creazione hanno dato un importante contributo gli ingegneri. Esse, inoltre, hanno largo corso nel mondo d'oggi, dove la gestione sociale e economica sono considerati una vera e propria tecnologia a base scientifica. La loro affermazione non fu lineare, poiché nel corso dell'Ottocento il pensiero romantico mise in dubbio quest'impostazione radicale. Tuttavia, se lo sviluppo dell'industrializzazione in Gran Bretagna rese evidente il ruolo della tecnica nello sviluppo economico e nel potere delle nazioni, la cultura francese impose la convinzione dell'alleanza ideale e necessaria fra scienza e tecnica e creò la figura dell'ingegnere colto come perno della modernizzazione di un paese.

## Lettura 7

### Precisione, industria ed educazione nazionale

--------------------------------------------------------------------------

Dopo la fioritura entusiasta di libri tecnici seguita all'invenzione della stampa, fra Seicento e Settecento essi diventano più rari, e gli ingegneri meno interessati a consegnare in opere scritte le loro conoscenze. Gaspard Monge, che con le sue lezioni contribuì più di chiunque altro a creare l'idea moderna di sapere tecnico e dell'ingegnere, non fu un'eccezione. Egli si decise a scrivere sotto la pressione dell'urgenza di difendere e consolidare i principi rivoluzionari e la sua concezione del ruolo della tecnica della precisione, della scienza e dell'educazione nazionale nella nuova società. La sua opera principale, *Geometria descrittiva*, è il testo delle lezioni da lui tenute nell'ambito dei corsi della Scuola normale sperimentata nell'anno III della Rivoluzione, pubblicate in fascicoli sparsi nel 1795 e raccolte in un libro da uno dei suoi allievi nel 1799. La presentazione del programma con il quale si apre il suo corso è emblematica della mentalità che diventerà tipica degli ingegneri europei dell'Ottocento. Notiamo la simbiosi nel suo pensiero di elementi eterogenei quali la precisione derivata dalla matematica, l'ideale di nazione, l'incombere del mercato e l'esigenza di sviluppare quello che oggi chiameremmo la "società della conoscenza".

--------------------------------------------------------------------------

Per sottrarre la nazione francese alla dipendenza dell'industria straniera, sotto la quale è stata finora, è necessario innanzi tutto indirizzare l'educazione nazionale verso la conoscenza di materie che esigono l'esattezza, cosa che è stata totalmente trascurata fino a oggi, e abituare le mani dei nostri artisti agli usi di strumenti di ogni genere, che servono a portare la precisione nei lavori e a misurare i suoi diversi gradi: allora i consumatori, divenuti sensibili all'esattezza, potranno pretenderla nelle diverse opere e stabilire il prezzo adeguato; e i nostri artisti, abituati a essa fin dalla più tenera età, saranno in condizioni di raggiungerla.

È necessario, in secondo luogo, rendere popolare la conoscenza di un gran numero di fenomeni naturali, indispensabile al progresso dell'industria, ed approfittare, per il miglioramento dell'istruzione generale della nazione, di quella circostanza fortunata in cui si trova, di avere cioè a sua disposizione le principali risorse che le sono necessarie.

Occorre, infine, diffondere tra i nostri artisti la conoscenza dei procedimenti tecnici e quella delle macchine che hanno per obiettivo o di diminuire la manodopera o di conferire ai risultati delle lavorazioni più uniformità e maggiore precisione; e, a questo riguardo, si deve riconoscere che abbiamo molto da apprendere dalle nazioni straniere.

Si deve in primo luogo abituare all'uso della Geometria descrittiva tutti i giovani che hanno intelligenza, tanto quelli che posseggono una fortuna acquisita, affinché un giorno siano in condizione di dare ai loro capitali un impiego più utile, per essi stessi e per lo stato, quanto quelli che non hanno altra fortuna che la loro istruzione, affinché possano un giorno dare maggior valore al loro lavoro.

Quest'arte ha due obiettivi principali.

Il primo è quello di rappresentare con esattezza, su dei disegni che non hanno che due dimensioni, gli oggetti che ne hanno tre, e che sono suscettibili di definizione rigorosa. Da questo punto di vista, è un linguaggio necessario all'uomo di genio che concepisce un progetto, a coloro che devono dirigerne l'esecuzione ed infine agli artisti che devono eseguirne le diverse parti.

Il secondo obiettivo della Geometria descrittiva è quello di dedurre, dalla descrizione esatta dei corpi, tutto ciò che risulta dalle loro forme e dalle loro rispettive posizioni. In questo senso è un metodo di ricercare la verità; essa offre continui esempi del passaggio dal noto all'ignoto; ed essendo sempre applicabile ad oggetti suscettibili della più grande evidenza, è necessario farla rientrare nel piano di un'educazione nazionale. Essa non solo è adatta ad esercitare le facoltà intellettuali di un grande popolo, ed a contribuire in questo modo al perfezionamento della specie umana, ma è anche indispensabile a tutti i lavoratori il cui scopo è di dare ai corpi certe forme determinate; ed è principalmente perché i metodi di quest'arte sono stati finora troppo poco diffusi, o quasi del tutto trascurati, che i progressi della nostra industria sono stati così lenti.

Si contribuirà dunque a dare all'educazione nazionale una direzione conveniente, familiarizzando i nostri giovani con l'applicazione della Geometria descrittiva alle costruzioni grafiche che sono necessarie alle numerose arti, e con l'uso di questa Geometria per la rappresentazione e la determinazione di elementi di macchine attraverso le quali l'uomo, mettendo a frutto le forze della natura, nelle sue operazioni non si riservi altro, per così dire, che il solo lavoro della propria intelligenza.

[Traduzione tratta da Cardone 1996: 126-128]

**Fig. 6.4** Una caricatura di Monge disegnata da uno studente dell'*École polytechnique* nei suoi appunti (1802 o 1803) e conservata negli archivi della Scuola.

# 7 Economia di mercato e manifatture, un nuovo contesto per l'attività dell'ingegnere

SOMMARIO

7.1 Gli ingegneri al servizio dello Stato e le origini dell'economia matematica

7.2 La fabbrica degli spilli: divisione del lavoro e organizzazione del processo produttivo

Lettura 8 La divisione del lavoro dal mondo antico al mondo moderno

Lettura 9 Adam Smith e la fabbrica degli spilli

## 7.1 Gli ingegneri al servizio dello Stato e le origini dell'economia matematica

Fra la fine del Seicento e l'inizio del Settecento, nel circolo culturale che girava attorno alla Royal Society fu sviluppata l'idea di considerare la realtà sociale alla stregua della realtà fisica, e quindi di condurre riguardo ai "fenomeni" sociali una raccolta sistematica di dati empirici, formulati in modo numerico e raccolti ordinatamente in tabelle o altre forme. Questa idea fu presentata nell'opera *Political arithmetick* pubblicata nel 1690 dal medico e professore di anatomia dell'università di Oxford William Petty (1623-1687). Insieme anche allo sviluppo delle raccolte di tavole statistiche nei regni europei essa rappresentava una risposta all'esigenza di gestire le società europee sempre più complesse, come conseguenza della divisione del lavoro nelle attività produttive agricole e industriali, dell'aumento degli scambi commerciali, dello sviluppo urbano e dell'articolazione della vita politica. Alla base del benessere e della stabilità sociale e della ricchezza delle nazioni fu identificato un elemento quantificabile, la popolazione, che divenne oggetto di una nuova scienza, la demografia. A partire dalle tavole di natalità e di mortalità si potevano fornire ai governanti utili strumenti per gestire la vita pubblica e orientare le loro decisioni.

L'idea di una gestione della società basata sulla ragione e volta alla felicità dei sudditi ebbe un ruolo centrale nel pensiero dell'Illuminismo e portò come conseguenza lo sviluppo delle cosiddette "scienze morali e politiche", che oggi sono chiamate scienze sociali. Oltre alla demografia, si delineò allora una nuova scienza, l'economia politica. Il dinamismo della produzione e del commercio europei, il superamento dei semplici obiettivi di sopravvivenza della popolazione e l'avvento del mercato al quale si rivolgeva la produzione agricola e industriale faceva emergere molti problemi, quali la politica monetaria e fiscale, le operazioni bancarie e le assicurazioni o l'evoluzione dei prezzi, che sollecitavano una riflessione teorica specifica, diversa da quella, più antica, riguardanti i sistemi politici e le forme di governo.

La nascita delle scienze sociali si collocò quindi sotto l'influsso del modello epistemologico di successo delle nuove scienze naturali, che sostenne la fiducia degli intellettuali nell'utilità e nella rilevanza di una ricerca sistematica che adoperasse una metodologia diversa e rinnovata rispetto ai tradizionali metodi di indagine storica e filosofica. Vi furono però molte discussioni riguardanti proprio la metodologia, ed in particolare l'opportunità e l'interesse dell'uso della matematica.

Le ricerche di uno dei fondatori dell'economia politica, Adam Smith (1723-17), professore all'università di Glasgow, contenute nel suo libro *Indagine sulla natura e le cause della ricchezza delle nazioni* (1776), furono condotte con una metodologia storica e in risposta a preoccupazioni di filosofia morale, tipiche del pensiero illuministico scozzese. Infatti, Smith si occupò nei suoi primi lavori dei problemi introdotti da David Hume (1711-1776) nel suo libro *Treatise of human nature*, dedicandosi nel seguito al problema delle basi della coesione e dell'organizzazione sociale. In Smith – come negli illuministi francesi con i quali ebbe molti contatti – la riflessione teorica era collegata direttamente all'arte del governare, ossia a problemi quali l'amministrazione della giustizia, la raccolta delle imposte oppure la libertà di commercio. Oltre alla storia, la dinamica vita economica e politica della Gran Bretagna fornì molti spunti al suo lavoro. All'inizio della sua opera egli fece un riferimento dettagliato ai progressi nella meccanizzazione dell'industria e alle varie origini delle invenzioni, sia quelle ottenute dai tecnici nei modi tradizionali, sia grazie al lavoro dei filosofi della natura: egli potè vedere all'opera i suoi colleghi a Glasgow, discutendo con Watt della macchina a vapore. Smith lavorò come consulente del governo dopo la pubblicazione della sua opera.

In Francia la tradizione dell'aritmetica politica godette di una buona accoglienza fra scienziati e ingegneri, e si evolse verso un'impostazione più ambiziosa. Il marchese di Condorcet (1743-1794), un brillante matematico, convinto sostenitore della Rivoluzione, che difese con forza il ruolo dell'istruzione nel progresso sociale, formulò in quel periodo il progetto di una nuova disciplina, da lui chiamata "matematica sociale", contenuto in un lavoro intitolato *Tavola generale di una scienza che ha per oggetto l'applicazione del calcolo alle scienze politiche e morali* (1793). All'interno di questa scienza si collocava, dal suo punto di vista, l'economia politica, insieme a molti altri temi come ad esempio la presa delle decisioni nelle assemblee e nei tribunali. Fra gli strumenti matematici che potevano essere applicati in questo campo vi era una nuova branca della matematica, il calcolo delle probabilità, considerata ancora da tutti un sapere di minor rigore e importanza del resto della matematica, anche per i problemi filosofici legati alla definizione stessa di probabilità. Questo progetto scientifico andava oltre l'idea di introdurre la *quantificazione* dei fenomeni umani e sociali, ossia di raccogliere ed elaborare i dati empirici numerici, e aspirava a sviluppare una vera e propria *matematizzazione*, ossia ad individuare le leggi matematiche di tali fenomeni, dai quali desumere poi criteri di regolamentazione o di decisione.

Inoltre, fra gli ingegneri statali francesi, militari e civili, iniziò un'elaborazione teorica relativa a problemi non strettamente tecnici, ossia gli aspetti operativi e la gestione dei costi legati alla conduzione dei progetti di ingegneria (fortificazioni, opere pubbliche) per conto dello Stato, nei quali essi erano coinvolti non soltanto come tecnici superiori ma anche come funzionari della pubblica amministrazione e quindi portatori di un'esigenza di efficienza in rapporto alla finanza pubblica. Non si trattò di un lavoro sistematico, bensì di un insieme di contributi singoli in gran parte isolati, alcuni condotti con tecniche matematiche. Si tratta comunque di riflessioni in un terreno interdisciplinare, fra ingegneria, economia e scienze sociali. Esse mostrano l'emergere di un nuovo tipo di problemi che diventerà centrale per gli ingegneri al servizio dell'iniziativa privata nell'Ottocento: divisione del lavoro, organizzazione delle attività, ottimizzazione delle risorse e dei costi.

Le discussioni sull'utilità e sull'opportunità di applicare la matematica, al di là dei fenomeni fisici, a questioni che riguardano l'uomo (e quindi la libertà umana) e la vita associata erano dovute al rifiuto, da parte di molti, di trasferire in questo ambito la metodologia della fisica, anzi della meccanica, la scienza più matura, che fu il modello di sviluppo di tutte le altri parti della fisica e della chimica. Aveva senso, infatti, andare alla ricerca di rigide leggi matematiche riguardanti fenomeni nei quali interviene la libertà umana? Questo interrogativo fu alla base della crisi del progetto di Condorcet all'inizio dell'Ottocento: significativamente, nel 1803 Napoleone – che si era formato come ufficiale dell'artiglieria e conosceva e amava la matematica – arrivò a chiudere la sezione di scienze morali e politiche dell'Istituto di Francia (l'istituzione che aveva rimpiazzato l'Accademia delle Scienze sull'onda della Rivoluzione) dove si erano diffuse queste idee considerate perniciose, in particolare in un gruppo di pensatori noti come "idéologues".

Fra i matematici, all'interesse settecentesco per l'applicazione della matematica al di fuori dei fenomeni fisici si sostituì un rifiuto generalizzato, del quale è emblematico il grande Laplace, che pure aveva dato un importante contributo al calcolo delle probabilità. Invece, fra molti ingegneri rimase vivo l'interesse per lo studio matematico dei problemi sociali. Fra i pionieri dell'economia matematica vi sono due ingegneri di *ponts et chaussées*: Achylle-Nicolas Isnard (1749-1803), autore del *Trattato delle ricchezze* (1781, pubblicato anonimamente) e Jules Dupuit (1804-1866), autore dell'articolo *Sulla misura dell'utilità nei lavori pubblici* (1844) pubblicato sulla rivista «Annales des ponts et chaussées». L'influsso culturale dell'ingegneria francese all'estero spiega lo sviluppo di una vera e propria scuola di economia matematica fra gli ingegneri europei dell'Ottocento.

## 7.2 La fabbrica degli spilli: divisione del lavoro e organizzazione del processo produttivo

Fra i fenomeni più in vista che sollecitarono le riflessioni degli osservatori attenti della realtà economica europea vi era la crescente specializzazione e divisione del lavoro nelle manifatture, in particolare nel settore tessile e metallurgico. La segmentazione del processo produttivo, indipendentemente della

collocazione fisica di questo processo all'interno o meno di un vero e proprio
stabilimento industriale oppure dei tentativi di meccanizzare le singole operazioni, era il risultato di una lunga evoluzione il cui risultato era sotto gli occhi
degli studiosi. Come abbiamo ricordato nel capitolo 6, Perronet, futuro capo
del corpo di *ponts et chaussées*, si occupò di questa questione all'inizio della
sua carriera in due memorie sulla lavorazione – in parte meccanizzata con una
ruota idraulica – del filo metallico e sugli strumenti, le singole operazioni e la
sequenza produttiva della manifattura degli spilli. Egli fornì inoltre dati quantitativi riguardanti i tempi di lavorazione, oltre che le spese relative al lavoro e
alle operazioni e ai materiali impiegati. Il suo rapporto fu la principale fonte
delle informazioni su questa manifattura presentate nell'*Encyclopédie* e nella
descrizione di Réamur pubblicata nel 1761. Nella sua attività successiva, ed in
particolare della costruzione di alcuni fra i più imponenti ponti dell'epoca,
egli si occupò della divisione dei compiti e della corretta esecuzione delle singole operazioni e, in un'ottica di controllo dei costi, progettò due macchine di
prosciugamento e per battere i piloni concepite in modo tale da poter pagare
gli operai a cottimo invece che alla giornata.

La fabbricazione degli spilli fu proprio l'esempio utilizzato da Adam Smith
nella sua analisi della divisione del lavoro, condotta nel primo capitolo della
*Ricchezza delle nazioni*. Nel suo discorso era presente la ricchezza e varietà
della produzione europea, così come lo sviluppo delle macchine. Smith aveva
conosciuto Watt a Glasgow, e nelle sue pagine non mancava un riferimento alla
macchina a vapore. Egli era interessato essenzialmente all'aumento di produttività portato dalla divisione del lavoro, che illustrava facendo ricorso a alcuni
semplici ragionamenti numerici di proporzionalità relativi alla fabbricazione
degli spilli. Da questo esempio egli prendeva spunto per un'ampia riflessione
sui vantaggi della divisione del lavoro, che considerava una tendenza organizzativa naturale nelle società umane.

Un esempio significativo dell'eco delle riflessioni dell'economia politica fra
gli ingegneri riguarda Gaspard Riche de Prony (1755-1839), uno degli ingegneri leader della sua epoca, successore di Perronet nella direzione dell'École des
ponts et chaussées dal 1798 fino alla sua morte, e vicino anche agli ambienti
degli *idéologues*. Nel 1792, come direttore del Cadastro, fu incaricato ufficialmente dirigere la produzione di una serie dei tavole matematiche per diffondere l'uso del sistema decimale, fra cui i logaritmi dei numeri da 1 a 10000 con
19 decimali e fino a 200000 con 14 decimali. Egli mise in piedi un'organizzazione ispirata alla lettura delle pagine consacrate da Smith alla divisione del
lavoro ("mettere i logaritmi in manifattura come gli spilli"), vale a dire,
impiantò una divisione delle competenze e del tipo di operazioni da eseguire
stabilendo un flusso di attività e quindi un vero e proprio processo produttivo.

Questa struttura organizzativa era volta a ottenere la massima precisione
nei calcoli riducendo nel contempo il tempo impiegato e la spesa, ossia aumentando la produttività e diminuendo i costi: "Io mi vi dedicai con tutto l'ardore
di cui ero capace, e prima di tutto mi occupai nel formare il piano generale
dell'esecuzione. Per tutte le condizioni alle quali io dovevo adempire, avevo

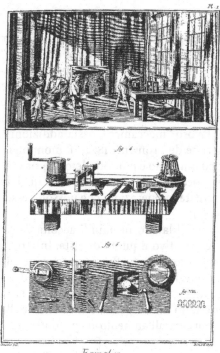

*F.pingluer.*

**Fig. 7.1** La manifattura degli spilli nelle tavole dell'*Encyclopédie*. Nella voce "Spillo" si legge: "Lo spillo è fra tutte le opere meccaniche la più sottile, la più comune, la meno preziosa, e tuttavia una di quelle che richiedono forse più combinazioni: da qui risulta che l'arte, come la natura, dispiega i suoi prodigi nei piccoli oggetti, e che l'industria è tanto limitata nelle sue prospettive quanto ammirevole nelle sue risorse; perché uno spillo subisce diciotto operazioni prima di entrare in commercio".

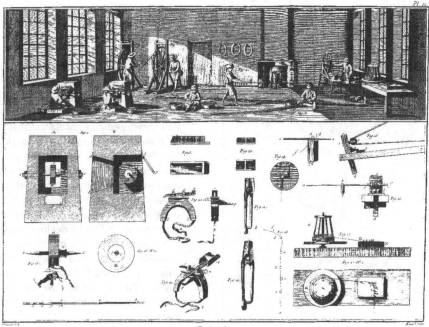

*Epingluer.*

bisogno di un gran numero di calcolatori; e subito pensai di applicare la divisione del lavoro, dal che si gran partito ritraggono le arti del commercio, per unire alla perfezione della mano d'opera l'economia della spesa e del tempo" (citato in Babbage 1834: 149). Quindi egli organizzò tre unità, la prima costituita da un gruppo ridotto di matematici, fra cui Adrien Marie Legendre, che fissarono le formule di calcolo; poi sette o otto abili calcolatori (ossia persone che effettuavano i calcoli a mano) che a loro volta coordinavano il lavoro di un gran numero di "operai" incaricati del lavoro "meccanico", ossia addizioni e sottrazioni. In due anni fu realizzato, scrisse de Prony nel 1824, "il monumento di calcolo logaritmico e trigonometrico più vasto e più completo che sia mai esistito, eseguito seguendo delle nuove procedure, per il tramite delle quali le operazioni scientifiche sono state trasformate in operazioni che possono essere chiamate manifatturiere" (Prony 1824: 3)

La riflessione di Smith sulla divisione del lavoro fu quindi accolta da de Prony cambiando in un modo molto significativo il punto di vista. Infatti, in Smith, la divisione del lavoro non era il frutto di una riflessione consapevole sui meriti di questa forma di organizzazione, ma del graduale progresso della storia. Essa era una delle manifestazioni della "mano invisibile", ossia del fatto che il benessere collettivo avanzava per effetto di comportamenti dettati dalla ricerca del vantaggio individuale, che portava all'aumento di produttività e

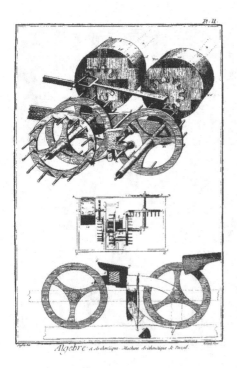

**Fig. 7.2** La macchina da calcolo di Blaise Pascal (1623-1662) nelle tavole dell'*Encyclopédie*. La parola "calcolatore" è stata usata fino al Novecento per far riferimento agli uomini che eseguivano i calcoli. Tuttavia, nell'Europa moderna vi fu una lunga tradizione di ricerca di macchine in grado di eseguire le quattro operazioni elementari per evitare le fatiche dei lunghi calcoli ripetitivi. La prima macchina calcolatrice maneggevole commercializzata con successo fu l'aritmometro di Charles-Xavier Thomas de Colmar (1785-1870), premiato nell'esposizione di Parigi del 1855.

quindi di ricchezza di una nazione. In de Prony, essa diventava invece uno strumento nelle mani dell'uomo per ottenere un obiettivo, ossia l'economia di tempo e di spesa, che permetteva, nel caso dell'organizzatore per conto del governo, di diminuire i costi. Nel caso dell'imprenditore industriale, come osserverà anni dopo Charles Babbage, ammiratore di de Prony e che si ricollegava in modo più sistematico alle idee di Smith – lo vedremo nel prossimo capitolo – essa permetteva di rendere minimo il prezzo. In entrambi i casi, si conservava la qualità del prodotto finale.

Questo diverso approccio derivava dalle esigenze dell'azione nel mondo reale che condizionavano il punto di vista dell'ingegnere. Esso pensava la realtà sotto la lente di un obbiettivo da raggiungere e di uno sforzo di controllo formulato in termini di ottimizzazione (della traiettoria di un proiettile, del flusso delle acque, del funzionamento di una macchina). Un tale punto di vista si allargava quindi ai compiti gestionali, un nuovo genere di problemi, che riguardavano l'organizzazione, in presenza di forme incipienti di "complessità", ossia della difficoltà di imporre il controllo tipica dei "sistemi" tecnici.

Se nel Settecento gli ingegneri conservavano un ruolo fondamentale al servizio dello Stato e anche per la sua difesa, l'avanzare della Rivoluzione Industriale portò con sè una trasformazione radicale del ruolo e delle richieste poste all'ingegnere. Lo sviluppo dell'economia di mercato e dei nuovi stabilimenti manifatturieri stava modificando l'orizzonte del lavoro tecnico, non solo quello dei tecnici e degli imprenditori britannici ma anche quello degli ingegneri statali francesi. Ci si trovava di fronte a problemi legati non soltanto alle esigenze amministrative e tecniche di un principe o di uno Stato, bensì alla realtà economica e sociale, ai prezzi, alle materie prime, e anche alle resistenze e alle proteste degli operai. La scuola francese di ingegneri-ecomisti si caratterizzò proprio per l'evoluzione dai semplici problemi contabili verso l'identificazione di criteri di decisione relativi al controllo dei costi e all'idea di utilità. Essa ereditò l'idea di scienza sociale tipica dello spirito riformista dell'Illuminismo: non si trattava, quindi, soltanto di descrivere la realtà sociale, ma piuttosto di costruire le regole razionali che dovevano presiedere a un suo ordinato e giusto funzionamento.

La solida formazione matematica e scientifica di questi ingegneri, l'impronta culturale delle nuove scienze dell'ingegnere che portava a esaminare i problemi tecnico-operativi da un punto di vista teorico e quindi l'apertura all'idea di trasferire gli strumenti matematici ai problemi non strettamente meccanici con un simile scopo di controllo spiegano il loro sforzo di andare oltre la soluzione puntuale e caso per caso di questioni come i costi, la gestione del lavoro o l'analisi delle attività.

## Lettura 8

### La divisione del lavoro dal mondo antico al mondo moderno

-------------------------------------------------------------------

Nel testo seguente, tratto dalla voce "Divisione del lavoro" della *Enciclopedia delle Scienze Sociali*, scritta dall'economista Michele Salvati, si stabilisce un confronto fra questo principio di organizzazione nel mondo antico e nelle mondo moderno del capitalismo. Inoltre, nel testo si illustra il doppio valore della divisione del lavoro, che è presente nel funzionamento globale dell'economia e in quello dei sistemi di produzione complessi. A partire dal testo fondamentale di Smith, quest'ambivalenza è alla base della connessione fra ricerca economica e ricerca gestionale-organizzativa: la ritroveremo nella lettura 15 del lavoro di George Dantzig, uno dei primi testi della ricerca operativa.

-------------------------------------------------------------------

Una ripartizione dei compiti necessari alla sopravvivenza e alla prosperità di un gruppo sociale è stata praticata sempre, anche dalle più piccole comunità di cacciatori-raccoglitori di cui siamo a conoscenza. Coll'avvento dell'agricoltura stanziale e con la formazione di un'eccedenza stabile di beni alimentari e di materie prime, lentamente si sviluppa una ripartizione delle attività tra le persone sempre più articolata e permanente. Nella famiglia contadina e in comunità piccole e isolate i beni necessari alla sussistenza – il cibo, gli indumenti, l'abitazione, i semplici strumenti usati nella produzione – sono pur sempre prodotti mediante attività a tempo parziale dai membri della famiglia  o da un gruppo plurifamiliare poco stesso. Ma nelle comunità più grandi, e soprattutto nelle città, compaiono i mestieri, attività a tempo pieno per le quali è indispensabile un periodo di addestramento non breve e che, nel corso del tempo e per progressive differenziazioni, creano una gamma sempre più vasta di attività artigianali e commerciali ben distinte: dalla falegnameria alla concia delle pelli, dalla tessitura alla tinteggiatura dei tessuti, dalla lavorazione dei metalli a specifiche attività di carpenteria, dal trasporto delle merci per terra o per via d'acqua al loro acquisto e vendita nei mercati.

Non solo. Accanto alla specializzazione per mestieri – dunque per la produzione artigianale e commerciale di beni o servizi finiti, aventi sia un valore d'uso per i loro fruitori, sia, di solito, un valore di scambio realizzabile sul mercato – si viene ben presto a definire un'altra forma di divisione del lavoro. Questa ha luogo in alcune imprese di notevoli dimensioni, di cui esempi tipici sono le opere edilizie e idrauliche di utilità comune, l'estrazione di minerali, le grandi costruzioni navali: tutti casi in cui si rende necessario il lavoro coordinato di numerosi lavoratori. Anche in questo caso troviamo lavoratori a tempo pieno e con mansioni specializzate. Essi però non si dedicano, in condizioni autonome, alla costruzione/fornitura di un bene/servizio finito o vendibile sul mercato; bensì sono addetti all'esecuzione di un segmento di un grande lavoro di insieme – di solito un segmento ripetitivo e di facile apprendimento – e svolgono il loro lavoro in condizione di stretta subordinazione gerarchica. I lavoratori di un cantiere edile o di una miniera dell'antichità erano di solito schiavi; ma la *forma* di divisione del lavoro cui erano soggetti non differiva molto da quella cui saranno soggetti i fanciulli e le donne "liberi" in una manifattura alla fine del XVIII secolo.

Queste due forme archetipiche di divisione del lavoro – per diversi prodotti o servizi normalmente venduti sul mercato, ovvero per diversi aspetti della lavorazione di un singolo prodotto – erano già assai sviluppate agli inizi dell'epoca storica, nelle grandi civiltà della Mesopotamia, dell'Egitto e della Cina. E i vantaggi che conseguivano a una più elevata specializzazione dei compiti – in particolare i vantaggi in termini di qualità del prodotto – erano perfettamente noti ai Greci dell'età classica.

> *Proprio come i vari mestieri sono maggiormente sviluppati nelle grandi città, così il vitto, a palazzo, è preparato in maniera di gran lunga superiore. Nei piccoli centri lo stesso uomo fabbrica letti, porte, aratri, tavoli, e spesso costruisce anche le case, e ancora è ben felice se può trovare abbastanza lavoro per sostenersi. Ed è impossibile che un uomo dai molti mestieri possa farli tutti bene. Nelle grandi città, invece, poiché sono molti a richiedere i prodotti di ogni mestiere, per vivere basta che un uomo ne conosca uno solo, e spesso anche meno di uno. Per esempio, un tale fabbrica scarpe da uomo, un altro scarpe da donna, e vi sono luoghi dove uno può guadagnarsi da vivere riparando scarpe, un altro tagliando il cuoio, un altro cucendo la tomaia, mentre un altro ancora non esegue nessuna di queste operazioni, ma mette insieme le varie parti. Di necessità, chi svolge un compito molto specializzato lo farà nel modo migliore.*
>
> Dalla *Ciropedia* di Senofonte (V-IV secolo a. C.)

Questo brano della *Ciropedia* di Senofonte – analogo a passaggi simili in Platone e in Aristotele – non solo connette la qualità del prodotto alla divisione del lavoro, ma connette l'intensità della divisione del lavoro all'ampiezza del mercato. Se avesse ragionato in termini di *quantità* invece che di qualità, di valore di scambio invece che di valori d'uso, Senofonte sarebbe stato in grado di cogliere l'intera catena di causazione circolare cumulativa che sostiene la ricchezza delle nazioni e la sua crescita. Certo, l'intensità della divisione del lavoro dipende dall'ampiezza del mercato; ma a sua volta l'ampiezza del mercato dipende dalla divisione del lavoro, poiché questa accresce la quantità del prodotto (non solo la qualità) a parità di risorse impiegate nella produzione. Ora, poiché da ultimo le merci si scambiano l'una con l'altra, un'intensa divisione del lavoro, causando una grande offerta di tutte le merci, alimenta una sostenuta domanda reciproca per ognuna di esse. A sua volta, una domanda sostenuta induce a intensificare la divisione del lavoro, il che crea mercati ancor più ampi e così di seguito.

Senofonte, naturalmente, non poteva cogliere la catena di causazione che abbiamo appena descritto, poiché essa non operava nelle società da lui conosciute: le città antiche, attraverso gli scambi coll'estero, ma soprattutto attraverso il loro potere politico sulle campagne, si appropriavano di un'ampia eccedenza e potevano quindi sostenere un vasto stuolo di artigiani e commercianti. Qui però la catena si interrompeva, poiché i rapporti di produzione nelle campagne e la stessa organizzazione artigianale e commerciale nelle città impedivano di ricavare un'eccedenza ancora maggiore, quindi una maggiore domanda per i prodotti della città. E la catena continuò a interrompersi fino al tardo evo moderno: le grandi città commerciali del basso Medioevo furono sedi di un'attività produttiva ben più specializzata e vitale delle città antiche, ma anch'esse non riuscirono a muovere il passo decisivo che avrebbe trasformato l'artigianato corporativo in una vera e propria industria manifatturiera. [...]

In astratto il capitalismo non è l'unico involucro sociale idoneo a contenere una divisione del lavoro intensa e capace di autointensificarsi. Lo è stato però nell'esperienza storica concreta: agli osservatori coevi la rivoluzione industriale – un'intensificazione senza precedenti della divisione del lavoro e per conseguenza un incremento straordinario della produzione materiale – e la rivoluzione dei rapporti sociali di produzione che prenderà il nome di capitalismo appaiono indistinguibili. Non li distingue certo Adam Smith nei celeberrimi tre capitoli iniziali del primo libro della *Ricchezza delle nazioni*, quando considera la divisione capitalistica del lavoro che andava sviluppandosi sotto i suoi occhi come il frutto naturale di un'innata propensione umana allo scambio. Ma non li distingue propriamente neppure Karl Marx che, all'opposto, accentua in modo esasperato il legame tra divisione del lavoro e rapporti sociali di produzione, e in particolare tra divisione manifatturiera del lavoro e capitalismo. L'analogia che più sopra abbiamo istituito tra un cantiere edile dell'antichità e una manifattura alla fine del XVIII secolo – poiché in entrambi si coordinano gerarchicamente lavoratori addetti a diversi aspetti della lavorazione di un'unica opera collettiva – sarebbe stata respinta come fuorviante da Marx.

# Lettura 9

## Adam Smith e la fabbrica degli spilli

La causa principale del progresso nelle capacità produttive del lavoro, nonché della maggior parte dell'arte, destrezza e intelligenza con cui il lavoro viene svolto e diretto, sembra sia stata la divisione del lavoro.

Esaminando il modo in cui la divisione del lavoro funziona in manifatture particolari, sarà più facile comprenderne gli effetti sull'insieme della società. Si suppone in genere che la divisione del lavoro si trovi spinta al massimo in alcune manifatture di modesto rilievo. In realtà, non è che qui il fenomeno sia più spinto che in altre di maggiore importanza; semplicemente, nelle piccole manifatture destinate a provvedere ai piccoli bisogni di poche persone, il numero degli operai non può che essere piccolo, sicché gli addetti ai diversi rami del lavoro possono spesso trovarsi riuniti nella stessa casa di lavoro e posti tutti sotto gli sguardi dell'osservatore. [...]

Prendiamo dunque come esempio una manifattura di modestissimo rilievo, ma in cui la divisione del lavoro è stata osservata più volte, cioè il mestiere dello spillettaio. Un operaio non addestrato a questo compito che la divisione del lavoro ha reso un mestiere distinto, e non abituato a usare le macchine che vi si impiegano, all'invenzione delle quali è probabile abbia dato spunto la stessa divisione del lavoro, applicandosi al massimo difficilmente riuscirà a fare uno spillo al giorno e certo non arriverà a farne venti. Ma, dato il modo in cui viene svolto oggi questo compito, non solo tale lavoro nel suo complesso è divenuto un mestiere particolare, ma è diviso in un certo numero di specialità, la maggior parte delle quali sono anch'esse mestieri particolari. Un uomo trafila il metallo, un altro raddrizza il filo, un terzo lo taglia, un quarto gli fa la punta, un quinto lo schiaccia all'estremità dove deve inserirsi la capocchia; fare la capocchia richiede due o tre operazioni distinte; inserirla è un'attività distinta, pulire gli spilli è un'altra, e persino il metterli nella carta è un'altra occupazione a sé stante; sicché l'importante attività di fabbricare uno spillo viene divisa, in tal modo, in circa diciotto distinte operazioni che, in alcune manifatture, sono tutte compiute da mani diverse, sebbene si diano casi in cui la stessa persona ne compie due o tre. Io ho visto una piccola manifattura di questo tipo dov'erano impiegati soltanto dieci uomini e dove alcuni di loro, di conseguenza, compivano due o tre operazioni distinte. Ma, sebbene fossero molto poveri e perciò solo mediocremente dotati delle macchine necessarie, erano in grado, quando ci si mettevano, di fabbricare, fra tutti, circa dodici libbre di spilli al giorno. In una libbra ci sono più di quattromila spilli di formato medio. Quelle dieci persone, dunque, riuscivano a fabbricare, fra tutti, circa quarantotto mila spilli al giorno. Si può dunque considerare che ogni persona, facendo la decima parte di quarantotto mila spilli, fabbricasse quattromilaottocento spilli al giorno. Se invece avessero lavorato tutti in modo separato e indipendente e senza che alcuno di loro fosse stato previamente addestrato a questo compito particolare, non avrebbero certamente potuto fabbricare neanche venti spilli al giorno per ciascuno, forse neanche un solo spillo al giorno, cioè, certamente neanche la duocentoquarantesima parte, e forse neanche la quattromilaottocentesima parte di quello che sono attualmente in grado di fare, grazie a un'adeguata divisione e combinazione delle diverse operazioni.

In tutte le altre arti e manifatture la divisione del lavoro dà luogo a effetti analoghi a quelli che abbiamo riscontrato in quest'attività di modestissimo rilievo; per quanto, in molte di esse, il lavoro non possa essere suddiviso fino a questo punto, né ridotto a una tale semplicità di operazioni. La divisione del lavoro, comunque, nella misura in cui può essere introdotta, determina in ogni mestiere un aumento proporzionale delle capacità produttive del lavoro. Sembra che la separazione di diversi mestieri e occupazioni sia nata proprio in conseguenza di questo vantaggio e in genere essa è più spinta nei paesi più industriosi che godono di un più alto livello di civiltà: ciò che è opera di un sol uomo in uno stadio primitivo della società diviene infatti opera di parecchi in una società progredita. In ogni società progredita, generalmente, l'agricoltore non è che un agricoltore, il manifatturiere non è che un manifatturiere In oltre, il lavoro necessario a un completo ciclo di fabbricazione è quasi sempre diviso fra un gran numero di mani. Quanti diversi mestieri sono chiamati in causa in ogni ramo della manifattura della lana e del lino, dagli allevatori di pecore e dai coltivatori del lino fino ai candeggiatori e agli stiratori di tele e ai tintori e agli apprettatori di panni! L'agricoltura, in verità, per la sua natura non consente tante suddivisioni del lavoro come le manifatture, né una completa separazione di un'attività dall'altra. [...]

Questo grande aumento della quantità di lavoro che, a seguito della divisione del lavoro, lo stesso numero di persone riesce a svolgere, è dovuto a tre diverse circostanze: primo, all'aumento di destrezza di ogni singolo operaio; secondo, al risparmio di tempo che di solito si perde per passare da una specie di lavoro a un'altra; e infine all'invenzione di un gran numero di macchine che facilitano e abbreviano il lavoro e permettono a un solo uomo di fare il lavoro di molti.

La maggior destrezza dell'operaio, in primo luogo, non può che accrescere la quantità di lavoro che è in grado di svolgere; e la divisione del lavoro, riducendo l'attività di ogni uomo a una sola semplice operazione e facendo di quest'operazione l'unica occupazione della sua vita, non può che accrescere di molto la destrezza dell'operaio. Un comune fabbro che, per quanto abituato a maneggiare il martello, non si sia mai dedicato alla fabbricazione dei chiodi, se per qualche ragione particolare dovesse trovarcisi, riuscirebbe a farne sì e no due o trecento al giorno, per di più di qualità molto scandente. [...]

In secondo luogo, il vantaggio che si ottiene risparmiando il tempo che si perde di solito nel passare da un tipo di lavoro a un altro è molto maggiore di quanto non si riesca a immaginare a prima vista. È impossibile passare molto velocemente da un tipo di lavoro a un altro, che venga svolto in un luogo diverso e con arnesi completamente diversi. Un tessitore di campagna, che coltiva un piccolo podere, deve perdere un bel po' di tempo negli spostamenti dal telaio al campo e dal campo al telaio. [...]

Gran parte delle macchine di cui si fa uso nelle manifatture in cui il lavoro è suddiviso furono in origine invenzioni di comuni operai, i quali, venendo tutti impiegati ciascuno in qualche operazione molto semplice, finirono per indirizzare i loro pensieri a escogitare metodi più facili e rapidi per compierla. [...] Non tutti i perfezionamenti delle macchine, però, sono derivato dalle invenzioni di coloro che le usavano abitualmente. Molti perfezionamenti sono stati realizzati grazie all'ingegnosità dei costruttori di macchine, quando costruirle divenne il contenuto di una professione specifica, e altri dall'ingegnosità dei cosiddetti filosofi, o speculativi, la cui professione non consiste nel fare qualche cosa, ma nell'osservare ogni cosa, sicché proprio per questo sono in grado di combinare e unificare le possibilità insite negli oggetti più dissimili e lontani fra loro. [...]

La grande moltiplicazione dei prodotti di tutte le varie arti, in conseguenza della divisione del lavoro, è all'origine, in una società ben governata, di una generale prosperità che estende i suoi benefici fino alle classi più basse del popolo.

[Tratto da Smith 1776: 9-15]

# 8 I primi tentativi di quantificazione del problema della gestione delle attività interdipendenti: dai sistemi di fortificazione ai sistemi di produzione

**SOMMARIO**
**8.1** Competenza tecnica e responsabilità organizzativa dall'ingegnere classico all'ingegnere moderno
**8.2** I lavori di Coulomb e Monge sull'ottimizzazione delle attività nel lavoro di fortificazione
**8.3** La gestione delle fabbriche: le riflessioni di Babbage
**8.4** Il contesto economico del lavoro dell'ingegnere nell'età industriale
**Lettura 10** Dal fare al fabbricare

## 8.1 Competenza tecnica e responsabilità organizzativa dall'ingegnere classico all'ingegnere moderno

L'attività professionale degli ingegneri ha sempre incluso aspetti di tipo *organizzativo* collegati agli aspetti strettamente *tecnici*. Difatti, la responsabilità organizzativa distingueva l'ingegnere dal semplice "meccanico" – dal tecnico o dall'inventore – fin dall'Antichità. Come abbiamo visto nel capitolo 6, nella Francia del Settecento emersero nuove aspettative sociali nei confronti dell'ingegnere, che lo indicavano come figura in grado di gestire le iniziative e i progetti messi in campo da uno stato moderno costruito all'insegna della razionalità scientifica.

In quel periodo l'ingegnere per eccellenza era ancora – lo abbiamo ricordato – l'ingegnere militare, che era specializzato nei problemi riguardanti la fortificazione, ossia la costruzione, la difesa e l'attacco delle piazzeforti. Il perfezionamento delle tecniche di produzione della polvere da sparo (una miscela di salnitro, zolfo e carbone) e della fabbricazione dei cannoni, oltre che l'evoluzione delle armi da fuoco leggere (alla fine del Cinquecento secolo l'archibugio era stato sostituito dal moschetto, l'arma usata dagli Europei fino alla metà dell'Ottocento) avevano trasformato l'arte militare dell'assedio. Al concetto *semplice* di mura difensive che cingevano città e castelli fin dal Medioevo subentrò alla fine del Seicento il progetto di veri e propri sistemi difensivi (la parola «sistema» era usata dallo stesso Vauban), composti da terrapieni e bastioni. La progettazione e costruzione di piazzeforti rappresenta il problema più *complesso* con il quale si confrontò l'ingegneria militare classica. Esso implicava lo scavo e trasporto di grandi masse di terra, richiedeva un numero notevole di uomini e comportava una spesa rilevante. Inoltre, la creazione di una rete di piazzeforti che cingeva il territorio nazionale rappresentava il primo passo verso la costruzione di un sistema di controllo e difesa del territorio la cui gestione sarebbe diventata il principale compito dei corpi statali degli ingegneri.

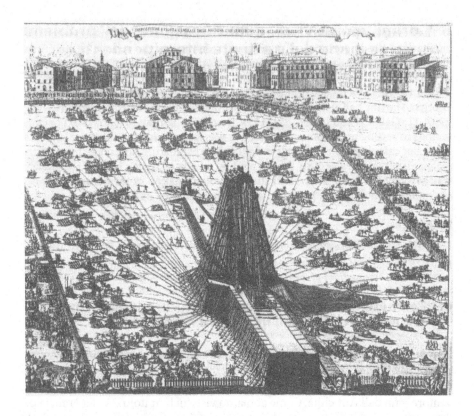

**Fig. 8.1** Disposizione e veduta generale delle macchine che servirono per alzare l'Obelisco Vaticano in Piazza San Pietro il 10 settembre 1586. Le operazioni, che coinvolsero un gran numero di operai, animali e macchine, furono condotte sotto la responsabilità dell'ingegnere Domenico Fontana (1543-1607), cui il Papa aveva concesso autorità completa.

   Alla fine del Settecento Charles Augustin Coulomb e Gaspard Monge svilupparono la formulazione matematica di alcuni dei compiti e attività richieste dal lavoro di fortificazione. In tal modo, essi individuavano esplicitamente l'esistenza di problemi di tipo organizzativo nell'attività dell'ingegnere, quali la gestione del lavoro umano e il trasporto, che potevano essere esaminati da un punto di vista teorico generale. Entrambi erano convinti sostenitori della necessità di sviluppare una scienza dell'ingegnere basata sulla meccanica, sull'analisi matematica e sulla geometria, applicate ai problemi relativi alle macchine e all'architettura. Tale progetto culturale contraddistingue, come si è visto, l'ingegneria francese dell'Illuminismo, ed in particolare il gruppo degli ingegneri di Mézières. Coulomb e Monge tentarono di estendere questo approccio anche ai problemi gestionali.
   Fra la fine del Settecento e l'inizio dell'Ottocento i compiti degli ingegneri si estesero a molti altri aspetti oltre i problemi del genio militare, e iniziò la

specializzazione delle varie branche dell'ingegneria. In ambito civile, la costruzione di opere pubbliche quali strade, canali e ponti e lo sfruttamento delle miniere, comportavano importanti aspetti economici, amministrativi e organizzativi. L'importanza assunta dalle responsabilità gestionali è una componente caratteristica dell'ingegnere moderno, attraverso cui – come si è visto nel capitolo 7 – entrarono nel suo campo di azione e di interesse le questioni economiche. Tale componente unificava trasversalmente le varie ingegnerie, al di là delle specifiche competenze tecniche richieste nei vari ambiti di specializzazione. Essa era molto accentuata nei corpi degli ingegneri al servizio dello Stato, che svolgevano un'importante funzione amministrativa.

Anche nell'ambito privato, essa caratterizzò le figure dei tecnici-imprenditori artefici della Rivoluzione Industriale in Gran Bretagna. Nell'Ottocento, gli ingegneri iniziarono a trovar lavoro nelle fabbriche. Benché le loro competenze riguardassero innanzitutto la progettazione e l'impiego delle macchine, i primi ingegneri industriali si trovarono ad operare in organizzazioni di crescente complessità, legata alla strutturazione del processo produttivo in un solo ambiente e alle conseguenti esigenze di coordinamento dell'attività dei lavoratori e delle macchine. I problemi gestionali dei sistemi di produzione (anche in questo caso, Babbage usa esplicitamente la parola «sistema») furono esaminati con grande profondità dallo studioso britannico Charles Babbage nella sua opera *On the economy of machinery and manufactures*, pubblicata nel 1832.

Il valore storico dei lavori di Coulomb, Monge e Babbage è doppio. In primo luogo, in essi viene individuato un nuovo settore di ricerca, il problema dei *sistemi* organizzativi, attraverso gli esempi della fortificazione e della fabbrica. In essi, inoltre, si esplora un possibile trattamento matematico di tali problemi, la loro quantificazione e anche l'uso di tecniche di *ottimizzazione*. L'applicazione della matematica in questo ambito è collegata al programma di matematizzazione delle scienze non fisiche che risale al periodo dell'Illuminismo e che riguarda in generale le scienze economiche, biologiche e sociali.

## 8.2 I lavori di Coulomb e Monge sull'ottimizzazione delle attività nel lavoro di fortificazione

Coulomb era un uomo e un ingegnere della sua epoca ma anche un talento scientifico straordinario, ed entrambi gli aspetti aiutano a capire il fatto che egli concepisse l'idea di esaminare il problema del lavoro umano combinando una formulazione matematica in termini di ottimizzazione e uno studio empirico accurato, in modo del tutto analogo a quanto fatto da lui per i problemi di tecnica della costruzione. Le concezioni teoriche e gli esperimenti che costituiscono la base di questo lavoro risalgono alla sua attività nei cantieri, e soprattutto alla direzione dei costosi lavori di costruzione di Fort Bourbon alla Martinica. Infatti, il lavoro di fortificazione era condotto soprattutto sulla base del lavoro e della forza umana, e alle varie fasi dell'ambizioso progetto parteciparono centinaia di uomini.

Egli presentò la sua prima memoria su quest'argomento all'Accademia delle Scienze nel 1778, e la versione finale del suo lavoro vide la luce nel 1799 con il titolo *Risultati di varie esperienze destinate a determinare la quantità di azione che gli uomini possono fornire tramite il loro lavoro giornaliero, a seconda dei diversi modi di impiegare le loro forze.*

## L'ottimizzazione dell'effetto utile del lavoro umano secondo Coulomb

Alla fine del Settecento, mentre James Watt perfezionava la macchina a vapore, ancora la forza umana e quella degli animali, insieme alle ruote idrauliche, avevano un ruolo fondamentale nell'industria, nelle miniere e nei cantieri. La forza umana quale fonte di energia era stata esaminata in una memoria del famoso matematico svizzero Daniel Bernoulli (1700-1782), nella quale studiava come supplire alla mancanza di vento nelle grandi navi. Egli considerava costante la quantità giornaliera di lavoro fornita da un uomo, e ne indicava una stima, seguendo in tal modo una visione dell'uomo come macchina molto diffusa all'epoca.

Coulomb invece esaminava diversi tipi di lavoro, nei cantieri e nell'agricoltura, anche con l'uso di macchine quali il battipalo (nelle quali l'uomo tira una corda) e le pompe da prosciugamento manuali (nelle quali l'uomo agisce tramite una manovella). Allontanandosi da una posizione rigidamente meccanicista, considerava che la fatica dipendeva dal tipo di attività, sulla base di un lucido studio empirico basato sulla sua esperienza di ingegnere. Questo punto di vista gli suggerì la possibilità di introdurre tecniche matematiche per ottimizzare l'impiego delle risorse umane oltre che per guidare la progettazione di macchine da cantiere.

*Il corpo umano, composto di differenti parti flessibili, mosse da un principio intelligente, si piega a un'infinità di forme e di posizioni: considerato sotto questo punto di vista, esso è quasi sempre la macchina più comoda che possa essere impiegata nei movimenti compositi, che richiedono sfumature e variazioni continue nei gradi di pressione, di velocità e di direzione.*

*[...] Vi sono due cose da distinguere nel lavoro degli uomini o degli animali: l'effetto che può produrre l'impiego delle loro forze applicate a una macchina, e la fatica che essi provano nel produrre questo effetto. Per trarre tutto il vantaggio possibile dalla forza degli uomini, bisogna aumentare l'effetto senza aumentare la fatica; vale a dire, supponendo che abbiamo una formula che rappresenti l'effetto, e un'altra che rappresenti la fatica, bisogna, per tarre il più grande vantaggio dalle forze animali, che l'effetto diviso per la fatica sia un massimo* (Coulomb 1799: 381)

Per esempio, nel caso di un uomo che sale una rampa o una scala trasportando un fardello di peso $P$, egli fornisce i seguenti dati relativi all'effetto o azione $A$ in un giorno (misurati in unità di lavoro ossia peso per altezza):

Salire senza fardello $(P = 0) : A = 205$ kg elevati a 1 km
Salire con un fardello di 68 kg : $A = 109$ kg elevati a 1 km

Quindi definisce effetto *utile* l'azione impiegata nel solo trasporto del fardello

$$E(P) = P \cdot h$$

e il suo scopo è determinare il carico che massimizza l'effetto utile. Si ha, per un uomo di 70 kg:

$$A(P) = (70 + P) \cdot h = 70 \cdot h + E(P) \quad [1]$$

Egli avanza l'ipotesi che la diminuzione di $A$ sia proporzionale all'aumento del peso $P$ del fardello (infatti, per $P = 150$ kg, $A = 0$)

$$\Delta A = k \cdot \Delta P$$

calcolo di $k$: $\quad k = \dfrac{205 - 109}{68} = 1{,}41$

e si ha

$$A(P) = 205 - 1{,}41 \cdot P \quad [2]$$

Da [1] e [2] si ottiene

$$E(P) = Ph = \frac{(205 - 1{,}41P)}{70 + P} P$$

e con un semplice calcolo del massimo, facendo $E'(P) = 0$, si ottiene $P = 53$ kg e l'effetto utile corrispondente $E(P) = 56$ kg elevati a 1 m.

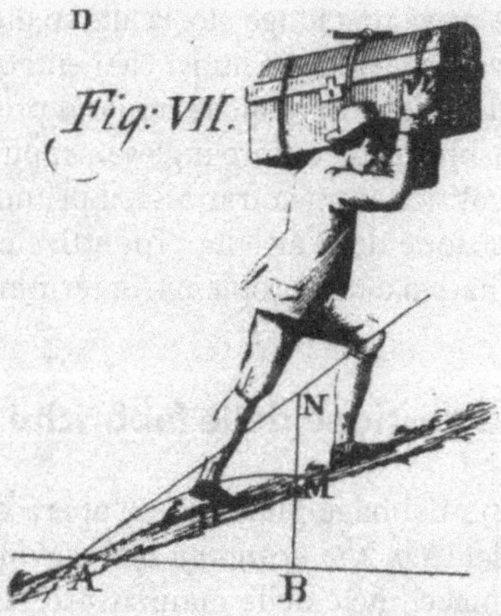

**Fig. 8.2** Un'illustrazione dall'opera *Meccanica animale. Esercizio fisico-matematico* (1795) di Donato Granafei (1773-1855).

Negli stessi anni un secondo problema di natura gestionale relativo alla costruzione di fortificazioni fu formulato in termini di ottimizzazione. Infatti, attorno al 1776 Monge – allora professore presso la scuola del genio militare francese a Mézières – lavorò al problema di minimizzare i costi di trasporto delle masse di terra e di altri materiali in rapporto ai possibili itinerari e alle condizioni relative, per esempio, la necessità di attraversare un fiume, sia nel caso di esistenza di uno o più ponti, sia nel caso in cui sia necessario costruirli. L'interesse principale di Monge era quello di usare la geometria per fornire strumenti concettuali per il trattamento e la progettazione dello spazio. Egli aveva così sviluppato il linguaggio grafico della geometria descrittiva che lo ha reso famoso. Seguendo il suo caratteristico stile, egli pose anche il problema del trasporto della terra da un punto di vista geometrico astratto, considerandolo prima nel piano, poi nello spazio, e adoperando in questo caso tecniche differenziali. Il suo lavoro *Sulla teoria degli sterri e dei riporti* fu pubblicato nel 1784.

Le piazzeforti erano ancora progetti tecnici preindustriali, nei quali emergeva la complessità organizzativa, pur senza presentare quasi nessun elemento di meccanizzazione. Coulomb e Monge si trovarono a occuparsi di quello che più tardi sarà chiamato «programmazione» di operazioni e «analisi delle attività» (*activity analysis*), quali i «problemi di assegnazione» o ripartizione delle risorse (*allocation*) o di trasporto. Questi studi pionieristici, portati avanti con una doppia motivazione, ideale e concreta, rappresentavano una manifestazione dell'idea di "razionalizzare" le attività poste sotto la responsabilità dell'ingegnere, esaminandole alla luce della matematica, in modo conseguire il risultato più conveniente. In tale approccio emergeva una nuova forma di razionalità tecnica che considerava la realtà da un punto di vista dinamico, e quindi individuava in essa i processi e i flussi e quantificava elementi come i tempi e i costi.

D'altra parte, sempre in Francia, ma in rapporto più diretto con i problemi di organizzazione nell'industria, all'inizio dell'Ottocento si ebbero alcuni contributi dal punto di vista della contabilità, come nel *Saggio sulla tenuta dei libri di una manifattura* (1817) di Anselme Payen. Il passaggio dalla contabilità commerciale, che aveva una lunga storia alle spalle, ai problemi contabili nelle manifatture, portava a considerare nuovi elementi quali i costi di produzione, e a prendere in considerazione in qualche modo il problema del processo produttivo. Tuttavia, sarà Babbage, un autore inglese, seppur profondamente influenzato dalla cultura scientifico-tecnica francese, il primo a porre chiaramente l'esigenza di razionalizzazione delle attività produttive e a proporre esplicitamente un approccio quantitativo a tale problema, in termini di processo e di ottimizzazione.

## 8.3 La gestione delle fabbriche: le riflessioni di Charles Babbage

Nel 1832 Babbage pubblicò un'opera dedicata alla produzione manifatturiera, intitolata *On the economy of machinery and manufactures* (Sulla economia delle macchine e delle manifatture). In ragione del peculiare profilo culturale e intellettuale di Babbage, la sua riflessione presentava notevole originalità.

Infatti, in essa convergevano aspetti dell'approccio dell'ingegneria francese, la ricca esperienza di quasi mezzo secolo di sviluppo delle fabbriche in Inghilterra e infine, le riflessioni di economia politica di Smith.

L'opera di Babbage si collegava infatti – egli ne parla esplicitamente nel capitolo finale – ai suoi tentativi di rinnovare lo studio della matematica e la pratica scientifica nel proprio paese, e di superare la separazione tra l'università e la Royal Society da un parte e la ricca realtà tecnologica e industriale inglese. Un anno prima, nel 1831, egli aveva pubblicato un feroce attacco contro la Royal Society, intitolato *Riflessioni sul declino della scienza in Inghilterra e su alcune delle sue cause*. Egli partecipò in quegli anni alla creazione della British Association for the Advancement of Science, un'istituzione scientifica il cui scopo principale era proprio quello di servire di raccordo tra scienza e realtà economica e sociale. Babbage condivideva l'approccio analitico e scientifico alla realtà tecnica dell'ingegneria francese dell'Illuminismo; e in quest'opera egli cita i contributi di Coulomb, di Perronet e di de Prony. Essa era un prodotto secondario dei suoi studi sull'automazione del calcolo (Babbage 1834: prefazione): "Quest'opera può considerarsi come uno dei resultamenti già prodotti dalla macchina di calcolare, della quale io stesso ho diretto la costruzione. Occupato profondamente da dieci anni in questo lavoro, ho creduto utile per me visitare molti laboratori e molti Stabilimenti di manifatture tanto in Inghilterra che sul continente, per sempre più rendermi familiari le risorse della Meccanica pratica; e questo esame mi ha condotto insensibilmente ad applicare ai diversi oggetti che si presentavano a'miei sguardi i principi di generalizzazione, ai quali il mio spirito è abituato da lungo tempo, per la natura stessa delle sue ricerche ordinarie".

### Charles Babbage (1792-1871), un uomo in anticipo sul suo tempo

Babbage fu una figura di rilievo nella cultura britannica ed europea del suo tempo. Originario della ricca regione industriale attorno al porto di Dartmouth e molto benestante, fu un profondo conoscitore dello sviluppo tecnico inglese e nel contempo assai critico della situazione della matematica e della scienza nel suo paese agli inizi dell'Ottocento. Nel 1812 fondò a Cambridge, insieme ad altri due studenti universitari, John Herschel e George Peacock, la Analytical Society, il cui scopo era quello di diffondere in Gran Bretagna gli studi di analisi matematica della scuola di Leibniz. Fra le loro iniziative vi fu la traduzione in inglese di un noto manuale di calcolo differenziale e integrale del matematico francese Lacroix. Nel 1816 diventò membro della Royal Society e dal 1828 al 1839 tenne la cattedra Lucasiana di matematica a Cambridge, anche se non fece mai lezione.

L'idea ispiratrice dell'attività di Babbage fu l'esigenza di collegare lo sviluppo tecnico e il progresso scientifico, ed egli non esitò a criticare il poco spazio lasciato alle scienze nelle università inglesi e la crisi della Royal Society. Egli considerava un modello a questo proposito la scienza e l'ingegneria francesi, ed in particolare ebbe in grande stima de Prony, che conobbe in occasione di un suo soggiorno a Parigi nel 1819. Quindi partecipò attivamente alla creazione di società scientifiche moderne in Gran Bretagna: la Società astronomica (1820), la Società britannica per il progresso delle scienze (1831) e la Società Statistica di Londra (1834). Il suo salotto del sabato sera a Londra fu per anni il luogo di incontro della intellettualità inglese ed europea.

Babbage è noto soprattutto per il suo progetto di costruzione di una macchina volta ad automatizzare il calcolo numerico, ispirandosi ai grandi progressi compiuti nella costruzione di macchine per l'industria britannica, soprattutto nel settore tessile e delle macchine utensili.

L'interesse tipico della cultura europea moderna per la progettazione di macchine che potessero aiutare o sostituire l'uomo nello svolgimento delle più varie attività aveva già portato dei tentativi di sviluppare mezzi meccanici per evitare le fatiche di lunghi calcoli ripetitivi. John Napier costruì una macchina per eseguire delle addizioni, Blaise Pascal (si veda fig. 7.2) e Gottfried Leibniz progettarono e costruirono macchine calcolatrici per eseguire le quattro operazioni elementari, che rimasero però dei prototipi. L'interesse per il calcolo automatico era insieme scientifico, pratico (Pascal, ad esempio, cercava in tal modo di aiutare suo padre, che era esattore delle tasse) e anche filosofico.

Nel 1823 Babbage ottenne un finanziamento del governo per la costruzione di un primo modello, progettato per la compilazione di tavole astronomiche e matematiche. Questa macchina è nota come *Difference Engine*, perché si basava sul metodo delle differenze finite, usato già da tempo nei calcoli numerici manuali e che permette di ottenere i valori numerici delle funzioni matematiche eseguendo soltanto delle addizioni. Egli lavorò alla sua costruzione insieme all'ingegnere Joseph Clement per dieci anni, ed entrò così in contatto con i grandi fabbricanti inglesi di macchine di precisione (di cui ci occuperemo nel capitolo 9). Tuttavia, il lavoro fu interrotto quando quasi la metà delle 25000 parti che la componevano erano già state fabbricate.

Dal 1834 e ininterrottamente fino alla sua morte Babbage lavorò al progetto di una macchina molto più ambiziosa, chiamata *Analytical Engine*. Si trattava di una macchina di calcolo in grado di eseguire tutte le operazioni elementari, che per la sua concezione è considerata un'antesignana dei moderni elaboratori elettronici. Infatti, essa prevedeva una unità di immagazzinamento o memoria e un processore centrale chiamato da Babbage *mill*, ed era programmabile, per il tramite di schede perforate come quelle usate nel telaio meccanico di Jacquard. Una brillante studiosa e amica di Babbage, Ada Byron (1788-1824), contessa Lovelace, scrisse che essa avrebbe potuto "tessere modelli algebrici, così come il telaio di

> Jacquard tesse fiori e foglie". Joseph Whitworth, fabbricante di macchine utensili noto in tutto il mondo, si offrì a costruirla, ma i finanziamenti pubblici necessari non furono concessi.
>
> Ancora oggi si discute il motivo per cui Babbage, che era un visionario ma anche un uomo di mondo e di azione, non riuscì mai a realizzare il suo progetto principale. Senza dubbio, le idee pionieristiche e la forte personalità gli procurarono tanti ammiratori quanti nemici, come dimostra il fatto che gli fu rifiutato uno spazio nell'Esposizione universale del 1851. Tuttavia, l'influsso delle sue idee fu notevole, nel campo del calcolo automatico come in quello della gestione industriale, ed esso seguì le strade – difficili da ricostruire storicamente con precisione – che furono tipiche della trasmissione della conoscenza tecnica fino al Novecento.

**Fig. 8.3** Copertina della traduzione italiana, pubblicata a Firenze nel 1834, della prima edizione di *On the economy of machinery and manufactures* di Babbage. Nella nota di presentazione l'editore italiano scrive che l'opera è "parto dell'ingegno sommo e della mente direi quasi immensa del Sig. Babbage, che oltre ad essere l'onore dell'Inghilterra sua Patria, è sicuramente il primo fra i più dotti Meccanici del nostro secolo". Anche il progetto della macchina analitica fu conosciuto molto presto in Italia, grazie a una serie di conferenze tenute da Ada Byron a Torino nel 1840; il giovane capitano del genio militare Luigi Menabrea (1808-1896, futuro capo del governo italiano dopo il trasferimento della capitale a Firenze) si occupò di redigere un articolo sul tema, pubblicato a Genova un anno dopo.

Il libro è diviso in due parti. La prima, intitolata "On the general principles which regulate the application of machinery to manufactures and the mechanical arts", è basata su una voce su questo tema pubblicata nel 1829 nella *Encyclopedia Metropolitana*. Babbage presenta un tentativo di individuare, sulla base di un gran numero di esempi, i principi che guidano l'introduzione delle macchine nell'industria secondo il loro modo d'azione e al di là dei loro usi specifici in diverse manifatture. Le nuove macchine per l'industria, come si è visto nel capitolo 4, avevano permesso di coinvolgere operai non specializzati (fra cui molte donne e bambini) nella produzione dei beni. Quindi, poiché il livello di automazione industriale era però ancora minimo, il ruolo del lavoro umano nelle fabbriche era altrettanto importante di quello nei cantieri considerato da Coulomb. Babbage cita infatti le idee e i risultati di Coulomb, nel capitolo finale di questa prima parte, "Della maniera di osservare le manifatture", nel quale presenta un modello di questionario per analizzare una manifattura. Il punto di vista di Babbage va oltre l'"arte meccanica" specifica e si avvicina alla considerazione della produzione come processo e della fabbrica come sistema organizzato.

Tale punto di vista è esposto compiutamente nella seconda parte, intitolata "On the domestic and political economy of manufactures" ("Economia politica e privata delle manifatture"), dove egli spiega l'esistenza di un ordine di problemi che esula dai "principi di meccanica pratica", vale a dire, dalle tecniche di fabbricazione di un bene. Questo nuovo ordine di problemi, non più soltanto relativi alla meccanica o funzionamento delle macchine, si pone in ragione delle trasformazioni del processo produttivo portate dalla Rivoluzione Industriale. La creazione della manifattura o fabbrica, che sostituisce i laboratori artigiani o il lavoro a domicilio, rappresenta una modifica quantitativa: aumento delle dimensioni fisiche del luogo dove si produce e aumento del volume della produzione. Vi è inoltre un aspetto esterno nuovo, ossia il mercato e la concorrenza. Entrambi gli aspetti rendono necessario "disporre tutto il sistema" allo scopo di rendere minimo il prezzo del prodotto.

Nell'impostazione di Babbage è presente l'idea di gestione del sistema, regolata da un obiettivo quantificabile e quindi ottimizzabile (in questo caso, minimizzare il costo). Egli considera molti aspetti quali i prezzi, le materie grezze, l'eccesso di produzione, le ricerche necessarie prima di qualunque tentativo di creare uno stabilimento, il controllo o verifica della qualità, e fattori umani quali quelli riguardanti i rapporti con gli operai (prezzo, materie greggge, eccesso della produzione, ricerche che devono precedere qualunque tentativo di fabbricazione, verifica della qualità). Per quanto riguarda strettamente l'idea di organizzazione del processo produttivo e la sua quantificazione, particolare attenzione meritano i due capitoli dedicati alla divisione del lavoro, nei quali riprende le idee di de Prony.

Egli parte dall'analisi di Smith e ricorda i tre vantaggi della divisione del lavoro elencati da quest'ultimo, ossia la maggior destrezza acquisita dal lavoratore specializzato, la riduzione dei tempi persi fra un'attività e l'altra, e l'invenzione di nuove macchine o il loro perfezionamento, che portano a un aumento della produttività. Tuttavia – scrive Babbage – a essi bisogna aggiungere un'altra causa, che è stata già indicata dallo studioso italiano Melchiorre Gioia (1767-1829) nel suo *Nuovo prospetto delle scienze economiche* (1815-1817): "Sebbene queste cause sieno di grande importanza, ed ognuna contribuisca non poco al buon resultamento, tuttavia penso che non si spiegherebbe se non imperfettamente la connessione che passa fra l'economia dei prodotti manifatturati e la divisione del lavoro, se si omettesse il principio seguente, il quale presentatosi al mio spirito dopo aver visitato io stesso un gran numero di Stabilimenti di manifatture, ho poi trovato espresso in una maniera distinta nell'Opera del Sig. Gioia [...]. Eccone dunque l'enunciazione. Dividendo l'opera in molte operazioni distinte, ciascuna delle quali richiede diversi gradi di destrezza e di forza, il maestro fabbricante può procurarsi esattamente la quantità precisa di destrezza e di forza necessarie per ciascuna operazione; mentre se l'opera intera dovesse essere eseguita da un solo operaio, questi dovrebbe avere nel tempo stesso destrezza bastante per eseguire le più delicate operazione, e forza sufficiente per eseguire le più faticose" (Babbage 1834: 137).

Quindi egli individua nella divisione del lavoro un principio organizzativo, che "crea" il sistema (la cui prestazione complessiva è determinata dall'interazione fra vari elementi o unità funzionali). Da tale principio deriva la possibilità di quantificare le operazioni, e quindi di fornire a chi dirige lo stabilimento indicazioni precise che possono permettere, non solo di aumentare la produttività, ma anche di abbassare i costi (vi è implicita quindi un'idea di decisione del "master manufacturer", il maestro fabbricante). Per dimostrarlo, egli fornisce "un esempio numerico", che riguarda di nuovo la fabbricazione degli spilli, già presa come esempio da Smith, il quale aveva osservato direttamente, in una piccola officina di dieci operai, il processo produttivo. Babbage considera il processo di produzione (manuale) diviso in 7 operazioni (dalla tiratura del filo alla foratura della carta nella quale vengono presentati gli spilli), per le quali individua il tempo di esecuzione, il guadagno giornaliero dell'operaio e il prezzo dell'operazione) che coinvolge 10 operai con diversi livelli di destrezza. Le quantità trattate sono raccolte in una tabella sulla fabbricazione inglese, ed egli fornisce anche una seconda tabella con i dati di Perronet.

Nel citato capitolo sui metodi per condurre un'inchiesta in uno stabilimento manifatturiero, egli aveva fatto riferimento al problema qualitativo di individuare i processi e le singole operazioni, e al problema quantitativo di misurare il lavoro umano, in termini di produttività giornaliera di un operaio, di numero di operazioni, di tempi e di velocità. A questo proposito egli citava le osservazioni e misure di Coulomb, senza ricordare però lo studio matematico dell'autore francese. Babbage non proseguiva quindi nella direzione di una vera e propria introduzione di tecniche matematiche nei problemi organizzativi. Tuttavia, egli considerava il principio della divisione del lavoro da un punto di vista molto generale, che non si riduceva al caso del processo produttivo industriale, come dimostra il fatto che, nel capitolo successivo sulla divisione del lavoro intellettuale, si occupava in dettaglio dell'organizzazione del lavoro usata da de Prony per il progetto di tavole matematiche del 1792.

237. Prezzo di 12 mila spilli, N°. 6, lunghi $\frac{1}{18}$ di pollice come si fabbricavano nel 1760, col prezzo di ciascuna operazione separata, estratto dalla Memoria del Peronnet.

| OPERAZIONI | Tempo per fare 12 mila spilli | Prezzo della fabbricazione di 12. mila spilli | Guadagno giornaliero dell'operaio | Prezzo di strumenti e di materie prime |
|---|---|---|---|---|
| | *Ore* | *Pence* | *Pence* | *Pence* |
| 1.  Filo di rame . . . . . . | . . . | . . . | . . . | 24. 75 |
| 2.  Addirizzatura e tagliatura . | 1. 2 | 0. 5 | 4. 5 | . . . |
| 3. { Appuntatura indigrosso . . | 1. 2 | 0. 625 | 10. 0 | . . . |
| Giratura della forma (1) . . | 1. 2 | 0. 875 | 7. 0 | . . . |
| Finimento dell' appuntatura . | . 8 | 0. 5 | 9. 375 | . . . |
| Giratura della forma . . . | 1. 2 | 0. 5 | 4. 75 | . . . |
| Taglio delle estremità appuntate | . 6 | 0. 375 | 7. 5 | . . . |
| 4. { Fattura delle spirali . . . | . 5 | 0. 125 | 3. 0 | . . . |
| Taglio delle punte . . . . | . 8 | 0. 375 | 5. 625 | . . . |
| Combustibile per rincuocere | . . . | . . . | . . . | 125 |
| 5.  Apposizione dei capi . . . | 12. 0 | 0. 333 | 4. 25 | . . . |
| 6. { Tartaro da pulire . . . . | . . . | . . . | . . . | . 5. |
| Tartaro da biancbire . . . | . . . | . . . | . . . | 0. 5 |
| 7.  Foratura delle Carte . . . | 4. 8 | 5 | 2. 0 | . . . |
| Carta . . . . . . . . | . . . | . . . | . . . | 1. 0 |
| Consumo d' arnesi . . . . | . . . | . . . | . . . | 2. 0 |
| | 24. 3 | 4. 708 | | |

FABBRICAZIONE INGLESE.

I pacchetti di spilli di 11. carte pesano a ragione di [...] spilli per libbra. I pacchetti di 12, 6932. spilli pesano [...] once, più 6. once di carta.

| OPERAZIONI | Operaj | Tempo impiegato per fare 1. lib. di sp. | Prezzo di fabbricazione per 1. lib. di spilli | Guadagno giornaliero dell'operaio | Prezzo di ogni operazione per 1. sp. in milionesimi di penny |
|---|---|---|---|---|---|
| | | *Ore* | *Pence* | *s.    d.* | |
| 1.  Tiratura del filo (228) . . . . | 1. Uomo | 0,3636 | 1,2500 | 3. 3 | 225 |
| 2.  Addirizzatura (229). . . . . { | 1. Donna | 0,3000 | 0,2840 | 1. 0 | 51 |
| | 1. ragazza | 0,3000 | 0,1420 | 0. 6 | 26 |
| 3.  Appuntatura (230) . . . . . | 1. Uomo | 0,3000 | 1,7750 | 5. 3 | 319 |
| 4.  Attorcigliatura e tagliatura (231) . { | 1. ragazzo | 0,0400 | 0,0147 | 0. 4½ | 3 |
| | 1. Uomo | 0,0400 | 0,2103 | 5. 4½ | 38 |
| 5.  Apposizione dei capi (232) . : | 1. Donna | 4,0000 | 5,6000 | 1. 3 | 901 |
| 6.  Imbianchimento (233). . . { | 1. Uomo | 0,1071 | 0,6666 | 6. 0 | 121 |
| | 1. Donna | 0,1071 | 0,3333 | 3. 0 | 60 |
| 7.  Foratura della carta (234) . . | 1. Uomo | 2,1314 | 3,1973 | 1. 6 | 576 |
| | | 7,6892 | 12,8732 | | 2320 |

Numero di persone impiegate: Uomini 4, Donne 4, Ragazzi, 2, in tutto 10.

Nell'opera di Babbage si poneva quindi per la prima volta il problema dell'organizzazione come una questione suscettibile di ricevere un trattamento sistematico e di essere quantificato grazie all'introduzione del principio della divisione del lavoro.

## 8.4 Il contesto economico del lavoro dell'ingegnere nell'età industriale

Lo sviluppo dei primi studi di economia politica, fra la fine del Settecento e l'inizio dell'Ottocento, fu legato al tentativo di capire i meccanismi del mercato (formazione dei prezzi, idea di utilità) da un punto di vista molto ampio, che riguardava il problema del benessere e il progresso economico di una nazione e, ancora più in generale, s'iscriveva in una riflessione sulla società e sulla convivenza civile. Tuttavia, vi erano delle implicazioni molto concrete – capite con grande perspicacia da Babbage – riguardanti l'operazione delle fabbriche e il loro successo di fronte alla concorrenza. L'esempio della fabbricazione degli spilli rappresentava simbolicamente questo collegamento, in quanto realizzazione materiale a piccola scala della divisione del lavoro nella società.

Babbage aveva colto un problema di grande attualità e rilevanza. Il suo prestigio dovette senza dubbio contribuire alla diffusione del suo libro, che ebbe quattro edizioni negli anni 1832-1835 e due ristampe (1841, 1846) e fu tradotto, entro tre anni dalla prima edizione, in tedesco, francese, italiano, spagnolo, svedese e russo. È interessante ricordare che il suo libro costituì un'importante fonte delle informazioni sulla realtà produttiva industriale inglese presenti nell'opera *Il capitale* (1846) di Karl Marx (1818-1883). Le considerazioni di Babbage ebbero un grande impatto sull'analisi di Marx del "fattore umano" nel processo produttivo, e quindi sull'elemento più specificamente di denuncia sociale di Marx. Il lavoro di Babbage fu ripreso anche dall'economista inglese Alfred Marshall (1842-1924), uno studioso molto attento all'impresa come organizzazione.

Ciononostante, dal punto di vista della creazione di una scienza e di una tecnica della gestione aziendale, nel momento della pubblicazione di *On the economy of machinery and manufactures*, l'ambiente culturale non era il più favorevole al tipo di studi di tipo quantitativo che l'opera di Babbage auspicava. Come si confrontavano gli ingegneri con gli aspetti gestionali e organizzativi del proprio lavoro? Quale era il loro bagaglio di conoscenze in questo ambito? Il consolidamento della professione dell'ingegnere nell'Ottocento fu accompagnato dalla diffusione della cultura di scuola che sostituì la vecchia cultura dell'apprendistato e dell'esperienza. L'attività di progettazione specialistica era rimasta a lungo frutto soprattutto dell'estro e dell'esperienza individuale dell'ingegnere, oltre che di un bagaglio di conoscenze frutto della circolazione di informazioni su esperienze concrete. Ora, essa richiedeva sempre di più un insieme di conoscenze scientifiche (inizialmente centrato sulla meccanica applicata, e che si allargò di pari passo con lo sviluppo della chimica e delle varie branche della fisica) e di strumenti matematici (a partire dalla geometria descrittiva). La specializzazione del lavoro dell'ingegnere portò quindi alla creazione di corsi di studi specifici per i vari sottosettori: ingegneria civile, meccanica, chimica, elettrotecnica e così via.

L'attività di gestione e organizzazione, invece, si mantenne a lungo come una competenza di tipo pratico, basata sull'esperienza (in ambito industriale, spesso accumulata in più settori specialistici), sulla formazione ad alto livello (elemento importante soprattutto per l'autorevolezza degli ingegneri che lavorano per lo Stato) e sulla maturità professionale. Quest'attività diventava sempre più essenziale per garantire il lavoro e il successo industriale delle fabbriche e dei grandi impianti produttivi come le miniere. Inoltre, essa acquisiva un ruolo centrale nel nuovo contesto tecnico rappresentato dalla costruzione e il funzionamento delle reti estese di comunicazione e di trasporto. Lo sviluppo della ferrovia, in particolare, sollecitò la creazione di una ricca cultura pratica, relativa al coordinamento di un gran numero di attività interrelate, che coinvolgevano la gestione del materiale rotabile, locomotive e treni, il governo del traffico, la scelta degli itinerari, il coordinamento e la trasmissione dell'informazione fra i dipendenti dislocati in un'ampia area geografica, oltre alla pubblicità e i rapporti con la clientela.

Per quanto riguarda invece lo studio teorico dei problemi gestionali coinvolti nelle attività degli ingegneri, ai lavori pionieristici di Coulomb, di Monge e di Babbage se ne aggiunsero diversi altri nel corso dell'Ottocento. Si tratta di ricerche di grande interesse, nelle quali, prendendo spesso spunto da problemi operativi dell'ingegneria civile ed industriale, si svilupparono idee di portata molto generale nell'ambito delle scienze economiche e sociali. Vi furono anche studi matematici, che svilupparono un approccio di ottimizzazione (come quelli già menzionati di Dupuit sull'utilità), oppure provarono ad applicare la statistica. Ciononostante, soltanto nel Novecento fu sviluppato un approccio teorico sistematico ai problemi di amministrazione, organizzazione e gestione delle operazioni e delle attività nei vari contesti tecnici e produttivi. L'istituzionalizzazione di un settore di studi dell'ingegneria dedicata specificamente a questo genere di compiti avvenne in collegamento con l'emergere della moderna figura del "manager" così come fu concepito dal movimento del "scientific management".

La spiegazione del mancato sviluppo di questi studi deve tener presente l'ambiente culturale dell'Ottocento e l'evoluzione della nuova scienza dell'economia teorica. Proprio mentre l'economia raggiungeva la sua istituzionalizzazione come disciplina autonoma, il progetto di matematizzazione dei problemi economici fu avversato radicalmente, in favore di un'economia politica lontana dai modelli astratti e più concreta, empirica e storica. Questo abbandono era collegato alla rinuncia all'idea di un intervento attivo nel governo dell'economia e della società caratteristico della matematica sociale, in favore di una scienza economica descrittiva e di una pratica rigidamente libero-scambista. Anche nell'ambiente degli ingegneri si registrò in quel periodo un cambiamento legato anche all'equilibrio fra arte e scienza (e matematica) nel sapere dell'ingegnere. Nelle scuole degli ingegneri furono inseriti studi di diritto amministrativo, di contabilità e di economia politica; l'opinione diffusa era che la matematica serviva per formare lo spirito rigoroso dell'ingegnere, ma il suo ruolo nell'azione effettiva doveva essere quello di un semplice strumento.

Fra gli ingegneri europei, pressati dai problemi pratici e dalle richieste d'intervento nella loro attività professionale, sia nel settore pubblico che in quello privato, rimase viva comunque la tradizionale maggior apertura agli studi matematici per quanto riguarda gli aspetti gestionali e gli elementi economici legati alla loro attività. In particolare, il consolidarsi durante il XIX secolo del sistema di formazione degli ingegneri francesi, nell'*École polytechnique* e nelle scuole di applicazione, portò alla creazione di un ingegnere molto più orientato verso le attività di gestione e organizzazione che verso la progettazione tecnica specialistica. Tuttavia, la matematica, in tale contesto, svolgeva il ruolo che in altri sistemi di formazione delle élites corrispondeva allo studio dei classici e la formazione giuridica; e tale profilo, tipico della formazione degli ingegneri al servizio dello Stato, si estese nella seconda metà del secolo a quella degli ingegneri industriali nella *École centrale des arts et manufactures*. La formazione matematica fornì uno dei tratti caratteristici dell'ingegneria francese come professione e nella creazione di uno dei più influenti modelli di tecnocrazia. Essa serviva da garanzia di rigore intellettuale, e permetteva agli ingegneri di confrontarsi con tutti gli aspetti quantitativi della loro funzione, non soltanto dal punto di vista dell'attività tecnica, ma anche per quanto riguardava gli aspetti contabili ed economici. Ma, accanto ai numeri, fondamentale importanza era data alla discrezione dell'ingegnere, capace di giudizi ponderati, che andavano oltre gli aspetti quantificabili. I tentativi di applicazione della matematica agli aspetti decisionali e gestionali di tale attività professionale si scontravano quindi con un concetto di razionalità che si rifiutava di considerare riducibile a regole matematiche.

Nell'ultima parte del libro vedremo gli sviluppi novecenteschi di molte delle idee introdotte nel periodo 1770-1835. Da una parte, prese piede finalmente l'esigenza di studiare scientificamente i problemi della gestione aziendale (ce ne occuperemo nel capitolo 11). Dall'altra, vi si imboccarono vie di successo nella formulazione matematica in termini di ottimizzazione dei problemi industriali e logistici (come vedremo nel capitolo 13). Prima però dobbiamo volgere l'attenzione all'evoluzione delle macchine, dei metodi e delle procedure nelle officine e negli stabilimenti produttivi nei settori civile e militare, che andò avanti indipendentemente da ogni riflessione teorica, secondo una cultura della prassi e del fare tipica del mondo tecnico. Dobbiamo, inoltre, seguire la diffusione della cultura di scuola agli ingegneri industriali, anche nell'ambiente anglosssasone, e l'aumento delle loro responsabilità organizzative. Essi si troveranno a operare in sistemi sempre più complessi, coordinando il lavoro di macchine ed esseri umani, e in un contesto economico segnato dalla concorrenza e dall'avvento della grande impresa.

## Lettura 10

### Dal fare al fabbricare

---

Nel capitolo XIII dell'opera *Sulla economia delle macchine e delle manifatture*, Babbage illustra la differenza fra il fare (*making*) e il fabbricare (*manufacturing*) e la conseguente necessità di organizzare il sistema di produzione in modo da ridurre i costi. Egli illustra le sue idee considerando una commessa dell'Ammiragliato Britannico a Henry Maudslay. Maudslay, ingegnere-imprenditore, è uno dei pionieri dell'industria meccanica inglese, i quali introdussero precocemente nei loro stabilimenti molte delle innovazioni tecniche e organizzative tipiche del cosidetto "sistema americano di produzione" (di questo sviluppo ci occupiamo nel capitolo 9).

Babbage sottolinea l'importanza che riveste il poter disporre di dati numerici precisi sul mercato, raccolti in tavole e presentati graficamente. In Gran Bretagna, la Camera dei Comuni raccoglieva sistematicamente informazioni sul commercio e sull'industria, e vi era una tradizione di studi di "aritmetica politica", una disciplina che è alle origini della moderna statistica descrittiva e che Babbage proponeva di estendere a problemi di economia industriale.

Leggiamo il testo quasi completo del capitolo nella traduzione italiana del 1834: il linguaggio un po' antico ci avvicina al modo di vedere lo sviluppo industriale dell'epoca. Il capitolo si conclude con un richiamo al contesto economico, segnato dalla concorrenza (*competition*), che rende necessario ridurre i costi studiando i vari segmenti del processo produttivo (*a saving of expense in some of the processes*).

---

I principi d'economia generale che dirigono il conveniente uso dei mezzi meccanici, e sui quali son regolati internamenti i nostri grandi stabilimenti di manifatture, sono elementi essenziali della prosperità di una gran nazione commerciante; e sotto questa veduta lo studio di essi non è meno importante dello studio di quei principi di meccanica pratica, dei quali abbiamo sviluppate le applicazioni nella prima Sezione di quest'Opera.

Chiunque vuol fare un articolo di consumazione, ha o deve avere per scopo principale di produrlo perfetto: ma nel tempo stesso, per assicurarsi l'interesse più considerevole e più costante, deve fare ogni sforzo per rilasciare ai consumatori a basso prezzo il nuovo oggetto utile o di lusso che egli ha fabbricato. In tal modo egli troverà maggior numero di concorrenti [acquirenti], il che gli produrrà il doppio vantaggio di rendersi superiore al capriccio della moda, e di procurarsi un utile totale maggiore, quantunque minore sia il prezzo pagato da ciascun individuo in particolare. Si persuada il fabbricante, che una riduzione di prezzo dell'oggetto che egli mette in commercio gli acquisterà un numero di accorrenti superiore ad ogni sua aspettativa; e ognuno che si occupa nel fare ricerche statistiche, deve sempre valutare questi dati importantissimi. Per una certa classe della società la diminuzione del prezzo d'un oggetto di utile generale sarà insensibile; mentre una riduzione anco piccolissima di questo prezzo produrrà sulle altre classi un effetto immediato, per cui crescerà nel tempo stesso e il numero dei consumatori e il vantaggio del fabbricante.

Chi volesse formare una tavola delle specie di rendita e del numero di individui compresi in ciascuna classe di possedenti, potrebbe trovare utilissimi materiali nel 14° Rapporto della Commissione nominata per esaminare le rendite di ogni specie [Report of the Commissioners of Revenue Inquiry]. Questo rapporto contiene uno stato in cui apparisce a quanto ascende presentemente la proprietà particolare, e che è stabilito sui conti annui dell'Ufizio generale dei testamenti: in esso si trova e il numero dei testatori compresi nelle diverse classi della società, e quello delle persone che godono qualunque specie di proprietà che produca una rendita; e questo ultimo numero è poi diviso in altre classi. Un simil quadro [tavola] redatto anco approssimativamente, e presentato in forma di una curva, sarebbe di gran vantaggio.

*Fare* e *Fabbricare* sono due termini che indicano due idee distinte: il primo si riferisce ad una piccola produzione, l'altro a una produzione estesa. Questa distinzione è perfettamente stabilita nel processo fatto davanti al Comitato della Camera dei Comuni, sull'esportazione degli strumenti e delle macchine. In esso vien dichiarato dal relatore Sig. Maudslay, che quando l'ufizio dell'Ammiragliato gli propose i fare le casse di ferro per le navi, quasi a suo malgrado egli acconsentì ad attendere a questo genere di fabbricazione, che non era nella categoria delle sue occupazioni: tuttavia egli prese a fare una di queste casse per saggio. I fori per i chiodi furon eseguiti con torchi fatti agire a mano d'uomo, e 1680 di quei fori per una sola cassa vennero a costare 7 scellini, allora l'Ammiragliato che aveva bisogno di una grande quantità di queste casse, gli propose di somministrarne 40 per settimana per alcuni mesi. La commissione piuttosto imponente impegnò Maudslay, e cominciò a *fabbricare* gli arnesi necessari per questo genere particolare di lavoro. Anzi esibì all'Ammiragliato 80 case per settimana, purché avesse la commissione per 2000. Ciò ottenuto, egli fece tali arnesi, coi quali potè ridurre la spesa per la traforazione da 7 scellini a 9 pence. Quindi egli consegnò 90 casse per settimana per sei mesi, e in fine il prezzo pagato per ognuna dall'Ammiragliato fu ridotto da 17 a 15 lire sterline.

Se dunque colui che *fa* un articolo di consumazione ne vuol divenire *fabbricante* nel senso più esteso, non deve limitare la sua attenzione ai principi meccanici dai quali può dipendere la buona esecuzione del suo prodotto, ma deve diligentemente disporre tutto il sistema [arrange the whole system] della sua fabbricazione, in modo da poter rilasciare il prodotto medesimo al minor prezzo possibile.»

[Tratto da Babbage 1834: 91-93]

# 9 Dal sistema inglese al sistema americano di produzione

SOMMARIO

9.1 Ferro, carbone e vapore: l'evoluzione dell'industrializzazione nell'Ottocento

9.2 Meccanizzazione, normalizzazione e sequenza produttiva nel sistema di fabbrica inglese

9.3 Il sistema americano di produzione

Lettura 11 Il montaggio di componenti interscambiabili: una testimonianza di Thomas Jefferson

Lettura 12 La fonderia di Nasmyth

## 9.1 Ferro, carbone e vapore: l'evoluzione dell'industrializzazione nell'Ottocento

La diffusione del sistema di fabbrica e della meccanizzazione al di fuori del settore tessile ha un riferimento emblematico nella fabbrica fondata da Mathew Boulton (1728-1809) a Soho, vicino a Birmingham, nel 1762, dove produceva monete, bottoni e oggetti placcati in argento. Vi lavoravano più di 700 operai ed erano in funzione due ruote idrauliche che azionavano diverse macchine usate nella fabbrica: laminatoi, levigatrici, macine e torni. Boulton si interessò alla macchina a vapore di Watt proprio perché in un impianto così strutturato la dipendenza dall'energia idraulica presentava molti inconvenienti dovuti alle irregolarità del flusso dell'acqua. Nel 1775 iniziò l'associazione fra Boulton e Watt per sfruttare una proroga di venticinque anni del brevetto concesso dalle autorità britanniche.

La fabbricazione delle macchine di Watt a Soho rappresenta il riflesso diretto degli sforzi di introduzione della meccanizzazione e dell'energia motrice nei vari settori industriali britannici e nelle diverse operazioni. La macchina di Watt fu adoperata innanzitutto per le operazioni già meccanizzate grazie alle ruote idrauliche e alla macchina di Newcomen. Le due prime macchine furono fabbricate per la miniera di carbone di Bloomfield e per l'insufflazione negli altiforni della fonderia di John Wilkinson (1728-1808) a Broseley, non lontano da Birmingham. Infatti, la nuova macchina, che consumava meno di un terzo di carbone della macchina di Newcomen, la sostituì progressivamente nelle miniere che non avevano a disposizione gli scarti di carbone, come quelle metallifere in Cornovaglia. Il secondo impiego della nuova macchina fu negli impianti meccanizzati dell'industria siderurgica, dove sostituì progressivamente le ruote idrauliche. Nel 1782 iniziò a funzionare nell'impianto di Wilkinson il primo maglio per fucinatura azionato da una macchina di Watt.

La diffusione della macchina a vapore nelle manifatture in generale fu lenta, anche per il costo elevato, che a sua volta dipendeva dalla difficoltà della sua fabbricazione. Grazie all'invenzione di Watt, e ai suoi successivi miglioramenti, l'industria aveva a disposizione un motore primario capace di erogare potenza costantemente, che rendeva inoltre la localizzazione delle fabbriche indipendente dei corsi d'acqua: quest'aspetto, più dell'aumento di potenza relativamente limitato, fu il motivo della sua diffusione in una prima fase. Nel 1785, poco dopo la creazione della macchina rotativa, fu impiantato il primo filatoio a vapore, e nel seguito Boulton applicò la macchina a vapore alle sue macchine per la fabbricazione delle monete. Nel 1800, alla scadenza del brevetto, la ditta Boulton-Watt aveva costruito 496 macchine, di cui 164 per pompaggio, 25 per insufflazione e 308 macchine rotative (Forbes 1994: 167). Nel 1835 erano in attività a Birmingham 169 macchine a vapore, usate per lavorare i metalli e per pompare l'acqua, ma anche per macinare farina, per il lavoro del vetro e del legname, per la fabbricazione della carta e la macinazione dell'argilla e dei colori. La potenza media erogata era di 15/16 cavalli-vapore (unità di misura introdotta da Watt nel 1783), rispetto a una media di 5 cavalli vapore delle ruote idrauliche e 10-12 dei mulini a vento (Forbes 1994: 159 e 164); un aumento della potenza decisivo si ebbe soltanto dopo il 1840, grazie alla progettazione di macchine il cui funzionamento era basato sulla teoria del calore.

L'industria tessile britannica continuò a lungo ad adoperare l'energia idraulica: nel 1830 essa rappresentava ancora 1/4 della potenza consumata dall'industria del cotone, e ancor di più nelle altre stoffe. L'applicazione della macchina a vapore ebbe un influsso molto maggiore sullo sviluppo della siderurgia. Fino al 1750, la ghisa prodotta con il carbone di legna era molto più robusta di quella fusa in alcune zone con il carbone minerale, anzi con il *coke* (il materiale derivato dal carbone minerale, privato dal contenuto di zinco che indebolisce il metallo). Lo sviluppo dei forni e dei cilindri soffianti per applicare i getti d'aria (grazie anche al lavoro di Smeaton), soprattutto grazie all'applicazione della macchina a vapore, rese possibile raggiungere le elevate temperature necessarie per bruciare il coke. L'uso del vapore per la fucinatura, prima, e subito dopo altre invenzioni, dovute principalmente a Henry Cort (1740-1800), semplificarono e abbassarono i costi di produzione delle barre di ferro puddellato, un derivato della ghisa molto economico e sufficientemente resistente.

Nella prima metà dell'Ottocento la siderurgia (estrazione, lavorazione e fabbricazione di oggetti in ferro) diventò il settore propulsivo dell'industrializzazione britannica, quello in maggior crescita per volumi produttivi e che attirava più capitali. Oltre al ferro, il carbone, che era stato alle origini dello sviluppo della macchina a vapore, diventò il protagonista della trasformazione economica e anche del paesaggio portata dalla Rivoluzione Industriale: ferro, carbone e vapore erano tre elementi in simbiosi. La diffusione della macchina a vapore nell'industria aumentò enormemente la domanda di carbone, e a tale scopo fu sviluppata una rete di trasporto che copriva l'intero paese, per terra, attraverso canali navigabili sfruttati dagli imprenditori grazie al pagamento di pedaggio per le varie tratte e, infine, con linee ferroviarie. La prima linea, creata da George Stephenson (1781-1848) nel 1825, la Stockton-Darlington, serviva soprattutto per il trasporto di carbone.

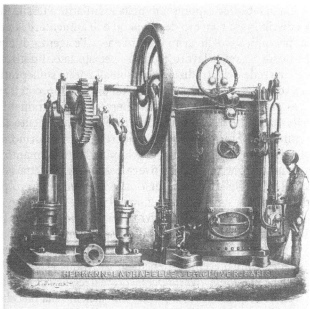

**Fig. 9.1** L'evoluzione dell'industrializzazione nell'Ottocento ebbe un'efficace rappresentazione tecnica e culturale nelle esposizioni internazionali celebrate nelle capitali europee, a partire della Grande Esposizione di Londra, a Hyde Park, presso il Crystal Palace, nel 1851, che ebbe più di sei milioni di visitatori. Le macchine erano le principali protagoniste: sopra, la locomotiva dei fratelli Remington presentata a Londra nel 1851; sotto, una macchina a vapore da 15 cavalli della ditta Hermann-La Chapelle & Ch. Glover presentata nell'Esposizione Universale di Parigi del 1867. La tecnica acquisiva così una dimensione pubblica e culturale, nella quale si intrecciavano le logiche della concorrenza di mercato con il progresso delle conoscenze e, infine, la rivalità e l'emulazione fra le varie nazioni nel processo di industrializzazione.

Il ferro era impiegato sempre di più nell'edilizia, nell'industria meccanica, ossia nella fabbricazione di macchine (macchine tessili, macchine utensili, macchine a vapore per le fabbriche e per le locomotive), e nella produzione delle armi (cannoni e armi leggere). Nella fabbricazione delle armi e nell'industria meccanica si ebbero importanti novità – non solo in Gran Bretagna ma anche negli Stati Uniti – sia dal punto di vista della meccanizzazione sia da quello dell'organizzazione del processo produttivo. Lo sviluppo di nuove idee in ambito tecnico e gestionale dei tecnici-imprenditori si intrecciò con i travagliati rapporti con i lavoratori specializzati del settore e, negli Stati Uniti, con la difficoltà nel reperire tale manodopera.

## 9.2 Meccanizzazione, normalizzazione e sequenza produttiva nel sistema di fabbrica inglese

Mentre il sistema di fabbrica rappresentò nella manifattura tessile una risposta all'esigenza di disciplinare il lavoro degli operai e di aumentare la produttività, nell'industria meccanica e delle armi era pressante l'esigenza di aumentare la precisione e di coordinare il lavoro tecnico specializzato. Infatti, l'attività in questo settore era erede delle tradizioni artigianali basate sulla pratica e sull'abilità manuale, volte alla costruzione di pezzi ad uno ad uno, con il ricorso continuo alle rilavorazioni. Le nuove esigenze emersero già chiaramente nella fabbricazione delle macchine a vapore a Soho e nel loro adattamento alle esigenze dei diversi committenti. Smeaton aveva considerato quasi insormontabili le difficoltà tecniche della produzione della macchina di Watt, in quanto, a differenza della macchina di Newcomen, vi doveva essere un perfetta aderenza del pistone con il cilindro. Nella fabbrica di Watt e Boulton si fecero passi avanti verso la *normalizzazione*, ossia l'elaborazione di norme o standard relative alle procedure di lavorazione e alle misure dei pezzi. Inoltre, un contributo fondamentale derivò dalla collaborazione della ditta di Wilkinson, il quale aveva brevettato nel 1774 una macchina che fu usata per alesare i cilindri della macchina a vapore, una delle prime macchine utensili ad uso industriale.

Lo sviluppo delle *macchine utensili* per lavorare il legno e il metallo (il tornio, il trapano, la fresatrice, la limatrice, la piallatrice), insieme alla macchina a vapore, fu alla base della meccanizzazione del lavoro nelle fabbriche e negli impianti industriali nell'Ottocento. L'uso delle macchine utensili era già stato esplorato, soprattutto per eseguire le lavorazioni ornamentali e nell'orologeria. Anche in questo ambito dobbiamo ricordare il contributo di Vaucanson, il quale aveva costruito un tornio nel quale il pezzo da lavorare si spostava seguendo la procedura della lunetta mobile brevettata anni dopo, nel 1794, da Henry Maudslay (1771-1831). Maudslay fu uno dei protagonisti di una stagione straordinaria della storia della tecnica e dell'industria, che segna la nascita dell'ingegneria industriale: "fino al 1775, le macchine utensili a disposizione dell'industria avevano fatto scarsi progressi nei confronti di quelle disponibili nei tempi medievali; nel 1850 la maggioranza delle moderne macchine utensili era stata inventata" (Gilbert 1994: 427).

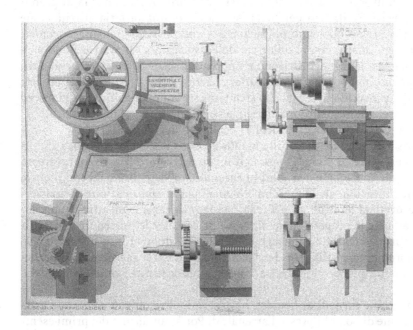

**Fig. 9.2** Piallatrice della ditta Nasmyth di Manchester in una tavola di disegno di macchine eseguita da un allievo della Scuola di applicazione per gli ingegneri di Torino (1882).

Le macchine utensili resero possibile l'aumento della precisione e della velocità delle lavorazioni rispetto al lavoro manuale e, di conseguenza, la diminuzione dei costi di produzione. La fabbricazione di tali macchine, a sua volta, portò allo sviluppo di un'industria specializzata, l'industria meccanica, molto avanzata dal punto di vista della normalizzazione, della meccanizzazione della produzione e dell'organizzazione in sequenza della produzione. In questo settore, concentrato soprattutto nei dintorni di Manchester, si svolse il lavoro di un folto gruppo di innovatori britannici.

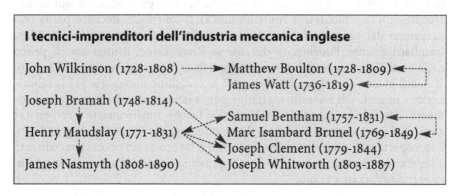

**I tecnici-imprenditori dell'industria meccanica inglese**

John Wilkinson (1728-1808) ----------▶ Matthew Boulton (1728-1809) ◀------
James Watt (1736-1819) ◀--------------

Joseph Bramah (1748-1814)
↓                          ▶ Samuel Bentham (1757-1831) ◀----------
Henry Maudslay (1771-1831) ◀       Marc Isambard Brunel (1769-1849) ◀--
↓                            Joseph Clement (1779-1844)
James Nasmyth (1808-1890)    Joseph Whitworth (1803-1887)

Da Wilkinson fino a Whitworth, essi costituirono una dinastia di grandi figure – legate fra di loro perché spesso iniziarono la propria attività come apprendisti presso qualcuno più anziano – che possiamo chiamare tecnici-imprenditori. Infatti, essi – sulla scia dell'associazione di Watt e Boulton – furono insieme ingegneri, dirigenti e imprenditori, anche in società con altri, con maggior o minor fortuna negli affari. La loro attività tecnica nella progettazione delle macchine è legata allo sfruttamento commerciale dei prodotti, ed è quindi inseparabile delle loro idee sulla struttura degli stabilimenti e sull'organizzazione (spesso irta di difficoltà) del lavoro degli operai.

Maudslay, fondatore della ditta Maudslay, Sons and Field, si colloca al centro di questa rete di connessioni. Egli iniziò a lavorare come fabbro presso l'arsenale di Woolwich e a 18 anni fu assunto da Joseph Bramah, con il quale lavorò nell'ideazione delle macchine utensili per la fabbricazione di una serratura brevettata da Bramah nel 1784. Nel 1797 intraprese un'attività autonoma, nella quale la progettazione di nuove macchine e le procedure di fabbricazione furono condotte all'insegna dell'esigenza di precisione e, in generale, di miglioramento qualitativo del lavoro nell'industria meccanica: superfici accuratamente piane, viti precise e macchine costruite completamente in metallo.

Le macchine utensili di Maudslay svolsero inoltre un ruolo centrale nella fabbricazione di bozzelli presso l'arsenale di Portsmouth, uno dei primi esempi di un *processo produttivo in serie svolto con l'ausilio di macchine utensili*, concepito per la fabbricazione su larga scala in lavorazioni di precisione. Molte delle commesse che incentivarono gli sforzi in questa direzione furono di tipo militare, nella produzione d'armi o nella costruzione navale. Alla meccanizzazione del lavoro a Portsmouth lavorò attivamente Samuel Bentham. Prima apprendista presso l'arsenale di Woolwich, lavorò come tecnico e costruttore navale in Russia e nel 1791 fu nominato ispettore generale per le costruzioni navali al servizio della Marina britannica. Oltre a occuparsi dell'introduzione delle macchine a vapore e di macchine utensili nelle varie officine dell'arsenale, Bentham concepì l'idea di organizzare la fabbricazione industriale dei bozzelli, fondamentali per la flotta a vela britannica. La Marina aveva contratti di fornitura per cento mila bozzelli con diversi produttori, che li eseguivano quasi completamente a mano (soltanto un impianto presso Southampton funzionavo con l'ausilio di una ruota idraulica). Il contributo decisivo per la realizzazione del progetto fu dovuto a un ufficiale di marina francese, Marc Isambard Brunel. Fuoriuscito durante la Rivoluzione, Brunel lavorò prima negli Stati Uniti come architetto e ingegnere, con gran successo, e nel seguito si stabilì in Gran Bretagna. Egli progettò le macchine necessarie per la fabbricazione in serie dei bozzelli, macchine per la lavorazione del legno principalmente, che furono costruite da Maudslay (e che funzionarono per ben 145 anni). Nel 1808, la produzione era di 130.000 pezzi, in tre ordini di grandezza. Dieci operai non specializzati realizzavano il lavoro di 110 operai specializzati, adoperando 43 macchine, e solo il collegamento finale dei pezzi e la lucidatura erano realizzati a mano.

Presso lo stabilimento di Maudslay iniziarono a lavorare James Nasmyth (1808-1890), inventore della limatrice (1836) e del maglio a vapore (1842), e Joseph Whitworth (1803-1887), anch'egli autore di vari perfezionamenti nelle macchine utensili. Il maglio a vapore inventato da Nasmyth fu tra le macchine che portarono alla diffusione del sistema di fabbrica in settori come la lavorazione del ferro e i cantieri navali, dove il lavoro si svolgeva fino ad allora ancora secondo ritmi dettati dagli uomini e non dalle macchine. Whitworth si occupò molto della misura di precisione e della normalizzazione, in particolare per la filettatura delle viti (il suo standard fu usato fino al 1948). Nasmyth e Whitworth furono i primi fabbricanti veri e propri di macchine utensili offerte ad altre aziende (mentre prima le macchine venivano progettate e costruite laddove servivano). Inoltre, essi lavorarono già nell'ottica di una sequenza di lavorazione dei pezzi ben stabilita, che disciplinava la divisione del lavoro, e misero alla prova negli impianti produttivi altri elementi di controllo del processo come la strutturazione in reparti secondo criteri funzionali e le figure di supervisore o responsabile la cui attività si svolgeva fuori dalla linea di assemblaggio delle macchine.

## 9.3 Il sistema americano di produzione

Il sistema di fabbrica caratteristico dell'industria meccanica inglese della prima metà dell'Ottocento, ispirato dall'esigenza di miglioramento della precisione delle lavorazioni, era imperniato sulle capacità e sulle conoscenze individuali di un limitato gruppo (poche decine) di operai molto specializzati, coadiuvati da alcune macchine utensili di uso generale. Esso aveva introdotto fondamentali novità nell'organizzazione tradizionale del lavoro tipica delle botteghe e delle manifatture di prodotti artigianali, aprendo la strada alla creazione delle industrie di montaggio. Tuttavia, i prodotti dell'industria meccanica rimanevano personalizzati, vale a dire, essi erano fabbricati su commessa, eventualmente in riferimento a un catalogo, e quindi il sistema era lontano dall'idea di produzione in serie di alcuni oggetti standard – corrispondenti ognuno a un modello dalle caratteristiche ben definite – che era stata sperimentata nel processo produttivo progettato da Brunel per la fabbricazione di bozzelli, oggetti molto più semplici delle macchine industriali o delle locomotive.

---

**Industrie di trasformazione e industrie di montaggio**

Le industrie il cui sviluppo europeo abbiamo seguito dal Medioevo fino all'Età Moderna, le manifatture tessili e le ferriere e impianti metallurgici sono industrie di trasformazione, ossia attività che partendo da una certa materia prima (fibre animali e vegetali, ferro e altri metalli) la convertono

▶

in un'altra forma. Oltre a queste due industrie di trasformazione, nell'Ottocento acquisì un'importanza sempre maggiore l'industria chimica.

Le industrie di montaggio trasformano anche i materiali, ma essenzialmente formando delle parti che poi sono assemblate. Rientrano in questo gruppo attività anch'esse di lunga tradizione e molto diverse fra loro: in alcuni casi la produzione si svolgeva in un laboratorio (come per l'abbigliamento, le calzature o gli orologi), in altri in cantieri (i cantieri edili per gli edifici e i cantieri navali o arsenali per i vascelli), in altri ancora in opifici (come per le fabbriche d'armi). Nella prima metà dell'Ottocento le industrie di montaggio posero importanti sfide a tecnici e imprenditori: sia dal punto di vista della precisione, sia dal punto di vista della produzione su larga scala. L'assemblaggio della macchina a vapore, delle macchine utensili e delle armi furono i primi settori nei quali si misero alla prova nuove soluzioni, nell'ambito del sistema di fabbrica.

Dal punto di vista dell'organizzazione del processo produttivo nelle industrie di montaggio, la chiave per la produzione in serie su larga scala fu l'introduzione dei pezzi interscambiabili nell'assemblaggio. Tale idea fu applicata con grande successo negli Stati Uniti nella fabbricazione delle armi per far fronte a contratti militari statali con elevati quantitativi. I primi impianti produttivi progettati seguendo quest'impostazione furono creati su iniziativa di tecnici-imprenditori di profilo simile a quelli britannici, come Eli Whitney (1765-1825), Simeon North (1765-1852), Samuel Colt (1814-1862) ed Elisha Root (1808-1865). Whitney, famoso per la sua invenzione di una macchina per sgranare cotone, ebbe il suo primo contratto per fabbricare 10000 moschetti nel 1798; ma gli sviluppi che portarono alla creazione del sistema americano di produzione furono legati alle grandi commesse di armi per le due guerre che segnarono la prima fase della storia americana, prima con il Messico (1846) e poi la guerra civile (1861-65).

Fra le aziende private più importanti vi furono quella creata dal colonnello Colt insieme al suo sovrintendente Root a Hartford (nello stato del Connecticut) per la fabbricazione del suo revolver (brevettato nel 1835) e la ditta Robbins & Lawrence di Windsor (nel Vermont). A queste bisogna aggiungere le due fabbriche d'armi dell'Esercito statunitense, a Harpers Ferry (in Virginia) e a Springfield (nel Massachusetts). Esse erano poste sotto la supervisione dell'Ordnance Department, il quale "sviluppò tecniche gestionali avanzate, che comprendevano nuovi metodi di amministrazione e di contabilità per controllare le fasi di approvvigionamento, di verifica dei pezzi e di distribuzione degli enormi inventari di armi nelle vaste aree di propria competenza" (Feldman 2001: 299). Queste fabbriche d'armi, che divennero un modello di organizzazione del processo produttivo sia negli Stati Uniti sia in Europa, rappresentavano un'evoluzione dell'officina artigianale in una direzione diversa da quella caratteristica dell'industria meccanica inglese. Infatti, esse

**Fig. 9.3** La Lawrence & Robbins Armory. Nel 1846 la piccola ditta dei fabbricanti d'armi Robbins, Kendall e Lawrence ottenne il primo appalto con il governo statunitense per la fornitura di 10000 fucili. Era un salto di qualità forte da una produzione semi-artigianale su piccola scala a una produzione su larga scala con l'impiego di un maggior numero di lavoratori e di macchine. A tale scopo fu costruito un nuovo stabilimento, un edificio in mattoni a quattro piani, ancora oggi conservato come sito storico nazionale statunitense e designato dall'American Society of Mechanical Engineers parte del patrimonio storico internazionale dell'ingegneria meccanica.

erano volte alla produzione di grandi numeri di pochi prodotti standard, assemblati in linea a partire da componenti perfettamente interscambiabili e con l'impiego di un numero elevato di operai con competenze ben delimitate. Negli Stati Uniti non erano a disposizione le tradizioni tecniche specializzate europee, e quindi era necessario disciplinare, controllare e verificare la sequenza produttiva di montaggio effettuata da manodopera non specializzata. Il primo strumento a tale scopo era la meccanizzazione: caratteristica di queste fabbriche era la presenza di numerose macchine utensili azionate anche meccanicamente con ruote idrauliche o macchine a vapore, collegate alle prime per mezzo di cinghie ed alberi. Inoltre, la definizione precisa degli standard e le frequenti verifiche (alle quali era adibito un rilevante gruppo di impiegati fuori linea) garantiva la qualità del prodotto finale.

Nel corso della Grande Esposizione di Londra nel 1851, le armi fabbricate dalle aziende americane responsabili delle forniture per l'esercito statunitense sollevarono grande attenzione. Due anni dopo fu costituita in Gran Bretagna una commissione ufficiale per lo studio della fabbricazione delle armi leggere presieduta da Nasmyth e alla quale apparteneva Whitworth, la quale visitò gli Stati Uniti per studiare tali novità. Il risultato di queste indagini portò alla ristrutturazione del lavoro nella fabbrica statale di armi di Enfield (Royal Small Arms Factory). Furono acquistate apparecchiature (macchine utensili e anche apparecchi di misurazione) dalla Robbins and Lawrence e, a partire dal 1857, la fabbrica iniziò a produrre mille fucili a settimana.

La produzione in serie dei beni di consumo assemblando pezzi interscambiabili lavorati seguendo una successione di operazioni eseguite con l'ausilio di macchine utensili dedicate, ossia ideate appositamente per tale compito, è nota come «sistema americano di produzione», caratteristico dell'evoluzione del sistema di fabbrica nella seconda metà dell'Ottocento. Si tratta di una combinazione di aspetti tecnici (motore primari, macchine utensili, calibri e strumenti di misura) e soluzioni organizzative (interscambiabilità delle parti, lavorazione in serie, verifiche di qualità). Come abbiamo visto, alcune di queste idee erano state esplorate già prima in Gran Bretagna e altrove (si veda anche la lettura 11). Tuttavia, esso è associato agli Stati Uniti perché in questo paese rese possibile un notevole aumento della produttività e abbassamento di costi in una serie di nuove manifatture di precisione, le quali iniziarono la fabbricazione su larga scala di congegni quali la macchina da cucire, la macchina da scrivere o la bicicletta, fino all'inizio dell'industria automobilistica alla fine del secolo.

# Lettura 11

## Il montaggio di componenti interscambiabili: una testimonianza di Thomas Jefferson

-------------------------------------------------------------------

In una lettera scritta nel 1785 da Thomas Jefferson, allora ambasciatore degli Stati Uniti in Francia, si trova un'interessante descrizione delle idee sull'assemblaggio dei moschetti che diventò noto fra gli ingegneri militari come "sistema Gribeauval", dal nome di Jean-Baptiste Vaquette de Gribeauval (1715-1789). Questo ingegnere, insieme al suo successore Honoré Blanc (1736-1802), svilupparono idee innovative, di stampo illuministico, sulla produzione in serie di cannoni e moschetti. Tuttavia, esse non ebbero seguito, ancora una volta a causa dell'opposizione ai nuovi metodi di lavoro e di gestione della produzione da parte delle corporazioni artigianali e mercantili. Tale sistema fu invece adottato dall'Esercito americano.

Nelle parole di uno dei padri della patria statunitensi troviamo la sensibilità verso l'interesse nazionali nello sviluppo delle manifatture, la cui tutela era affidata dalla costituzione al Congresso, così come lo spirito di emulazione fra i vari paesi che caratterizzò il processo di industrializzazione. Nella fase iniziale della Rivoluzione Industriale, la Gran Bretagna fu al centro di un pellegrinaggio di tecnici, funzionari e uomini d'affari alla ricerca di ispirazione e di informazioni, fin quando quel paese iniziò a prendere misure per proteggere le proprie conoscenze tecniche dalla concorrenza straniera. Lo spirito di emulazione, condito da alternanti entusiasmi per i vari modelli nazionali di sviluppo (che presentavano molte differenze fra di loro), guidò l'iniziativa dei vari governi in materia di infrastrutture, di educazione e di politica economica.

-------------------------------------------------------------------

Qui è stato apportato un miglioramento nella costruzione dei moschetti, che potrebbe essere di interesse per il Congresso, per la possibilità di procurarsene in qualsiasi momento. Esso consiste nel costruire ogni pezzo di moschetto perfettamente uguale a tutti gli altri, in modo che ciascuno possa essere montato in uno qualunque dei moschetti dell'arsenale. Il governo qui ha preso in esame e approvato il metodo, e sta costruendo una grande fabbrica per metterlo in esecuzione. Per adesso, l'inventore [Blanc] ha soltanto completato l'otturatore del moschetto secondo tale piano, ma procederà immediatamente alla costruzione della canna, del calcio e delle altre parti secondo lo stesso metodo. Sono stato a visitare il costruttore, pensando che tale sistema potesse essere di utilità agli Stati Uniti. Egli mi ha mostrato le parti di cinquanta otturatori, smontati nei loro vari elementi, sistemati poi in scompartimenti diversi. Io stesso ho proceduto al montaggio di molti di essi, prendendo i pezzi a caso a seconda di come mi capitavano in mano, e tutti gli elementi combaciavano in modo perfetto. Sono ben evidenti i vantaggi di tale sistema quando è necessario riparare le armi. L'inventore [Blanc] fa ciò con utensili di sua produzione e progettazione, i quali, inoltre, abbreviano il lavoro, in modo che il costruttore pensa di esser in grado di fornire il moschetto a un prezzo inferiore a quello comune.

[Tratto da Gilbert 1994: 449]

## Lettura 12

### La fonderia di Nasmyth

------------------------------------------------------------------------

Nel 1836 iniziò l'attività della Bridgwater Foundry di James Nasmyth. Questa grande officina si trovava nei pressi di Manchester, vicino alla nuova ferrovia Liverpool-Manchester e al canale Bridgwater. Essa fu progettata per far fronte alle numerose ordinazioni delle sue macchine (locomotive, piccole macchine a vapore ad alta pressione, macchine utensili, macchine tipografiche). Nasmyth preparò un catalogo di macchine utensili disponibile in pronta consegna, in modo analogo a quanto già era usuale per le macchine tessili, e impostò l'organizzazione della produzione secondo questo nuovo punto di vista, che rompeva il tradizionale lavoro artigianale su ordinazione in questo settore sostituendolo con l'idea di produzione in serie di alcuni modelli. In un opuscolo su Manchester pubblicato nel 1839 si trova una descrizione del suo impianto, secondo uno schema di flusso continuo (catena di montaggio) sottolineato dalla presenza dei binari per far circolare i pezzi – quelli più pesanti usando anche gru e puleggie – all'interno dell'impianto.

------------------------------------------------------------------------

In vista di assicurare i massimi vantaggi nel passaggio dei macchinari pesanti da un reparto ad altro, l'intero stabilimento venne disposto in conformità a questa esigenza, per soddisfare la quale venne progettato un tracciato lineare dove le varie officine vengano a disporsi lungo la medesima linea e in modo tale che la maggior parte dei prodotti lavorati, nel passare da un'estremità della fonderia all'altra, viene sottoposto, in fasi successive, a ciascuna operazione che dovrebbe seguire a quella precedente, di modo che siano necessari pochi spostamenti avanti e indietro o sollevamenti in alto e in basso [...] Mediante una linea di binari che passa attraverso gli stabilimenti, così come intorno ad essi, ciascun pezzo, per quanto pesante o massiccio, può essere spostato con la massima cura, rapidità e sicurezza.

   Questo stabilimento è suddiviso in diversi reparti ciascuno con un suo responsabile, il cui dovere non è soltanto quello di curarsi che gli uomini sotto la sua supervisione facciano un buon lavoro, ma anche di adoprarsi affinché sia mantenuta un'armonia con i cicli produttivi di tutti gli altri reparti. Questi ultimi possono essere descritti come segue: l'ufficio progettazione dove vengono eseguiti i disegni, che passano quindi alla realizzazione [...] Vengono poi i modellisti [...] e quindi la fonderia, con i formatori addetti alla lavorazione del ferro e dell'ottone; successivamente abbiamo i fabbri o forgiatori, i cui pezzi lavorati passano ai tornitori e ai piallatori [...] Vengono poi gli aggiustatori e i limatori [...] il cui reparto opera in contatto con un gruppo di operai cosiddetti montatori, i quali hanno il compito di mettere insieme le varie parti componenti di una struttura, come pure il maggior numero di pezzi componenti di gran parte delle macchine, per cui negli ultimi due reparti [...] rimane il compito di mettere assieme ed apportare gli ultimi ritocchi agli oggetti prodotti da tutti gli altri.

   [Tratto da Musson, Robinson 1974: 325-326]

# 10 Ingegneria, industria e modernizzazione nella cultura dell'Ottocento

SOMMARIO
10.1 La creazione del tessuto industriale
10.2 L'età del positivismo e l'ideale nazionale
10.3 Istruzione tecnica e formazione degli ingegneri per l'industria
10.4 L'approccio matematico al problema gestionale: alla ricerca di nuovi strumenti
Lettura 13 Le origini della matematica industriale

## 10.1 La creazione del tessuto industriale

Al processo di industrializzazione iniziato in Gran Bretagna si incorporarono nell'Ottocento i paesi del continente europeo e gli Stati Uniti. Tale processo trasferì la base della ricchezza di questi paesi dall'agricoltura all'industria e il centro di gravità della vita sociale dalle campagne alla città. Fu un'evoluzione lenta, segnata fino alla metà del secolo dallo spirito di emulazione nei confronti dei successi industriali e tecnici britannici. Essi ebbero una vetrina di impatto internazionale nell'Esposizione tenutasi nel 1851 a Londra, che consacrò la Gran Bretagna come "officina del mondo": "questa piccola isola", scrive Landes (1978: 164), "con una popolazione che era la metà di quella francese, produceva circa i due terzi del carbone mondiale, e oltre il cinquanta per cento del ferro e dei tessuti di cotone (...) Le sue mercanzie dominavano tutti i mercati del mondo; i suoi manufatti non temevano concorrenza; essa aveva perfino, con un atto che segnava una rottura con secoli di nazionalismo economico, eliminato quasi tutte le barriere artificiali erette a protezione dei suoi industriali, agricoltori e trasportatori marittimi contro i rivali stranieri".

Quella di Londra fu la prima di una serie di fiere internazionali nelle quali si manifestò vivacemente lo spirito di un'epoca contrassegnata dalla fiducia nel progresso derivato dalle acquisizioni della scienza e della tecnica e, nel contempo, dalla forte concorrenza tecnico-economica, strettamente legata alla rivalità politica fra le varie nazioni. Negli anni 1850-1870 il primato della Gran Bretagna cominciò ad essere messo in discussione, con la diffusione negli Stati Uniti, in Belgio, in Francia e in Prussia e negli altri stati tedeschi dei tratti salienti dell'industrializzazione: la meccanizzazione dei processi industriali, il carbone e la macchina a vapore, la ferrovia. Il settore più sviluppato sul continente era quello dell'industria estrattiva e siderurgica, localizzato in ambito rurale, e quindi il paesaggio urbano industriale britannico, quello delle fabbriche, delle ciminiere e delle periferie dove abitava il proletariato urbano vi fece la sua comparsa più lentamente.

**Fig. 10.1** Il Crystal Palace costruito in elementi modulari di ghisa a Hyde Park, a Londra, sede dell'Esposizione del 1851. Le esposizioni universali furono una manifestazione della trasformazione dello scambio internazionale di informazioni ed esperienze tecniche. Abbiamo sottolineato che la conoscenza tecnica ha trovato spesso canali di comunicazione in grado di superare barriere linguistiche e culturali e conflitti economici e militari. Durante la Rivoluzione Industriale ebbero un ruolo fondamentale gli ingaggi di singoli tecnici e ingegneri: John Wilkinson introdusse per conto del governo francese molte innovazione nel settore metallurgico; l'inglese Samuel Slater trasferì negli Stati Uniti molti elementi dell'industria tessile britannica; mentre si ritiene che l'attività di Brunel abbia fatto arrivare in Gran Bretagna le tecniche grafiche nella progettazione basate sulla geometria descrittiva (Sakarovitch 1998: 300). Nell'Ottocento a questi canali tradizionali, incluso quello poco ortodosso dello spionaggio industriale, si affiancarono quelli istituzionali: oltre alle esposizioni e alle visite di commissioni di studio, vi era un'ampia circolazione di pubblicazioni: trattati tecnici, che erano speso tradotti, e riviste specializzate come il «Journal de l'École polytechnique» (dal 1795) o i «Proceedings of the Institution of Civil Engineers» (1837); ma anche cataloghi commerciali e pubblicazioni di stampo giornalistico o divulgativo, che avevano un notevole seguito fra il grande pubblico, curioso dei nuovi prodotti e ritrovati tecnici.

Tuttavia, in quegli anni non si assistette soltanto alla diffusione delle innovazioni che avevano contraddistinto la Rivoluzione Industriale britannica. Al contrario, furono anche anni di straordinaria creatività tecnica e organizzativa, i cui effetti diventarono visibili negli ultimi decenni del secolo. Molte novità riguardavano le fabbriche e le attività produttive. Ma, soprattutto, la ferrovia, la navigazione a vapore, il telegrafo, l'illuminazione e il riscaldamento a gas costituivano l'inizio di una trasformazione radicale dello spazio geografico ed economico, lo spazio vitale della civiltà industriale, con lo sviluppo delle *reti* di trasporto, di comunicazione e di distribuzione di energia.

Negli Stati Uniti, come si è visto nel capitolo 9, fu messo a punto il sistema americano di produzione, che avrebbe reso possibile la produzione di massa di nuovi beni di consumo. Ne è un esempio l'orologio, uno dei meccanismi più antichi, la cui costruzione era stata per secoli al centro dello sviluppo della meccanica di precisione, e che ora diventava accessibile a molte più persone, così come alcune macchine inventate in quegli anni che richiedevano un assemblaggio accurato, come la macchina da scrivere (il cui brevetto risale al 1867), la macchina da cucire (il modello di Isacc H. Singer risale al 1851) o la bicicletta.

Per quanto riguarda le industrie di trasformazione, l'industria chimica tedesca, inizialmente modesta per i volumi produttivi, mostrava notevoli capacità di fabbricare, oltre all'acido solforico e alla soda, fondamentali nello sviluppo industriale, molti altri prodotti chimici e farmaceutici, grazie alla preparazione scientifica dei giovani chimici formati nelle università. Nel settore metallurgico e meccanico, nella seconda metà dell'Ottocento – anche in collegamento alle esigenze militari, come la guerra di Crimea nel 1854, fra Gran Bretagna e Francia da una parte e Russia dall'altra – si lavorò intensamente alle procedure di produzione dell'acciaio, un materiale ancora costoso ma che godeva di ottime proprietà di elasticità e robustezza, e al perfezionamento delle macchine utensili (aumento della velocità e sistemi di regolazione).

Molte delle innovazioni tecniche nei processi produttivi industriali erano collegate alle scoperte scientifiche, nel campo della chimica e della mineralogia. Lo sviluppo della termodinamica o teoria del calore rese possibile una comprensione più profonda dei problemi legati alla costruzione della macchina a vapore e, alla fine dell'Ottocento, lo sviluppo dell'elettrotecnica, strettamente legato alla ricerca scientifica sulla teoria elettromagnetica, avrebbe portato all'introduzione nelle fabbriche dell'energia elettrica (il terzo passaggio dopo l'energia idraulica di ruote e turbine e la macchina a vapore). Ma ancor prima l'elettricità permise di avviare il sistema delle telecomunicazioni, una componente nuova dell'ossatura industriale che si sovrapponeva al sistema di trasporto e di distribuzione – strade, canali, ferrovie, navigazione a vapore – in pieno sviluppo. Il primo passo fu lo sviluppo della rete del telegrafo, che unì i due lati dell'Atlantico negli anni Sessanta; e prima della fine del secolo si produssero due invenzioni che meravigliarono i contemporanei e che avrebbero mostrato la loro portata all'inizio del Novecento: il telefono e la radio.

A questi due sistemi a rete si aggiunse ancora, a partire dagli anni Ottanta, la rete di distribuzione dell'energia elettrica, la quale, oltre agli impianti industriali, si estese anche alle città, dove – grazie all'invenzione della lampadina a filamento incandescente di Thomas Alva Edison (1847-1931) nel 1879 – avrebbe permesso di diffondere l'illuminazione prima nelle case private e poi nelle vie pubbliche, sostituendo gli impianti a gas. Una ragnatela di fili, binari e corsie si dispiegava progressivamente sulla superficie fisica naturale, sovrapponendole una struttura artificiale che univa i nodi della vita economica e industriale: città, fabbriche, centrali elettriche e miniere metallifere e di carbone.

---

**Alcuni passi verso la creazione delle reti dei trasporti, delle comunicazioni e dell'energia: brevetti e impianti**

**1804** dimostrazioni a Londra di illuminazione a gas di Frederic A. Winsor
**1825** linea ferroviaria Stockton-Darlington di George Stephenson
**1837** telegrafo elettrico di William F. Cooke e Charles Wheatstone
**1851** cavo sottomarino attraverso la Manica
**1866** cavo sottomarino attraverso l'Atlantico
**1854/1876** telefono (prototipo di Antonio Meucci/brevetto di Alexander Bell)
**1881** prima centrale elettrica pubblica (Godalming, Gran Bretagna)
**1895** radio (Guglielmo Marconi)

---

Nel 1873 iniziò una deflazione dei prezzi, causata dalla riduzione dei costi e dall'aumento della produttività, che si prolungò per anni e che rappresentò un sintomo evidente delle profonde trasformazioni economiche portate dalla tecnica. Esse rappresentavano una sfida al mondo imprenditoriale e ponevano il problema del governo dello sviluppo industriale. La tendenza dominante nel mondo aziendale della fine dell'Ottocento fu quella verso le alleanze fra aziende dello stesso settore (i cartelli), la formazione di holding o consociazioni volte al controllo finanziario di diverse imprese e le fusioni anche verticali di imprese, ossia la formazione di grandi imprese che riunivano tutte le fasi della lavorazione di un prodotto, in modo da controllare rigidamente i costi di produzione. Solo grandi aziende con solidi legami con le banche potevano riuscire a confrontarsi con la concorrenza sul mercato. Si accentuavano quindi i problemi di gestione organizzativa e finanziaria che erano già emersi nel settore della ferrovia, dovuti ai grandi capitali di investimento e alla complicazione derivante dalla varietà di settori di attività all'interno di un'azienda.

Lo sviluppo tecnologico proponeva inoltre molte novità negli aspetti strutturali riguardanti gli impianti produttivi e il personale, derivanti non soltanto dalle grandi dimensioni ma anche dalla complessità dei processi e dalla varietà delle mansioni. Alla fine del secolo, l'introduzione dell'energia elettrica per azionare le macchine e nell'illuminazione modificò profondamente l'impianto fisico delle fabbriche: sparito il complicato sistema di cinghie di trasmissione dal motore centralizzato, si conquistò una maggiore libertà di scelta della struttura e nell'organizzazione. In mezzo alle macchine, ai motori e ai processi, oltretutto, si trovavano pure i lavoratori e il cosiddetto "problema del lavoro", ossia le difficoltà di piegare e adattare gli uomini alle esigenze tecniche e operative degli ingegneri e alle aspirazioni di guadagno degli uomini d'affari. Queste circostanze furono alla base della "rivoluzione manageriale" che ebbe luogo nel periodo attorno al 1900, ossia la nascita del *management* o gestione aziendale scientifica, alla quale diedero un notevole contributo alcuni ingegneri industriali.

## 10.2 L'età del positivismo e l'ideale nazionale

Oltre alle logiche economiche di un'iniziativa privata straordinariamente dinamica, la seconda metà dell'Ottocento fu contrassegnata da un forte ideale nazionale legato all'idea di progresso, che assegnava un valore patriottico allo sviluppo tecnico-industriale. Questo ideale rappresentava un'eredità dell'Illuminismo e soprattutto del segno lasciato nelle coscienze dalla Rivoluzione Francese. Tuttavia, gli aspetti più strettamente politici di quest'eredità, ossia le aspirazioni democratiche e ugualitarie – pur presenti e che portarono anche a più riprese a moti rivoluzionari in Europa–, suscitavano grandi timori. In molti ambienti era coltivata invece una visione del progresso in termini di avanzamento della scienza, sviluppo dell'istruzione, innovazione tecnica, modernizzazione industriale e miglioramento delle condizioni materiali di vita.

L'incontro fra l'ideale patriottico e l'ideale universale del valore del metodo scientifico come modello di conoscenza fu alla base della creazione delle società nazionali per il progresso delle scienze: la società tedesca nel 1822, quella britannica nel 1831, la American Association for the Advancement of Sciences nel 1848, quella francese nel 1872 e associazioni analoghe in molti altri paesi. La ricerca scientifica, da attività coltivata per "diletto" intellettuale, che si svolgeva all'interno della comunità universale degli uomini dotti, diventò nel corso del secolo un'occupazione professionale (la parola «scientist», scienziato, fu coniata da William Whewell nel 1840). La scienza guadagnò sempre maggior considerazione di fronte ai governanti e all'intera società, nella misura in cui si acquisiva la convinzione che la chiave del progresso risiedesse nel modello delle scienze della natura, che organizzano in modo teoricamente coerente dati "positivi", frutto cioè dell'osservazione o della sperimentazione. Questo punto di vista era una componente fondamentale della mentalità dell'ingegnere ottocentesco, in ragione della formazione ricevuta nelle scuole degli ingegneri. I grandi trionfi della scienza e le sue applicazioni, non solo nell'industria ma anche nella medicina e nell'igiene pubblica – emblematiche sono le ricerche di Louis Pasteur (1822-1895), che spaziarono dalle malattie umane a quelle del baco da seta – trasformarono questo modo di vedere in una tendenza culturale molto radicata, il positivismo.

### Le origini della tecnologia: l'alleanza fra teoria e pratica

Nel 1856 William J. Rankine (1820-1872), professore di ingegneria civile e meccanica dell'università di Glasgow, pubblicò un saggio sul nuovo approccio teorico ai problemi tecnici. Esso era stato sviluppato nello studio delle strutture e delle macchine, e aveva mostrato le sue potenzialità soprattutto nello sviluppo dei motori primari (la ruota idraulica, la turbi-

▶

na e la macchina a vapore), ai quali aveva dedicato il suo libro *A manual of the steam engine and other prime movers* (1859), che ebbe grande diffusione internazionale. L'"armonia fra teoria e pratica", spiega Rankine, è alla base del nuovo sapere tecnico – cui facciamo oggi riferimento con la parola "tecnologia"– che permette all'ingegnere di *progettare una struttura o macchina per un dato scopo, senza bisogno di copiare qualche esempio esistente, e adattare il suoi progetti a situazioni per cui non vi è alcun esempio disponibile che offra un confronto. Gli permette di calcolare il limite teorico della resistenza o stabilità di una struttura, o dell'efficienza di una macchina di tipo particolare – in modo da accertare in quale misura la struttura o macchina reale non raggiunge quel limite, da scoprire le cause di tali deficienze e da ideare miglioramenti volti a ovviare a tale cause; e gli permette di giudicare fino a che punto una regola pratica generalmente accettata è basata sulla ragione, fino a che punto sulla semplice abitudine, e fino a che punto sull'errore* (Rankine 1856: 18-19).

Quest'evoluzione fu il frutto dell'influsso della cultura scientifica sul mondo dei tecnici e degli ingegneri, ma sarebbe riduttivo considerare che essa portò a trasformare il sapere tecnico in scienza applicata. Le ricerche di storia e filosofia della tecnica più recenti mostrano piuttosto che la conoscenza tecnologica, anche se interagisce strettamente con la conoscenza scientifica, conserva molti tratti della tradizione precedente, anche in ragione del suo scopo, che non è quello di indagare le cause dei fenomeni ma di controllare il loro andamento in vista di un impiego pratico. Viceversa, laddove la scienza confonde i propri scopi con quelli della tecnologia – un'evoluzione iniziata nella seconda metà del Novecento –, si è parlato, con una sfumatura critica, dell'avvento della "tecnoscienza", da parte di qui è convinto che questa tendenza ostacoli gravemente il progresso della scienza e il dispiegarsi del suo ruolo culturale.

L'ideale di progresso nazionale in chiave positivista fu il principio guida dell'azione degli ingegneri statali, in Europa e negli Stati Uniti. Infatti, essi erano coinvolti in prima fila nel problema del governo del processo di industrializzazione, in particolare per quanto riguardava la creazione del nuovo "spazio artificiale" delle grandi infrastrutture di trasporto e di comunicazione. Poiché appartenevano alla pubblica amministrazione, rappresentavano le istanze del bene pubblico e del rafforzamento dell'economia nazionale nell'agone internazionale, che agivano in interazione con lo spirito di impresa e con il liberismo economico. Infatti, oltre alle politiche protezioniste dell'attività delle imprese nazionali (sviluppate ovunque, con l'eccezione della Gran Bretagna), in molti paesi, fra cui spicca la Francia, lo Stato sviluppò anche una politica di controllo e coordinamento dell'iniziativa privata nei settori industriali di interesse nazionale, come quelli riguardanti le infrastrutture oppure la difesa, nella quale svolsero un ruolo centrale i corpi statali degli ingegneri.

**Fig. 10.2** La Galleria delle macchine all'Esposizione di Parigi del 1889. Per quest'esposizione fu costruita un'enorme struttura in acciaio, alta 300 metri, la Tour Eiffel – dal nome dell'ingegnere francese Alexandre Gustave Eiffel (1832-1923) – che doveva essere smontata dopo la fine dell'evento e invece rimase come simbolo del trionfo della tecnologia.

La partita per la supremazia fra le varie nazioni europee non si giocò soltanto sul piano economico e industriale, ma anche sui campi di battaglia. Alla rivalità fra Francia e Gran Bretagna, risolta con la sconfitta di Napoleone nel 1815, subentrò quella fra la Francia e la Prussia guidata da Otto Bismarck, che portò alla guerra del 1870, conclusa in pochi mesi con la vittoria di quest'ultima e con l'unificazione della Germania sotto l'imperatore Guglielmo I. Seguì un lungo periodo di pace, nel quale nel Reich tedesco si consolidò l'alleanza fra sviluppo tecnico e industriale e sapere scientifico che è caratteristica del mondo contemporaneo. La Germania diventò un paese potente e ammirato in Europa e in America. In Gran Bretagna, già all'epoca dell'Esposizione universale di Parigi del 1867, iniziò a essere sentita la capacità di innovazione raggiunta da altri paesi europei e dagli Stati Uniti e la conseguente minaccia per la supremazia industriale e commerciale britannica. Il declino britannico era da molti spiegato con il mancato sviluppo di un sistema di educazione tecnica in scuole specializzate, e quindi il perdurare di un approccio empirico e pratico alla tecnica. La sconfitta nella guerra franco-prussiana portò anche la Francia ad interrogarsi sullo stato della scienza e dell'insegnamento tecnico che una volta avevano fornito ispirazione a tutti i paesi.

Un nuovo tessuto di impianti industriali, di infrastrutture e di reti di energia e di comunicazione, che sorgeva ovunque, e particolarmente evidente in un paese giovane come gli Stati Uniti; un clima culturale dominato dallo scientismo e dall'entusiasmo per il progresso tecnico-industriale; un paese della vecchia Europa, la Germania, che rappresentava in tal senso un modello di sviluppo: sono aspetti fondamentali di un periodo che segnò la creazione dell'"occidente industrializzato" che avrebbe retto da lì in poi le sorti del mondo.

## 10.3 Istruzione tecnica e formazione degli ingegneri per l'industria

Quello dell'ingegnere era un mestiere di lunga tradizione, sviluppatosi in alleanza con principi e governanti, che metteva la competenza tecnica al servizio delle opere pubbliche e della difesa nazionale. Nelle manifatture, nelle miniere e nelle fonderie europee lavoravano artigiani e tecnici appartenenti a un gradino culturale e sociale più basso, e gli imprenditori gestivano le attività attribuendo eventualmente competenze di supervisione ad alcuni di loro e contando anche sulla propria esperienza nel settore tecnico corrispondente, ma senza ricorrere a figure tecniche o amministrative di alto livello. Nell'Ottocento gli ingegneri fecero il loro ingresso nel mondo industriale come impiegati o come consulenti. Nelle fabbriche, nelle miniere, negli impianti metallurgici, nei cantieri e nelle ferrovie erano richieste sempre più competenze tecniche e gestionali. Il numero degli ingegneri aumentò in tutti i paesi al ritmo dello sviluppo industriale. Vi era un certo numero di ingegneri statali formati in scuole di ingegneri (in Gran Bretagna e negli Stati Uniti soltanto gli ingegneri militari), ma la maggior parte degli ingegneri trovava impiego nell'azienda privata, dove non era richiesta una formazione accademica.

Nel corso del secolo si ebbe un'evoluzione delle professioni tecniche che seguì strade diverse nei vari contesti nazionali. Queste diverse esperienze erano collegate alle particolarità dei sistemi di istruzione e anche ai diversi modelli di interazione fra iniziativa pubblica e privata nello sviluppo dell'industrializzazione. In Gran Bretagna l'espressione per indicare i tecnici di livello superiore al servizio dell'iniziativa privata era quella di "ingegnere civile" (l'aggettivo *civile* si contrapponeva a *militare*), usata da Smeaton nel nome di un circolo di discussione creato da lui nel 1771, la Society of Civil Engineers. Com'è caratteristico della cultura liberale britannica, l'ingegneria civile si organizzò sotto la forma di un'associazione indipendente da ogni controllo statale, la Institution of Civil Engineers, fondata nel 1818 sotto la presidenza di

Thomas Telford (1757-1834), e riconosciuta ufficialmente nel 1826. La formazione di un ingegnere civile britannico si basava sull'apprendistato, e della sua competenza erano garanti gli altri membri della comunità professionale. Esso non era uno scienziato, ma un uomo colto e di elevate qualità, rispettabile come un medico o un avvocato, appartenente a una nuova libera professione, la quale era chiamata a dare un importante contributo al progresso industriale.

---

**Un ingegnere per l'era dell'industrializzazione**

Nello statuto della Institution of Civil Engineers si da la definizione seguente del nuovo ramo dell'ingegneria:
*l'arte di dirigere le grandi fonti di forza nella natura per l'uso e per la convenienza dell'uomo, come i mezzi di produzione e di traffico negli stati, sia per il commercio esteriore che per quello interno, applicati nella costruzione di strade, ponti, acquedotti, canali, navigazione fluviale e scali per rapporti e scambi interni, e nella costruzione di scali, porti, moli, dighe e fari e nell'arte della navigazione con l'uso di forza artificiale, a scopi commerciali, e nella costruzione e adattamento di macchinari, e negli impianti idrici delle città.*

---

In Francia e in Germania, una serie di iniziative istituzionali nell'ambito dell'istruzione tecnica portarono a proporre, anche nel settore privato, un'alternativa alla specializzazione informale di impronta tradizionale. Essa fu sostituita – anche se si trattò di un processo lento – con una formazione regolare in scuole tecniche di due livelli: scuole tecniche medie (sotto nomi quali "istituti tecnici" o "scuole di arti e mestieri") e scuole superiori degli ingegneri, queste ultime contraddistinte da una solida base di conoscenze di matematica, delle scienze della natura e delle scienze dell'ingegnere. In Francia, le prime iniziative in tal senso furono opera di un gruppo di ingegneri francesi – fra cui molti seguaci di Monge – critici dell'evoluzione dell'*École polytechnique*. Essi consideravano una loro missione la modernizzazione e l'industrializzazione della Francia e si impegnarono attivamente nella creazione di nuove figure di tecnico e di ingegnere al servizio dell'industria e dell'iniziativa privata, ben diverse dal profilo di ingegnere-scienziato degli ingegneri statali francesi. Il loro obiettivo era quello di raggiungere lo sviluppo tecnico ed economico britannico, pur mantenendo la propria identità nazionale – e quindi la cultura di scuola degli ingegneri, in opposizione al classico modello dell'apprendistato.

Allo spirito militante, rivoluzionario e patriottico degli ingegneri della fine del Settecento era subentrata l'ideologia sansimoniana – dal nome del pensatore politico C. H. de Saint-Simon (1760-1825) – comune a molti ingegneri, ma anche architetti, medici e avvocati francesi, che pur criticando la società capitalista, cercavano di riconciliare la modernità e la rottura delle strutture tradizionali con le aspirazioni a un mondo migliore e più giusto. Infatti, nonostante il nuovo contesto politico-culturale della Restaurazione e della reazione al razionalismo settecentesco che si manifestò nel Romanticismo, fra gli ingegneri non prevalse il "disincanto", ma piuttosto un pensiero di accenti utopistici che faceva affidamento sul progresso tecnico e sulla diffusione dell'istruzione, ossia su valori già condivisi dagli ingegneri dell'Illuminismo.

Quest'impostazione si manifestò dapprima attorno a un'istituzione che era stata fondata durante la Rivoluzione Francese per diffondere fra i cittadini il progresso tecnico e l'innovazione industriale, il *Conservatoire national des arts et métiers* (CNAM). Nello CNAM fu depositata la collezione di macchine e strumenti di Vaucanson, raccogliendo così simbolicamente l'eredità culturale francese nell'ambito delle manifatture; non era però semplicemente un museo, in quanto l'uso delle macchine era dimostrato praticamente. Su iniziativa di alcuni ingegneri della scuola di Monge, come Poncelet, Charles Dupin (1784-1873) e Théodore Olivier (1793-1853), a partire dal 1819 nel CNAM furono creati dei corsi industriali rivolti a tecnici e operai: meccanica applicata, chimica applicata, economia industriale, geometria descrittiva. Ma l'iniziativa più importante fu la fondazione a Parigi della *École centrale des arts et manufactures*, una scuola privata – uno dei cui fondatori fu proprio Olivier – volta alla formazione di ingegneri per l'industria, che iniziò a funzionare nel 1829.

Tuttavia, lo sviluppo dell'industrializzazione in Francia fu condotto all'insegna di una rigida separazione fra le professioni tecniche al servizio dell'iniziativa privata e i corpi tecnici dipendenti dallo Stato. All'interno delle aziende private attive nell'industria manifatturiera, negli impianti estrattivi e metallurgici, nelle ferrovie e nella costruzione lavoravano tecnici, ingegneri, dirigenti e imprenditori industriali di varia estrazione. Alcuni provenivano dalla *École centrale* oppure dalle scuole di arti e mestieri dipendenti dal Ministero del Commercio create nel 1832, ma per lo più essi non avevano ricevuto alcuna istruzione formale. Il loro lavoro era sottoposto alla stretta supervisione dei corpi degli ingegneri di ponti e strade, minerari e del telegrafo, i quali costituivano un'emanazione tecnico-amministrativa dello Stato secondo un modello ben stabilito. Esso fu trasferito anche al telegrafo, un nuovo settore delle infrastrutture tecniche: ci fu inizialmente un gruppo di ispettori nel 1837, ma nel 1878 fu creato un vero e proprio corpo unito alla propria Scuola superiore di telegrafia con sede a Parigi.

L'influsso culturale della figura dell'ingegnere statale si manifesta nel fatto che l'*École centrale* fu riassorbita nel 1857 fra gli istituti pubblici di insegnamento tecnico superiore e si adeguò anch'essa al modello di formazione delle élites tecniche basato sullo studio della matematica e della scienza pura. Tuttavia, i corpi statali assorbivano un numero di giovani necessariamente limitato, mentre il settore industriale offriva molte possibilità di occupazione.

L'area culturale tedesca si mostrò fin dall'inizio dell'Ottocento molto più in grado di offrire centri di insegnamento tecnico per l'industria e di sviluppare in questo ambito l'alleanza fra teoria e pratica. Oltre alle scuole degli ingegneri statali, vi erano in Prussia già nel 1820 ben venti scuole di arti e mestieri e un Istituto o Accademia di arti e mestieri a Berlino. Nelle capitali degli altri stati tedeschi furono creati nella prima metà dell'Ottocento istituti o scuole politecniche che, oltre a formare ingegneri per i corpi statali, avevano al loro interno una scuola superiore di arti e mestieri. I politecnici furono creati anche in molte altre città dell'area di lingua tedesca, come Zurigo, Vienna e Praga. La creazione di questi centri di insegnamento è in realtà solo una delle realizzazioni portate dall'interesse per lo sviluppo dell'istruzione tipico della cultura romantica tedesca agli inizi dell'Ottocento, e che ebbe il suo massimo rappresentate in Wilhelm von Humboldt (1767-1835), direttore della sezione del culto e dell'educazione presso il ministero degli interni in Prussia e fondatore dell'università di Berlino. In quest'università le discipline più importanti erano quelle umanistiche, e gli studiosi di scienze dovevano seguire quindi tale modello, dedicandosi alla ricerca pura e all'insegnamento, senza occuparsi delle attività pratiche. Di conseguenza, durante tutto l'Ottocento l'insegnamento tecnico fu considerato inferiore a quello ricevuto nel ginnasio e nell'università, ma, paradossalmente queste circostanze servirono di stimolo allo sviluppo di una rete separata di scuole che condussero una strenua lotta per dare maggior dignità alla propria attività.

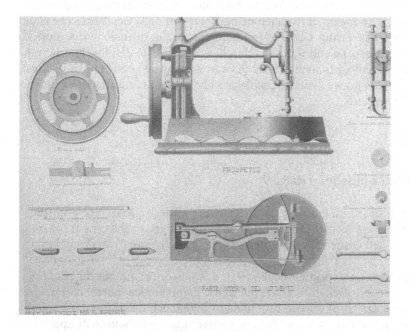

**Fig. 10.3** La macchina da cucire Singer in un disegno di un allievo della Reale Scuola di applicazione degli ingegneri di Torino (1880).

La separazione rigida fra sfera pubblica e privata nell'attività degli ingegneri esisteva anche nell'area tedesca agli inizi del secolo, per influsso del
modello francese di istruzione tecnica, anche se la figura dell'ingegnere statale godeva di una considerazione sociale molto inferiore a quella francese.
Infatti, nell'ambito della pubblica amministrazione tedesca, le figure cardine
rimanevano quelle di formazione giuridica, mentre agli ingegneri era riservato un ruolo strettamente tecnico (da questo punto di vista, il modello francese sarebbe tramontato: infatti, nelle società contemporanee le posizioni di
garante nei confronti dell'iniziativa privata sono per lo più affidate a professionalità legate alla giurisprudenza e alle scienze sociali).

Questo insieme di circostanze agevolò un processo di trasformazione e
unificazione delle varie istituzioni dell'istruzione tecnica superiore, che portò,
negli anni Settanta, alla creazione di un nuovo modello istituzionale, quello
delle Technische Hochschulen (Scuole tecniche superiori, TH), che rivelò presto le sue potenzialità. La Germania unificata si ritrovò una rete di scuole tecniche superiori concentrate sulla formazione di giovani ingegneri in grado di
confrontarsi con i più diversi impegni tecnici e gestionali nei settori pubblico
e privato. In queste scuole trovarono collocazione molti professori, ingegneri,
scienziati e matematici che diedero un nuovo impulso alle scienze dell'ingegnere, e fornirono finalmente un contenuto reale all'idea della tecnologia,
ossia dell'approccio teorico ai problemi della tecnica. La sinergia fra industria,
scienza e istituzioni di insegnamento superiore (le università e le scuole tecniche superiori) si mostrava agli occhi del mondo la base del modello di sviluppo tedesco. Il desiderio di emulazione nei confronti della Germania, che rimase vivo fino alla Prima Guerra Mondiale, portò alla diffusione del modello
educativo tedesco. La cultura di scuola, che era un lascito dell'ingegneria francese del Settecento, fu sancita anche in Gran Bretagna e negli Stati Uniti, arric-
chita però dalla nuova visione tecnologica che diventò la caratteristica universale dell'ingegnere.

---

### Scienziati e ingegneri italiani

La Germania unita era retta da un sistema politico monarchico autorita-
rio, e il mondo tecnico-industriale era al centro della struttura di potere.
Tuttavia, nell'Ottocento si mantenne viva la tradizione di stampo illuministico che vedeva alleati, da una parte, il progresso tecnico e scientifico
e, dall'altra, un sentimento patriottico legato intimamente ai principi
liberal-democratici. In Italia l'invasione napoleonica portò con sé la
creazione dei corpi e delle scuole degli ingegneri: nel 1811, ad esempio,
furono create a Napoli una Scuola politecnica e una Scuola di applicazione di ponti e strade, secondo il modello francese. La disfatta di

▶

Napoleone e la restaurazione delle varie monarchie e dello Stato pontificio limitarono lo sviluppo di tali iniziative, ma la tradizione illuministica si manifestò con gran forza nell'impegno di scienziati e ingegneri nel Risorgimento italiano.

In Italia, come in molti paesi europei, il desiderio di sviluppare l'insegnamento tecnico superiore per formare buoni ingegneri ebbe come effetto indiretto l'incoraggiamento della ricerca scientifica e matematica. Uno dei principali promotori del nuovo approccio teorico alla tecnica in Italia – insieme a figure come Francesco Brioschi (1824-1897) e Galileo Ferraris (1847-1897) – fu Luigi Cremona (1830-1930), prima professore di geometria all'università di Bologna, poi nel 1867, professore dell'Istituto Tecnico Superiore di Milano e nominato infine nel 1873, dopo la liberazione di Roma, direttore della Reale Scuola degli Ingegneri. Cremona era stato volontario della prima guerra d'indipendenza e, nominato senatore nel 1879, si impegnò attivamente nello sviluppo del sistema di istruzione italiano. Nella premessa di un manuale scritto per gli istituti tecnici, che fu tradotto e adottato in tutta Europa, si esprimono insieme lo spirito patriottico e di impegno civile e l'adesione alla nuova visione teorica dell'attività tecnica sviluppata "nella dotta e operosa Germania", com'egli scrive. Questo testo si proponeva di introdurre un nuovo strumento matematico teorico, la geometria proiettiva, nel bagaglio formativo dei tecnici, sostituendo la geometria descrittiva molto più legata alla pratica (Cremona 1873: VI-VII):

*Nel 1871, essendosi deliberata dal Ministero dell'agricoltura, del commercio e dell'industria una radicale riforma degli istituti tecnici, che da esso dipendono, ed un'importante sezione de' quali è volta a preparare la gioventù che più tardi entrerà nelle scuole politecniche, la geometria proiettiva è stata risolutamente innestata ne' programmi del secondo biennio; e fu anche prescritto che ai metodi di essa s'informi la geometria descrittiva. [...] La vigorosa e nutritiva educazione geometrica, che i giovanetti riceveranno per tal modo negl'istituti tecnici, centuplicherà l'efficacia delle discipline applicative a cui dovranno attendere nelle scuole superiori, e allora il nostro ordinamento scolastico per la formazione degli ingegneri potrà ben reggere il confronto colle migliori istituzioni straniere. E non crediamo troppo superbo che altri Stati abbiano a seguire il nostro esempio in quest'ardita innovazione.*

All'indomani dell'unificazione, l'Italia era ancora un paese molto arretrato dal punto di vista industriale, e quindi più vicino che non la Germania alla realtà di tante altre nazioni di tutte le aree geografiche dell'Europa (quali la Svezia, la Spagna, oppure l'Ungheria e la Boemia all'interno dell'Impero austriaco) che rincorrevano anch'esse l'agognata modernizzazione. Laddove il progresso era concepito in senso non soltanto scientifico-tecnico e in senso industriale ma anche antiautoritario e nazionale, l'Italia fornì quindi un attraente modello culturale.

**Fig. 10.4** Manifesto dell'esposizione di Torino del 1884, che ebbe circa quattro milioni di visitatori. Si annuncia una sezione internazionale di elettricità, oltre a una galleria con processi e macchine industriali in azione. In queste fiere si manifestava l'attività dei primi imprenditori italiani, quali Pirelli o Salmoiraghi.

Nella seconda metà dell'Ottocento nacquero un po' ovunque associazioni professionali degli ingegneri al servizio dell'azienda privata, che avevano raggiunto una massa critica e una consapevolezza del proprio specifico ruolo, distinto sia da quello degli ingegneri statali, sia dal profilo di uomo d'affari dei tecnici-imprenditori protagonisti della prima fase dell'industrializzazione. Prima in Gran Bretagna e poi negli altri paesi, si iniziarono a distinguere specialità professionali: ingegnere civile era il nome riservato agli esperti del settore edile; ingegnere meccanico era quello esperto in macchine e nell'industria delle ferrovie; ingegnere minerario quello esperto nell'industria estrattiva e metallurgica; e nacque infine la specializzazione nel telegrafo, dalla quale trasse origine la figura dell'ingegnere elettrico o elettrotecnico.

**La creazione delle associazioni professionali degli ingegneri**

| Gran Bretagna | Francia | Germania | Stati Uniti |
|---|---|---|---|
| Institution of Civil Engineers (1818) | | | |
| Institution of Mechanical Engineers (1847) | Società degli ingegneri civili (1848) | | |
| | | | American Society of Civil Engineers (1852) |
| | | Unione degli ingegneri tedeschi (1856) | |
| Society of Telegraph Engineers (1871) | | | American Institute of Mining Engineers (1871) |
| | | Unione dei tecnici e dirigenti tedeschi delle industrie siderurgiche (1880) | American Society of Mechanical Engineers (1880) |
| Institution of Electrical Engineers (IEE, 1888) | Società internazionale degli elettrotecnici (1883) | | American Institute of Electrical Engineers (1884) |
| Institution of Mining Engineers (1889) | | | |
| | | Associazione degli elettrotecnici tedeschi (1893) | |

## 10.3 L'approccio matematico al problema gestionale: alla ricerca di nuovi strumenti

La matematica, che già aveva un ruolo centrale negli esami di ammissione dell'*École polytechnique*, diventò nel corso dell'Ottocento l'impronta caratteristica della formazione degli ingegneri statali francesi. La geometria descrittiva di Monge, che si collocava nella tradizione della matematica pratica al servizio della tecnica, perse molto spazio in favore dell'analisi e della fisica matematica. Queste discipline erano insegnate da un punto di vista astratto, con l'accento posto sui concetti e sui teoremi matematici più che sul collegamento fra la matematica e la meccanica applicata e le scienze dell'ingegnere. In tal modo, il ruolo della matematica non era quello di un sapere *operativo* ma di un sapere *formativo* generale – come il greco o il latino – che era alla base del prestigio sociale dell'ingegnere statale francese, considerato un funzionario rigoroso e un esperto tecnico al servizio degli interessi della collettività. Tale modello portava a una figura tecnica concentrata sui problemi amministrativi e gestionali in qualità di garante per conto dello Stato, più che sulla progettazione o sull'esecuzione di progetti tecnici e sull'innovazione tecnica; e fece inoltre perdurare la figura dello ingegnere-scienziato di stampo illuministico.

Mentre in Gran Bretagna tutti gli aspetti della costruzione dell'ossatura industriale del paese erano affidati all'iniziativa privata, in Francia e in Germania lo Stato si riservò importanti competenze di governo per quanto riguardava lo sviluppo delle reti di trasporto e di telecomunicazione, che erano considerati un bene pubblico e facevano parte non solo della vita economica ed industriale ma della vita civile. Negli Stati Uniti l'unico corpo statale, l'Army Corps of Engineers, aveva competenze sui fiumi e sui porti, in un'ottica di controllo del territorio.

La rete ferroviaria, che si sovrapponeva alla rete dei canali e delle strade, rappresentava per gli ingegneri statali un contesto operativo radicalmente diverso da quelli precedenti, in quanto i problemi tecnici – riguardanti macchine, materiali e metodi costruttivi – dovevano essere risolti in collegamento a considerazioni economiche relative al rapporto costo-benefici (in un senso irriducibile ai profitti dell'azienda privata) e ai problemi di efficienza e controllo organizzativo globale collegati al tracciato o pianificazione della rete. Fra gli ingegneri di ponti e strade francesi vi era consapevolezza della nuova sfida: ne sono un esempio le memorie che Charlemagne Courtois (1790-1863) pubblicò nel 1833, su alcune questioni di "economia politica relative all'impianto delle vie di comunicazione" e nel 1843, mentre era ingegnere capo responsabile del progetto della linea ferroviaria Parigi-Strasburgo diretta in Germania, sulle questioni che poneva la "scelta" della direzione di una nuova via di comunicazione. Nella rivista «Annales des ponts et chaussées» furono pubblicate diverse memorie su questi temi, da parte di Claude Navier (1785-1855) sul confronto fra i vantaggi di diverse linee ferroviarie e di Jules Dupuit (1804-1866), sulla minimizzazione dei costi di manutenzione, sui pedaggi e sull'idea di utilità nei lavori pubblici.

In questo modo, fra gli ingegneri statali l'attenzione verso i problemi gestionali si manifestò prima che essa emergesse fra gli ingegneri attivi nel mondo industriale secondo le logiche dell'iniziativa privata. Inoltre, l'approccio teorico ai problemi tecnici-operativi ormai diffuso fra gli ingegneri statali e la loro familiarità con gli strumenti matematici furono all'origine di alcuni tentativi di dare un'espressione matematica a questioni quali la misura della "pubblica utilità", i criteri di decisione o scelta nell'ambito di una rete, oppure il rapporto costo-beneficio. Tali tentativi ebbero luogo nonostante il declino della tradizione settecentesca dell'aritmetica politica e della matematica sociale. In effetti, questa tradizione sopravviveva in sordina negli ambiti più strettamente legati alla pratica amministrativa e gestionale, in collegamento allo sviluppo di professionalità tipiche dell'Ottocento come la burocrazia statale moderna, gli attuari e gli ingegneri statali. In questi gruppi si trovano studiosi che erano nel contempo dei riformatori e dei 'razionalizzatori', nel settore pubblico come nel privato, sia che si trattasse dello sviluppo delle infrastrutture nazionali e del benessere pubblico, delle casse di previdenza o delle assicurazioni, oppure degli impianti industriali e della rete dei trasporti.

Per la verità, prevaleva anche in questi ambienti la diffidenza verso gli strumenti matematici volti a concettualizzare problemi diversi da quelli del mondo fisico. Più in accordo con la cultura del positivismo erano invece i tentativi di introdurre la quantificazione, ossia la misura sperimentale delle variabili coinvolte nei problemi tecnici e amministrativi e la loro organizzazione in tavole statistiche oppure facendo ricorso a metodi grafici. Ne fu una manifestazione la raccolta sistematica statale di statistiche economiche, sanitarie e demografiche come ausilio alle attività di governo, che rappresentava uno sforzo di introdurre elementi di quantificazione nella gestione della società e dell'economia. La statistica rimase però a lungo una scienza descrittiva: gli strumenti di inferenza statistica basati sul calcolo delle probabilità furono sviluppati a cavallo fra Ottocento e Novecento.

Un notevole contributo alla formulazione teorica in termini matematici di ottimizzazione dei problemi della pianificazione del trasporto e della produzione è dovuto all'ingegnere tedesco Wilhelm Launhardt (1832-1918), originario di Hannover, che ebbe diversi incarichi come ingegnere statale e fu poi nominato professore di costruzione di strade, ferrovie e ponti della Scuola politecnica di Hannover. A partire dal 1872 egli pubblicò diversi lavori sul problema del tracciato di strade e ferrovie, sulla determinazione delle tariffe delle ferrovie e sulla localizzazione degli stabilimenti industriali, e nel 1885 pubblico un'ampia monografia sui fondamenti matematici dell'economia politica.

Vi fu quindi lungo l'Ottocento una corrente di ricerche economico-gestionali condotte da ingegneri. Alcuni di essi, come Dupuit o Launhardt, furono tra i pochi sostenitori dell'idea di sviluppare una scienza matematica dell'economia. Alla fine del secolo quest'idea, sostenuta strenuamente da Léon Walras (1834-1910), il padre dell'economia matematica moderna, godeva di poco credito, fra gli economisti come fra i matematici, anche in ragione della debolezza degli strumenti matematici usati da Walras. Vi era invece un maggior interesse per un approccio quantitativo statistico, assai diffuso fra gli ingegneri in quanto esso poteva fornire utili strumenti per i problemi di economia industriale e di economia sociale. Émile Cheysson (1836-1910), un ingegnere di ponti e strade con esperienza di direzione aziendale presso gli impianti metallurgici di Le Creusot, diventò nel 1885 il primo professore di economia industriale presso l'*École des mines* a Parigi. Nel suo corso si occupava di storia, di legislazione e di statistica descrittiva: erano gli elementi di tipo non strettamente tecnico della formazione basica di un ingegnere industriale generalmente accettati. Cheysson era sensibile all'interesse di possedere tecniche per l'analisi dei dati statistici riguardanti l'attività industriale, e mise alla prova alcune procedure grafiche. Infatti, la statistica

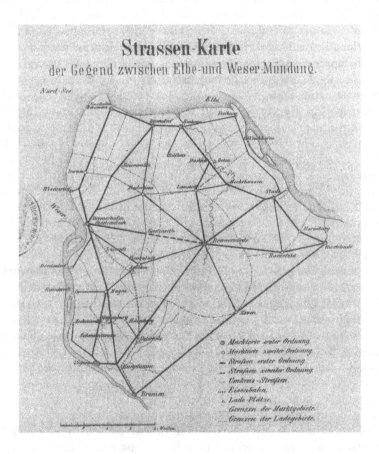

**Fig. 10. 5** La rete dei collegamenti fra le foci dei fiumi Elba e Wesser vicino alla città tedesca di Brema, con indicazioni delle strade di diverse categorie, la ferrovia e gli snodi e gli scali commerciali, nell'opera *Sulla redditività e il tracciato della direzione delle strade* (1869) di Wilhelm Launhardt.

sembrava garantire l'aderenza alla realtà e ai dati empirici, ed evitare le astrazioni fredde e le ricadute riduzioniste della matematica delle equazioni, pur soddisfacendo l'aspirazione al controllo e alla razionalità delle decisioni tipica dell'ingegnere. Lo sviluppo delle tecniche probabilistiche di campionamento per il controllo di qualità negli anni Venti del Novecento ne sarà una conferma. Ma, in realtà, all'inizio del Novecento cadranno tutti i pregiudizi sull'uso della matematica al di fuori dei fenomeni non fisici, e si assisterà allo sviluppo non solo delle tecniche probabilistiche ma anche di quelle di ottimizzazione. Prima, però, il mondo industriale doveva sviluppare una maggior consapevolezza dell'importanza dei problemi organizzativi e gestionali per il successo di un'azienda.

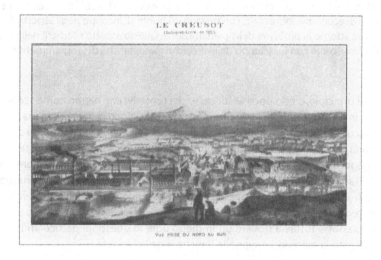

**Fig. 10.6** Nelle vicinanza di una miniera di carbon fossile nella località francese di Le Creusot, in Borgogna (risalente al 1502), fu creata da Luigi XVI nel 1782 una Fonderia reale al servizio della Marina militare. Acquistata agli inizi dell'Ottocento dalla famiglia degli industriali Schneider, essa diventò un importante impianto siderurgico, specializzato nel seguito nella produzione dell'acciaio e attivo nella fabbricazione delle armi e delle locomotive.

## Lettura 13

### Le origini della matematica industriale

------------------------------------------------

Nell'Ottocento, l'uso della matematica nei problemi economici e gestionali dell'industria e dei trasporti era guardata da molti con scetticismo. Le discussioni al riguardo possono essere ricostruite non soltanto attraverso i libri e articoli, ma anche leggendo la corrispondenza tra gli studiosi. Particolarmente interessante è uno scambio epistolare fra Léon Walras e due ingegneri, Émile Cheysson e Julien Napoléon Haton de la Goupillière, ingegnere minerario e studioso di matematica, risalente al 1885. Nella prima lettera, Cheysson, che era molto sensibile ai problemi sociali del lavoro (negli anni passati come dirigente aziendale aveva messo in piedi programmi sociali a favore degli operai), mostra il suo scetticismo nei confronti della matematizzazione in ambito industriale, proprio perché esso coinvolge il fattore umano. Nella seconda, egli sottolinea i limiti degli strumenti statistici allora disponibili. Infine, una lettera di Walras, scritta alcuni dopo, fa riferimento al rapporto fra i problemi di economia teorica e quelli di economia industriale, che trovano un punto di incontro negli aspetti di economia sociale, attorno ai problemi della pianificazione. Questo aspetto ritornerà nella seconda metà del Novecento con lo sviluppo delle tecniche matematiche di programmazione.

------------------------------------------------

In linea di principio, credo poco al successo dei tentativi che hanno come scopo il racchiudere in formule algebriche i fenomeni dove è in gioco la libertà umana. Le equazioni trascurano per forza qualche dato che falsa le conclusioni dando loro nel contempo una pericolosa apparenza di rigore. Si tratta quindi secondo me di una ginnastica ingegnosa che esercita le qualità dello spirito più che un filo conduttore nel labirinto dei fatti sociali in cui le forze morali svolgono il ruolo principale e sfuggono al calcolo. Vi è là una dinamica speciale le cui leggi dipendono dall'esperienza e non dalla matematica.

Esse possono tuttavia trovare un impiego utile in questioni particolari in cui è in gioco soltanto la materia, come nelle Banche o nella Moneta.

[Cheysson a Haton de la Goupillière, 10 luglio1885, in Walras 1965, lettera n. 665]

Come vi ha detto con troppa benevolenza il nostro comune amico Haton de la Goupillière, da parte mia ho cercato di abbordare attraverso dei procedimenti grafici un certo numero di problemi industriali, quali la ricerca della tariffa rimuneratrice di un prodotto vantaggiosa, della quantità della manodopera. In queste ricerche mi sono sforzato di scartare le astrazioni e le speculazioni puramente matematiche per mettere in opera la statistica non più allo *stato passivo* ma allo *stato attivo*, che partendo dai dati sperimentali determina le leggi, l'andamento di certi fenomeni, e con l'aiuto delle intersezioni o delle inflessioni delle curve figurative – prolungate, all'occorrenza, per interpolazione, oltre la loro zona sperimentale – fornisce la soluzione dei problemi che si pongono ogni giorno all'industriale.

[Cheysson a Walras, 19 luglio 1885, in Walras 1965, lettera n. 666]

Credo sempre di più che vi sia un numero abbastanza grande di imprese miste in cui la libera concorrenza non basta e che, d'altra parte, lo Stato non è adatto a guidare, ma bisogna armonizzare l'interesse individuale e quello collettivo. Tuttavia, quel che è difficile è procedere in questa combinazione in modo razionale dicendo, caso per caso, per quali ragioni e in quali condizioni lo si fa. Ciò presuppone un'economia politica pura e un'economia sociale molto perfezionate.

Il campo della nostra scienza si estende immensamente dagli elementi dell'equilibrio [economico] e i fondamenti astratti della ricchezza sociale fino agli infiniti dettagli della produzione e della conservazione di questa ricchezza. Si ha il diritto di esplorare più specialmente tale o tale altra porzione di questo vasto territorio senza perdere affatto di vista l'insieme. Questo è quanto io per parte mia cerco di fare. Spero che, da parte vostra,  pur dedicandovi, per inclinazione evidente, alle questioni di applicazione, non disprezziate quelle dei principi.

[Walras a Cheysson, 23 aprile 1891, in Walras 1965, lettera n. 1004]

# Parte III

Automazione, organizzazione
e controllo:
l'ingegneria industriale nel Novecento

---

Nel passato per primo vi è stato l'uomo. Nel futuro per primo vi sarà il Sistema.

[Frederick Taylor]

---

Si rende allora necessario un "approccio in termini di sistemi". Vien dato un certo obiettivo; il trovare i modi e i metodi relativi alla sua realizzazione richiede lo specialista in sistemi (oppure un gruppo di specialisti) che prendano in considerazione le soluzioni alternative e scelga, entro una rete di interazioni tremendamente complessa, quelle procedure di ottimizzazione che siano le più promettenti dal punto di vista della massima efficienza e del minimo costo. Tutto ciò implica delle tecniche elaborate e dei calcolatori in grado di risolvere dei problemi che trascendono le capacità di un singolo matematico. Si l'hardware dei calcolatori, dell'automazione e della cibernetica, sia il software della scienza dei sistemi, rappresentano una nuova tecnologia. Se ne è parlato come della Seconda Rivoluzione Industriale, e si è sviluppata solamente negli ultimi decenni.

[Ludwig von Bertalanffy, *General system theory* (1967)]

---

# 11 Gli ingegneri e la rivoluzione manageriale

**SOMMARIO**

**11.1** L'avvento della grande impresa e il problema della gestione aziendale

**11.2** Henri Fayol: una nuova scienza dell'amministrazione

**11.3** Gli ingegneri meccanici statunitensi: il problema del lavoro e dell'organizzazione industriale

**11.4** La gestione scientifica della fabbrica di Frederick Taylor

**11.5** Cultura tecnica e cultura manageriale negli Stati Uniti d'America

**Lettura 14** Programmazione e controllo della produzione: il programma di "razionalizzazione" di Taylor presso la Bethlehem Company

## 11.1 L'avvento della grande impresa e il problema della gestione aziendale

Il nuovo scenario tecnologico, industriale ed economico degli ultimi decenni dell'Ottocento ripropose con forza il problema dell'organizzazione industriale. Nel 1879 fu pubblicato il libro *The economics of industry*, scritto da Alfred Marshall insieme alla moglie Mary Paley Marshall, che ebbe un gran successo di vendite, analogo a quello avuto dal libro di Babbage sullo stesso argomento. Gli studiosi dell'economia di mercato, a partire da Adam Smith, nell'esaminare il rapporto fra offerta e domanda, si erano occupati della produzione industriale essenzialmente dal punto di vista del problema dei costi di produzione, in collegamento con l'analisi della formazioni dei prezzi. Marshall, che aveva viaggiato nel 1875 negli Stati Uniti per conoscere da vicino i principali centri industriali di un paese allora in ascesa, era un attento osservatore della realtà produttiva del suo tempo e delle sue conseguenze sociali. Gli aspetti economici teorici si intersecavano così, nel suo famoso trattato *Principles of Economy* (1890), con i problemi operativi di efficienza organizzativa dell'impresa, relativi sia ad aspetti interni quali il ruolo di guida dell'imprenditore, la forza lavoro e le macchine e gli impianti, sia ad aspetti esterni quali la rete commerciale e i clienti. Egli faceva ricorso a un'analogia biologica, considerando l'impresa come un organismo vivente con un proprio "ciclo vitale". Sotto l'influsso delle idee di Darwin, infatti, egli esaminava la concorrenza di mercato alla luce di quella fra gli esseri viventi.

Le riflessioni di Marshall non erano volte alla soluzione dei problemi pratici, bensì avevano un afflato teorico e si collegavano inoltre alla riflessione sui problemi etici e politici dello sviluppo industriale. Il problema delle condizioni della classe operaia e della durezza della concorrenza di mercato era appena evocato nella monografia di Babbage che abbiamo descritto nel capitolo 8. Nel corso dell'Ottocento esso si era spostato in primo piano in due autori che avevano ripreso, citandolo esplicitamente, i nuovi problemi delle fabbriche

**Fig. 11.1** L'ammirazione fiduciosa, lo stupore e la paura si mescolavano alla fine dell'Ottocento nelle opere di divulgazione dei progressi della tecnica presso il grande pubblico (a sinistra, l'opera *Il mondo industriale* (1884) di Charles-Lucien Huard (1839-1900?) nella quale si evocano le "scoperte e invenzioni moderne" e le "grandi fabbriche") e nelle opere di fantascienza, un genere che allora iniziava il suo percorso letterario (a sinistra, l'opera *La vita elettrica* (1890) di Albert Robida (1848-1926), un famoso illustratore che presentò ai suoi contemporanei le prime "immagini" del XX secolo).

indicati da Babbage, seppur da punti di vista molto diversi: prima Marx, sostenitore dell'abolizione della proprietà privata per eliminare le conseguenze perverse della divisione del lavoro, e poi Marshall, che aveva invece fiducia nella graduale evoluzione della società industriale e nella spinta di progresso rappresentata dall'iniziativa imprenditoriale.

I problemi della concorrenza, della sopravvivenza e del ciclo vitale delle imprese e, infine, dei premiati e dei colpiti da tali processi economici diventarono ancor più incalzanti con le trasformazioni del mondo aziendale che portarono, alla fine dell'Ottocento, al nuovo modello di *grande impresa*. Fino ad allora, un'azienda era essenzialmente una fabbrica, oppure una miniera o una fonderia, posseduta e diretta da un imprenditore (eventualmente insieme ad alcuni soci). Lo sviluppo del capitalismo aveva portato, oltre a una progressiva crescita degli impianti e dei volumi produttivi, cambiamenti molto più radicali: l'azienda si configurava sempre di più come un'impresa multisettoriale, in cui i proprietari formavano una società per azioni e agivano attraverso un consiglio di amministrazione. Oltre ai problemi teorici di portata generale, come quelli esaminati da Marshall, si ponevano inediti problemi operativi legati agli aspetti finanziari, contabili e organizzativi che erano alla base del successo o del declino di questo nuovo tipo di aziende. Sempre più spesso ad occuparsene non erano gli imprenditori in prima persona, come nei tempi eroici dell'industria britannica, dei Boulton o Nasmyth, bensì degli impiegati stipendiati per svolgere un lavoro di direzione, i *manager* o dirigenti aziendali.

Come ha mostrato Alfred D. Chandler (1962, 1992), a fare da battistrada alla grande impresa moderna furono le aziende statunitensi che costruirono e sfruttarono la ferrovia, nell'ambito delle quali fu sviluppato un insieme di nuovi metodi e procedure per la gestione aziendale ed emerse la figura moderna del dirigente aziendale. Accanto alle tecniche "del ferro" sulle quali si basava l'attività nel settore delle ferrovie (macchine a vapore, treni, rotaie) si collocavano tecniche "leggere", quali le tecniche contabili, che erano essenziali per il controllo dei costi nella progettazione delle tratte, nell'esecuzione dei lavori e per la manutenzione e sfruttamento redditizio di un impianto esteso su un ampio territorio. Tuttavia, le ferrovie richiedevano delle scelte o decisioni molto delicate relative ad esempio al tracciato della rete, allo sfruttamento della forza motrice e del materiale rotabile o al tariffario, che non potevano essere affrontate da un punto di vista strettamente contabile. Inoltre, il loro buon funzionamento dipendeva dalla comunicazione, dal coordinamento e anche da precise linee di responsabilità e autorità che coinvolgevano molti dipendenti dislocati in luoghi lontani fra di loro, con compiti tecnico-meccanici e amministrativi. I rischi collegati all'inefficienza erano pericolosi, ad esempio quelli inerenti agli incidenti tecnici oppure al movimento di denaro contante.

Nelle aziende attive nel settore ferroviario statunitense – una sfida tecnica e industriale di grandi proporzioni – vi fu quindi uno sviluppo di conoscenze gestionali di tipo tecnico-pratico, ossia di conoscenze basate sull'esperienza di problemi concreti, trasmessa all'interno di un circolo di addetti ai lavori e gelosamente custodita per il suo valore rispetto al successo delle attività. Tuttavia, anche in questo ambito, e ancor di più nel settore manifatturiero o negli impianti di estrazione mineraria, nella seconda metà dell'Ottocento l'attenzione rimase concentrata sulle innovazioni tecniche riguardanti l'acciaio e i nuovi materiali oppure la forza motrice. I problemi amministrativi erano risolti volta per volta direttamente dagli imprenditori oppure da coloro che avevano competenze tecniche, come gli ingegneri e persino i capireparto, che in molte fabbriche avevano un ruolo centrale nella gestione del personale e nelle verifiche di qualità. Anche laddove emergevano le prime figure di dirigenti aziendali, non si poneva nemmeno il problema dell'applicabilità di un'innovazione organizzativa al di fuori di un certo comparto industriale e persino al di fuori di un'azienda concreta, e le conoscenze e esperienze acquisite venivano trasmesse per contatti personali diretti.

Nonostante i pressanti problemi posti dalla conduzione degli impianti e delle infrastrutture dell'industrializzazione, attorno al 1900 si manifestava quindi, per quanto riguarda le tecniche gestionali, la classica tensione fra tradizione e innovazione. Essa iniziò a risolversi in quegli anni grazie al nuovo approccio teorico ai problemi pratici: il passaggio dalla tecnica alla tecnologia avvenne non soltanto nell'ambito della meccanica o dell'elettrotecnica, ma anche in quello dell'organizzazione del lavoro o della pianificazione delle attività. Con sfumature diverse che adesso ci accingiamo ad esaminare, due ingegneri, il francese Henri Fayol (1841-1925) e lo statunitense Frederick W. Taylor (1856-1915) individuarono come problema centrale dell'ingegnere industriale il problema "amministrativo" o "gestionale".

L'atmosfera culturale di quegli anni era caratterizzata da uno slancio di fiducia nella scienza come modello di conoscenza e come veicolo di progresso. Questa visione positivista spingeva a cercare di estendere il rigore scientifico a tutti i settori della conoscenza e della prassi. Vi erano concezioni diverse circa il significato della "scientificità" applicato a fenomeni industriali ed economici, che erano generalmente considerati come irriducibili a fenomeni puramente meccanici. Come abbiamo visto nel capitolo 10, l'uso della matematica rimase minoritario fino agli anni Venti del Novecento, coltivato all'interno di una ristretta cerchia di ingegneri europei legati a logiche statali di pubblica utilità. Fayol, un ingegnere minerario in bilico tra un profilo classico di ingegnere-scienziato e l'impegno professionale come dirigente aziendale in una impresa privata francese, concepì l'amministrazione come una scienza sociale applicata. Da parte sua, Taylor era un ingegnere meccanico attivo a Philadelphia (nello stato della Pennsylvania), uno dei principali centri industriali degli Stati Uniti, dove si formò essenzialmente lavorando in officina. Egli trasferì al campo dell'organizzazione delle operazioni in fabbrica la metodologia empirica induttiva: individuazione di variabili misurabili, raccolta di dati "positivi" sulla base di una serie sistematica di osservazioni ed esperimenti come base per la conoscenza oggettiva della realtà – in questo caso, la fabbrica – sulla quale agiva l'ingegnere.

## 11.2 Henri Fayol: una nuova scienza dell'amministrazione

Nel 1860, appena finiti gli studi presso la Scuola di ingegneri minerari della città di Saint-Etienne, Fayol fu assunto presso un'azienda della regione, la Société de Commentry-Fourchambault, attiva nello sfruttamento di varie miniere e nella lavorazione metallurgica. Nei primi anni lavorò come ingegnere presso la miniera di carbone di Commentry, e nel 1866 ne diventò il direttore. In quel periodo pubblicò diversi lavori sulle tecniche minerarie – interessandosi in particolare al problema degli incendi sotterranei – e ricerche di geologia motivate anche dal fatto che le miniere della società erano vicine all'esaurimento. Nel 1888 fu nominato direttore generale dell'azienda, che attraversava una grave crisi dovuta anche al calo dei prezzi di prodotti siderurgici. La società riuscì a risollevarsi, e sotto la guida di Fayol, che rimase nel suo incarico per trent'anni, ebbe una forte espansione: furono acquistati nuovi giacimenti e fu anche assorbito il complesso delle miniere e degli impianti di Decazeville.

Questa esperienza di direzione aziendale spostò i suoi interessi intellettuali verso quello che egli chiamava la "dottrina amministrativa", e tuttavia egli mantenne in questo ambito l'equilibrio fra la ricerca empirica e la ricerca di leggi generali sull'"organizzazione e il funzionamento delle macchine amministrative". Egli presentò le sue idee al riguardo in un congresso della Società dell'industria mineraria francese nel 1900, e nel 1916 uscì, come fascicolo della rivista della società, la sua monografia *Amministrazione industriale e generale*. Tre anni dopo Fayol fondò a Parigi un Centro di Studi Amministrativi dove sviluppò le sue idee con un gruppo di allievi.

Fayol partiva da un'analisi strutturale dell'impresa industriale, distinguendo al suo interno cinque tipi di attività: le operazioni tecniche, commerciali, finanziarie, di sicurezza, di contabilità e amministrative. Ad ognuna di queste

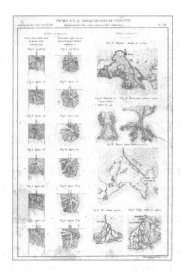

**Fig. 11.2** Uno studio di paleogeografia sul lago di Commentry e sulla formazione del terreno carbonifero in quell'area, pubblicato da Fayol nel bollettino della Società dell'industria mineraria francese nel 1886.

corrispondeva una funzione all'interno dell'azienda. Egli sottolineava il fatto che le operazioni tecniche erano spesso le uniche apparenti, mentre le operazioni amministrative, come anche quelle relative alla contabilità, ricevevano scarsa attenzione. La funzione amministrativa – egli sosteneva – non era stata studiata e quindi non costitutiva una materia di insegnamento presso le scuole degli ingegneri, e tuttavia essa riguardava compiti fondamentali per il buon funzionamento di una azienda industriale e per il suo successo sul mercato, quali stabilire il programma di azione, reclutare e formare il personale, coordinare gli sforzi e armonizzare gli atti singoli. Secondo Fayol, questa funzione si collocava al crocevia fra i rapporti interni all'azienda e i suoi contatti con il mondo esterno, e non doveva coinvolgere esclusivamente i dirigenti, bensì tutto il corpo sociale dell'azienda intesa come organizzazione.

Egli si proponeva quindi, partendo dall'esperienza e dall'analisi dei dati reali della sua azienda, di elaborare una dottrina di portata generale. Innanzitutto, egli enunciò 14 principi di amministrazione, a cominciare dalla *divisione del lavoro* che è alla base della specializzazioni delle funzioni e della separazione dei poteri all'interno dell'impresa. Un gruppo di principi riguardava la struttura di commando e la convergenza degli sforzi verso lo scopo comune. Fayol enunciò due principi generali complementari, ossia l'*unità di commando* (per una qualunque azione, un agente deve ricevere istruzioni da un solo capo) e l'*unità di direzione* (un solo capo e un solo programma per un insieme di operazioni volte a un unico fine). Egli discusse anche altri principi, l'*autorità*, la *disciplina*, la *gerarchia* e la *centralizzazione*, mettendo in evidenza i rischi insiti nelle rigidità derivate da questi aspetti, pur centrali nella macchina amministrativa. Egli parlò anche di un principio di *ordine* che era insieme sociale (un posto per ogni persona e ogni persona al suo posto) e materiale (un posto per ogni cosa e ogni cosa al suo posto). Infine, analizzò il problema della *remunerazione*, il suo ruolo nell'andamento nella gestione del personale e i vari tipi di retribuzioni e premi. Riguardo al personale, altri principi erano: la subordinazione degli interessi particolari all'interesse generale, l'*equità*, la *stabilità* del personale, l'*iniziativa* e l'*unione del personale*. Attraverso questi principi emergeva l'idea di un'azione amministrativa volta all'impiego ottimo delle risorse umane e materiali dell'azienda e al superamento di malfunzionamenti della macchina aziendale grazie a un controllo dei flussi operativi e di informazione.

La funzione amministrativa era descritta da Fayol attraverso la definizione seguente: "amministrare è prevedere, organizzare, comandare, coordinare e controllare". La previsione è la competenza e l'abilità principale del dirigente, che si esprime nella compilazione del programma di azione dell'azienda, nel quale egli determina gli scopi, i risultati cui si aspira, le tappe e i mezzi per raggiungerli. L'organizzazione è la traduzione concreta di questo programma attraverso la divisione del lavoro e dei compiti e l'assegnazione dei mezzi e del personale necessario. Comandare è azionare l'intera organizzazione, regolandone l'andamento, e coordinare è armonizzare tutti i singoli atti in modo tale che dalla diversità delle operazioni e dei compiti emerga un'unità di azione. Infine, controllare è accertare che i piani siano seguiti, le istruzioni eseguite e le regole di funzionamento rispettate ad ogni livello.

Infine, Fayol sviluppò una serie di procedure tecniche amministrative – la cassetta degli strumenti del dirigente aziendale – volte a garantire un'informazione precisa e puntuale sul passato, sul presente e sul futuro dell'impresa come base delle singole decisioni manageriali. Fra queste: lo studio generale (che include la storia industriale), il programma di azione, i rapporti sulle operazioni a cadenze temporali diverse, i resoconti delle conferenze dei capiservizio e l'organigramma.

## 11.3 Gli ingegneri meccanici statunitensi: il problema del lavoro e dell'organizzazione industriale

Il contributo di Fayol illustra le nuove esigenze che emergevano nei decenni finali dell'Ottocento in un settore di antica tradizione, quello delle miniere e delle fonderie, in cui abbiamo visto emergere e svilupparsi – a partire dagli inizi del mondo moderno – la meccanizzazione, l'intreccio fra industria e capitale e una crescente complessità organizzativa. Erede della ricca tradizione culturale dell'ingegneria francese, Fayol elaborò una descrizione strutturale e funzionale dell'azienda come organizzazione – come "corpo sociale", per usare le sue parole – di portata generale, che era quindi in grado di essere applicata all'organizzazione militare, alle organizzazioni statali (dalle poste alla stessa Presidenza del Consiglio di Ministri) oppure alla Società delle Nazioni, la prima grande organizzazione sopranazionale. In cinquant'anni di vita professionale, Fayol aveva lavorato sempre per la stessa azienda, ma negli ultimi anni egli fu chiamato a dare un suo parere in tutti gli ambiti che abbiamo elencato.

La traiettoria di Taylor ci illustra invece la maturazione dell'ingegneria statunitense come professione, che si accompagnò allo sviluppo del sistema industriale del paese dopo la Guerra civile, ossia alla nascita di grandi imprese nel settore manifatturiero, delle ferrovie, dell'acciaio, nella chimica e nell'elettricità. Nel 1865, proprio l'anno della fine della guerra, fu fondato a Boston il MIT (Massachusetts Institute of Technology). Lo scopo dei fondatori (alcuni privati sostenuti dallo stato del Massachusetts) era quello di creare una "scuola delle scienze industriali": questa istituzione segnava il passaggio dal modello francese seguito nell'organizzazione delle scuole militari statali – la Accademia militare di West Point e l'Accademia navale – al modello dei centri di insegnamento tecnico superiore tedeschi. Il MIT offriva specializzazioni in ingegneria civile, meccanica, mineraria e chimica; inoltre, a partire dal 1882, introdusse la prima laurea in ingegneria elettrica del paese, settore nel quale avrebbe primeggiato negli anni a venire.

Pochi anni dopo, nel 1871, fu fondato nello stesso spirito lo Stevens Institute of Technology a Hoboken (nello Stato del New Jersey), presso il quale Taylor ottenne la laurea in ingegneria meccanica nel 1883. In realtà, Taylor fu dispensato dalla frequentazione dei corsi, poiché egli aveva già svolto il suo apprendistato – nonostante procedesse da una famiglia molto benestante – come addetto ai macchinari e costruttore di modelli presso una ditta della sua città, la Entreprise Hydraulic Works, e dal 1878 lavorava presso la Midvale Steel Company, prima come sottocaporeparto nell'officina e poi come sovrintendente alle macchine. Il direttore dello Stevens Institute era Robert H. Thurston (1839-1903), già istruttore presso la Naval Academy e attivamente impegnato nella diffusione dell'educazione accademica degli ingegneri negli Stati Uniti. La diffusione della cultura di scuola fu però lenta, come mostra l'esempio di Taylor: nel 1916 ancora la metà degli ingegneri americani non aveva un titolo di studio specifico. Thurston fu uno dei promotori dell'American Society of Mechanical Engineers, fondata nel 1880, un'associazione che, con le sue pubblicazioni e le sue riunioni periodiche, offrì un contesto pubblico di discussione agli ingegneri attivi nei centri industriali del paese, ed ebbe quindi un ruolo importante nel processo di definizione del loro profilo professionale.

I membri dell'ASME erano in parte ancora dei tecnici-imprenditori, ma aumentava progressivamente il numero di ingegneri professionisti, dipendenti o consulenti aziendali. La loro attività si svolgeva essenzialmente in industrie di settori tecnicamente sofisticati, come quelle dedite alla trasformazione di ferro, acciaio e vetro e le industrie chimiche, oppure nelle industrie meccaniche e altre industrie di montaggio in cui era stato impiantato il sistema americano di produzione. La crescita delle aziende e le sfide poste dal mercato fece crescere negli ambienti dell'ASME la consapevolezza che le tecniche e le competenze nell'ambito della gestione e dell'organizzazione aziendale erano altrettanto indispensabili quanto le conoscenze delle macchine e della costruzione degli impianti per la buona riuscita del lavoro dell'ingegnere nell'industria. Vi furono diversi approcci e proposte operative, sia fra gli ingegneri professionisti, sia fra gli industriali. Fra esse, quella che ebbe un maggior successo, prima negli Stati Uniti e poi a livello internazionale, fu quella di Taylor, che divenne presidente dell'ASME nel 1905.

## Il problema del lavoro e le origini della gestione delle risorse umane

Alla fine dell'Ottocento, imprenditori, finanziatori e dirigenti dell'industria americana avevano una preoccupazione crescente per ciò che veniva descritto come il "problema del lavoro", ossia l'opposizione dei lavoratori alla disciplina industriale, le proteste per il loro essere indifesi di fronte alle varie crisi economiche e alle trasformazioni aziendali e la loro organizzazione in sindacati, considerata da molti una minaccia per lo sviluppo industriale. In alcuni settori, come le fabbriche tessili, in cui gli operai erano soggetti a un ritmo dettato dalle macchine e stabilito rigidamente dal datore di lavoro, le rivendicazioni sulle condizioni di lavoro portarono a scioperi, manifestazioni e violenze. La reazione degli operai che lavoravano a contatto con gli ingegneri meccanici di fronte alle richieste di dirigenti e proprietari si manifestava piuttosto attraverso un rallentamento del ritmo di lavoro, davanti al quale chi aveva responsabilità di coordinamento rimaneva impotente, perché l'azienda dipendeva fortemente dal lavoro specializzato.

Il problema del rapporto con i lavoratori portò allo sviluppo da parte di molti imprenditori di una serie di iniziative filantropiche di assistenza sanitaria e sociale, di animazione culturale e di miglioramento delle condizioni igieniche, di sicurezza ed ergonomiche del lavoro. Lo sviluppo di questa strategia, nota come *welfare work*, e anche i limiti da essa mostrati, dovuta alla diffidenza degli operai e dei sindacati nei confronti di proposte venute dall'alto, fu all'origine della creazione dei "dipartimenti del lavoro" all'interno delle aziende, con compiti che andavano molto oltre la burocrazia relativa alle assunzioni e la raccolta dei dati dei lavoratori. Il primo di questi dipartimenti fu creato nel 1901 dopo uno sciopero nella National Cash Register Company, una ditta di produzione di massa di macchine di precisione che aveva un evoluto sistema di welfare work. L'impostazione di questo dipartimento era volta a superare l'approccio paternalista precedente: si trattava di gestire le rivendicazioni dei lavoratori e di coordinare il lavoro per arrivare a quell'"unità di azione" considerata anche da Fayol. Ebbe inizio così negli Stati Uniti, nei primi decenni del Novecento, lo sviluppo dei dipartimenti del personale all'interno delle aziende e delle moderne tecniche di gestione delle risorse umane (Nelson 1988).

La preoccupazione principale degli ingegneri meccanici era quella di aumentare l'efficienza e la produttività degli impianti, impostando il lavoro in modo "razionale", ossia eliminando ciò che essi consideravano confusione organizzativa e sprechi di tempo e denaro nel loro funzionamento. Vi era qualcosa che strideva ai loro occhi nel persistere, all'interno degli impianti da loro progettati, di un'organizzazione del lavoro di stampo tradizionale. Infatti, gli operai specializzati lavoravano in autonomia, sotto la supervisione di un caporeparto o capoofficina e persino in regime di appalto, ossia con un sistema di contratti interni fra gli operai più esperti e l'azienda. La sensibilità tipica degli ingegneri era molto diversa da quella dei pionieri della gestione del personale: dalle loro riflessioni si desume che pensavano la fabbrica come una grande macchina complicata, nella quale gli uomini non erano diversi dagli ingranaggi, nel senso che il loro lavoro poteva essere misurato e controllato in modo razionale, "scientifico", e quindi la loro produttività poteva essere aumentata usando a questo scopo gli incentivi economici e il salario.

Nel 1886 Henry R. Towne (1844-1924) presentò una comunicazione a una riunione della ASME dal titolo "L'ingegnere come economista", nella quale indicava l'esigenza di individuare strumenti e strategie precise da applicare in modo sistematico per ottenere un controllo completo del processo produttivo. Fra gli strumenti disponibili per il cosiddetto "systematic management" vi erano, innanzitutto, le nuove tecniche di contabilità sviluppate soprattutto nelle ferrovie, che furono trasferite alle fabbriche per allocare i costi primi alle varie operazioni, per controllare i flussi produttivi e le scorte e per determinare e assegnare i costi generali. Ma il contributo fondamentale degli ingegneri riguardò due problemi collegati fra di loro, proprio quelli sottolineati da Babbage cinquant'anni prima: da una parte, la retribuzione degli operai e i piani di incentivazione; e, dall'altra, la progettazione da parte dell'ingegnere dell'organizzazione del lavoro di uomini e macchine. Towne, come anche Frederick A. Halsey, che erano dei tecnici-imprenditori, diedero particolare importanza al primo aspetto, e negli ultimi anni del secolo svilupparono due diversi sistemi di premi per i lavoratori: il primo consisteva nella ripartizione fra i lavoratori dei risparmi ottenuti nei costi di produzione; il secondo, che si opponeva all'idea di iniziative del tipo della divisione dei profitti, proponeva una correzione della tariffa a cottimo, aumentando il prezzo dei pezzi in più prodotti da un lavoratore rispetto al numero usuale di pezzi prodotti al giorno.

La proposta di Taylor, che apparteneva alla nuova generazione di ingegneri impiegati nelle aziende, partì anche dallo studio delle tariffe, inserito però in un nuovo modo di vedere la fabbrica come organizzazione. Egli era diffidente sia degli uomini d'affari che avevano la proprietà delle aziende sia dei sindacati, e non si interessò alle nuove tecniche di gestione del personale. Preferiva invece un approccio più tradizionale nei rapporti con gli operai e gli impiegati, basato sui propri carisma e autorità e sulle sue brillanti capacità tecniche, che furono alla base di numerosi brevetti di macchine utensili e di metodi di lavorazione dei metalli. Egli sviluppò le sue concezioni agendo sul terreno, in fabbrica, a contatto con attrezzi e macchine utensili, lavorando con gli operai specializzati nell'officina e organizzando i manovali occupati nei compiti di carico dei materiali nel cortile, e inoltre in continuo scambio con colleghi e collaboratori la cui formazione scientifica e tecnica era sempre più approfondita.

## 11.4 La gestione scientifica della fabbrica di Frederick Taylor

L'approccio di Taylor al problema della gestione aziendale si forgiò quindi attraverso le sue varie esperienze lavorative negli ultimi vent'anni dell'Ottocento. Si possono distinguere tre fasi principali. La prima di esse è il periodo passato presso la Midvale Steel Company (1878-1889) all'inizio della sua carriera, durante il quale completò la sua formazione, iniziò i suoi studi ed esperimenti sulle macchine utensili per il taglio dei metalli e si confrontò per la prima volta con il "problema del lavoro". Egli provò infatti a ottenere un aumento della produttività e un abbassamento dei costi imponendo agli operai in officina i ritmi lavorativi da lui scelti. Di fronte agli ostacoli frapposti dai lavoratori, concepì l'idea di una tariffa a cottimo differenziale che esigeva, per essere applicata correttamente, uno studio accurato dei tempi e delle operazioni legate a ogni mansione. Nella fase intermedia, egli completò il suo approccio alla gestione con nuovi elementi, fra cui i metodi di controllo degli acquisti e del magazzino e il ricorso alle nuove tecniche contabili in uso nelle aziende del settore delle ferrovie. Fu un periodo di maturazione, contrassegnato da vari cambiamenti di aziende e anche da conflitti e difficoltà incontrate nel suo lavoro, durante il quale scrisse una discussione del cottimo differenziale, *A piece rate system* (1895), presentata all'ASME e che fu molto apprezzata. Infine, la breve ma intensa esperienza presso la Bethlehem Iron Company (presso South Bethlehem, nello stato della Pennsylvania, 1898-1901) costituì un tentativo organico di impiantare lo "scientific management" in una fabbrica. Essa consacrò la sua fama, non solo per quanto riguarda la cosiddetta "organizzazione scientifica del lavoro" ma anche per lo sviluppo, insieme a Maunsel White (1856-1912), dell'acciaio ad alta velocità, ossia un acciaio che grazie a un trattamento basato su un forte riscaldamento permetteva di costruire macchine utensili per il taglio e la lavorazione dei metalli molto veloci. Nel seguito egli pubblicò due lavori di sintesi, *Shop management* (1903) e *On the art of cutting metals* (1906), e si dedicò con grande intensità a promuovere le sue idee.

### Acciaio, armi e macchinari nell'industria di Philadelphia

La Midvale e la Bethlehem erano due aziende fondate a Philadelphia dopo la fine della Guerra civile, il cui successo esprimeva la crescente autonomia dell'industria americana rispetto a quella europea, anche dovuto alle commesse militari governative derivate dalle politiche protezioniste. Quindi, esse costituivano un ambiente di lavoro particolarmente stimolante per un ingegnere di talento come Taylor. Quando egli iniziò a lavorare presso la Midvale, una gran parte del personale impiegato nelle industrie tessile e metallurgica di Philadelphia era di origine europea, soprattutto britannica. Tuttavia, le cose cominciavano a cambiare, soprattutto attorno all'epoca della Grande Esposizione tenutasi nella città nel 1876, nel centenario dell'indipendenza americana. La Midvale, in particolare, dopo un iniziale fallimento, fu risollevata grazie a due ingegneri americani di formazione accademica, specializzati in chimica metallurgica, che riuscirono a diventare fornitori della Pennsylvania Railroad proponendo un prezzo di molto inferiore a quello che quest'ultima pagava a una ditta inglese. Nel 1875 l'azienda ottenne per la prima volta un appalto per la fornitura di armi alla Marina.

La Bethlehem, fondata da Joseph Wharton (1826-1909), inizialmente concentrata sulla produzione di rotaie, a causa della concorrenza delle industrie della zona di Pittsburg si spostò anch'essa a verso le forniture militari, e diventò il maggior produttore del paese di armi in acciaio e di lamiere corazzate per le navi militari. Il primo appalto con il ministero della Marina risale al 1887, e a questo scopo costruì un impianto di lavorazione dell'acciaio di dimensioni straordinarie, che usava macchinari acquistati dalla Joseph Whitworth and Sons, l'azienda di Manchester ancora leader in questo settore, e le macchine per fabbricare le lamiere corazzate fornite dalla Schneider, l'industria francese di Le Creusot specializzata nelle costruzioni navali in acciaio. Negli ultimi anni del secolo, l'azienda si trovò in difficoltà a causa delle richieste di riduzione dei prezzi da parte del governo. In un'atmosfera di sospetto nei confronti dell'avidità della grande industria, il Congresso considerò persino la possibilità di costruire un impianto produttivo di proprietà pubblica. In questo contesto si sviluppò inoltre un'agguerrita rivalità fra la Bethlehem, la Midvale e la principale azienda americana nel settore dell'acciaio, la Carnegie Company di Andrew Carnegie (1835-1919). Il presidente della Bethlehem, Robert Linderman, seguendo il consiglio di alcuni dirigenti che conoscevano bene il lavoro di Taylor, accettò di provare a introdurre il suo sistema salariale per tentare di ridurre i costi di produzione.

Taylor sviluppò la sua personale visione dell'efficienza in fabbrica come una miscela di aspetti tecnico-meccanici e di aspetti tecnico-organizzativi, i quali potevano essere studiati seguendo un comune approccio "scientifico", ossia sulla base di dati oggettivi frutto di misurazioni sperimentali, nell'officina per le macchine e sul luogo di lavoro per gli operai. In ambito gestionale, tale approccio era imperniato sullo studio cronometrico dei tempi di lavoro, anzi dei tempi delle varie operazioni in cui un lavoro poteva essere suddiviso. Questo studio doveva essere la base per la determinazione di un salario a cottimo da lui escogitato per aumentare la produttività di un lavoratore – superando quella considerata tradizionalmente "normale" – che prevedeva la differenziazione di due tariffe, a seconda del rendimento dell'operaio. Il cottimo differenziale apriva all'operaio la possibilità di guadagnare di più, se era però disposto ad aumentare il ritmo del lavoro, piegandosi quindi agli interessi della produzione.

Il cottimo differenziale fu introdotto da Taylor in molte imprese, anche se spesso senza lo studio dei tempi. Questo studio era molto difficile da condurre se non per mansioni di livello molto basso. Taylor si occupò, insieme ai suoi collaboratori, dello studio di operazioni quali il carico e trasporto di materiali come ghisa o sabbia; i suoi scritti sembrano indicare che egli ignorava che tale studio era stato intrapreso cent'anni prima da Coulomb, nonostante avesse commissionato un'indagine sulla letteratura relativa. Queste ricerche, iniziate alla Midvale, furono però condotte in modo discontinuo, perché costituivano più un interesse intellettuale che non una parte essenziale del lavoro effettivo nelle aziende.

Più in generale, mentre vi era un atteggiamento di interesse delle aziende per una "ricetta" relativa al salario che aveva mostrato di funzionare, vi era molta più ritrosia nei confronti della prospettiva di sostenere un'indagine "scientifica" come anche dell'idea della completa trasformazione organizzativa di un impianto, che in pratica sconvolgeva gli equilibri interni e suscitava diffidenza fra gli operai come fra i caporeparto o i dirigenti. Infatti, Taylor, fin dai tempi della Midvale, lavorò allo sviluppo di un sistema di controllo della produzione che doveva sostituire la programmazione delle attività eseguita direttamente dai capireparto. Esso era imperniato su un dipartimento di pianificazione, sui supervisori funzionali (addetti alla velocità, alla disciplina, al controllo) e sulla normalizzazione del flusso di informazione in fabbrica, ricondotto a una circolazione di ordini e resoconti fra i vari reparti e l'ufficio centrale, attraverso bacheche e fogli di istruzioni, in modo che vi fosse un registro preciso di scambi che tradizionalmente avvenivano oralmente. Vi erano inoltre molti altri elementi della progettazione organizzativa: la gestione delle scorte e del magazzino, uno specifico metodo contabile e l'organizzazione delle macchine e del deposito degli attrezzi.

L'esperienza di Taylor e dei suoi collaboratori alla Bethlehem, fra cui Henry L. Gantt (1861-1919) – un collega dello Stevens Institute che egli aveva coinvolto nel suo lavoro nella Midvale fin dal 1887 – e Carl G. Barth (1860-1959) – un ingegnere norvegese di origine e di formazione europea, che lavorava con lui dal 1899 – si concluse di colpo attorno all'estate del 1901 con la loro uscita dall'azienda. Le ragioni di questa svolta furono fattori che avevano accompagnato sempre l'attività di Taylor: la resistenza interna all'azienda alle sue iniziative e la fiducia vacillante dei proprietari e amministratori, che ondeggiava a seconda della congiuntura economica e finanziaria. Queste circostanze ostili svegliarono in Taylor un atteggiamento combattivo in sostegno delle sue idee e, dopo la fine di quest'esperienza, decise di ritirarsi a Philadelphia – era ricco e poteva ormai vivere di rendita – e di concentrare le proprie energie sulla loro diffusione. Paradossalmente, le difficoltà incontrate da Taylor nella sua attività professionale fra industriali e personale aziendale andarono di pari passo con la condivisione dei suoi punti di vista da parte di un folto gruppo di seguaci convinti. Essi collaborarono attivamente all'introduzione delle tecniche di "scientific management" in un buon numero di aziende americane, ma anche a pubblicizzare lo spirito soggiacente a tali strumenti di gestione, attraverso pubblicazioni in riviste tecniche specializzate e di divulgazione, conferenze e interventi pubblici. All'interno dell'ASME i suoi sostenitori erano la maggioranza, ma vi era un aspro confronto con coloro che consideravano che la società doveva occuparsi di questioni strettamente legate alle tecnologie meccaniche, lasciando da parte i problemi economico-contabili e gestionali.

## 11.5 Cultura tecnica e cultura manageriale negli Stati Uniti d'America

All'inizio del Novecento, lo "scientific management" diventò un movimento culturale, centrato attorno alla realtà aziendale nella quale operavano i suoi aderenti, ma potenzialmente rivolto a un pubblico più ampio, come un messaggio che si collocava nel solco delle discussioni e dei sentimenti contrapposti suscitati dalle trasformazioni portate dalla società industriale, dalla produzione di massa e dalla modernità tecnico-scientifica. Anche se era ispirato proprio alla fredda razionalità e oggettività scientifiche, questo messaggio si tinse di aspetti emotivi e fideistici, diventando quasi il vangelo di una nuova religione dell'efficienza che ruotava attorno alla figura carismatica di Taylor e alla

**Fig. 11.3** L'azienda tedesca Siemens & Halske fondata da Werner Siemens (1816-1892) nel 1847 e dal 1897 diventata una società per azioni, occupava un ruolo predominante nel settore dell'elettricità. A sinistra, l'impianto di produzione di cavo elettrico a Charlottenburg, vicino a Berlino, nel 1891; a destra, un annuncio pubblicitario del 1905 della lampadina ad incandescenza a tantalio, fabbricata con i metodi di produzione di massa.

sua esperienza vitale. Lo stesso Taylor mescolava nei suoi scritti le considerazioni prettamente tecniche con racconti biografici, che non costituivano "descrizioni di casi" per illustrare le sue idee (uno strumento tipico delle scienze umane del Novecento), bensì piuttosto ricordi trasfigurati dall'interpretazione e dal significato "esistenziale" che lui stesso gli assegnava nella sua evoluzione personale. Queste nuove connotazioni si esprimevano appieno nel saggio *The principles of scientific management* (1911), che diventò il manifesto del "taylorismo" e la forma sotto la quale fu recepita in Europa l'idea dell'organizzazione scientifica del lavoro.

Come ha fatto notare Daniel Nelson (1988), quest'opera rappresentava un'elaborazione intellettuale che si allontanava dell'esperienza pratica dell'ingegnere Taylor e degli strumenti concreti da lui introdotti in fabbrica. A sottolineare questo fatto, il saggio non fu pubblicato dall'ASME, bensì apparve a puntate sulla rivista "The American Magazine", una pubblicazione rivolta al grande pubblico che rappresentava il movimento politico progressista attivo negli Stati Uniti negli anni precedenti la Prima Guerra Mondiale. Si trattava di un movimento critico e riformista nei confronti della disorganizzazione e degli sprechi nella pubblica amministrazione e nelle istituzioni sociali fondamentali come la scuola; esso era anche un tentativo di frenare gli effetti negativi dell'affarismo e delle strategie dei grandi colossi economici, dei loro collegamenti politici e dei modi in cui essi si sottraevano alle regole del mercato. Ad esso aderirono uomini d'affari, ingegneri, giornalisti e avvocati che proponevano come soluzione a questi mali la figura degli "esperti", ossia persone con una solida preparazione tecnica e scientifica in grado di prendere decisioni razionali. A tali persone potevano e dovevano essere affidati incarichi di responsabilità perché vi era la garanzia del loro rigore e della loro lungimiranza. Le idee di Taylor, le sue critiche al sistema tradizionale di fabbrica ma anche all'affarismo, la sua fiducia nella razionalità scientifica per allontanare i conflitti sindacali calzavano bene con questo punto di vista.

Sotto la veste dell'esperto si riproponeva quindi agli inizi del Novecento l'idea settecentesca del "savant", depositario della razionalità scientifica estesa anche ai problemi tecnici, come unica figura in grado di guidare la società verso la ricchezza, la convivenza civile e il benessere dei cittadini. Emersa in Francia come un'idea del riformismo illuministico, si ripresentava negli Stati Uniti ancora come chiave di un progressismo riformista. In particolare, gli ingegneri, secondo il punto di vista presentato nel saggio *The engineers and the price system* (1921) dello studioso statunitense Thorstein Veblen (1857-1929), potevano essere gli agenti del cambio sociale. Queste idee si diffusero in Europa anche attraverso i viaggi compiuti da Taylor e furono discusse anche nella Russia sovietica, dopo la Rivoluzione di ottobre 1917, fra i membri del movimento per l'organizzazione scientifica del lavoro (NOT, Nauchnaya organizatsiya turda), a partire dal primo convegno celebrato nel 1921.

Insieme a Taylor, altre figure emblematiche dell'approccio tecnocratico statunitense furono l'industriale Henry Ford (1863-1947) e l'ingegnere minerario Herbert Hoover (1874-1964). Ford, fondatore della Ford Motor Company (nella sua natale Deaborn, nello stato del Michigan), diventò famoso per i metodi di pianificazione, organizzazione e controllo della produzione nel nuovo settore dell'automobile, e soprattutto per l'introduzione della catena di montaggio per la produzione del celebre modello T a partire dal 1913. Hoover, dopo una lunga esperienza aziendale, nel 1921 iniziò la sua carriera politica nel partito repubblicano, fu il 31° presidente americano negli anni 1929-33 – durante i quali vi fu la crisi della Borsa di New York e la Grande Depressione – e fin da allora e durante il secondo dopoguerra fu il promotore dell'introduzione della prassi manageriale delle imprese nella pubblica amministrazione, grazie soprattutto alle attività della Commissione di Organizzazione da lui presieduta, nota come Comissione Hoover, creata nel 1947.

Taylorismo e fordismo, non vi è dubbio, erano visti da alcuni – ad esempio in seno ai movimenti sindacali e ai partiti socialisti, anche negli Stati Uniti – come ideologie di un'efficienza che non era altro che sfruttamento da parte dei padroni del lavoro degli operai, ossia lo stadio più avanzato dell'alienazione e delle disumanizzazione denunciate da Marx. La ragnatela creata dall'alleanza fra tecnica e industria minacciava di intrappolare gli esseri umani, secondo una visione critica che sottolineava i rischi nascosti sotto le apparenze di razionalità dei "tempi moderni". Tale visione è ben rappresentata dal film omonimo di Charles Chaplin, la cui prima ebbe luogo a New York all'inizio del 1936; essa diventò più ampiamente condivisa – subentrando in parte all'ammirazione e alla fiducia degli anni precedenti nei confronti dell'organizzazione scientifica del lavoro – proprio negli anni della Grande Depressione.

Tuttavia, la nuova cultura dell'efficienza e della razionalità, che aveva all'epicentro queste esperienze tipicamente americane di successo individuale, aveva messo forti radici negli Stati Uniti. Sulla scia del lavoro di Taylor e dei risultati allettanti di imprese americane come la Ford, l'IBM o la General Motors, a partire dagli anni Venti negli Stati Uniti si sviluppò la cultura manageriale, un mondo straordinariamente variegato e dinamico di proposte teoriche e operative nell'ambito della gestione e della direzione delle aziende, potenzialmente applicabili anche a qualunque organizzazione. L'influenza della cultura manageriale diventò pervasiva a livello internazionale nel corso del Novecento, anche a causa della crescente influenza politica, economica e militare americana a partire della fine della Seconda Guerra Mondiale, che estese a tutto il mondo l'eco dei suoi modelli culturali.

## "Management science"

Nella cultura manageriale forgiata negli Stati Uniti all'inizio del Novecento confluirono un insieme di approcci al problema gestionale in ambito industriale e amministrativo. Da una parte, vi fu un filone centrato sul problema dell'amministrazione e della burocrazia, sulla scia delle idee di Fayol, e influenzato anche dal pensiero dello studioso tedesco Max Weber (1864-

1920), che aveva condotto un'analisi approfondita, dai punti di vista storico e istituzionale, dell'impresa capitalistica moderna contrassegnata dall'organizzazione "razionale" del lavoro e della produzione. L'opera di Fayol fu diffusa negli Stati Uniti negli anni Trenta e Quaranta grazie soprattutto a Lyndall F. Urwick (1891-1983). Nel 1937 egli curò un volume collettaneo di articoli sulla "scienza dell'amministrazione" pubblicato dall'Institute of Public Administration della Columbia University di New York, che includeva anche contributi di Mary Parker Follett (1868-1933) e di Elton Mayo (1880-1949), nel quale si presentava il problema generale della teoria e della tecnica dell'organizzazione (Gulick, Urwick 1937). Questo approccio poneva al centro del compito organizzativo e del ruolo dell'amministratore l'imposizione del *controllo* nell'impresa costruita come sistema amministrativo dotato di una struttura, di organi appositamente dediti a tale compito (come quelli riguardanti la contabilità, la pianificazione o le risorse umane) e di un flusso interno di comunicazione (rapporti, riunioni, tabelle) fra gli individui che ne fanno parte (Yates 1989).

Un secondo filone è costituito dai lavori, centrati più specificamente sul mondo delle aziende e degli impianti produttivi, che esplorarono l'idea di un approccio scientifico al problema della fabbrica come organizzazione. Ad esso appartengono gli studi di collaboratori di Taylor come Henry Gantt e Frank Gilbreth (1868-1924). Quest'ultimo, in collaborazione con la moglie Lillian M. Gilbreth (1878-1972), condussero studi approfonditi sui movimenti del corpo umano nell'attività lavorativa, anche con l'aiuto delle tecniche allora nuove di ripresa cinematografica. Ad esso appartengono inoltre le ricerche di psicologia industriale, basate sull'applicazione delle moderne concezioni della psicologia scientifica. Ebbe a questo riguardo una gran ripercussione un'iniziativa sperimentale sistematica condotta da un gruppo di ricercatori della School of Business Administration della Harvard University, fra cui Mayo, negli anni 1927-1932, presso un impianto della Western Electric alla periferia di Chicago, i Hawthorne Works. All'inizio della sua carriera Mayo aveva lavorato presso una fabbrica tessile di Philadelphia dove il tentativo di applicare le tecniche di "scientific management" era fallito. Dalle sue ricerche, basate anche sulla raccolta sistematica di informazioni dai lavoratori attraverso interviste, emerse l'importanza dei fattori relativi ai rapporti umani nell'efficienza e nella produttività dei lavoratori, oltre alle condizioni materiali e agli aspetti fisiologici del lavoro. Anche lo studio Hawthorne fu impiantato inizialmente attorno a una condizione materiale, l'illuminazione, che si voleva studiare attraverso l'analisi comparata delle reazioni di due gruppi di operai sottoposti a diverse condizioni ambientali. I ricercatori individuarono però un fenomeno inaspettato, noto come "effetto Hawthorne", ossia un aumento di produttività dovuto alla condizione stessa di essere osservati, di essere partecipi di un esperimento potenzialmente utile e interessante, che si traduceva in un aumento di motivazione.

Vi era un forte contrasto, all'interno di queste ricerche dei pionieri della scienza del management, legato a due modi di vedere il lavoratore e il lavoro. L'approccio taylorista aveva una visione del lavoro umano alla stregua di quello di una macchina, e un approccio all'operaio legato alla tradizione industriale e basato sul negoziato dei salari. La scuola delle "human relations" introdusse i fattori psicologici e una nuova visione positiva del lavoratore e della sua capacità di reagire e cooperare all'impresa. Nel suo libro *The human side of enterprise* (1960), Douglas M. McGregor (1906-1964) distingueva le due posizioni parlando di "teoria X" e "teoria Y" rispettivamente. "Teoria Z" è il titolo di un libro pubblicato da William G. Ouchi nel 1981 per riferirsi alla cultura manageriale giapponese, che negli anni Settanta mise in discussione per la prima volta le idee manageriali statunitensi sullo scenario internazionale, anche grazie ai successi industriali delle aziende giapponesi.

Con l'espressione «cultura manageriale» facciamo riferimento a una prassi e una filosofia di azione, di intervento attivo e di controllo dei processi nell'ambito del mondo aziendale e amministrativo e nei confronti dei meccanismi del mercato, cui Chandler si è riferito con l'espressione "la mano visibile" (in contrasto con quell'impalpabile fenomeno che tiene insieme tutte le imprese e iniziative economiche degli agenti nel libero mercato di qui parlava Adam Smith). Essa si è istituzionalizzata nel corso del Novecento, attraverso la creazione, da una parte, di un nuovo campo disciplinare, la scienza della gestione (*management science*), strettamente collegata all'economia e alle scienze sociali, e dall'altra, di una nuova professione, quella del dirigente aziendale o manager di formazione accademica.

Nel 1902 fu creato in Gran Bretagna il Central Management Institute: la tradizione britannica nella gestione industriale aveva una storia illustre, che si poteva far risalire all'esperienza di Boulton e Watt a Soho. Ma lo sviluppo di una vera e propria scienza della gestione fu stimolato soprattutto dall'introduzione di queste ricerche all'interno delle università statunitensi, nelle scuole di "business administration": nel 1908 fu fondata una delle più importanti, la Harvard Graduate School of Business Administration, presso la quale Taylor tenne lezioni di gestione industriale ogni anno fino al 1914. Da queste scuole iniziò a uscire un professionista – un poderoso rivale dell'ingegnere industriale – che si proponeva al mondo aziendale e industriale con una competenza specializzata sulle tecniche di amministrazione e di gestione (contabilità, gestione del personale, marketing). Egli era quindi era in grado di operare indipendentemente dal settore tecnologico sul quale si basava l'attività produttiva di ogni impresa.

L'istituzionalizzazione accademica non impedì che la cultura manageriale mantenesse uno stretto legame con la prassi aziendale, con le singole esperienze e con i successi e fallimenti dell'uno o dell'altro modello industriale.

Infatti, accanto agli studi condotti con le metodologie delle scienze sociali, allo sviluppo dell'economia aziendale o della psicologia industriale, coesistevano proposte legate a esperienze aziendali concrete (dalla General Motors di Alfred Sloan (1875-1966) alla Toyota di Taiichi Ohno (1912-1990), dove fu messa a punto la filosofia del "just-in-time"), oltre che carismi individuali sempre legati, a partire dal modello di Taylor, al successo e alla capacità di proporre sviluppi vincenti, come quello rappresentato da W. Edwards Deming (1900-1993) e le sue idee sulla qualità.

Paradossalmente, lo sviluppo della cultura manageriale riportò progressivamente gli ingegneri attivi nell'industria a compiti di natura strettamente tecnica, soprattutto negli Stati Uniti ma anche altrove. Il ruolo che i fondatori dell'*École centrale des arts et manufactures* avevano assegnato agli ingegneri come "medici delle officine e delle fabbriche" (Comberousse 1879: 16) era passato, cent'anni dopo, ai nuovi manager specializzati in questo compito di cura e guarigione. Vari fattori possono contribuire a spiegare questo temporaneo "allontanamento". Vi era, da una parte, la creazione di una nuova figura professionale concorrente e la diffidenza o quanto meno la scarsa affinità culturale degli ingegneri nei confronti degli strumenti di management di stampo economico-sociale. Erano, d'altra parte, anni di straordinari sviluppi tecnologici, con forti ricadute industriali, che moltiplicarono i campi di specializzazione dell'ingegnere: elettronica, telecomunicazioni, aeronautica, automazione industriale e informatica. Lo sviluppo delle tecniche matematiche di programmazione e dell'ingegneria dei sistemi, che ci accingiamo a descrivere nei prossimi due capitoli, avrebbero restituito un nuovo protagonismo agli ingegneri nel mondo industriale e dell'organizzazione.

# Lettura 14

**Pianificazione e controllo della produzione: il programma di "razionalizzazione" di Taylor presso la Bethlehem Company**

----------------------------------------------------------------

Nonostante l'aggettivo "scientifico" usato enfaticamente nell'espressione "scientific management", Taylor s'iscrive pienamente nella tradizione del pensiero tecnico-pratico, sia per il metodo empirico di prova ed errore che fu alla base dello sviluppo delle sue concezioni organizzativo-gestionali, sia per il contesto della trasmissione delle sue idee, che fu essenzialmente legato a una cerchia di altri tecnici, prima apprendisti e poi colleghi. Egli scrisse poco sull'argomento, e i *Principi dell'organizzazione scientifica del lavoro*, redatti a distanza del periodo di gestazione delle sue idee, non sono un manuale o una monografia erudita ma un saggio volto alla diffusione delle sue idee. Queste circostanze rendono ardua la comprensione storica del suo percorso intellettuale.

Una preziosa testimonianza è costituita dalle lettere e dai rapporti che permettono di ricreare vivacemente l'atmosfera del lavoro di Taylor, del ruolo della cerchia dei collaboratori e dei suoi rapporti con gli industriali e dirigenti aziendali. Nel seguito leggiamo alcuni brani della ricostruzione della sua esperienza presso la Bethlehem – vi sono citati alcuni personaggi che abbiamo avuto occasione di menzionare nel corso del capitolo – da parte dal suo biografo D. Nelson, che usa proprio questa metodologia. Taylor vi era stato chiamato principalmente per applicare il suo sistema di cottimo differenziale, anche se egli stesso raccontò che, quando si incontrò con Joseph Wharton nel dicembre 1897, quest'ultimo "rimase sciocco nell'apprendere che i lavoratori avrebbero guadagnato salari più alti, e soltanto quando gli fu spiegato che gli uomini avrebbero anche lavorato più duramente e che i suoi metodi permettevano un cottimo veramente produttivo, l'anziano capitalista apparve rassicurato" (Nelson 1988: 99). Tuttavia, forse anche stimolato dal confronto con una realtà produttiva di dimensioni mai viste – il reparto macchine dell'azienda era sbalorditivo, attraversato da rotaie che collegavano macchine utensili di ogni tipo e attrezzato con due enormi gru pneumatiche –, Taylor pospose sempre di più il problema del salario, lavorando invece a una visione dell'intero *sistema* di produzione, sulla base dell'analisi, al suo interno, di strutture organizzative come quelle riguardanti la supervisione del lavoro e la direzione, oppure dei problemi di pianificazione e di sequenziamento delle operazioni.

----------------------------------------------------------------

Taylor dedicò l'estate del 1898 allo studio dell'impianto e alla preparazione di alcuni resoconti che chiarissero le sue proposte per le modifiche. Questa era, in parte, una maniera di familiarizzare con una fabbrica tanto grande che, come egli stesso confessò, "è molto difficile decidere da che parte cominciare" [Taylor a Gantt, 2 giugno 1898]. Ma era anche una strada per affrontare due argomenti non ancora chiariti: lo scopo del suo lavoro e la posizione dei dirigenti in carica. Fin da principio Taylor ragionò in termini di impianto nel suo complesso, piuttosto che di reparto macchine o lavoratori, e il suo primo rapporto a Linderman sottolineava l'importanza di "modelli standard per tutto l'impianto" [Taylor a Linderman, forse di fine maggio 1898]. Egualmente aggressiva era la sua posizione nei confronti dei dirigenti e il 21 giugno egli scrisse a Linderman che "il difetto più grave" era "l'assenza quasi completa di una cooperazione ad alto livello" tra i dirigenti e i reparti. Inoltre, conscio che la sua presenza rappresentava un affronto per il sovrintendente generale Owen F. Leibert e per il suo assistente Robert H. Sayre, decise di sfidarli immediatamente:

"Il vostro sovrintendente generale è addetto al controllo non soltanto della complicata situazione generale dell'impianto e dei suoi sviluppi futuri, ma anche della produzione, e il suo ufficio si trova così distante dai reparti in cui avviene gran parte della produzione da rendere difficili le frequenti consultazioni tra lui ed i capireparto" [Taylor a Linderman, 21 giugno 1898].

Per ovviare a ciò, egli proponeva di dividere i compiti del sovrintendente generale e nominare un "sovrintendente alla produzione":

"Sotto la sua supervisione sarebbe avvenuta la determinazione delle tariffe del cottimo, dei salari dei lavoratori nei reparti produzione, la direzione della pianificazione dei reparti, la valutazione dei costi del nuovo lavoro e la previsione delle date di spedizione insieme alla registrazione dei costi. Lui e i suoi assistenti, impiegati, ecc. dovranno essere dislocati al centro di reparti produttivi, ed egli non avrebbe dovuto avere altri compiti che potessero allontanarlo da questi reparti" [ibid].[...]

Poco dopo Taylor portò a termine una simile epurazione nel reparto macchine n. 2 dove, nonostante la fama di cui esso godeva, c'era un costante accumularsi di lavoro arretrato e la produttività individuale era bassa. Taylor ritenne che il problema fosse identico a quello più generale che aveva appena affrontato: Harry Leibert, sovrintendente del reparto e fratello del sovrintendente generale, aveva troppe responsabilità, per cui, come suo fratello, trascurava i compiti direttivi:

"Mr Leibert è responsabile non soltanto di una prima serie di mansioni che richiede l'abilità di un operaio meccanico specializzato (per ottenere la miglior qualità della produzione), ma anche di una seconda serie che richiede un impiegato di primo livello (per preparare accuratamente le previsioni delle spedizioni) e di una terza serie che può essere svolta in maniera adeguata da un matematico con uno o due impiegati che lo assistano (per ottenere il massimo dalle macchine)" [Taylor a Linderman, 8 agosto 1898; l'espressione "un matematico" sembra essere stata usata dai tayloristi in riferimento a ingegneri di formazione accademica quali Barth]. [...]

In seguito Taylor avanzò una serie di modifiche organizzative. Richiese l'istituzione di capireparto funzionali, e una serie di "cambiamenti tecnici minori" che riguardavano "piccoli elementi ingegneristici" nel reparto macchine, in pratica erano le sue innovazioni nel taglio dei metalli e i suoi metodi di manutenzione delle cinghie. Propose poi la costruzione di un nuovo edificio per installarvi il dipartimento pianificazione, l'estensione ad altri reparti del caporeparto funzionale e un nuovo sistema di controllo dei costi. [...] Taylor introdusse anche i capireparto funzionali nel reparto macchine e, dopo aver riposizionato il macchinario, definì i compiti dei supervisori specializzati:

"Un caporeparto [...] mostrerà ai lavoratori come preparare il lavoro da fare con la macchina e come farla funzionare; un altro sarà addetto a sorvegliare che le operazioni vengano eseguite nella giusta successione...; un altro che la macchina esegua il taglio il più profondo possibile e funzioni nella maniera più rapida; un altro che tenga la macchina in buone condizioni e le cinghie di trasmissione tese, in modo da ottenere il massimo rendimento, mentre un altro ancora studierà come può essere svolto il lavoro nel tempo più breve e determinerà le tariffe di cottimo" [Taylor a Lindermann 29 maggio 1899].

All'inizio di giugno, Taylor introdusse una forma limitata di pianificazione della produzione, ristretta soltanto a un gruppo di torni, selezionato per la semplicità del "lavoro di duplicazione che vi veniva svolto" [Gantt a Taylor, 7 giugno 1899]. Lavorando sotto la supervisione di Gantt, [Joseph] Welden preparò dei regoli calcolatori che indicavano, per ciascuna operazione da eseguire alle macchine, la giusta velocità, l'alimentazione, la profondità del taglio, la pressione e il tempo necessario. [James] Kellogg e Welden, inoltre, idearono dei fogli istruzioni e incaricarono il caporeparto funzionale di "controllare che venissero rispettati" [Welden a Taylor, 27 giugno 1899]. In sostanza, verso la metà dell'estate, quest'area del reparto macchine funzionava con un sistema ragionevolmente completo di scientific management eccetto, naturalmente, il piano di cottimo.

Nei due anni successivi [...] Welden, Kellog, Lewis e altri completarono la riorganizzazione delle macchine utensili, della stanza degli attrezzi, del magazzino e del sistema di contabilità, mentre Taylor migliorò il suo metodo di fogli con il tempo e le istruzioni per ciascuna operazione, così come il suo sistema mnemonico per la classificazione dei materiali e delle macchine. Entro il 1901, aveva inoltre reclutato un gruppo completo di addetti al dipartimento pianificazione – formato da impiegati alla produzione, alla definizione del percorso seguito dai materiali, ai bilanci di magazzino, ai fogli istruzioni, allo studio dei tempi, alla successione delle operazioni, alla registrazione dei costi e alla contabilità – per dirigere le attività di quelli preposti alle macchine e per assistere i quaranta o cinquanta capireparto funzionali. I capisquadra erano responsabili di tutte le operazioni preparatorie, e gli addetti al controllo velocità di tutte le fasi "dal momento in cui [il pezzo da forgiare] si trova nella macchina [...] fino a che l'operazione è completata e la macchina viene fermata"; i sovrintendenti di reparto, o "capireparto generali", erano addetti infine alla disciplina. Gli effetti cumulati di queste modifiche erano così imponenti che Gantt in seguito definì esageratamente elaborato e "dispotico" il sistema applicato da Taylor alla Bethlehem.

Nel 1901 il reparto macchine n. 2 era l'officina più moderna del mondo, e potenzialmente rappresentava un prototipo per gli imprenditori e gli ingegneri di altre industrie.

[Tratto da Nelson 1988: 101-104]

# 12 Verso la matematica dell'organizzazione

SOMMARIO
12.1 La matematica applicata del Novecento e l'approccio modellistico
12.2 La matematica industriale nel periodo fra le due guerre mondiali
12.3 Gli scienziati in guerra: le origini della ricerca operativa
12.4 Lo sviluppo della programmazione matematica negli Stati Uniti
Lettura 15 La programmazione matematica delle attività interdipendenti

Fra la fine dell'Ottocento e l'inizio del Novecento si era assistito all'identificazione esplicita del problema dell'analisi e della gestione delle operazioni o delle attività come un compito dell'ingegnere e del dirigente aziendale, che doveva essere pensato e non lasciato alle soluzioni caso per caso introdotte nell'officina o negli impianti. Emerse il convincimento che era necessario forgiare un approccio scientifico ai problemi riguardanti le risorse umane, la struttura organizzativa, la contabilità e i problemi di costi e ciò che nel linguaggio attuale è descritto come i flussi di informazione all'interno di un'azienda, di un cantiere o di un qualsiasi impianto. L'aggettivo "scientifico" stava a indicare genericamente un'impostazione sistematica, basata sulla misura e sulla raccolta di dati empirici, oltre alla possibilità di "applicare" le conoscenze scientifiche nelle operazioni industriali. Si suole associare allo sviluppo e alla diffusione dell'organizzazione scientifica del lavoro nelle fabbriche la nascita dell'ingegneria industriale. Tuttavia, questo processo fu lento e non prese forma in modo univoco. Dai contenuti presenti nei "manuali dell'ingegnere" agli inizi del Novecento si desume che le nozioni di diritto o di economia/contabilità erano ancora considerate le tecniche di base per affrontare i tipici problemi di direzione aziendale.

In quegli anni il compito organizzativo dell'ingegnere si andava complicando sempre di più, e si estendeva a nuovi ambiti tecnologici. Nello sviluppo delle reti ferroviarie nazionali si erano posti già i problemi di progettazione e di gestione di una realtà tecnologica o "artificiale" con caratteristiche di "sistema"; non a caso esso diede luogo nella seconda metà dell'Ottocento (come si è visto nel capitolo 10) a contributi che precorrevano punti di vista moderni. All'inizio del Novecento queste realtà aumentarono nei paesi industrializzati, con lo sviluppo del telefono commerciale, con la creazione della rete di distribuzione dell'energia elettrica e con la diffusione della produzione di massa. Nel caso dell'Unione Sovietica, un nuovo paese ispirato ai principi del comunismo, l'organizzazione dell'ossatura industriale del paese si proponeva come un problema globale molto complesso e vi era un forte sottolineatura di tale enorme impresa come esigenza patriottica e ideologica.

La Seconda Guerra Mondiale pose nuovi problemi. Alcuni di essi riproponevano nell'ambito bellico e quindi sotto nuovi angoli visuali, questioni tipiche dal moderno contesto industriale delle attività economiche: la rinnovata esigenza di flessibilità che si scontrava con la rigidità dei moderni sistemi di produzione in serie; i movimenti di navi nel teatro di operazioni militari; i problemi logistici che coinvolgevano numeri enormi e una grande varietà di materiali, merci, servizi e personale. Altri derivavano invece dall'innovazione tecnologica, come il radar e i dispositivi di controllo del tiro antiaereo. Dalla ricerca militare emersero nuovi strumenti matematici per confrontarsi con i problemi della gestione dei sistemi, anzi emerse un vero e proprio "pensiero dei sistemi", che ebbe uno sviluppo impetuoso, che si manifestò in diversi filoni teorici e contesti culturali e applicativi, e che portò allo sviluppo dell'ingegneria del controllo e alla nascita della ricerca operativa.

A partire dagli anni Venti si assistette così a un "nuovo inizio" nella storia dell'applicazione della matematica ai problemi di gestione e organizzazione. Infatti, in questo periodo venne ripreso il problema centrale della "pianificazione e realizzazione di un'attività di grandi dimensioni e complessa" ("the planning and operation of a large and complex activity", Dawson et al 2000: 205), inteso come problema scientifico; così come venne ripresa l'aspirazione all'introduzione degli strumenti matematici per sviluppare l'analisi di tale problema e la sua soluzione a partire dai metodi di ottimizzazione classici. Sia il problema, sia gli strumenti, erano già stati individuati – lo abbiamo visto nel capitolo 8 – fra la fine del Settecento e gli inizi dell'Ottocento attorno ai primi esempi di "problemi operativi": la fortificazione militare e le prime fabbriche. In questa nuova fase, che ci accingiamo ad esaminare, le circostanze storiche – nell'Unione Sovietica rivoluzionaria come nella Gran Bretagna assediata dalla flotta aerea della Germania nazista – spinsero a riproporre il vecchio progetto illuministico del coinvolgimento degli ingegneri e soprattutto degli scienziati nei problemi tecnico-industriali e organizzativi di interesse nazionale. D'altra parte, gli strumenti matematici si arricchirono e si diversificarono: alle tecniche di ottimizzazione classica, basate sul calcolo, si aggiunsero le prime tecniche formulate sulla base dell'algebra moderna e dell'analisi funzionale, quali la programmazione lineare e la teoria dei giochi, oppure tecniche della matematica logico-combinatoria, come l'analisi delle reti di flusso attraverso la teoria dei grafi, e infine tecniche probabilistiche in parte derivate dall'ingegneria di controllo. Questo sviluppo rifletteva l'evoluzione della matematica fra la fine dell'Ottocento e l'inizio del Novecento, ed è da questa fase della storia della scienza che parte la nostra analisi.

## 12.1 La matematica applicata del Novecento e l'approccio modellistico

Nei primi tre decenni del Novecento il mondo scientifico fu scosso da alcuni importanti sviluppi della ricerca che aprirono una profonda crisi, destinata a modificare radicalmente le concezioni fino ad allora ampiamente condivise sulla natura della conoscenza scientifica e a sollevare dubbi sulla solidità e sulla certezza delle verità sul mondo reale ottenute con il metodo di indagine della scienza moderna.

Le ricerche di Albert Einstein (1879-1955), a partire dai suoi fondamentali lavori pubblicati nel 1905, e lo sviluppo della meccanica quantistica misero in discussione la meccanica classica, ossia il cuore teorico della scienza moderna e punto di incontro delle concezioni fisiche e della matematica come strumento di conoscenza. I fisici e gli astronomi furono costretti a modificare idee cosmologiche considerate fino ad allora verità accertate, come quelle della teoria della gravitazione universale di Newton. Inoltre, il mondo scientifico doveva anche confrontarsi con i limiti stessi del metodo sperimentale, poiché, come stabilito dal principio di indeterminazione di Werner Heisenberg (1901-1976), il rapporto fra fenomeno e osservatore inficiava l'affidabilità dei dati ottenuti.

D'altra parte, la matematica conduceva in quegli stessi anni un lavoro di scavo nelle proprie fondamenta, a partire dalle premesse o postulati della geometria di Euclide – considerata fino ad allora la descrizione veritiera della struttura matematica dello spazio fisico –, dal concetto stesso di numero naturale e dai principi logici del metodo deduttivo. Queste preoccupazioni portarono allo sviluppo del metodo assiomatico, che permetteva alla matematica di stabilire ogni teoria sulla base di alcuni assiomi individuati in modo tale da ridurre al minimo le premesse per la dimostrazione di un gruppo coerente di teoremi, ma slegandola dall'intuizione concreta di tipo fisico o geometrico. Difatti, in quel periodo la geometria perse il ruolo centrale che aveva occupato per secoli nella matematica. La ricerca si orientò piuttosto verso lo studio di strutture algebriche, come i gruppi, i corpi o gli spazi vettoriali, ossia gli oggetti matematici della cosiddetta "algebra moderna"; oppure verso un'altra nuova branca della matematica, la topologia, che esplorava un approccio nuovo allo spazio e alle forme e le figure, prescindendo dalla nozione fino ad allora fondamentale di misura. Algebra e topologia, oltre a essere nuovi campi di ricerca, offrivano anche nuovi punti di vista sui problemi aritmetici, geometrici e dell'analisi matematica, punti di vista che tendevano a fare astrazione della base intuitiva, geometrica o fisica, che fino ad allora era ben riconoscibile in concetti fondamentali quali i numeri reali o complessi, le equazioni algebriche, le curve e superficie geometriche, le funzioni speciali o le equazioni differenziali.

La mole di ricerche matematiche condotte in quel periodo, alla quale contribuirono studiosi di molti paesi del mondo, sembrava dar ragione al matematico tedesco David Hilbert (1852-1943), il cui pensiero era ben sintetizzato dal motto: "Dobbiamo sapere. Sapremo". Hilbert aveva dato un suo contributo proponendo un programma di ricerca volto a "rileggere" l'intera matematica – una metamatematica – ricostruendo tutto il suo corpus teorico in modo logicamente inattaccabile. E tuttavia, in fin dei conti le ricerche avrebbero condotto a una grande delusione, quando Kurt Gödel (1906-1978), nel 1930, dimostrò un famoso teorema secondo il quale, data una teoria $T$ presentata secondo le regole stabilite per la metamatematica di Hilbert, che includa la formalizzazione assiomatica dell'aritmetica – ossia la base di partenza dell'intera matematica –, allora esiste sempre una proposizione indecidibile, ossia si ha il fatto paradossale che in *T* si verifica sia la proposizione, sia la sua negazione.

Non vi è dubbio che tutte queste novità, come scriveva nel 1919 Tullio Levi Civita (1873-1941) – un matematico italiano che diede un importante contributo alla costruzione dell'impianto matematico delle geniali concezioni di Einstein sulla teoria della relatività–, erano fonte di entusiasmo ma anche di perplessità, poiché si sentiva vacillare la filosofia che animava gli scienziati fin dai tempi di Galileo, ossia la convinzione che vi fossero delle leggi matematiche universali soggiacenti ai fenomeni e la fiducia nella capacità dell'uomo di scoprirle. Uno studioso più giovane, John von Neumann (1903-1957), uno dei più grandi scienziati del Novecento, lavorò all'assiomatizzazione della teoria degli insiemi e della meccanica quantistica allo scopo di riassorbire i paradossi logici ritrovati nella prima e le difficoltà teoriche sollevate dalla seconda. E tuttavia, anch'egli ricordava con amarezza il duro colpo inferto dai risultati di Gödel all'ottimismo che animava le ricerche di quel periodo di straordinaria creatività e dinamismo.

Ciononostante, si può dire che la risposta a queste difficoltà fu una fuga verso avanti, ossia uno sforzo per estendere sempre di più il campo dei fenomeni che potevano essere descritti matematicamente, anche usando i nuovi strumenti matematici o forgiandone dei nuovi. In Europa, nell'ambiente filosofico del Circolo di Vienna molto attento ai più recenti sviluppi nel campo della scienza, questi tentativi erano visti con favore. Vi si ripropose quindi il problema della matematizzazione dei fenomeni economici e sociali quali l'equilibrio economico o le decisioni che guidano l'azione e il comportamento umano. Anche von Neumann partecipò a queste discussioni, e iniziò a mettere a punto una nuova teoria matematica che descriveva le strategie dei giochi di società in termini di equazioni e disequazioni algebriche. Egli sviluppò la soluzione di tali problemi in termini di massimi e minimi, come nel famoso teorema di minimax, che dimostrò nel 1928 sulla base di un teorema di topologia dimostrato pochi anni prima, nel 1910, dal matematico Luitzen E. J. Brouwer (1881-1967), noto come teorema del punto fisso. Von Neumann era convinto che questa potesse essere la via per intraprendere la matematizzazione dei fenomeni sociali, ripercorrendo la strada seguita vari secoli prima dalla fisica. A partire dalla fine degli anni Trenta, trasferitosi negli Stati Uniti, lavorò attivamente a questo progetto scientifico insieme all'economista austriaco, anch'egli emigrato, Oskar Morgenstern (1902-1977), insieme al quale pubblicò il libro *Theory of games and economic behaviour* (1944).

Non fu questo l'unico sforzo per allargare il campo dei fenomeni suscettibili di trattamento matematico oltre i confini del mondo inanimato. Molto importante fu il lavoro di di Alfred J. Lotka (1880-1949), autore degli *Elements of physical biology* (1925, poi ripubblicato sotto il titolo *Elements of mathematical biology*), e quello svolto da Vito Volterra (1860-1940) nell'ambito delle scienze della vita. Volterra si occupò in particolare dello studio matematico delle associazioni biologiche – come quelle fra preda e predatore, oppure fra parassiti e ospiti – ossia, come si direbbe nel linguaggio moderno, dell'ecologia, che è confinante con quello delle scienze sociali. Egli scelse di adoperare lo strumento classico della meccanica e in generale della fisica matematica, ossia, le equazioni differenziali, anche se la formulazione del problema lo portò a considerare sistemi di equazioni differenziali non lineari, sulla cui soluzione pochi avevano lavorato.

Volterra rimaneva infatti fedele a una metodologia scientifica di stampo classico, che si ispirava al modello della meccanica ed era volta ad individuare le cause dei fenomeni grazie alla formulazione e alla soluzione delle equazioni differenziali che esprimevano tale rapporto causale, il quale doveva essere verificato confrontando i risultati previsti dalla teoria con i dati di osservazioni o di esperimenti. Tuttavia, gli sviluppi scientifici recenti, anche se non avevano intaccato la fiducia dei ricercatori nella potenza della matematica come strumento di indagine, avevano invece minato nella maggior parte di loro l'adesione all'impostazione metodologica classica. L'evoluzione concettuale è ben riassunta da quanto scriveva nel 1955 von Neumann in un lavoro sul metodo nelle scienze fisiche: "[...] le scienze non cercano di spiegare, a malapena tentano di interpretare, ma fanno sopratutto dei modelli. Per modello si intende un costrutto matematico che, con l'aggiunta di certe interpretazioni verbali, descrive dei fenomeni osservati. La giustificazione di un siffatto costrutto matematico è soltanto e precisamente che ci si aspetta che funzioni – cioè che descriva correttamente i fenomeni in un'area ragionevolmente ampia. Inoltre, esso deve soddisfare certi criteri estetici – cioè, in relazione con la quantità di descrizione che fornisce, deve essere piuttosto semplice" (von Neumann 1955: 492).

Questo approccio modellistico fu la base della matematica applicata del Novecento, che si sviluppò come un insieme sterminato di modelli matematici dei fenomeni più disparati, nel campo della meteorologia, della biologia, dell'economia, della sociologia e della tecnologia. Esso segnava un allontanamento radicale della visione tradizionale del ricercatore del suo "moto di conoscenza" verso i fenomeni, che diventava nel contempo più ambizioso e più modesto. Diventava più ambizioso rispetto al raggio dei fenomeni sui quali sperava di ottenere previsioni accurate. Infatti, per i costruttori di modelli l'uso della matematica perdeva le implicazioni sulla natura deterministica o meno dei fenomeni, e quindi veniva a mancare il problema filosofico che aveva ostacolato il progetto settecentesco di applicazione della matematica oltre il mondo inanimato, nei problemi economici, sociali, amministrativi e industriali e nelle questione mediche e delle scienze della vita.

Diventava invece più modesto, in quanto si rinunciava a scoprire le cause dei fenomeni, di arrivare a spiegare la loro dinamica, e si tentava invece di produrre uno strumento "funzionante" a certi scopi di previsione (nella ricerca scientifica) o di controllo (nei contesti tecnologici od operativi) ben delimitati. Si allentava però, in questo modo, da un punto di vista metodologico, il rapporto con la realtà empirica, soprattutto laddove non si cercava un'utilità pratica immediata. Già nel 1930 il biologo Umberto D'Ancona (1896-1964), genero e collaboratore di Volterra, scriveva a quest'ultimo che il valore dei suoi studi era indipendente dall'esistenza o meno di dati empirici che li confermassero. Nell'evoluzione successiva questo rapporto divenne inoltre mediato, anche nell'ingegneria e in altre scienze pratiche, dalla simulazione resa possibile dagli strumenti informatici.

---

### Balthazar van der Pol

Uno dei più precoci esempi del nuovo approccio modellistico si trova nei lavori di Balthazar van der Pol (1889-1959), un fisico olandese studioso delle onde radio. Dopo la laurea presso l'università di Utrecht, egli svolse per alcuni anni attività di ricerca in ambito universitario: prima in Gran Bretagna, presso il laboratorio di radioelettricità dell'University College di Londra e presso il laboratorio Cavendish di Cambridge e poi in patria come assistente di Hendrik Antoon Lorentz (1853-1928). Nel seguito però diventò un ricercatore in ambito industriale: nel 1922 fu assunto presso il laboratorio di ricerca fondato dall'azienda Philips di Eindhoven otto anni prima, e vi rimase fino al 1949. Negli ultimi anni della sua carriera ritornò all'insegnamento universitario, prima presso l'università tecnica di Delft (dove fu professore di elettricità teorica fra il 1938 e il 1949) e poi come professore invitato presso varie università americane. Egli godette di un grande prestigio nel settore tecnologico delle comunicazioni radio, ed ebbe diversi incarichi come esperto nell'ambito della regolamentazione internazionale delle relative infrastrutture.

Negli anni Venti, van der Pol, in ricerche svolte anche in collaborazione con altri studiosi, introdusse un'equazione differenziale che oggi porta il suo nome, volta alla descrizione dei circuiti elettrici dei triodi. Si trattava di un'equazione non lineare:

$$\ddot{x} - \varepsilon\left(1 - x^2\right)\dot{x} + x = 0$$

Egli introdusse per riferirsi al fenomeno oscillatorio descritto da quest'equazione l'espressione "oscillazione con rilassamento".

I problemi della meccanica celeste classica erano allora poco di moda, perché – come abbiamo ricordato – erano allora la teoria della relatività e la meccanica quantistica a tenere banco tra i fisici e i matematici. Oltre a van der Pol, si occupavano allora delle equazioni differenziali non lineari un gruppo di studiosi russi, i cui interessi, oltre che dagli studi di meccanica celeste, derivavano da ricerche tecnologiche relative alla regolazione delle macchine a vapore.

Nel 1928 van der Pol pubblicò (insieme a J. van der Mark) un articolo in cui si studiava il battito cardiaco considerato come oscillazione con rilassamento e si presentava un modello elettrico del cuore; il lavoro fu sviluppato nel seguito e mostrò anche di avere un'utilità pratica in medicina. Gli autori facevano inoltre riferimento alla possibilità di descrivere con lo stesso schema matematico fenomeni di natura molto etereogenea (van der Pol, van der Mark 1928: 765-766; si veda Israel 1997, 1998):

*Alcuni tipici esempi di oscillazioni con rilassamento sono: l'arpa eoliana, un martello pneumatico, il rumore cigolante di un coltello su un piatto, lo sventolio di una bandiera al vento, il rumore ronzante che fa talvolta un rubinetto d'acqua, il cigolio di una porta, il multivibratore di Abraham e Bloch, il tetrodo multivibratore, le scintille periodiche prodotte da una macchina di Wimshurst, l'interruttore di Wehnelt, la scarica intermittente di un condensatore in un tubo a neon, la manifestazione periodica di epidemie e di crisi economiche, la densità periodica di un numero pari di specie animali che vivono assieme e di cui una delle specie serve di nutrimento all'altra, il sonno dei fiori, la manifestazione periodica di temporali dopo una depressione, i brividi di freddo, la mestruazione e, infine, i battiti del cuore.*

Questo è il contesto culturale nel quale, a partire dagli anni Venti del Novecento, si sviluppò la matematica applicata all'organizzazione e alla gestione delle operazioni nell'industria, nelle reti e nei grandi sistemi tecnologici e nelle attività e nei grandi sistemi del settore militare. Tale sviluppo fu agevolato dall'evoluzione della tecnologia e dalla crescente complessità dell'organizzazione industriale, un problema che era stato richiamato all'attenzione generale da Taylor e dal movimento dello "scientific management". Esso beneficiò anche dell'istituzionalizzazione delle ricerche matematiche nei grandi laboratori industriali e all'interno delle università. In ambito accademico, il centro dell'attività matematica internazionale nel periodo a cavallo fra le due guerre era il gruppo di matematici della Facoltà di Filosofia dell'università tedesca di Göttingen, prima sotto la guida di Felix Klein (1849-1925) e poi sotto quella di Hilbert. Klein, in particolare, espresse nella sua attività una visione della matematica pluralista, aperta alla collaborazione internazionale e agli stimoli culturali provenienti dalle scienze, come anche dalla tecnologia e dall'industria. Infine, le nuove idee matematiche, lo sviluppo della logica, dell'algebra e della combinatorica, della probabilità e della statistica svolsero un ruolo fondamentale nello sviluppo di tecniche matematiche per il controllo della produzione, per l'analisi delle operazioni logistiche e di trasporto e per lo studio dei flussi materiali e informativi nelle reti e nei sistemi tecnologici.

Più in generale, la parabola del progetto intellettuale della "matematica dell'organizzazione", ricalca quello di altri settori della matematica applicata alle scienze non fisiche, come l'economia matematica e la biomatematica, emersi – come abbiamo visto – a cavallo fra Settecento e Ottocento, poi rimasti senza seguito per motivi filosofici, e infine rinati con straordinaria forza nel

Novecento. In tutti questi settori la costruzione di modelli si dimostrò un metodo straordinariamente fertile. Esso rese anche possibili numerosi collegamenti interdisciplinari che scavalcavano il classico modello concettuale offerto dalla meccanica. Tipico della metodologia modellistica è, infatti, il trasferimento "spregiudicato" di un modello matematico sviluppato per un certo aspetto di un fenomeno per descrivere un aspetto di un fenomeno in un ambito totalmente diverso, ma per il quale potrebbe mostrare di funzionare in virtù di un'analogia che non è concettuale ma puramente matematica. In altre occasioni era invece esplorata l'equivalenza, dimostrata matematicamente fra schemi matematici diversi: un caso particolarmente significativo riguarda il collegamento fra la teoria dei giochi e la programmazione lineare.

Questi collegamenti suscitarono una gran curiosità fra i ricercatori, furono di stimolo allo scambio e discussione di approcci teorici e di problemi applicativi specifici e furono alla base della fiducia nella metodologia modellistica. Tuttavia, essi alimentarono una fiducia nella matematica che non ammetteva discussioni nè paletti per delimitarla: si parlò così di "irragionevole efficacia della matematica" (il titolo di un famoso articolo del fisico Eugene Wigner (1902-1995), pubblicato nel 1960), lasciando così da parte, soprattutto nei settori accademici meno direttamente coinvolti nella ricerca industriale o militare, l'esigenza di mettere alla prova l'efficacia effettiva degli schemi matematici. Quest'idea trovava anche accoglienza naturale fra i matematici, poiché forniva un nuovo quadro concettuale entro il quale comprendere il rapporto fra matematica e realtà: si trattava di un quadro di tipo idealistico, coerente con la concezione assiomatica della matematica. Esso fu promosso ad esempio da un gruppo di giovani matematici francesi, i "bourbakisti" (che firmavano il loro lavoro collettivo usando lo pseudonimo Nicholas Bourbaki), i quali, in un articolo sull'archittettura della matematica pubblicato nel 1948, affermavano che la matematica forniva "schemi vuoti di contenuti possibili" (Israel 1997).

## 12.2 La matematica industriale nel periodo fra le due guerre mondiali

Nel capitolo 10 abbiamo ricordato l'intuizione di Émile Cheysson sulle prospettive dell'analisi statistica nelle risoluzioni di problemi economici e gestionali in ambito industriale. Fra la fine dell'Ottocento e l'inizio del Novecento furono sviluppate le tecniche dell'inferenza statistica basate sul calcolo delle probabilità, e nacque la statistica matematica moderna. Alla base di questo sviluppo vi fu il lavoro della scuola britannica di biometria, il cui scopo era trovare strumenti quantitativi per lo studio della variabilità genetica. Membri di spicco di questo gruppo di studiosi furono Francis Galton (1822-1911), Karl Pearson (1857-1936) e Ronald Fisher (1890-1962). Fisher, in particolare, lavorò attivamente allo sviluppo dello studio matematico della genetica delle popolazioni allo scopo di sviluppare una sintesi fra l'idea di eredità mendeliana e l'idea della selezione naturale darwiniana. Tuttavia, l'utilità degli strumenti di inferenza statistica andava molto oltre il campo delle scienze della vita, come mostrò efficacemente questo autore nel suo famoso libro *Statistical methods for the research worker* (1925).

Le nuove tecniche dell'indagine statistica furono sfruttate precocemente nelle attività tecnico-pratiche, ad esempio nell'agricoltura (da parte dello stesso Fisher) e nell'industria, e stimolarono ulteriori sviluppi teorici. In campo industriale ne è un esempio notevole la ricerca statistica di William Gosset (1876-1937), meglio noto sotto lo pseudonimo Student con il quale firmava i suoi lavori, un chimico e matematico inglese impiegato della ditta Arthur Guinness Son and Company. Egli lavorò prima presso l'impianto di Dublino e poi a Londra, e condusse le sue ricerche nei primi anni del secolo – anche a contatto con il laboratorio universitario di Pearson – allo scopo di semplificare il campionamento della birra per il controllo della qualità. Le tecniche statistiche si mostrarono particolarmente utili per confrontarsi con il problema della variabilità dei singoli prodotti assemblati nella produzione in serie e dell'individuazione di prodotti difettosi attraverso tecniche di campionamento. I principali lavori sull'argomento furono i seguenti: in Germania, *Applicazioni della statistica ai problemi della produzione di massa* (1927), pubblicato da Richard Becker, Hubert Plaut e Iris Runge; negli Stati Uniti il libro *Economic control of quality of manufactured products* (1931) del fisico Walter A. Shewhart (1891-1967); e infine *The application of statistical methods to industrial standardisation and quality control* (1935) scritto da Egon Pearson (1895-1980, figlio di Karl Pearson) e pubblicato a Londra dalla British Standards Institution.

Shewhart era un fisico che lavorava presso i Bell Telephone Laboratories, un'istituzione di ricerca industriale, fondata nel 1925 dalla fusione dei rispettivi dipartimenti di ingegneria dell'American Telegraph and Telephone Company (AT&T) e della Western Electric, (l'impresa manufatturiera collegata ai servizi dell' AT&T), che sarebbe diventata l'emblema della ricerca tecnologica statunitense a finanziamento privato. Egli pubblicò dapprima le sue idee proprio sul periodico tecnico «Bell System Technical Journal», presentando per la prima volta il problema del controllo statistico di qualità da un punto di vista generale. Egli infatti considerava i sistemi di produzione come sistemi aleatori, in quanto affermava che per ogni insieme di macchine, per quanto perfezionato tecnologicamente, vi è una variabilità delle caratteristiche dell'articolo prodotto. In questo quadro, egli introduceva l'idea di "controllo" applicabile alle operazioni della produzione industriale: "un fenomeno sarà detto controllato quando, attraverso l'uso dell'esperienza passata, possiamo predire, al meno entro certi limiti, come si può prevedere che il fenomeno vari in futuro" (v. Bayart, Crépel 1994: 1388). Quindi lo scopo del produttore è quello di mantenere stabili le caratteristiche statistiche del prodotto; se ciò non era raggiunto poteva essere opportuno intervenire per ritrovare e eliminare le cause fisiche della variazione anomala, in rapporto a una stima costi-benefici di tale operazione.

Nei Laboratori Bell si sviluppò una precoce consapevolezza degli aspetti economici e organizzativi del successo aziendale, i quali erano inscindibili dagli aspetti tecnici e industriali dello sviluppo della rete telefonica commerciale, ossia di questioni come i costi, la misurazione di rendimento e qualità e le previsioni di crescita della domanda. Inoltre, il ruolo della statistica negli studi su questi problemi fu ben capito e sfruttato. I primi studi sul traffico telefonico risalgono agli inizi del secolo; seguirono le ricerche di Edward C. Molina (n. 1877) sul ruolo della distribuzione di Poisson in questo ambito e soprattutto il lavoro di Thornton C. Fry (n. 1892), *Probability and its engineering uses* (1928). Insieme ad altri lavori pubblicati da matematici in riviste matematiche in Germania (di Hilda Geiringer, v. fig. 12.1) e in Unione Sovietica (di Aleksandr Y. Khinchin (1894-1959), nel 1932), sono questi i primi lavori di teoria delle code, pubblicati nel periodo in cui venivano poste in questi ultimi due paesi le basi dell'assiomatizzazione del calcolo della probabilità.

---

**Due donne matematiche nell'ascesa e declino della cultura tecnologica tedesca**

**Fig. 12.1** Nel 1930, nel primo volume della serie tecnico-scientifica pubblicata dal consorzio Osram GmbH (fondato nel 1919 tre ditte tedesche produttrici di lampadine incandescenti, la Siemens, la AEG e la società Auer; il nome deriva dalle parole osmio e wolframio), fu pubblicato un lavoro sulla verifica degli articoli della produzione di massa come problema statistico scritto dalla studiosa Iris Runge (1888-1966). Era figlia del matematico tedesco Carl Runge (1856-1927), uno dei fondatori della moderna analisi numerica, professore presso la Scuola Tecnica Superiore di Hannover, che nel 1904 fu chiamato alla prima cattedra di matematica applicata nelle università tedesche, creata presso l'università di Göttingen per iniziativa di Klein e Hilbert. Un'altra delle prime donne laureate in matematica in Germania, Hilda Geiringer (1893-1973) – allieva e poi moglie di Richard von Mises (1883-1953) –, anche lei studiosa di matematica applicata, si occupò invece di problemi che sono alla base della moderna teoria delle code, nel contesto del suo lavoro presso la Poste tedesche; Geiringer, nata in Austria da una famiglia di religione ebraica, lasciò la Germania nel 1933 e nel seguito si stabilì negli Stati Uniti. Questi due esempi mostrano come l'avvento del nazismo, oltre a distruggere la cultura scientifica e tecnica tedesca, ebbe un impatto negativo sul ruolo che in quel contesto sociale avanzato avevano iniziato a svolgere le donne.

---

Nei lavori successivi sul controllo di qualità furono introdotti altri aspetti, come il rapporto fra il punto di vista del produttore e quello del cliente o consumatore in termini di rischio legato all'efficienza dei metodi di campionamento. Tuttavia, come ricordano Denis Bayart e Pierre Crépel (1994), la visione stocastica dei processi industriali capovolgeva la visione meccanica tipica degli ingegneri. Ne è un buon esempio il punto di vista di Henri Le Chatelier (1850-1936), sostenitore delle idee di Taylor, che lavorò attivamente allo scopo di collegare la formazione di scuola degli ingegneri francesi con la realtà delle imprese e degli stabilimenti industriali, sostenendo in particolare l'opportunità degli stage in fabbrica. Tuttavia, egli rifiutava radicalmente l'uso di un approccio probabilistico sia in ambito scientifico che nelle attività dell'ingegnere. Shewhart, come van der Pol o come Richard Becker, lavoravano nell'ambito dell'elettrotecnica, il settore più giovane fra le tecnologie, e forse questo può contribuire a spiegare la loro maggior libertà nell'uso degli strumenti matematici, insieme alla complessità dell'assemblaggio dei prodotti in questo settore e dell'organizzazione dei servizi come il telefono.

## Il significato epistemologico degli strumenti matematici

I biometrici introdussero l'idea di *correlazione* statistica fra variabili quantitative allo scopo di affievolire l'idea di "causa" che si esprime matematicamente attraverso la descrizione dei rapporti fra le variabili che intervengono in un fenomeno per il tramite di una funzione oppure in termini di equazioni differenziali. Infatti, l'idea di causa è tipica della meccanica e della fisica: l'esempio per eccellenza è il rapporto fra la forza e l'accelerazione di un mobile, che si esprime attraverso l'equazione $F = m \cdot a$ (la seconda legge di Newton, che è un'equazione differenziale). Ma la causazione è una categoria epistemologica difficile da adoperare nel contesto delle scienze della vita e delle scienze umane e sociali, e abbiamo visto che l'uso della matematica all'interno di questo quadro suscitava in genere una reazione negativa. Come affermava nel 1934 Pearson in una conferenza tenuta presso lo University College di Londra, la correlazione era una categoria più ampia, al cui interno il rapporto causale era soltanto un caso limite: *Fu Galton il primo che mi liberò dal pregiudizio che la buona matematica potesse essere applicata ai fenomeni naturali soltanto sotto la categoria della causazione. Si aveva qui per la prima volta la possibilità – non dirò la certezza – di ottenere una conoscenza tanto valida quanto si considerava allora la conoscenza fisica, nel campo delle forme viventi e soprattutto nel campo della condotta umana* (v. Provine 1971: 28).

Il rinnovamento degli strumenti matematici era una tappa obbligata per poter proseguire un programma di matematizzazione delle scienze non fisiche. Difatti, uno degli ostacoli più severi alla diffusione dei lavori di Léon Walras sull'economia matematica era stato proprio la debolezza matematica della sua impostazione, messa in evidenza anche dai matematici ai quali egli si rivolse. Quest'esigenza era ben presente tanto agli autori della scuola biometrica, quanto al fondatore della biomatematica, Vito Volterra. Tuttavia, il loro contributo apre una biforcazione fondamentale quanto all'indirizzo di questo rinnovamento. Volterra sosteneva un punto di vista di stampo riduzionistico, secondo il quale la strada da seguire era quella di estendere il modello concettuale della meccanica, che fu aspramente criticato da Egon Pearson. La differenza radicale fra entrambe queste impostazioni si manifesta anche nelle reazioni avute nel mondo scientifico degli anni Venti e Trenta del Novecento agli studi di Volterra, ed in particolare nel dibattito che si ebbe sul problema della verifica dei suoi risultati matematici con dati di osservazione o sperimentali. Si può affermare che, al di là dell'apprezzamento per il valore strettamente matematico del suo lavoro – Volterra era un matematico di fama –, la sua proposta metodologica ed epistemologica non fu bene accolta; e difatti i suoi studi furono sviluppati solo più tardi, a partire dalla fine degli anni Cinquanta. Il dibattito mostra che in quegli anni l'idea di una matematizzazione "forte" delle scienze non fisiche, guidata dall'esempio della meccanica, era viva soprattutto fra alcuni studiosi dell'Europa continentale, in particolare francesi e russi.

Per quanto riguarda invece le tecniche matematiche di ottimizzazione, in quegli anni vi furono importanti sviluppi in Unione Sovietica. La cultura scientifica russa aveva conosciuto una stagione di grande vivacità fra la fine dell'Ottocento e gli inizi del Novecento. In particolare, nelle università di Mosca e di San Pietroburgo si era sviluppata una scuola matematica che diede fondamentali contributi alla nuova matematica del XX secolo, nell'ambito delle nuove tecniche algebriche e topologiche applicate all'analisi matematica (la cosiddetta analisi funzionale), come anche nell'assiomatizzazione del calcolo della probabilità (con il lavoro di Andrei Kolmogorov (1903-1987)) e nella meccanica. Vi fu anche un grande sviluppo della ricerca nelle scienze naturali, stimolato anche dall'eco delle teorie di Darwin. Ne fu una figura emblematica lo studioso Vladimir Vernadsky (1863-1945), che sosteneva una visione olistica del mondo naturale fondata sull'idea di biosfera, vale a dire una visione dei fenomeni basata sulla struttura delle interconnessioni fra i processi, la materia e gli esseri viventi, lontana dalle immagini meccaniche del mondo.

Il pensiero comunista era contagiato dallo scientismo tipico dell'atmosfera intellettuale della seconda metà dell'Ottocento, il periodo nel quale esso si era forgiato, e quindi dopo la rivoluzione sovietica rimase vivo l'interesse per la scienza e la fiducia nell'alleanza fra sviluppo scientifico e progresso tecnico e industriale della nazione. Gli scienziati erano quindi chiamati a dare un contributo importante alla costruzione dell'infrastruttura industriale fondamentale per la solidità della nuova società comunista. Queste convinzioni furono alla base del grande sviluppo scientifico e tecnologico dell'Unione Sovietica nel Novecento, ma anche di uno stretto meccanismo di controllo ideologico dell'attività scientifica da parte dei governanti, che portò a pesanti interventi di indirizzo delle ricerche stesse nel periodo stalinista, ad esempio nella biologia e nella fisica (con il rifiuto della moderna fisica teorica e il sostegno della meccanica classica e della meccanica applicata).

Il taylorismo ebbe quindi un'accoglienza paradossale negli anni eroici postrivoluzionari, in parte negativa, poiché riproponeva quell'idea di efficienza legata alla divisione del lavoro che era alla base della critica comunista al capitalismo industriale, ma in parte positivo, perché sosteneva la possibilità di un approccio scientifico agli urgenti problemi di organizzazione industriale del paese. Nel 1921, in un importante convegno dedicato all'organizzazione del lavoro e della produzione, il pensatore bolscevico Aleksandr A. Malinovskij (1873-1928), noto come Bogdanov, proponeva una rilettura di queste idee in una chiave globale che fondeva alcuni capisaldi del pensiero comunista e le concezioni olistiche russe. Egli affermava infatti l'esigenza di sviluppare una nuova scienza, da lui chiamata «tettologia», che aveva al suo centro l'idea di "organizzazione", intesa come un processo universale che è alla base della dinamica dei mondi organici e inorganici, nella produzione, nell'interazione sociale e nella creatività umana (Gloveli 1998: 48). Egli scriveva nel suo libro *Tettologia: Scienza generale dell'organizzazione* (*Tecktologija: Vseobshachaja Organizatsionnaja Nauka*, 1925, 3° ed.): "le relazioni strutturali possono essere generalizzate allo stesso livello di formalità schematica delle relazioni fra grandezze in matematica, e su questa base i compiti organizzativi possono essere risolti sulla base di metodi analoghi a quelli della matematica. Dico di più, io vedo i rapporti quantitativi come un tipo speciale di rapporti strutturali, e la matematica stessa come una branca della scienza generale dell'organizzazione che per motivi specifici si è sviluppata per prima. Ciò spiega l'enorme potenza pratica della matematica come uno strumento per l'organizzazione della vita" (cit. in Urmantsev 1998: 23).

A partire dalla fine degli anni Venti ebbero inizio, con il lavoro di A. N. Tolstoj sulla pianificazione del traffico ferroviario, le ricerche di alcuni studiosi russi su problemi di organizzazione tecnica e industriale imperniate sull'idea di ottimizzazione (in questo caso, era considerato un criterio razionale la minimizzazione della lunghezza totale dei percorsi della rete). Su questo e altri problemi lavorò il matematico Leonid Kantorovich (1912-1986), professore dal 1934 dell'università statale di Leningrado ed esperto di analisi funzionale, che presentò le sue idee nella monografia (in russo) *Sull'organizzazione e la pianificazione matematica* (1939). In effetti, il primo incarico di questo genere avuto da Kantorovich riguardava il problema dello smistamento delle materie prime fra il macchinario a disposizione dell'azienda pubblica di lavorazione del legname di Leningrado, in modo da massimizzare la produttività sotto certi vincoli; anni dopo, egli si occupò del taglio delle lamine di acciaio nell'impianto di fabbricazione di vetture della città. Ecco come ricordava la sua esperienza (Kantorovich 1992): "Matematicamente, si trattava di un problema di massimizzazione di una funzione lineare su un politopo convesso. La raccomandazione generale del calcolo ben nota, ossia quella di confrontare i valori della funzione nei vertici del politopo, perdeva qui la sua forza poiché il numero dei vertici era enorme persino in problemi molto semplici. Ma questo problema accidentale mostrò di essere in realtà tipico. Trovai molti problemi economici con la stessa forma matematica: la distribuzione del lavoro nelle macchine, l'uso migliore dell'area di semina, il taglio razionale del materiale, l'uso di risorse complesse, la distribuzione dei flussi nel trasporto. Ciò rappresentava una ragione sufficiente per cercare un metodo di soluzione del problema efficiente. Il metodo che chiamai 'metodo dei motiplicatori risolventi' fu trovato sotto l'influsso delle idee dell'analisi funzionale".

Kantorovich, un giovane e brillante matematico formatosi fra studiosi di prim'ordine, si dimostrò un innovatore straordinariamente creativo. In primo luogo, egli concepì da un punto di vista generale il problema dell'«allocazione» (ossia la assegnazione o ripartizione) ottima delle risorse limitate, sottostante a molti esempi pratici relativi alla produzione industriale, alla distribuzione e alle reti di trasporto, e ne rilevò anche le implicazioni nei fenomeni economici generali dell'economia pianificata. In secondo luogo, egli formulò tale problema in termini matematici moderni, esprimendo in termini algebrici sia l'obiettivo (in termini di massimo e minimo) sia i vincoli (tramite equazioni e disequazioni) del singolo problema e lavorando a teoremi generali sull'esistenza di soluzioni. Egli coinvolse nelle prime discussioni su questo nuovo ambito di ricerca matematici, ingegneri ed economisti della sua università e, nel seguito, sviluppò sistematicamente le sue idee in collaborazione con un gruppo di allievi.

Negli anni Quaranta, tuttavia, nel terribile periodo della dittatura di Stalin, le tecniche matematiche dell'economia caddero in disgrazia e Kantorovich continuò il suo lavoro in un ambiente ostile e senza pubblicare nuovi risultati. Queste circostanze della situazione interna del paese – che aggravavano le già pesanti difficoltà di comunicazione dovute alla tensione internazionale nel periodo della Guerra Fredda – spiegano il motivo per cui le sue ricerche diventarono note internazionalmente solo alla fine degli anni Cinquanta. Dopo la morte di Stalin, egli pubblicò il suo libro *L'uso migliore delle risorse economiche* (1959) e i suoi lavori vennero alla luce in inglese sulla rivista «Management science». Nel seguito Kantorovich diventò direttore del Laboratorio di ricerca dell'Istituto di controllo dell'economia nazionale di Mosca; egli morì pochi anni prima della fine dell'Unione Sovietica.

### Kantorovich, Pareto e l'ideologia dell'ottimizzazione matematica

Nel 1960 si tenne a Mosca un convegno sull'applicazione dei metodi matematici all'economia e alla pianificazione. Nel suo intervento, Kantorovich ricordava in questi termini ironici, come esortazione alle nuove generazioni, la situazione in cui si era venuto a trovare negli anni Quaranta (citato nell'introduzione di Leifman 1990):

*Il compagno Mstislavskij parlava della necessità di applicare i metodi matematici in economia. Tuttavia, non sempre egli ha detto così; non molto*

▶

*tempo fa sosteneva altre cose. E il suo amico e coautore Yastremskij in un convegno si rivolse a me dicendo: 'Stai parlando di un ottimo. Ma lo sai chi parla di ottimo? Il fascista Pareto parla di ottimo! Sapete come sonavano queste parole nel 1943. Ciononostante, io non dissi – pur di non essere come il fascista Pareto – sforziamoci di ottenere il massimo dei costi e il minimo della produzione.*

I detrattori di Kantorovich si riferivano all'ingegnere e studioso di scienze sociali italiano Vilfredo Pareto (1848-1923), e alle sue ricerche sulla teoria dell'utilità. Pareto, successore di Walras alla cattedra di economia politica dell'università di Lausanna, è insieme a quest'ultimo uno dei padri fondatori dell'economia matematica moderna. E tuttavia, la sua carriera come economista teorico e professore universitario fu preceduta da vent'anni di lavoro come ingegnere impegnato nella direzione aziendale. Dopo la laurea in ingegneria presso il Politecnico di Torino nel 1870, egli lavorò dapprima presso l'Ufficio centrale del servizio del materiale e della trazione di Firenze della Società delle Strade Ferrate Romane e poi come direttore tecnico della ferriera di San Giovanni Valdarno della Società per l'Industria del Ferro, della quale diventò Direttore generale nel 1875, rimanendo in quest'incarico fino al 1890. Alla fine della sua vita Pareto approvò e appoggiò l'arrivo al potere di Mussolini.

## 12.3 Gli scienziati in guerra: la nascita della ricerca operativa

Il programma di lavoro scientifico formulato in Gran Bretagna negli anni della Seconda Guerra Mondiale sotto il nome di "operational research" rappresentò una svolta decisiva nella storia delle applicazioni della matematica ai problemi della gestione e dell'organizzazione. Alle sue origini si ritrova, ancora una volta, un'innovazione tecnologica sviluppata negli anni fra le due guerre con il contributo di studiosi di vari paesi: il radar. Si tratta di uno dei primi esempi di un fenomeno tipico della storia della tecnologia nel Novecento, ossia lo sviluppo di un'invenzione, in una prima fase, nelle sue applicazioni militari, e il trasferimento successivo agli usi civili. Ciò segna un cambiamento rispetto al periodo precedente. Infatti, è vero che il telegrafo ottico fu sfruttato essenzialmente per le trasmissioni militari, che i metodi di produzione in serie furono sviluppati inizialmente nella fabbricazione delle armi leggere e che la navigazione a vapore fu sfruttata per ammodernare le forze militari navali. E tuttavia, nella maggior parte delle grandi innovazioni tecniche dell'Ottocento – il telegrafo elettrico, la ferrovia, il telefono o i motori elettrici – le applicazioni industriali e la commercializzazione avvenne insieme agli usi militari.

La Seconda Guerra Mondiale mise in evidenza in modo inequivocabile l'importanza dell'innovazione tecnologica nella supremazia militare. Lo sviluppo tecnologico diventò quindi interesse nazionale sottoposto a un maggior controllo e segretezza da parte dei governi, e con esso anche la ricerca scientifica. Ingegneri e scienziati diedero un contributo allo sviluppo delle operazioni militari inedito nella storia precedente, e ciò riguardò quasi tutti i principali paesi protagonisti del conflitto bellico. Il clima vissuto in quel periodo evoca quindi la mobilitazione degli scienziati francesi nel periodo di assedio della giovane repubblica rivoluzionaria francese, e ciò risulta particolarmente evidente nel caso della Gran Bretagna, dove le richieste da parte del governo incontrarono eco presso un gruppo di studiosi civili fra cui molti di orientamento politico progressista, ed ebbe così inizio uno sviluppo inedito nella storia della cultura tecnica inglese che, come abbiamo visto, era stata segnata dall'impronta dell'iniziativa individuale e della cultura di impresa.

Il coinvolgimento degli scienziati civili nelle strategie di sviluppo del radar prese il via dal 1937, prima quindi dello scoppio della guerra, su iniziativa del Costal Command britannico. L'implementazione del radar si configurava come un problema di sistema di difesa del territorio nazionale dall'eventualità dell'attacco aereo nemico. L'efficienza del sistema non dipendeva soltanto da quella dei dispositivi tecnici collocati sulle coste britanniche, ma anche da quella degli operatori umani coinvolti e, più strutturalmente, della rete di comunicazioni fra le varie postazioni radar, i vari comandi centrali delle forze militari (quali il comando delle coste e il commando antiaereo), i gruppi aerei che dovevano decollare tempestivamente in presenza di aerei nemici e le batterie antiaeree. L'implacabile attacco delle forze di Hitler subito fra il maggio 1940 e il maggio 1941 dalla Gran Bretagna, sostenuta unicamente dai rifornimenti navali degli Stati Uniti, stimolò un impressionante sforzo nazionale al cui successo contribuì una visione globale del problema in termini di sistema: la rete centrale imperniata sul radar si collegava infatti a un problema operativo più ampio riguardante i piloti e il personale militare britannico, i rifornimenti di materiale, munizioni, combustibile, e quindi il sistema di trasporto navale transatlantico e l'organizzazione dell'industria di guerra.

In questo quadro generale si svolse il lavoro dei responsabili militari, degli organizzatori delle fabbriche di aerei da guerra e anche quello dei gruppi di scienziati coinvolti nella decrittazione dei messaggi segreti tedeschi a Bletchley Park e nei gruppi di "ricerca operativa" che erano stati organizzati dalla Marina, dall'Aviazione e dall'Esercito. L'attività dei gruppi di ricerca operativa britannici proseguì attivamente anche dopo la fine della battaglia d'Inghilterra. Essa non si sviluppava all'interno di schemi rigidi, bensì riguardava lo studio degli aspetti scientifici di problemi bellici di ogni genere: l'efficienza delle armi e dei bombardamenti, lo studio della detonazione e delle onde esplosive e i problemi di ottimizzazione della rete organizzativa che abbiamo descritto, che comportava un'intensa circolazione di informazioni attraverso rapporti scritti e raccolte statistiche su ogni attività, nonché aspetti psicologici e fisiologici riguardanti individui o gruppi (il rendimento dei piloti, la dizione degli operatori o la struttura fisica delle sale operative).

Uno dei protagonisti di quest'attività, il fisico e futuro premio Nobel Patrick Blackett (1897-1974), allora responsabile dell'Antiaircraft Command Research Group dell'Esercito, scrisse nel 1941 due primi rapporti sull'idea di ricerca operativa e sulla sua metodologia, intitolati "Scientist at the operational level" e "A note on certain aspects of the methodology of operational research", che ebbero un'ampia circolazione anche negli Stati Uniti e furono poi ripubblicati nel suo saggio *Studies of war. Nuclear and conventional* (1962). Questi rapporti rappresentano la manifestazione, nell'ambito delle operazioni belliche, della cultura dell'organizzazione e della gestione come problema scientifico tipica dell'epoca, con una maggior sottolineatura degli strumenti matematici. Blackett affermava il valore del "pensiero numerico sulle questioni operative" come garanzia di razionalità nelle decisioni relative alla guerra e faceva riferimento all'uso della statistica e delle equazioni differenziali per calcolare "il miglior effetto" o rendimento sia delle armi e del materiale, sia degli uomini in guerra. A questo riguardo era necessario considerare l'uso "sia di metodi sperimentali sia di metodi analitici", per valutare come un'"operazione reale poteva essere alterata se alcune delle variabili, ad esempio la tattica scelta oppure le proprietà delle armi impiegate, veniva modificata" (Blackett 1962: 173, 180).

Questa metodologia "empirica" basata in parte sulla correlazione statistica fra un gran numero di variabili fu alla base di un importante rapporto sul movimento dei convogli navali nell'Atlantico, stilato nel marzo 1943 sulla base di un'imponente raccolta di rapporti cartacei dei due anni precedenti, che proponeva una serie di suggerimenti relativi all'ottimizzazione del numero di

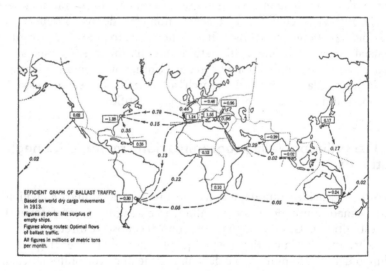

**Fig. 12.2** Grafo efficiente del traffico di navi da carico in zavorra (ossia senza carico) secondo rotte ottimali tracciato da Tjalling Koopmans sulla mappa del mondo sulla base di dati relativi al 1913 procedenti da un rapporto del 1928 dell'amministrazione statistica tedesca. Koopmans pubblicò i suoi risultati, senza trattazione matematica, per la prima volta nel 1947 (Koopmans 1951: 222).

navi da trasporto e navi di scorta e della configurazione spaziale del gruppo, allo scopo di prevenire e di difendersi dagli attacchi dei sottomarini. Dall'altra parte dell'oceano, il problema logistico di distribuzione e trasporto navale fu studiato da un punto di vista più matematico da parte di due studiosi, i cui lavori non ebbero però seguito dal punto di vista pratico. Nel 1941 il matematico Frank L. Hitchcock (1875-1957), professore del MIT, pubblicò nel «Journal of mathematics and physics» un articolo su "The distribution of a product from several sources to numerous localities". Senza essere a conoscenza di questo lavoro, lo studioso olandese Tjalling Koopmans (1910-1985), un economista matematico emigrato nel 1940 e che lavorava presso l'ufficio britannico a Washington incaricato dei problemi relativi al trasporto navale delle merci attraverso l'Atlantico, presentò nel 1942 il suo studio "Exchange ratios between cargoes on various routes" che analizzava il problema dell'ottimizzazione dei percorsi marittimi.

Dopo la fine della guerra, in Gran Bretagna il governo laburista di Clement Atlee – che vinse le elezioni nel luglio del 1945 contro il candidato conservatore, Winston Churchill – nazionalizzò la Banca d'Inghilterra e le imprese in settori strutturali dell'economia come il carbone, l'elettricità, la siderurgia e il trasporto. Nelle nuove imprese statali, sulla base delle quali si doveva ricostruire l'economia nazionale, furono creati gruppi di ricerca operativa che trasferirono l'esperienza bellica agli aspetti logistici e di pianificazione di questi settori industriali e dei servizi pubblici. Nel 1948 iniziò la pubblicazione di un bollettino di informazione, «Operational research quarterly», a cura di un gruppo di cultori della materia, e nel 1954 fu fondata la Operational Research Society. Tuttavia, alcuni, fra cui Blackett, non consideravano opportuna un'istituzionalizzazione accademica di ciò che era nato come un progetto volto essenzialmente all'azione e di natura interdisciplinare. Questa strada fu imboccata invece con decisione negli Stati Uniti, dove, con una piccola modifica del nome (da "operational research" a "operations research") essa assunse i connotati di una vera e propria disciplina scientifica.

## 12.4 Lo sviluppo della programmazione matematica negli Stati Uniti

Ancor prima dell'entrata degli Stati Uniti in guerra, militari e civili statunitensi e canadesi prendevano parte allo sforzo congiunto, con frequenti visite di questi ultimi in Gran Bretagna, allo scopo di conoscere direttamente le esperienze britanniche, in particolare per quanto riguarda la ricerca operativa e lo sviluppo del calcolo numerico e delle macchine di calcolo automatico. La collaborazione degli scienziati con le forze armate statunitensi, fino ad allora basata su singole iniziative, si organizzò a partire dal 1940 attorno a un Comitato di Ricerche per la Difesa Nazionale (National Defense Research Council, NDRC) presieduto da un ingegnere, Vannevar Bush (1890-1974). Dopo l'attacco giapponese a Pearl Harbour nel dicembre 1941 e l'entrata degli Stati

Uniti in guerra, questo comitato fu inglobato in un'agenzia chiamata Office of Scientific Research and Development, sempre presieduta da Bush. Il lavoro dei sempre più numerosi matematici coinvolti nella ricerca militare fu coordinato a partire dal 1942 da un comitato chiamato Applied Matematics Panel e diretto da Warren Weaver (1894-1978), all'interno del NDRC, che gestiva i contratti stipulati dal governo con singoli gruppi di ricerca attivi nelle università.

L'organizzazione della ricerca scientifica in tutti i settori – inclusa la medicina o le scienze sociali – messa in piede per contribuire allo sforzo bellico fu un'iniziativa di enorme portata, che pose le basi del grande sviluppo di tutte le branche della scienza e della tecnologia negli Stati Uniti del dopoguerra. In questo periodo si consolidò una visione ben articolata del rapporto stretto che intercorreva fra la ricerca scientifica pura e applicata, lo sviluppo tecnologico e la supremazia industriale e militare. Il principale portavoce di questa concezione globale, che diventò ampiamente condivisa, fu proprio Bush. Essa era imperniata sulla libertà della ricerca pura, che doveva essere sostenuta anche dal governo, attraverso le istituzioni militari e civili, e sulla visione della tecnologia come "scienza applicata".

Allo sforzo bellico contribuirono molti studiosi emigrati negli Stati Uniti da tutti i paesi dell'Europa, che si aggregarono attorno al sostegno al paese che li aveva accolti e che consideravano la patria della libertà. Dall'incontro tra culture ed esperienze molto diverse risultò una stagione di grande creatività. Fu una fase della storia della scienza che suscita ammirazione e stupore, ma tinta di lati molto drammatici. Né è un esempio emblematico lo sviluppo della bomba atomica presso il Laboratorio segreto di Los Alamos (nello stato del New Mexico), un progetto sostenuto dal più illustre degli emigrati, Einstein, e al quale contribuirono l'italiano Enrico Fermi, gli ungheresi von Neumann e Edward Teller e molti altri.

Uno dei primi gruppi di ricerca operativa statunitense fu creato presso il MIT dal fisico Philip M. Morse (1903-1985), sostenuto da un contratto del NDRC, e si occupò di problemi analoghi a quelli dei colleghi britannici, quali l'uso efficiente del radar e la guerra sottomarina. Molti gruppi lavoravano nelle ricerche statistiche. Nelle università, il principale gruppo era quello attivo presso la Columbia University, nel quale lavorarono, fra gli altri, George J. Stigler (1911-1991), futuro premio Nobel per l'economia nel 1982, e il matematico austriaco Abraham Wald (1902-1950), esperto di statistica e studioso anche di economia matematica, che era stato un collaboratore di Morgenstern ed era emigrato nel 1938. Wald sviluppò nel 1943 le tecniche statistiche note come analisi sequenziale, proprio allo scopo di diminuire la grandezza dei campioni necessari per il controllo di qualità dell'equipaggiamento militare, rispetto a quanto richiesto dal test di Neyman-Pearson (sviluppata da Jerzy Neyman (1894-1981) insieme a Egon Pearson) allora comunemente usato, ma mantenendo lo stesso rischio di errore.

In un ufficio statistico militare, lo Headquarters Statistical Control dell'Aeronautica militare, a Washington, lavorava invece dal 1941 George Dantzig (n. 1914), a capo di un'unità nota come Combat Analysis Branch. Dopo gli studi di matematica presso le università di Maryland e Michigan, Dantzig aveva lavorato come statistico presso un'agenzia federale, il Bureau of Labor Statistics, fra il 1937 e il 1939. Era poi ritornato all'università per preparare una tesi di dottorato in statistica sotto la supervisione di Neyman, a Berkeley, ma l'arrivo della guerra interrupe di nuovo i suoi studi. Oltre alla raccolta sistematica di dati su voli aerei e bombardamenti, egli collaborò con altre divisioni dell'Aeronautica nella pianificazione dei "programmi". La quantità e complessità dei dati logistici (beni e servizi di ogni tipo, a centinaia di migliaia, e migliaia di specializzazioni professionali operative) era trattata con il solo ausilio degli elaboratori analogici e delle macchine da ufficio a schede perforate fabbricate dall'IBM. Nel 1944 ricevette un'onorificenza del Ministero della Difesa per il suo lavoro (War Department Exceptional Civilian Service Medal).

Finita la guerra, Dantzig discusse la sua tesi di dottorato a Berkeley, e ricevette una proposta per rimanere all'università. Tuttavia, essa non era per niente allettante dal punto di vista del salario, e quindi egli ritornò a Washington e nel giugno del 1946 lavorava di nuovo alle dipendenze del Ministero della Difesa, come consigliere matematico presso la Divisione di Ricerca sulla Pianificazione dell'ufficio economico dell'Aeronautica militare. Egli ricorda che, per evitare che si cercasse una posizione accademica, i suoi colleghi al Pentagono, fra cui Marshall K. Wood, gli proposero di lavorare al problema della "meccanizzazione del processo di pianificazione", ossia trovare il modo per accelerare il calcolo di un "programma scadenzato nel tempo di dispiegamento, addestramento e rifornimento logistico" (Dantzig 1991: 20). Si trattava quindi di lavorare ancora sui problemi con i quali ci si era confrontati durante la guerra, ma senza la pressione delle richieste effettive del periodo bellico. Le nuove possibilità offerte dagli elaboratori elettronici rendevano inoltre questo lavoro ancora più interessante, perché s'intravedeva la possibilità di risolvere effettivamente, pur di ottenere una formulazione precisa, problemi straordinariamente complessi. I primi computer erano stati sviluppati in segreto durante la guerra in vari laboratori, e ora cominciavano a circolare notizie più precise, in particolare sull'EDVAC, il primo elaboratore programmabile (la parola "programma", intesa nel senso oggi usuale in informatica, non era ancora usata, e si parlava invece di codici).

Dantzig, pur se straordinariamente addentro ai problemi pratici dell'organizzazione militare, era anche uno scienziato con una solida formazione matematica, e aveva ora l'occasione di formulare il problema da un punto di vista teorico. Da una parte, andando oltre la pianificazione militare, egli considerò il problema di programmazione di una qualsiasi organizzazione, basandosi su un'idea di programma centrata sugli obiettivi. Inoltre, egli stabilì il collegamento fra questo problema e i problemi di pianificazione economica, così com'erano stati formulati dall'economista di origine russa Wassily Leontief (1906-1999), professore presso l'università di Harvard, nel suo famoso modello interindustriale input-output per l'economia americana. Questo modello, presentato nel 1932, era stato applicato dal Bureau of Labor Statistics, e sarebbe diventato negli anni seguenti la base dell'econometria, ossia dello studio dei processi macroeconomici con l'ausilio della statistica. Infine, Dantzig compiendo un ulteriore passo di astrazione, formulò il problema in termini matematici assiomatici, introducendo i concetti astratti di «attività» e di «bene»: l'assiomatizzazione era, infatti, la base dello sviluppo di una nuova disciplina matematica.

Verso la metà del 1947 Dantzig aveva formulato in problema in veste teorica, e si trovava quindi di fronte a un problema matematico astratto, ossia la massimizzazione di una forma lineare (la funzione obiettivo) soggetta a condizioni espresse tramite equazioni e disequazioni lineari. Gli anni 1947-49 furono un periodo di fermento, durante il quale Dantzig si impegnò a far conoscere le sue idee, e le elaborò e completò anche in collaborazione con altri studiosi, fra cui Koopmans e von Neumann. Nel giugno del 1947 egli incontrò Koopmans, che lavorava presso la Cowles Commission for Research in Economics, un istituto di ricerca fondato nel 1932 e affiliato all'Università di Chicago. Koopmans ritornò sul problema del trasporto che aveva esaminato durante la guerra usando questa nuova cornice matematica e soprattutto – intravedendo i collegamenti di questi problemi con altri aspetti teorici nell'ambito dell'economia matematica – si impegnò attivamente nella diffusione di queste idee fra i cultori di questa disciplina. Nell'estate del 1947, secondo la propria testimonianza, anche sulla base delle tecniche matematiche messe all'opera nella sua tesi di dottorato, Dantzig mise a punto il metodo per ottenere una soluzione del problema (una soluzione ammissibile massima) che divenne noto come «metodo del simplesso», terminologia derivata dall'interpretazione geometrica dei punti coinvolti nella soluzione. Si trattava infatti di un metodo costruttivo, ossia computabile, suscettibile di essere applicato nella pratica con l'aiuto del calcolatore. All'inizio dell'autunno, grazie anche ai suggerimenti di Koopmans (Dantzig 1951: 339, in nota), egli aveva completato la dimostrazione matematica della validità del metodo. Esso diventò la base di una nuova teoria matematica, la programmazione lineare, la quale a sua volta fu il primo capitolo di un'intera disciplina, la programmazione matematica.

Nell'ottobre dello stesso anno Dantzig incontrò von Neumann presso l'Institute of Advanced Study di Princeton. Come in altri casi, anche per Dantzig questo scambio fu memorabile, per la comprensione profonda del problema che von Neumann mostrò del problema dell'ottimizzazione lineare, e la sua ipotesi che si trattasse di un problema equivalente, da un punto di vista matematico, alla teoria dei giochi. "In questo modo – egli ricorda – seppi per la prima volta del lemma di Farkas e della dualità" (Dantzig 1991: 24)

Alla fine del 1948 Dantzig e Wood presentarono il lavoro del gruppo di "programmazione scientifica di programmi ottimi" a una riunione della Società di econometria statunitense. Nel giugno del 1949 si tenne a Chicago un importante convegno sulla programmazione lineare organizzato da Koopmans, un incontro interdisciplinare i cui atti, pubblicati sotto il titolo *Activity analysis of production and allocation* (1951) sono un testo fondamentale della storia dell'economia matematica del Novecento e nel contempo il primo libro sulla programmazione matematica. Si trattava di un volume collettivo, a riprova che queste ricerche erano frutto non solo del lavoro indivi-

**Fig. 12.3** Koopmans, Danzig e Kantorovich presso l'IIASA (International Institute for Applied Systems Analysis), a Laxenburg (Austria) nel 1976. Nel 1973 il premio Nobel per l'economia fu assegnato a Leontief per lo sviluppo del metodo input-output; due anni dopo esso fu condiviso da Kantorovich e Koopmans per i loro contributi alla teoria dell'allocazione ottima delle risorse. Già la pubblicazione dei lavori di Kantorovich sulla rivista «Management science» aveva provocato all'inizio degli anni Sessanta una discussione di priorità sull'ottimizzazione lineare (che ritornò ancora negli anni Ottanta sulla rivista «Annals of the history of computing»). L'esclusione di Dantzig dal premio Nobel fu di nuovo motivo di tensione, stavolta all'interno della comunità degli studiosi statunitensi. Negli scritti autobiografici di Dantzig e di Koopmans il punto chiave riguarda le date dei loro incontri dell'anno 1947. Essa riflette senza dubbio il fatto che Dantzig non era un economista (ma non lo era nemmeno Nash, che vinse il premio Nobel per i suoi contributi alla teoria dei giochi nel 1994).

Queste sovrapposizioni del lavoro di diversi studiosi sono significative storicamente, in quanto esse confermano che in questo periodo si ebbe una rinascita dell'idea di una razionalità matematica nell'ambito delle scienze sociali, che attraversò contesti culturali e disciplinari diversi.

duale ma anche, o forse soprattutto, della collaborazione fra studiosi. Il libro era organizzato in modo sistematico. Esso presentava dapprima la nuova teoria generale della programmazione e dell'allocazione partendo dal resoconto del lavoro fondazionale di Dantzig. La teoria era illustrata poi con esempi concreti riguardanti la rotazione e la pianificazione delle coltivazioni nelle fattorie agricole, la pianificazione delle operazioni militari legate all'imponente ponte aereo americano per rifornire Berlino ovest dopo il blocco deciso da Stalin fra il maggio del 1948 e il maggio del 1949, la produttività dell'industria aeronautica e il problema del trasporto. Nella seconda parte erano sviluppati gli aspetti matematici della teoria – le proprietà degli insiemi convessi legate allo studio delle disequazioni lineari e i rapporti fra la teoria dei giochi e la programmazione lineare – e la soluzione costruttiva del problema della programmazione lineare con il metodo del simplesso.

Nell'introduzione del volume, Koopmans formulava il problema scientifico generale, definendolo come "un problema fondamentale dell'economia normativa: la miglior assegnazione di mezzi limitati volti a fini desiderati". Egli sottolineava le connessioni inaspettate fra lavori sviluppati indipendentemente da economisti, matematici e amministratori, e i collegamenti fra linee di ricerca apparentemente distanti, nell'ambito dell'economia teorica (la teoria dell'equilibrio economico generale e le ricerche sull'economia del benessere e l'economia pianificata socialista) e in ambiti pratici e operativi (gli sviluppi del modello di Leontief e i problemi "dell'organizzazione della difesa e della conduzione della guerra").

Quest'interazione fra l'economia teorica e l'attività organizzativa pratica fu catalizzata da due elementi: da una parte, la condivisione degli strumenti matematici; dall'altra, l'interesse comune per i problemi di pianificazione e controllo delle attività. Quanto al primo aspetto, l'approccio modellistico si adeguava particolarmente all'esigenza di ottenere comportamenti assegnati nei sistemi, tipico dei problemi tecnico-organizzativi. Ma anche negli studi teorici la metodologia modellistica si mostrò particolarmente feconda: spregiudicata nella scelta delle tecniche matematiche, essa permetteva oltretutto di esplorare singoli aspetti di un problema e anche di trasferire gli schemi matematici da un problema a un altro, da un'organizzazione a un'economia, oppure fra i vari problemi specifici. Negli anni Cinquanta, la programmazione matematica si sviluppò sotto la forma di un'accumulazione di modelli formulati per situazioni concrete.

Ciò che questo insieme di studiosi proponeva, e con questo entriamo nel secondo aspetto, non era una nuova disciplina, intesa come un nuovo settore di indagine di un certo gruppo di fenomeni. Il loro lavoro rappresentava piuttosto il riemergere di un progetto di ricerca di stampo illuministico basato sull'affermazione dell'esigenza di razionalità matematica come base dell'azione e delle decisioni che guidano quest'ultima. Ne costituiscono altrettante manifestazioni il lavoro di matematici di diversi paesi impegnati nei problemi dell'organizzazione industriale; la formulazione stessa della ricerca operativa come programma di azione da parte degli studiosi civili britannici impegnati nella guerra e nella difesa; la rinascita degli studi matematici sulla teoria dell'equilibrio economico fra studiosi centroeuropei; lo sviluppo degli studi sull'economia pianificata socialista; lo sviluppo dell'economia normativa derivato dalle disfunzioni dei meccanismi di mercato evidenziate drammaticamente durante la Grande Depressione, e poi dalle particolari condizioni delle economie dei paesi in stato di guerra.

Rivolgendosi ai futuri sviluppi della programmazione lineare, Koopmans (1951: 4) scriveva: "Non vi è, beninteso, nessun collegamento esclusivo fra la difesa e la guerra e lo studio sistematico dei problemi di allocazione e di programmazione. Si pensa che gli studi riuniti in questo volume siano di uguale rilevanza per i problemi di gestione industriale e di efficienza nella pianificazione della produzione. Essi gettano nuova luce su vecchi problemi di teoria economia astratta. Se la preminenza apparente delle applicazioni militari è qualcosa di più di un accidente storico, le ragioni sono sociologiche più che logiche. Sembra infatti che le agenzie pubbliche, per qualche ragione, abbiano offerto un ambiente migliore e un sostegno più congeniale allo studio sistematico, astratto e applicato, dei principi e dei metodi dell'allocazione delle risorse che l'industria privata".

Nei decenni a venire, come egli aveva previsto, i metodi della programmazione matematica diventarono lo strumento matematico per eccellenza della pianificazione industriale. Ingegneri e dirigenti attivi nelle grandi aziende pubbliche e private li adottarono, li studiarono e li svilupparono come base di una nuova comprensione dei *sistemi di produzione*. Essi erano particolarmente congeniali agli ingegneri industriali, che attraverso questa nuova tecnica riacquistarono un ruolo nell'ambito delle attività di direzione aziendale. La programmazione matematica, come vedremo nel prossimo capitolo, diventò anche fondamentale nella realizzazione dei *grandi sistemi tecnici* – quali i sistemi della difesa nel periodo della Guerra Fredda, i progetti aerospaziali e i grandi sistemi infrastrutturali civili – insieme alle nuove tecnologie della comunicazione, dell'automazione e dell'informazione.

# Lettura 15

## La programmazione matematica di attività interdipendenti

---

Il libro *Activity analysis of production and allocation* si apre con un breve capitolo firmato da Wood e Dantzig dedicato a una discussione generale del problema della programmazione di attività interdipendenti. Notiamo l'uso del concetto generale di organizzazione e l'accento posto sull'idea di controllo. La visione dell'economia nazionale come complesso di attività industriali, dovuta a Leontieff, è quindi trasposta a una qualsivoglia organizzazione. La parola «controllo» non è usata nel senso di "verifica" – come nell'espressione «controllo di qualità» – bensì fa riferimento alla prescrizione di un obiettivo o di un comportamento.

---

Il modello matematico discusso qui e nel capitolo II è una generalizzazione del modello interindustriale di Leontief. È intimamente collegato a quello formulato da von Neumann (1937, 1945). I principali punti di differenza risiedono nell'accento posto negli stati dinamici più che negli stati di equilibrio o stabili. Il suo scopo è il controllo stretto di un'organizzazione, e quindi deve essere abbastanza dettagliato; prende in considerazione i molti svariati modi di fare le cose, e quindi introduce esplicitamente le attività alternative; e riconosce che ogni scelta particolare di un programma dinamico dipende dagli "obiettivi" dell'"economia", e quindi si stabilisce che la selezione e i tipi di attività dipendono dalla massimizzazione di una funzione obiettivo.

La programmazione, o pianificazione attraverso programmi, può essere definita come la costruzione di un elenco sotto forma di tabella [*schedule*] di azioni per mezzo delle quali un'economia, un'organizzazione o un altro complesso di attività può muoversi da uno stato definito ad un altro, oppure da uno stato definito verso un obiettivo specificamente definito. Tale elenco, implica, e dovrebbe prescrivere esplicitamente, le risorse e le merci e servizi impiegati, consumati, o prodotti nel compiere le azioni programmate.

L'economia o l'organizzazione per la quale si vuole costruire un programma è concepita qui come comprendente un numero finito di tipi distinti di attività, per ognuna delle quali deve essere specificata la grandezza nell'arco di un certo periodo di tempo. Per convenienza, le grandezze (o livelli) di ogni attività saranno specificati per ciascuno di un numero finito di periodi discreti di tempo. Nel seguito si fa riferimento genericamente, con il termine "beni" [*commodities*; nel seguito è usato anche il termine articoli, *items*], alle risorse e alle merci e ai servizi impiegati, consumati o prodotti dalle attività, misurati in termini delle quantità di alcuni tipi specifici di beni. La quantità di ogni tipo di bene usata, consumata o prodotta da ogni attività si considera funzione del valore dell'attività, in genere proporzionale ad esso. Due attività sono interdipendenti se devono condividere limitate quantità di beni che usano in comune, se una di essa produce un bene che è usato dall'altra, oppure se ognuna di esse produce un bene che è usato da una terza attività.

Questi rapporti di interdipendenza emergono perché tutti i problemi pratici di programmazione sono circoscritti da limitazioni di uno o altro genere riguardanti i beni. Il bene limitato può appartenere a varie categorie: materie prime, manodopera, mezzi e attrezzature o fondi. Uno o più di questi elementi è quasi sempre limitato, in ogni tipo di programma. In certa misura, tutti sono di solito limitati nei problemi di programmazione, poiché ogni programma deve partire da una situazione iniziale prescritta in modo ben definito, e a quel punto ogni bene è limitato. In generale, le limitazioni riguardanti la situazione iniziale si fanno sentire nell'arco di vari periodi di tempo successivi a causa dell'esistenza di limitazioni nei tassi di crescita delle attività che producono beni.

Vi sono due formulazioni generali del problema della programmazione. Nella prima di esse, le quantità di ognuna delle attività che contribuiscono direttamente agli obiettivi (o "domanda ultima") sono specificate per ogni periodo di tempo; di qui si desidera determinare i livelli delle attività di supporto richieste, il loro fabbisogno totale di beni dall'esterno del sistema, e se questo fabbisogno totale è oppure no coerente con la situazione iniziale e le limitazioni susseguenti. Le procedure di soluzione del problema in questa formulazione consistevano in genere nell'ordinare il lavoro in una serie di tappe. Nella prima tappa si calcolava il fabbisogno in ingresso (*input*) delle attività volte alla domanda ultima. Nella seconda tappa erano calcolate quelle attività di supporto il cui risultato (*output*) è impiegato principalmente dalle attività legate alla domanda ultima. Nella terza tappa, si calcolano le attività di supporto il cui risultato è usato principalmente sia dalle attività legate alla domanda finale  sia dalle attività le cui richieste di risorse erano state calcolate nella seconda tappa; e così di seguito. Nella misura in cui le condizioni specificate nella disposizione descritta sopra sono soddisfatte, questa procedura produce buoni risultati. Tuttavia, quando un'attività impiega un bene prodotto da un'altra, e l'altra impiega anche un bene prodotto dalla prima, esiste una circolarità che preclude la possibilità di stabilire un tale assetto del problema, e solo le iterazioni successive possono portare a una soluzione soddisfacente. La procedura è carente anche in quanto non permette di considerare processi o attività alternative.

Nella seconda formulazione del problema della programmazione, cerchiamo di determinare quale programma si avvicinerà più alla realizzazione degli obiettivi senza superare le limitazioni stabilite per le risorse. Fino a oggi, tali problemi possono essere risolti soltanto attraverso le iterazioni successive della procedura descritta sotto la prima formulazione. E tuttavia questo secondo tipo di problema è precisamente quello che ci viene richiesto costantemente di risolvere, spesso in condizioni che richiedono di avere una risposta in giorni o in ore.

Per riuscire in questo compito, si propone di rappresentare tutte le interrelazioni nell'organizzazione o nell'economia attraverso un grande sistema di equazioni simultanee nel quale le variabili sono le quantità delle attività che devono essere eseguite, i coefficienti sono il fabbisogno di ognuno dei beni per ciascuna delle attività, e ogni equazione esprime il fatto che la somma dei fabbisogni di tutte le attività per quanto riguarda un certo bene è uguale alla somma di tutto il prodotto di tale bene risultante da tutte le attività. Per predisporre il programma è necessario inserire in queste equazioni una specificazione dettagliata della situazione iniziale in termini delle quantità di ciascun bene disponibili, le limitazioni possibili susseguentemente (quali quelle imposte dalle capacità di espansione delle industrie o di altre attività) e l'indicazione degli obiettivi.

Per calcolare i programmi velocemente con un tale modello matematico, si suggerisce che tutta l'informazione e le istruzioni necessarie siano classificate sistematicamente e immagazzinate in nastri magnetici nella "memoria" di un grande elaboratore elettronico digitale. Sarà possibile allora, crediamo, grazie all'uso di tecniche matematiche che sono in corso di sviluppo, determinare il programma che massimizzerà il raggiungimento degli obiettivi dati entro le limitazioni delle risorse stabilite. In alternativa, sarà possibile determinare il programma che minimizerà le richieste, sia di fondi sia di qualsivoglia bene o gruppo di beni limitatamente disponibili, necessarie per il raggiungimento di qualsivoglia obiettivo prefissato.

Il lavoro in corso sul modello matematico ha mostrato la necessità di una formulazione più precisa degli obiettivi. I pianificatori erano abituati, in genere, a stabilire gli obiettivi in termini dei mezzi più che dei fini (vale a dire, erano abituati a stabilire gli obiettivi in termini di specifiche operazioni i cui rapporti con il raggiungimento degli scopi fondamentali poteva essere valutata soltanto soggettivamente). Gli obiettivi devono essere stabiliti in termini di fini fondamentali, permettendo quindi di considerare mezzi alternativi, se si vuole che risultino utili nelle operazioni di programmazione designate per massimizzare gli obiettivi entro certe limitazioni di risorse.

Nella pianificazione di programmi militari è necessario introdurre quantitativamente le varie limitazioni di risorse che condizionano le capacità delle forze militari sia in tempo di guerra sia in tempo di pace. Esse si ricavano essenzialmente dalle limitazioni dell'economia industriale della nazione. È necessario conoscere quale parte della produzione nazionale totale può essere resa disponibile per scopi militari. Ciò non può essere misurato soltanto in termini della capacità produttiva dell'industria aeronautica o dell'industria delle armi, così come nemmeno la robustezza delle forze aeree può essere misurata soltanto in termini del numero dei gruppi di combattimento.

È necessario conoscere in dettaglio le capacità delle industrie nei settori dell'acciaio, dell'alluminio, dell'energia elettrica e del trasporto, delle industrie estrattive e chimiche e di molte altre che servono da supporto all'aeronautica, alla costruzione navale e all'industria delle armi, così come è necessario conoscere le capacità per quanto riguarda le attività di addestramento, trasporto, manutenzione e rifornimento che servono di supporto ai gruppi di combattimento aereo. Inoltre, è necessario determinare se tali industrie (o attività di supporto) sono bilanciate nelle proporzioni atte a fare fronte a sopravvenuti cambiamenti nelle richieste.

Quindi, poiché la determinazione del "miglior" programma inizia necessariamente con la considerazione delle limitazioni nelle risorse, deve necessariamente iniziare dalla considerazione delle interrelazioni fra le industrie nell'economia industriale della nazione.

I primi passi verso l'analisi delle relazioni interindustriali richiesta sono stati compiuti dal professor Leontief e dal Bureau of Labor Statistics. Questi studi considerano le relazioni in stato statico o di equilibrio. Il lavoro teorico attualmente in corso ad opera di vari gruppi di ricerca renderà possibile trattare queste relazioni dinamicamente e con la dovuta considerazione di procedure, o processi, alternativi, come viene fatto nel modello matematico che stiamo sviluppando al momento per le operazioni interne dell'Aeronautica militare.

[Tratto da Wood, Dantzig 1951:15-18]

Il secondo capitolo, firmato soltanto da Dantzig, presenta ciò che egli definisce il "modello matematico", sulla base di una descrizione assiomatica di un'organizzazione in termini di attività, articoli e funzioni di flusso. Per avere un'idea dell'impostazione leggiamo l'inizio del primo paragrafo, intitolato "Tecnologie o modelli lineari"

Postulati di una tecnologia lineare

Postulato I: Esiste una classe di oggetti {A} detti *attività possibili*.
Postulato II: Esiste un insieme finito di *m* cose, dette *articoli* (beni), denotati con l'indice $i = 1, 2, ..., m$
Postulato III: Ad ogni possibile attività, *A*, e articolo, *i*, è associato un insieme di funzioni caratteristiche, *funzioni di flusso* (cumulative) di una variabile *t*, ($-\infty < t < +\infty$):

$$(1) \qquad F_i(t / A) \qquad (i = 1, 2, ..., m)$$

Postulato IV: Datte due attività possibili, $A_1$ e $A_2$, dove $A_1$ e $A_2$ possono essere identiche, esiste un'attività possibile, denotata con $A_1 + A_2$, le cui funzioni caratteristiche sono la somma delle corrispondenti funzioni per $A_1$ e $A_2$, rispettivamente:

$$(2) \qquad F_i(t / A_1 + A_2) = F_i(t / A_1) + F_i(t / A_2) \qquad (i = 1, 2, ..., m)$$

Postulato V: Per ogni $x \geq 0$ e ogni attività possibile *A*, esiste un'attività possibile, denotata con *xA*, le cui funzioni caratteristiche sono il prodotto di *x* e delle corrispondenti funzioni per *A*:

$$(3) \qquad F_i(t / xA) = x F_i(t / A) \qquad (i = 1, 2, ..., m)$$

Discuteremo ora alcune situazioni fisiche alle quali possono essere applicabili questi postulati. Le molteplici attività nelle quali si impegna ogni grande organizzazione ovvero una nazione, nell'inseguimento dei suoi obiettivi, sono esempi di una classe più grande di attività possibili. Così, le varie attività osservabili sono mattoni rappresentativi di diversi tipi che possono essere ricombinati in quantità variabili per formare attività più complesse ma "possibili". *Tecnologia* sta ad indicare l'insieme totale di attività possibili.[...]

Quindi ogni attività, dal nostro punto di vista, è caratterizzata dal flusso nel tempo di un insieme di articoli che, se si pensa un'attività come localizzata nello spazio fisico, circola dal mondo esterno verso l'attività ovvero circola dall'attività verso il mondo esterno. Se due o più attività sono considerate come un'unica attività composta, si postula che il flusso netto di qualsivoglia articolo nel tempo verso o dall'attività composta è la somma delle corrispondenti funzioni di flusso nel tempo delle singole attività.

Per quanto questo presupposto di additività possa risultare naturale, in effetti potrebbe sembrare confutato da molti esempi. Per esempio, un turno di lavoro diurno e uno notturno possono richiedere ciascuno di loro una certa macchina ma certamente non richiedono due macchine quando sono attivati simultaneamente. Un'analisi accurata delle loro richieste in termini di flusso nel tempo per quanto riguarda questo articolo mostrerà, tuttavia, che ognuno richiede una macchina ma in tempi diversi; quindi le funzioni di flusso combinate richiederanno una macchina per entrambe le attività in ogni istante dato.

[...] La mancanza di realismo di questa supposizione di divisibilità [all'infinito di ogni attività, contenuta nel postulato V] non può essere messa in discussione. Per esempio, le attività della produzione di massa usano spesso (per ragioni di economia) giganteschi torchi che non possono essere costruiti al di sotto di certe dimensioni. Per citare ancora un altro caso, un'officina meccanica può impiegare forza lavoro per le riparazioni. Per ridurre i tempi in officina, si può tentare di aumentare la forza lavoro. L'attività sviluppata da questa forza lavoro cesserà però di essere economica quando i compiti di due operai diversi richiedono che lavorino sullo stesso pezzo nello stesso tempo. Quindi, il postulato V è stato introdotto per convenienza matematica allo scopo di studiare le proprietà di sistemi di grandi dimensioni e di sviluppare procedure di calcolo per risolvere certi problemi di programmazione (pianificazione scadenzata [*scheduling*]) dinamica per tali sistemi. Nelle situazioni reali si deve quindi fare attenzione a rilevare le indivisibilità rilevanti in modo da effettuare gli aggiustamenti necessari nei risultati.[...]

---

Su queste basi Dantzig introduce i concetti di programma, programma ammissibile e programma ammissibile ottimo. In conclusione del capitolo egli elenca una serie di esempi che costituiscono casi particolari del suo modello, fra cui un famoso modello di Stigler, pubblicato nel 1945 sul «Journal of Farm Economics», sul problema di ottimizzazione del costo di una dieta adeguata. Leggiamo le sue considerazione sul problema del trasporto, al quale egli applica nel capitolo XII del libro il suo metodo del simplesso.

---

Il problema di trasporto di Hitchcock-Koopmans è un esempio di una soluzione riguardante uno stato di equilibrio che coinvolge la minimizzazione di una funzione lineare. Il problema può essere enunciato così: un prodotto omogeneo [in nota: nel caso di Koopmans, il prodotto omogeneo era rappresentato da navi scariche che dovevano essere trasferite dai porti di scarico al successivo porto di carico, e il costo era rappresentato dal tempo impiegato dalle navi nel viaggio] nelle quantità $q_1, q_2, ..., q_s$, rispettivamente, deve essere spedito via mare da $s$ punti d'imbarco, e quantità $r_1, r_2, ..., r_d$, rispettivamente devono essere ricevute da $d$ destinazioni; il costo della spedizione di un'unità di quantità di prodotto dal punto di origine $i$-esimo al punto di destinazione $j$-esimo è $c_{ij}$. Il problema è determinare $x_{ij}$, la quantità spedita da $i$ a $j$, in modo tale da soddisfare

$$\sum_{j=1}^{d} x_{ij} = q_i \qquad (i = 1, 2, ..., s)$$

$$\sum_{j=1}^{s} x_{ij} = r_j \qquad (i = 1, 2, ..., d)$$

$$\sum_{j=1}^{s} \sum_{j=1}^{d} c_{ij} x_{ij} = z$$

e da minimizzare i costi totali di spedizione $z$.

A causa della forma speciale delle equazioni, è possibile adoperare procedure di calcolo semplificate. Ad esempio, un problema di grandi dimensioni che coinvolge circa 25 punti di partenza e 60 di destinazione è stato recentemente risolto in 9 giorni di lavoro umano usando tecniche manuali di calcolo. Poiché nel processo si richiedevano soltanto addizioni e sottrazioni semplici, esso non ha richiesto nemmeno l'uso di una calcolatrice da ufficio.

[Tratto da Dantzig 1951: 19-21 e 31-32]

# 13 La creazione dei grandi sistemi: sviluppo tecnologico e assetti organizzativi

SOMMARIO

**13.1** I sistemi tecnici del mondo industriale: complessità, organizzazione e governo del sistema

**13.2** Le origini dell'ingegneria del controllo

**13.3** Scienza, tecnologia e industria nella creazione dei grandi sistemi tecnologici

**13.4** Tecnologie organizzative e cultura del controllo: dall'ingegneria delle macchine all'ingegneria dei sistemi

**Lettura 16** Scienza dei sistemi e tecnologia dei sistemi

## 13.1 I sistemi tecnici del mondo industriale: complessità, organizzazione, governo del sistema

"Nel passato per primo vi era l'uomo. Nel futuro per primo vi sarà il Sistema", scriveva perentoriamente Taylor (v. Kanigel 1997). Da Vauban a Coulomb, fino a Babbage e a Taylor, abbiamo individuato alcuni passaggi dell'itinerario intellettuale dell'idea di *sistema* nella tecnica e nell'ingegneria moderna. La Rivoluzione Industriale rappresentò un forte salto in questa direzione. Infatti, essa vide una trasformazione dello spazio e delle attività, nei paesi dell'area occidentale del mondo, contrassegnata dal dispiegarsi dei primi sistemi tecnici: oltre alle fabbriche e ai grandi impianti di estrazione mineraria (nel linguaggio moderno, i sistemi di produzione), la rete stradale e dei canali navigabili (i sistemi di trasporto) e il telegrafo (sistemi di comunicazione).

L'organizzazione di questi sistemi fu messa in piedi secondo la metodologia empirica e di prova ed errore tipica del sapere tecnico-operativo, in modo quindi non dissimile dell'organizzazione degli antichi cantieri edili o degli opifici. Mentre le macchine e i dispositivi tecnici diventavano oggetto di studio teorico (tecnologico), gli aspetti organizzativi erano lasciati all'esperienza di singoli tecnici o imprenditori oppure alle decisioni collegiali dei corpi statali degli ingegneri. Eppure, dagli aspetti organizzativi e gestionali dipendeva fortemente il successo delle iniziative imprenditoriali in un contesto di forte concorrenza come quello britannico e statunitense. E, d'altra parte, questi aspetti erano anche centrali nei tentativi europei di dare spazio nella vita economica sia alla libertà di impresa, sia al bene pubblico e alla diffusione del benessere: basti pensare al problema dei pedaggi e delle tariffe nei sistemi di trasporto. Infine, dalle decisioni organizzative e gestionali dipendevano le condizioni di vita di molti uomini e donne: le parole di Taylor esprimono efficacemente il paradosso della gestione sistematica, massimo punto di sviluppo del desiderio ancestrale dell'uomo di liberarsi dalle fatiche del lavoro e di migliorare la propria vita attraverso la tecnica, che come una piovra invadeva tutti gli spazi fino ad espellere l'essere umano. Ciò che Taylor prevedeva e auspicava, l'avvento del Sistema, rifletteva le istanze di una fredda razionalità scientifica che si alleava al progresso industriale. Un tale progetto era condiviso da molti, guardato con timore da molti altri e dipinto in termini di incubo dalla fantascienza che fiorì a cavallo fra Ottocento e Novecento.

## Sistema tecnico e organizzazione

La parola «sistema» deriva da un verbo greco che significa "porre insieme, riunire" e indica un aggregato organico e strutturato di parti tra loro interagenti, siano esse parti fisiche o anche idee (come nei "sistemi filosofici").

Anche le macchine sono composte di parti, e la loro progettazione e operazione dipende in gran parte dall'interazione fra tali parti; abbiamo visto che fin dai primordi del pensiero "tecnologico" greco si è tentato di analizzare le macchine in termini delle loro parti. Tuttavia, nel pensiero tecnico classico, la macchina – dalla puleggia alla ruota idraulica – è vista come un'unità, in rapporto allo scopo al quale è destinata.

A partire dalla fine del Seicento, si comincia ad avere consapevolezza dell'esistenza di realizzazioni tecniche che permettono di raggiungere un determinato scopo proprio attraverso l'interazione fra molte parti. La parola «sistema» fu già usata da Vauban per riferirsi all'intricato impianto da lui ideato per le fortificazioni militari. Ma sono soprattutto le fabbriche della Rivoluzione Industriale l'archetipo di *sistema tecnico*, del quale le singole macchine non sono altro che parti interagenti.

La mera giustapposizione delle parti non forma il sistema tecnico. Ogni sistema è presieduto dallo scopo per il quale esso è concepito e realizzato e per il cui raggiungimento opera. Le sue parti devono quindi essere in grado di operare insieme per raggiungere un fine determinato. In altre parole, al sistema deve essere data una struttura ordinata volta al raggiungimento del suo scopo, ossia un'«organizzazione».

Fra la fine dell'Ottocento e l'inizio del Novecento, l'avanzare dell'industrializzazione fu contrassegnato dallo sviluppo dei sistemi di produzione (nuove tipologie di fabbrica, e soprattutto la grande azienda di produzione di massa ben rappresentata dalle industrie automobilistiche) e dalla sovrapposizione, a quelli già dispiegati, di nuovi sistemi di trasporto (la rete ferroviaria) e di comunicazione (il telefono, la radio). Tuttavia, la discontinuità più radicale con il periodo precedente è rappresentata forse dalla creazione, con la diffusione dell'elettricità, di un sistema capillare di distribuzione dell'energia (anticipato

**Fig. 13.1** La tecnologia delle comunicazioni negli anni Venti, negli archivi dell'azienda Siemens (a) sezione del cavo telefonico impiegato nella linea Berlino-Colonia impiantata dalla Siemens nel 1921, l'embrione della rete telefonica di lunga distanza in Europa (b) il ricevitore radio Siemens-D-Zug presentato nella prima Grande Esposizione Tedesca della Radio del 1924.

soltanto dal sistema di distribuzione del gas per illuminazione e riscaldamento prima a Londra e poi in altre città). Dal punto di vista organizzativo, si delineavano due strutture fondamentali: la *linea* o flusso continuo dettato dal processo produttivo nell'industria; e la *rete* tipica delle attività di trasporto, di distribuzione e di comunicazione. La fabbrica aveva rappresentato una sfida concettuale centrale per l'ingegneria dell'Ottocento. Il suo posto nel pensiero tecnico fu occupato progressivamente da realizzazioni di grandi dimensioni, estese a rete su un ampio territorio, che portarono in primo piano i problemi di configurazione e di controllo dei processi di un sistema, in rapporto agli obiettivi da raggiungere.

La rete ferroviaria fornì un modello concettuale dell'idea di controllo dei processi fra i dirigenti aziendali. Le tecniche di gestione aziendale messe in atto a questo scopo furono essenzialmente di due tipi: 1) tecniche contabili, che sfruttavano i flussi numerici contabili per ottenere una visione strutturale del sistema, dei suoi processi interni e dei suoi rapporti con l'esterno; 2) tecniche di comunicazione, che sfruttavano l'informazione e i rapporti umani interni all'azienda per imporre un rigido controllo interno. La rete ferroviaria fornì anche un primo terreno di prova di un approccio di impronta ingegneristica, basato sulle idee di decisione e di ottimizzazione formulate attraverso variabili e rapporti matematici. Questo approccio di "ingegneria matematica" – lo abbiamo visto nella lettura 15 – trovò espressione compiuta nella formulazione della programmazione matematica di Dantzig, volta al "controllo stretto di un'organizzazione".

**Fig. 13.2** La Potsdamer Platz, nel centro di Berlino, nel 1936 (i semafori elettrici automatici erano stati installati dalla Siemens nel 1924). Il tessuto industriale della Germania, sfruttato da Hitler ai suoi folli scopi, fu completamente distrutto durante la guerra. Gli scienziati tedeschi emigrati negli Stati Uniti, fra cui molti ebrei perseguitati dal regime nazista, diedero un fondamentale contributo alla supremazia degli Stati Uniti nella seconda metà del Novecento.

Negli anni in cui Dantzig elaborava le sue idee e scriveva i primi lavori, l'idea di "controllo" era al centro di una profonda elaborazione, da angoli visuali diversi, che l'avrebbero portata a svolgere un ruolo centrale nel pensiero tecnologico del Novecento. L'approccio "prescrittivo" ai fenomeni tipico della tecnica, che abbiamo visto svilupparsi a partire dalla visione della macchina come "inganno" (vale a dire, da una posizione di inferiorità del tecnico nei confronti della Natura), sfociò infatti nel secolo scorso in una visione dell'essere umano capace di *governare* saldamente i processi da lui innescati, i sistemi artificiali e, attraverso di essi, l'intera realtà nella quale si muove. Questo "governo" tanto a lungo agognato diventò possibile grazie allo sviluppo di tre nuovi tipi strumenti tecnici: le tecnologie dell'automazione (che costituirono il cuore della cosiddetta ingegneria del controllo), le tecnologie dell'informazione e le tecnologie organizzative. Il loro sviluppo avvenne in simbiosi, soprattutto nella seconda metà del secolo: esse scambiarono idee, terminologia e modelli matematici, per agire su aspetti distinti dei sistemi. In particolare, l'idea di controllo delle componenti organizzative dei sistemi artificiali si sviluppò come un corrispettivo delle tecnologie di controllo automatico che governano le componenti materiali del sistema, e quindi per questa via il problema gestionale fu riassorbito all'interno della cultura dell'ingegnere.

## Complessità e controllo

L'evoluzione, la crescita e la diffusione dei sistemi tecnici ha portato in primo piano l'idea di «complesso», di «complessità». Questa parola deriva da un verbo latino che significa "stringere, comprendere, abbracciare", e quindi in definitiva si collega all'idea di riunione solidale di parti o elementi che è insita nella nozione di sistema. Nel pensiero tecnico, la nozione di complessità esprime la difficoltà di ottenere da quell'insieme di parti il comportamento prefissato e quindi di raggiungere lo scopo assegnatogli, dovuta alle grandi dimensioni del sistema (un gran numero di componenti) oppure al gran numero delle interazioni fra le componenti, o alla constatazione che esse non si ricompongono in modo lineare (il tutto non si riduce alla somma delle parti). Si tratta quindi di una difficoltà di comprensione e descrizione e quindi di un margine d'incertezza, che a sua volta porta a una difficoltà nell'esercitare un controllo.

Il pensiero tecnico ha un'antica consuetudine con tali difficoltà, che si è espressa attraverso l'idea della macchina e della tecnica come un ingannare la Natura. Il pensiero scientifico classico ha avuto invece al centro l'idea di semplicità, secondo la quale tutti i fenomeni naturali possono essere analizzati e ridotti ad alcuni principi di base che li regolano, le leggi naturali. L'influsso del pensiero scientifico sul pensiero tecnico ha quindi contribuito a far superare da quest'ultimo l'idea dell'artificiale come inganno, sostituendola con la fiducia nella capacità umana di comprendere e di governare gli oggetti, le procedure e i sistemi tecnici. Il passaggio dall'utilizzazione di energia per lo sviluppo dell'azione delle macchine, in base al comando umano (la prima fase dell'automatismo), al comando automatico dell'azione, sviluppate grazie a un'analisi matematica teorica del problema, rappresentò un punto di svolta fondamentale nella moderna concezione di controllo o governo della realtà artificiale.

Questi tre nuovi settori tecnologici segnarono una rottura fondamentale con la vecchia tecnica come arte, la tecnica dell'approssimazione e della prova ed errore, poiché la loro origine fu strettamente legata a concetti scientifici e il suo sviluppo fu accompagnato da approfonditi studi matematici dei fenomeni e dei dispositivi tecnici. Abbiamo visto nel capitolo 12 lo sviluppo della programmazione matematica e della ricerca operativa che sono alla base delle cosiddette *tecnologie organizzative*. Le *tecnologie dell'informazione* hanno come antecedente immediato le macchine di calcolo diventate d'uso abbastanza comune nell'Ottocento e le macchine di elaborazione dell'informazione tramite schede perforate sviluppate dall'ingegnere americano Hermann Hollerith (1860-1929) e commercializzate dall'IBM all'inizio del Novecento. Lo sviluppo del computer si colloca sullo sfondo dello sviluppo dell'ingegneria dei sistemi e, come è ben noto, il suo influsso nella cultura contemporanea va ben oltre questo ambito. Non ci occuperemo qui della storia dell'informatica o delle scienze e dell'ingegneria dell'informazione (il lettore interessato può consultare ad esempio Breton 1992). Ci basta ricordare che, nei primi decenni del Novecento, l'elettricità e poi l'elettronica resero possibile il progetto dell'elaboratore elettronico, grazie anche al concorso di gruppi di ricerca in vari paesi, e nel periodo della Seconda Guerra Mondiale si ebbe il definitivo passaggio dalle macchine analogiche a quelle digitali, sancito dalla costruzione dell'EDVAC, il primo elaboratore elettronico programmabile.

Nel paragrafo successivo ci occuperemo con più dettaglio dello sviluppo delle *tecnologie dell'automazione* (l'automatica o ingegneria del controllo), che hanno reso possibile – in un processo continuo di miglioramento e di innovazione – il funzionamento automatico di macchine, veicoli e armi di ogni tipo. Esse hanno consentito di sviluppare la robotica e di compiere passi importanti verso l'eliminazione dell'intervento umano nel funzionamento degli impianti industriali e dei sistemi di grandi dimensioni in ambito civile e militare, o comunque la sua integrazione con l'insieme "meccanico" da una posizione di supervisione e governo.

## 13.2 Le origini dell'ingegneria del controllo

Le tecnologie dell'automazione riguardano i dispositivi di regolazione e controllo del funzionamento delle macchine, che permettono di renderle automatiche, ossia di svolgere il loro compito da sole, senza intervento umano, non soltanto per applicare una forza (come nel caso dell'uso della ruota idraulica, il primo passo del "macchinismo industriale"), ma nemmeno per comandare l'azione della macchina. Siamo qui – sono le parole di Koyré (2000: 50-51, n.1), a proposito di un passo della *Politica* nel quale Aristotele afferma che la schiavitù non sarebbe più necessaria se le spole e i plettri potessero mettersi in moto da soli – di fronte all'"essenza stessa della macchina, l'*automatismo*, che le macchine hanno realizzato pienamente solo nei nostri tempi". Tali dispositivi, basati su un'analisi matematica molto sofisticata del problema, iniziarono a essere sviluppati nell'Ottocento, soprattutto a partire dalle domande teoriche e pratiche poste dalla regolazione della macchina a vapore.

La macchina a vapore ha un valore paradigmatico nell'emergere della moderna filosofia tecnica che ha al suo centro l'idea di controllo. Essa fu inventata, sul finire del Settecento, quando ancora il ruolo della scienza nello sviluppo tecnico era modesto, e fu frutto dell'arte e dell'intuizione dei fenomeni tipica del tecnico classico. Il regolatore della velocità brevettato dallo stesso Watt fu da lui sviluppato seguendo ancora una volta la metodologia di ricerca che lo aveva guidato nello studio del rendimento della macchina di Newcomen e nello sviluppo del proprio brevetto. Il desiderio di capire i fenomeni fisici che spiegano il funzionamento della macchina a vapore furono alla base dello sviluppo della termodinamica e di un concetto centrale nella scienza moderna: l'energia. Cent'anni dopo il regolatore di Watt, lo studio teorico della regolazione del movimento dei motori, ossia delle macchine a vapore e delle turbine idrauliche e a vapore, condotto da alcuni fra i più importanti scienziati e ingegneri dei decenni finali dell'Ottocento, grazie alla descrizione del problema in termini di equazioni differenziali, sollevò interessanti domande da un punto di vista strettamente matematico e portò alla nascita di un nuovo settore di studio dell'ingegneria, con importanti ricadute nell'ambito industriale.

## Le origini della teoria dei sistemi e del controllo: fra ingegneria e matematica

Il problema principale che presentavano i regolatori di velocità delle macchine era l'insorgere della instabilità del moto, come fu osservato da due illustri scienziati britannici: prima dall'astronomo George Biddell Airy (1801-1892), in un lavoro pionieristico pubblicato nel 1840 relativo a un dispositivo usato nell'Osservatorio di Greenwich dove lavorava; e poi da Maxwell, in un famoso articolo intitolato "On governors", pubblicato nel periodico «Proceedings of the Royal Society» nel 1868, nel quale provava a esaminare da un punto di vista generale il problema che era alla base di diversi modelli di regolatori, fra cui uno progettato da Jenkin. Entrambi suggerirono di descrivere il problema con lo strumento centrale dello studio del moto nella meccanica teorica, le equazioni differenziali (Maxwell aveva pubblicato pochi anni prima uno studio sulla stabilità del moto degli anelli di Saturno).

Lo studio di Maxwell era motivato da un problema tecnico, ma non mirava alle ricadute pratiche immediate. Egli scriveva: "Propongo ora, senza entrare in nessuno dei dettagli di meccanismi, di indirizzare l'attenzione degli ingegneri e dei matematici verso la teoria dinamica di tale regolatore [governor]" (Maxwell 1868: 271). Lo studio del problema dal punto di vista puramente matematico avrebbe portato ad alcuni dei primi studi dell'analisi non lineare, una linea di ricerca che alla fine del Novecento è tornata di gran moda proprio nel tentativo di confrontarsi con la complessità nei sistemi naturali ed artificiali. L'impostazione di Maxwell fu sviluppata in vista delle applicazioni tecniche industriali da due autori che rappresentano bene l'evoluzione del pensiero tecnologico e delle scienze dell'ingegnere sul finire dell'Ottocento.

Il primo è Ivan Alekseevich Vyshnegradsky (1831-1895), laureato presso la Facoltà di Fisica e Matematica di San Pietroburgo e professore di matematica e di meccanica dell'Accademia di Artiglieria e di meccanica dell'Istituto Tecnico di San Petersburgo, del quale divenne direttore nel 1875. Egli ebbe quindi un ruolo da ingegnere statale impegnato nella modernizzazione della Russia, prima con incarichi tecnici nelle manifat-

▶

ture militari e nelle ferrovie e alla fine della sua carriera con alte responsabilità presso il Ministero delle Finanze. I suoi lavori sulla teoria della regolazione automatica delle macchine a vapore (pubblicati negli anni 1876-78 in varie lingue, e che suscitarono grande interesse all'estero) segnano l'inizio della fiorente scuola russa di meccanica, che continuò a prosperare anche nell'epoca sovietica. Questa scuola si caratterizzò per l'attenzione duplice sia ai problemi del moto in generale, sia ai problemi di ingegneria meccanica, e anche per la scelta di trattare i problemi applicativi con una formulazione matematica rigorosa, la quale portò a far diventare la teoria dei sistemi e del controllo una branca specifica della matematica applicata.

Il secondo è Aurel Boleslav Stodola (1859-1942), un ingegnere meccanico laureato presso la prestigiosa Scuola Tecnica Superiore di Zurigo, della quale diventò professore nel 1892, dopo alcuni anni di lavoro presso le ferrovie statali ungheresi, presso la manifattura di pellame di suo padre e, infine, come ingegnere capo dei una azienda di Praga, la Ruston, nella quale si occupò della progettazione di macchine a vapore. Egli fu un rappresentante tipico dell'ingegneria industriale dell'epoca e la massima autorità nella tecnologia delle turbine a vapore. La sua fama si basava sulla grande competenza matematica e sui suoi vasti interessi, che riguardavano sia la meccanica teorica (uno dei suoi colleghi e amici affezionati fu Albert Einstein, anche lui professore al Politecnico di Zurigo), sia le applicazioni industriali: grazie al contributo della sua scuola le aziende svizzere acquisirono un ruolo di primo piano in questo settore. Sulla scia dei lavori di Vyshnegradsky, egli studiò i sistemi di regolazione di velocità nelle centrali idroelettriche e nelle turbine a vapore, avvalendosi anche del contributo del collega matematico Adolf Hurwitz (1859-1919).

Nell'ingegneria del controllo la matematica assunse un ruolo di primo piano, non solo come linguaggio delle scienze fisiche, ma anche, direttamente, fornendo strumenti di descrizione e di progettazione dei dispositivi di controllo.

Già nei mulini ad acqua e a vento erano utilizzati dei dispositivi di frenaggio attivati dalla forza centrifuga; essi permettevano di mantenere la velocità costante al diminuire del carico utile, ma l'energia non utilizzata veniva dissipata per attrito. Per evitare un analogo spreco nelle macchine a vapore (come abbiamo visto, già il primo brevetto di Watt riguardava la diminuzione del loro consumo di combustibile), il regolatore di Watt utilizzava la forza centrifuga di un sistema di contrappesi ruotanti, i quali agivano su una valvola che diminuiva o aumentava l'afflusso del vapore dalla caldaia. Dall'azione della macchina stessa, quindi, proveniva l'informazione sul suo stato, e il dispositivo di regolazione, sensibile allo scostamento tra la velocità desiderata e quella effettiva, riusciva a ripristinare la velocità desiderata, con un'azione sulla macchina. Questo "anello" d'informazione, che accompagna l'azione puramente meccanica della macchina, è chiamato, nella terminologia oggi in uso, «retroazione» (a partire da un comportamento misurabile all'uscita, il dispositivo di controllo sviluppa in ingresso un'azione controllata dalla misura ottenuta), oppure con il termine inglese *feedback* (l'informazione viene reinserita nel sistema).

Nella seconda metà dell'Ottocento furono sviluppati regolatori meccanici e idraulici la cui azione era sempre più precisa, e non soltanto proporzionale allo scostamento nelle misure. In alcuni di essi l'azione svolta era proporzionale alla quantità di errore accumulata nel tempo (si parla in termini moderni di azione integrale, perché in termini matematici si usa l'integrale dell'errore); in altri, come alcuni sviluppati da Stodola, l'azione era attenuata quando l'errore era in diminuzione e aumentava quando era in aumento (l'azione derivativa, cosiddetta perché proporzionale alla derivata dello scostamento misurato). Oltre alle applicazioni industriali, alcuni dispositivi riguardavano la guida del movimento, delle navi (il servotimone) oppure delle torpedini. L'interesse militare di questi sviluppi si rese evidente durante la Prima Guerra Mondiale, e fece la fortuna del tecnico-imprenditore statunitense Elmer Sperry (1860-1930), fondatore dell'azienda Sperry Gyroscope Company.

Lo sviluppo dell'elettrotecnica e delle telecomunicazioni, ed in particolare gli studi legati alla regolazione della trasmissione del suono nel telefono, negli anni Venti e Trenta del Novecento, furono lo scenario di un'evoluzione della visione del ruolo dei meccanismi di regolazione all'interno di una configurazione tecnica che portò dall'idea classica di regolazione strettamente collegata ai dispositivi tecnici concreti verso una visione astratta, indipendente dai processi fisici concreti. Molti dei lavori relativi a questi problemi, scritti da ingegneri americani come John R. Carson (1887-1940), Harold S. Black (1898-1983), Harry Nyquist (1889-1976) e Hendrik W. Bode (1905-1982), furono pubblicati sul «Bell System Technical Journal» dei Laboratori Bell. Gli studi riguardavano questioni quali le distorsioni del segnale, fornendo una descrizione matematica della linea di trasmissione in termini di equazioni differenziali; oppure l'uso di filtri volti alla trasmissione simultanea di più conversazioni. L'attenzione veniva quindi concentrata sull'elaborazione del segnale, ossia sull'analisi del rapporto fra il segnale in ingresso (*input*) e quello in uscita (*output*), indipendentemente dai processi fisici reali che collegano entrambi i segnali. In questo contesto, soprattutto in collegamento agli studi volti a correggere le distorsioni dovute all'uso degli amplificatori elettronici per le linee telefoniche di lunga distanza, fu usata per la prima volta la parola *feedback*.

Nel libro *Network analysis and feedback amplifier design* (1945), Bode offriva un'esposizione d'insieme di questo nuovo approccio, emerso nell'ambito dell'ingegneria delle comunicazioni, ma che avrebbe modificato profondamente il pensiero ingegneristico del Novecento. Infatti, nella progettazione di dispositivi tecnici per la telefonia la visione classica della "macchina" veniva trasformata in due diverse direzioni, entrambe tendenti a un allontanamento dall'oggetto reale e dalla fisica del suo funzionamento. Da una parte, il singolo dispositivo (ad esempio, l'amplificatore) aveva, accoppiata alla sua descrizione materiale, una descrizione matematica in termini di schemi ingresso-uscita e di "funzioni di trasferimento" basate sulla trasformata di Laplace, che forniva criteri di stabilità matematico-geometrici, necessari, nella progettazione tecnica, a governare "i disturbi" (in questo caso, distorsione e rumore) in relazione agli scopi desiderati. Dall'altra, il funzionamento del dispositivo era esaminato in un contesto di rete (*network*), ossia inserito in una configurazione di sistema volto a un fine, al quale contribuivano i vari elementi, fra cui alcuni in funzione di regolazione e controllo; tali sistemi erano illustrati graficamente tramite diagrammi a blocchi che individuavano rapporti funzionali e anelli di retroazione.

Gli anelli di retroazione sono la base della moderna concezione di «controllo», inteso come autoregolazione, come imposizione a un sistema tecnico di un certo comportamento senza intervento umano, tramite i cosiddetti «servomeccanismi» che processano un segnale in uscita dal sistema trasformandolo in un segnale in ingresso adeguato agli scopi voluti. Questa nuova impostazione fu

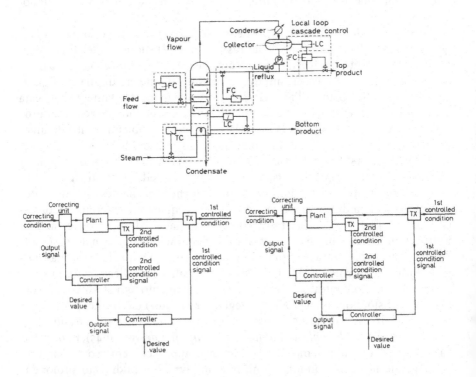

**Fig. 13.3** Diagrammi a blochi e anelli di retroazione: l'applicazione dell'elettronica all'automazione di un impianto chimico industriale nel volume *Progress in automation* (1960). Nella figura in alto sono individuati gli anelli locali, analizzati attraverso i diagrammi di controllo in basso.

alla base degli studi sull'automatizzazione del puntamento e del tiro antiaereo sviluppati negli Stati Uniti durante la Seconda Guerra Mondiale, coordinati da una divisione del NDRC nota come Fire Control Section, in collegamento con l'Applied Mathematics Panel, entrambi sotto la direzione di Warren Weaver.

Questi studi, condotti dai Laboratori Bell e da un laboratorio creato presso il Massachusetts Institute of Technology, il MIT, dal NDRC – di fatto la sua iniziativa più impegnativa – e noto come Radiation Laboratory, portarono a sostituire la visione tradizionale del tiratore con la sua arma con la visione di un *sistema* elettrico-meccanico di elementi integrati, in grado di sostituire le capacità di coordinamento e sintesi dell'essere umano e di superare i suoi limiti sensoriali e di reazione. Un tale sistema includeva, oltre all'arma (con i suoi vari meccanismi anche di movimento), dispositivi come il radar e gli elaboratori di dati analogici (direttori o predittori), ed eventualmente anche esseri umani, oppure un dispositivo di controllo, un servomeccanismo, che guidava il movimento dell'arma e comandava il fuoco. Ad esempio, i cannoni anti-aerei collocati sulle navi erano maneggiati, all'inizio della guerra, da due marinai con l'ausilio di un predittore elettrico che determinava l'angolo di tiro; l'intervento umano fu sostituito da un servomeccanismo che azionava il cannone in risposta allo spostamento fra l'angolo desiderato e l'angolo reale del canone. Come ha scritto Judy Klein (2001), "l'analisi e la progettazione delle armi per distruggere l'aviazione nemica stimolò lo studio di *sistemi* che combinavano la matematica della retroazione delle reti di informazione con la matematica della regolazione dell'energia nei sistemi meccanici". Alla fine della guerra, sulle navi portaerei erano stati creati dei centri di comando delle operazioni (composti di una sala di controllo delle operazioni e di un'altra di controllo delle informazioni) nelle quali le esigenze militari si plasmavano in strumenti tecnici e organizzativi.

È interessante sottolineare un fondamentale passaggio nella storia dell'automazione che emerse in relazione con questo problema militare e che riguarda il rapporto (e il confronto) fra uomo e macchina. Infatti, nel 1922 Nicholas Minorsky (1885-1970), in un articolo pubblicato nella rivista della Società americana di ingegneri navali intitolato "Directional stability of automatically steered bodies", aveva presentato una sintesi della tradizione di studi sulla regolazione. Egli formulò infatti la legge matematica del controllo basato sull'azione combinata proporzionale-integrale-derivativa, la quale sarebbe diventata la base della progettazione dei regolatori PID che si diffuse nelle applicazioni industriali a partire dagli anni Quaranta (Bennett 1984). Minorsky aveva tratto ispirazione dall'osservazione del comportamento di un timoniere, ossia del legame fra le sue azioni di direzione e di regolazione e la sua conoscenza delle reazioni della nave sia al movimento del timone, sia ai "disturbi" (in questo caso, disturbi esterni quali i venti e le correnti marine). Se il governo delle navi, e quindi l'emulazione del comportamento umano, era stato uno dei contesti in cui si era formata l'idea di classica di regolazione, la moderna idea di controllo si forgiò in relazione con il nuovo contesto degli aerei, nei quali la percezione e l'intuizione umana erano messe a dura prova sia a causa dell'elevata velocità degli aerei (nel tiro terra-aria), sia a causa delle difficoltà di calcolo legate alle velocità relative (nel tiro aria-aria). Infatti, nel periodo bellico, oltre agli sviluppi di stampo ingegneristico di strumenti di controllo, furono messi alla prova anche tecniche di allenamento dei tiratori basati sugli studi sulla percezione, condotti da un comitato di ricerche nato sempre in quel periodo, l'Applied Psychology Pannel.

Nel tiro antiaereo bisognava prendere di mira un bersaglio in movimento, guidato da un essere umano: infatti si trattava non soltanto di un calcolo balistico, ma di una previsione sulla posizione futura. Per ottenerla, l'idea era basarsi sulla conoscenza delle posizioni passate dell'aereo, usando tecniche statistiche. Sui metodi di predizione della posizione lavorò un illustre matematico, professore del MIT, Norbert Wiener (1894-1964), insieme all'ingegnere Julian H. Bigelow (n. 1913). Wiener presentò la sua analisi matematica teorica del problema in un rapporto intitolato *Extrapolation, interpolation, and smoothing of stationary time series with engineering applications*, scritto nel 1942, e che ebbe un grande influsso scientifico e culturale, anche se – come altre memorie scientifiche riguardanti l'esperienza bellica – per alcuni anni rimase coperto dal segreto militare e circolò soltanto fra gli addetti ai lavori (fu pubblicato nel 1949).

Negli anni 1945-55 vi fu un'ondata di straordinario entusiasmo e sviluppo dell'ingegneria di controllo negli Stati Uniti, in ambito accademico e industriale. Furono pubblicati un gran numero di saggi sull'argomento – molti dei quali ad opera di studiosi dei sistemi per implementare il radar del Radiation Laboratory del MIT e dei Laboratori Bell – fra cui ebbe particolare successo il libro *Theory of servomechanisms* (1947) scritto in collaborazione da un fisico, Hubert M. James, un matematico, Ralph S. Phillips e un ingegnere, Nathaniel B. Nichols (Bissel 1996). Molte aziende fornitrici delle forze armate iniziarono a offrire i propri prodotti per l'applicazione all'automazione industriale. Nella seconda metà del Novecento, lo sviluppo dei dispositivi di controllo (regolatori e servomeccanismi), in combinazione con lo sviluppo dell'informatica, portò alla creazione di macchine e dispositivi automatici di ogni genere, all'automazione delle fabbriche e gli impianti industriali e alla creazione dei sistemi tecnici militari e civili di grandi dimensioni. Queste macchine, dispositivi e sistemi, hanno trasformato la vita quotidiana nei paesi industrializzati e hanno anche condizionato la vita dell'intero pianeta e gli equilibri internazionali, a causa del loro ruolo nelle comunicazioni globali e negli equipaggiamenti e sistemi militari.

## Flessibilità, complessità, integrazione nella produzione manifatturiera del Novecento

Le imprese manifatturiere statunitensi, arrivate alla vigilia della guerra impregnate dalla filosofia della produzione di massa, si confrontarono con difficoltà con l'esigenza di aumentare la flessibilità degli impianti, necessaria per assemblare prodotti come gli aerei o i carri armati sulla cui progettazione si lavorava ancora introducendo continue modifiche e miglioramenti, anche in risposta all'esperienza in combattimento, e anche per rispondere all'evoluzione delle richieste militari, in corrispondenza alla situazione sullo scenario bellico. Si proponeva così l'esigenza di recuperare aspetti della produzione artigianale specializzata che l'evoluzione tecnica e organizzativa sembrava aver condannato alla sparizione. La necessità di controbilanciare gli aumenti di produttività, frutto di soluzioni organizzative "razionali" ma rigide, con la capacità di rispondere all'evoluzione del contesto generale di mercato nel quale operano le aziende industriali sarà una delle sfide principali, sul piano tecnologico-organizzativo, nella seconda metà del Novecento. Questa sfida si riproporrà a più riprese in contesti diversi e riceverà risposte diverse, che sono spesso, ancora una volta, il riflesso di aspetti culturali più generali.

Dal confronto fra l'evoluzione dell'industria aeronautica in Gran Bretagna, Stati Uniti e Germania durante la Seconda Guerra Mondiale (Zeitlin 1995) emerge, ad esempio, che gli industriali britannici svilupparono metodi organizzativi volti alla produzione flessibile simili a quelli "just in time" applicati con gran successo dalle firme giapponesi, negli anni Settanta e Ottanta, nella produzione di automobili e di prodotti elettronici di consumo. Inoltre, la sconfitta tedesca nella guerra ha portato ad attribuire all'industria tedesca una debolezza dovuta alla mancata adozione dei metodi tayloristi e al perdurare della fiducia nelle elevate competenze specializzate dei lavoratori e del personale tecnico; ma un'analisi più attenta permette di osservare le grande capacità del modello tedesco, anch'esso legato alla tradizione industriale europea, sia dal punto di vista della produttività, che della flessibilità produttiva. Le cause delle difficoltà attraversate dall'industria risiedono nei problemi legati alla situazione di guerra: dal problema delle forniture, a quello della necessità di spezzettare le operazioni – pur opportunamente organizzate in sequenza – eseguendole in impianti separati come misura di precauzione contro gli attacchi dall'aria). Ma soprattutto, le cause principali risiedono nei conflitti e nella disorganizzazione all'interno del Ministero dell'Aeronautica nell'ambito della struttura di potere della Germania nazista.

La rigidità del sistema americano di produzione aumentò ulteriormente con la diffusione dell'automazione industriale nel dopoguerra. Tuttavia, i risultati raggiunti dal punto di vista della produttività, e l'influsso culturale della superpotenza americana nel mondo industrializzato occidentale, portò a una diffusione generale del modello delle fabbriche americane. Lo sviluppo dei FMS (Flexible Manufacturing Systems) negli anni Settanta tenterà di offrire una risposta a questi problemi, ritornati di nuovo in primo piano con l'evoluzione del mercato e dei consumi (richieste di qualità e di diversificazione della produzione), grazie all'uso coordinato di macchine utensili e sistemi di trasporto a controllo numerico, ossia programmabili, controllati da una rete informatica di supervisione.

## 13. 3 Scienza, tecnologia e industria nella creazione dei sistemi tecnici di grandi dimensioni

La fine della Seconda Guerra Mondiale segnò la fine del predominio dell'Europa, e soprattutto della Gran Bretagna, della Germania e della Francia sulla scena internazionale, e l'ascesa degli Stati Uniti d'America a un nuovo ruolo di superpotenza sul piano economico, politico e culturale, e in particolare di guida dello sviluppo industriale e scientifico-tecnologico. Il modello di sviluppo statunitense, erede di quello europeo, si contrapponeva radicalmente a quello comunista che era stato la base della creazione dell'URSS, l'Unione delle Repubbliche Socialiste Sovietiche, uno stato sovranazionale che comprendeva la Russia e molte altre aree centroeuropee e asiatiche. Nel febbraio del 1945 fu firmato nella cittadina di Yalta, in Crimea, un accordo fra Gran Bretagna, Stati Uniti e Unione Sovietica che scongiurò lo scoppio di una terza guerra mondiale, al prezzo però dell'imposizione del regime comunista e della supremazia dell'Unione Sovietica nei paesi dell'Europa orientale. Nella conferenza di San Francisco dell'aprile-giugno del 1945, mentre la Germania si arrendeva, fu fondata l'Organizzazione delle Nazioni Unite, nell'ambito della quale iniziarono i lavori per il controllo internazionale degli armamenti.

Tuttavia, l'allentamento della tensione fu effimero: superata la crisi del 1948 dovuta al blocco da parte dell'Unione Sovietica dell'accesso terrestre a Berlino Ovest (la cui spartizione era parte dell'accordo di Yalta), di cui abbiamo detto nel capitolo 12, nel febbraio 1949 i comunisti entrarono a Pechino, il 29 ottobre di quell'anno l'Unione Sovietica effettuò il primo esperimento nucleare in Siberia, e nel giugno del 1950 le truppe della Corea del Nord comunista invasero il Sud, provocando l'intervento americano sotto la bandiera dell'ONU. Era l'inizio della Guerra Fredda, durata circa quarant'anni e finita soltanto con la caduta del Muro di Berlino nel 1989 e la fine dell'Unione Sovietica tre anni dopo. Di conseguenza, la struttura organizzativa che era stata messa in piedi negli Stati Uniti negli anni della Seconda Guerra Mondiale per sostenere e indirizzare la ricerca scientifica e lo sviluppo tecnologico, attraverso i finanziamenti concessi soprattutto dalle forze armate, continuò a operare nella nuova fase storica, con alcune modifiche pratiche che non intaccavano l'impostazione culturale di fondo.

La nuova situazione internazionale, di pace armata, rendeva possibile estendere il sostegno governativo a progetti scientifici senza uno scopo applicativo immediato, anche perché l'impegno degli scienziati durante la guerra aveva consolidato definitivamente la convinzione – che abbiamo visto emergere e svilupparsi in Europa fra Settecento e Ottocento fra i filosofi e gli uomini colti – che la ricerca scientifica perseguita liberamente poteva rivelare in un secondo tempo potenzialità applicative inaspettate, in ambito militare o industriale. Di conseguenza, persino gli studi matematici astratti, condotti senza apparente collegamento con problemi applicativi, ricevevano finanziamenti da parte delle autorità militari (attraverso agenzie come l'Office of Naval Research), che avevano visto grandi matematici come Wiener o von Neumann all'opera in problemi di sviluppo e progettazione degli armamenti. Tuttavia, l'atmosfera degli anni Cinquanta e Sessanta fu contrassegnata da un'estrema sensazione di pericolo nazionale, e le iniziative militari, tecnologiche e industriali – alle quali partecipò la crema degli scienziati centroeuropei rifugiati o semplicemente emigrati negli Stati Uniti – furono intraprese all'insegna di una situazione di emergenza prebellica.

## Industria e commesse militari negli Stati Uniti: un'alleanza vincente

L'industria privata americana, ancora una volta, ricevette un grande stimolo dall'iniziativa federale in ambito militare. Molte delle grande aziende americane nelle manifatture elettriche e automobilistiche che erano cresciute nei decenni finali dell'Ottocento e di inizio Novecento avevano avuto un ruolo da protagoniste durante la Seconda Guerra Mondiale. Nel 1940, per esempio, dopo l'appello del presidente Roosevelt per la costruzione di 50000 aerei in due anni, la Ford applicò il suo modello di produzione di massa in un nuovo impianto a Willow Run (nel Michigan) dedicato alla manifattura del bombardiere Consolidated B-24. La Western Electric, Westinghouse e Chrysler fabbricarono a partire dal 1942 il dispositivo radar SCR-268, il quale forniva i dati, prima ai dispositivi meccanici direttori del fuoco costruiti dalla Sperry Gyroscope Company, e poi al direttore elettrico sviluppato dai Laboratori Bell a questo scopo, l'M-9: questo sistema fu messo all'opera nella lotta contro i razzi tedeschi V-1. Infine, i dispositivi dell'IBM erano usati sia per il calcolo numerico, sia negli uffici che si occupavano della pianificazione (come quello in cui lavorava Dantzig, di cui abbiamo parlato nel capitolo 12), mentre, ricordiamo per inciso, un'azienda concessionaria, la Dehomag, forniva gli stessi strumenti al governo della Germania nazista.

Durante la Guerra Fredda l'alleanza fra le strutture della gestione pubblica statunitense, l'industria privata e l'élite dei ricercatori – gli scienziati e gli ingegneri attivi nelle università e nei laboratori di ricerca industriale – si rafforzò ancora, anche attraverso vincoli personali e il trasferimento di singoli individui da uno all'altro settore. L'aeronautica civile e militare e gli usi civili e militari dei controlli automatici si svilupparono in simbiosi, e furono fondate numerose aziende in questi settori. Gli elaboratori elettronici furono sviluppati essenzialmente con il sostegno dei fondi pubblici nelle varie università e agenzie pubbliche, ma nel corso degli anni Cinquanta lo Stato lasciò lo sviluppo di questa tecnologia alle aziende private, e diventò un committente anche in questo settore. Così, ad esempio, gli ingegneri elettronici del National Bureau of Standards, che nel giugno 1950 avevano inaugurato un computer progettato e costruito al suo interno (SEAC, Standards Eastern Automatic Computer) con fondi militari –

▶

> nonostante si trattasse di un'agenzia civile dipendente dal Ministero del
> Commercio –, furono costretti a riorientarsi verso un lavoro di consulen-
> za nell'ambito dell'introduzione dei sistemi di elaborazione elettronica dei
> dati (EDP) nella pubblica amministrazione.

Forse il progetto più noto e che è diventato l'immagine più diffusa dell'alleanza fra la tecnologia e gli obbiettivi militari fu il Laboratorio de Los
Alamos, creato dallo Stato durante la Guerra per lo sviluppo delle armi basate
sulla fisica nucleare, dove fu sviluppata la bomba atomica sotto la direzione
scientifica di Robert Oppenheimer (1904-1967). L'esplosione delle bombe ato-
miche nelle città giapponesi di Hiroshima e Nagasaki scosse fortemente le
coscienze nei paesi dell'occidente industrializzato e gettò un'ombra sulla
visione allora ampiamente condivisa della tecnologia, non soltanto fra i ricercatori ma anche fra i cittadini in generale. Dopo decenni di entusiasmo per lo
sviluppo tecnico, considerato fattore di progresso materiale e morale delle
società, e di ammirazione per le potenzialità di un pensiero tecnologico allea-
to della scienza, erano davanti agli occhi di tutti i pericoli insiti nella tecnologia e la responsabilità della politica e della società di fronte alle scelte di indirizzo dello sviluppo tecnologico. Fra gli scienziati (incluso lo stesso Einstein,
che durante la guerra aveva appoggiato lo sviluppo della bomba) vi fu un'ondata di rifiuto e un movimento di opinione per porre freno allo sviluppo delle
armi nucleari. Tuttavia, i governi degli Stati Uniti decisero durante la Guerra
Fredda la ricerca e la produzione di queste armi, in corsa con l'analogo sviluppo nell'Unione Sovietica, e lo sviluppo di questa tecnologia diventò un
obiettivo molto ambito a livello internazionale. L'attività a Los Alamos, alla
quale parteciparono scienziati come Edward Teller (1908-2003), John von
Neumann o Stanislaw Ulam (1909-1984), proseguì sotto l'egida della Atomic
Energy Commission, creata con una legge del 1946.

Gli scenari da incubo che apriva la corsa alle armi nucleari pendevano sulle
sorti dell'intero pianeta nella seconda metà del Novecento. Tuttavia, forse un
altro aspetto dello sviluppo tecnologico legato agli obiettivi militari contrasse-
gnò più fortemente ancora l'atmosfera culturale di quel periodo, contribuendo a sfumare i timori suscitati dalla bomba atomica e a mantenere la fiducia
dell'opinione pubblica nello sviluppo della tecnologia e, soprattutto, nella possibilità di mantenere il controllo su tale sviluppo. Si tratta della realizzazione
dei sistemi di grandi dimensioni, nella difesa e nella ricerca aerospaziale, che
rappresentarono agli occhi dei contemporanei un vero e proprio "trionfo della
tecnica". Essi integravano al loro interno componenti meccaniche, elettriche e
organizzative, sfruttando le nuovissime tecnologie dell'automazione, del-
l'informazione, della comunicazione e della programmazione. "Trionfo" relativo, se si pensa che il primo progetto di questo genere, una struttura tecnologica di avanguardia volta alla difesa del territorio nazionale degli Stati Uniti contro l'attacco aereo dei bombardieri a lungo raggio, noto come SAGE

(Semiautomatic Ground Environment), fu in parte un fallimento. Infatti, dopo anni di elaborazione, quando fu inaugurato il suo primo settore operativo, nel 1958, la minaccia reale erano diventati i missili intercontinentali. Furono costruiti due terzi circa dei centri direzionali previsti, ma le forze armate limitarono progressivamente il loro impegno in questo ambizioso progetto e lo lasciarono "spegnersi", fino alla chiusura negli anni Ottanta di tutti i suoi nodi.

Il progetto SAGE derivava direttamente dai sistemi di tiro antiaereo sviluppati negli Stati Uniti durante la guerra, da una parte e, dall'altra, dagli studi dei gruppi di ricerca operativa britannica sulla difesa del suolo della Gran Bretagna volto a ottimizzare le risorse umane e tecniche (aerei, radar, telefoni) estese sul territorio, nei centri operativi, negli aeroporti militari e nelle postazione radar. Infatti, si trattava di creare un sistema di difesa integrato basato sul radar, sulle tecnologie di comunicazione e sui servomeccanismi, sviluppando a tale scopo i nuovi elaboratori elettronici programmabili. Queste macchine erano il frutto più maturo di una serie di progetti di automatizzazione del calcolo e del trattamento dell'informazione (alcuni intrapresi in solitario, come quello di Konrad Zuse (1910-1995) in Germania). Fra questi, ebbe particolare successo quello condotto presso la Moore School of Electrical Engineering dell'Università di Pennsylvania, sostenuto dall'Army Ordnance Department, che portò alla realizzazione degli elaboratori digitali, prima l'ENIAC (Electronic Numerator, Integrator, Analyser and Computer) e soprattutto dell'EDVAC (Electronic Discrete Variable Computer), l'archetipo dei moderni computer programmabili (o codificabili, usando l'espressione adoperata all'epoca, poiché come si è visto la parola "programma" era usata in quegli anni nel senso usato nella pianificazione).

Nel 1944, con il sostegno della Marina statunitense, era stato creato presso il MIT il Servomechanisms Laboratory per progettare e sviluppare un computer-analizzatore nei problemi di stabilità e controllo degli aerei. Nel laboratorio, sotto la direzione di Jay W. Forrester (n. 1918) iniziò lo sviluppo di Whirlwind, un elaboratore digitale concepito specificamente per i problemi di controllo in tempo reale emersi in ambito bellico – ma la cui soluzione aveva una portata potenzialmente molto più ampia – e quindi da una prospettiva diversa dagli elaboratori, come quello sviluppato presso l'Istitute for Advanced Study di Princeton da von Neumann e Bigelow, volti al calcolo scientifico. Questa filosofia fu adottata dall'Aeronautica Militare statunitense (AF, Air Force), che nel 1947 era diventata un'arma indipendente (separata dall'Esercito), e che fu al centro dello sviluppo dei grandi sistemi della difesa. All'interesse primordiale dell'AF per gli aerei in chiave offensiva, e di conseguenza anche per l'industria aeronautica, si aggiungeva ora un interesse nuovo per gli sviluppi della tecnologia elettronica (il cosiddetto Air Defense Electronic Environment, Hughes 2000: 43), che fornivano la trama immateriale di informazione e di controllo, essenziale nei problemi della difesa moderna a causa dello sviluppo dei veicoli e delle armi "intelligenti".

Le iniziative e i finanziamenti dell'AF ebbero notevolissime ricadute in termini di espansione delle aziende attive nel settore dell'aeronautica (Boeing,

Douglas Aircraft) negli Stati Uniti e nello sviluppo delle aziende nel settore elettronico. Ma l'influsso culturale di tali iniziative e finanziamenti andò molto oltre il ben collaudato modello di alleanza fra stato e industria privata legato alle commesse militari. Innanzitutto, come effetto dell'influenza dell'esperienza durante la guerra su alcuni settori dei responsabili militari, consapevoli della crescente componente tecnologica della guerra moderna, esse mobilitarono alcuni dei più grandi scienziati dell'epoca e molti fra i migliori ingegneri (accademici, ma anche attivi nell'industria). Alcuni di questi avevano posti di responsabilità, agendo come interfaccia fra i responsabili militari e la comunità dei ricercatori. È il caso di due famosi emigrati di origine ungherese: Theodor von Kármán (1881-1963), direttore del Laboratorio di Aeronautica Guggenheim del California Institute of Technology, che fu il presidente del Scientific Advisory Board dell'AF; e von Neumann, che fu invece presidente del comitato scientifico del progetto Atlas, la prima tappa del programma di sviluppo dei missili ballistici intercontinentali (ICBM, Intercontinental Ballistic Missiles) statunitensi. Molti altri studiosi (matematici, fisici, ingegneri, ma anche economisti e studiosi di scienze umane e sociali) lavorarono per un centro di ricerca in California, la RAND (Research and Development Corporation), fondato dalla Douglas Aircraft e diventato nel 1948 un'azienda senza scopo di lucro, sostenuta finanziariamente dall'AF ma non soltanto (un contributo sostanziale fu conferito dalla Ford Foundation).

La mobilitazione culturale sollecitata dagli interessi dell'AF ebbe, di conseguenza, un grande influsso sullo sviluppo dell'ingegneria del Novecento, non solo per quanto riguarda i progressi nelle singole tecnologie (aeronautica, delle comunicazioni, informatica, e così via), ma anche perché mise di fronte agli ingegneri un nuovo genere di problemi, quelli di integrazione e coordinamento di progetti tecnici di grande complessità. Furono create aziende volte alla consulenza specifica nella progettazione e gestione dei sistemi, sia aziende *nonprofit* come la RAND, sia private, come la famosa Ramo-Wooldridge Corporation. L'"ingegneria dei sistemi" si sviluppò essenzialmente fra gli ingegneri attivi nel settore dell'elettronica e delle comunicazioni.

I problemi di "ingegneria dei sistemi" emersero per la prima volta nel corso dello sviluppo del sistema SAGE, che fu condotto sotto la guida del Laboratorio Lincoln del MIT, fondato a questo scopo nel 1951 a Bedford (nel Massachusetts). All'interno di questo centro continuò lo sviluppo del computer Whirlwind, oltre ad altri settori dedicati agli aspetti legati al radar e alle comunicazioni (Hughes 2000). Nel 1953 il Laboratorio definì l'"architettura del sistema": il territorio degli Stati Uniti era diviso in otto settori, ognuno di essi sotto l'egida di un "combat center", un centro operativo che riceveva, tramite linee telefoniche, ed elaborava, con il sostegno di un computer tipo Whirlwind, informazione da 32 sottosettori. Ognuno di essi era presidiato da un centro operativo dotato di un computer e nel proprio territorio erano sparse postazioni radar di vari livelli, fra cui alcune in piattaforme collocate sulle acque costiere che trasmettevano i dati via microonde radio. Il sistema doveva essere integrato con altri due: un sistema provvisorio sul quale lavoravano i Bell

Laboratories che era basato sul sistema ereditato dal periodo bellico e un sistema più specifico, noto come Distant Early Warning System, che stava costruendo la Western Electric. Nello stesso anno fu messo alla prova per la prima volta un primo modello sperimentale di un settore SAGE, noto come Cape Cod System, basato sulla rete formata da un centro di direzione che usava il computer Whirlwind, da un radar a lungo raggio collocato presso Cape Cod, nel Massachusetts, e da alcune altre postazioni radar meno potenti sparse nella zona del New England. Ciò che dal punto di vista dei responsabili militari era un sistema di difesa antiaerea era anche, dal punto vista degli ingegneri del MIT che lo avevano sviluppato, un sistema di elaborazione dell'informazione e di controllo in tempo reale basato sulla tecnologia elettronica.

---

### SAGE e il "pensiero dei sistemi": una riflessione sulla parola «sistema» risalente al 1950

In un rapporto risalente all'ottobre del 1950, la prima commissione incaricata dall'AF di esaminare la situazione e le prospettive future della difesa degli Stati Uniti contro eventuali attacchi dall'aria – presieduta dal fisico Georges E. Valley, professore del MIT, che ebbe un ruolo di primo piano nel progetto SAGE – incluse nel suo rapporto una riflessione sull'idea di sistema. Si sottolineava la necessità di collegare l'idea di sistema come modello/schema (*pattern*, in inglese) e disposizione/assetto (*arrangement*) con quella di organismo, e quindi con la nozione di obbiettivo/fine e con quella di funzione. Emergevano qui sia l'idea del sistema tecnico come sede dell'interazione uomini-macchine (fondamentale nei pionieri dell'ingegneria del controllo, come Wiener), sia l'analogia con l'essere umano (che ispirò alcuni dei pionieri dell'informatica, come von Neumann). Di conseguenza, facevano la loro comparsa nell'ambito tecnologico concetti come quello di discernimento/decisione (*judgement*).

*La parola è in sé molto generale [...come ad esempio] il "sistema solare" e "il sistema nervoso", in cui la parola concerne assetti particolari di materia; vi sono anche sistemi filosofici, sistemi per vincere alle corse, e sistemi politici; vi sono i sistemi isolati della termodinamica, il Sistema Centrale della città di New York, e i vari sistemi zoologici.*
*Il Sistema di Difesa Aerea ha punti in comune con molti di questi vari tipi di sistemi. Ma fa anche parte di una categoria particolare di sistemi: la categoria degli organismi [... definiti come] "una struttura composta di parti distinte costituita in modo tale che il funzionamento delle parti e le loro relazioni reciproche è governata dalla loro relazione con il tutto". L'accento non è soltanto sullo schema e sull'assetto, ma su questi in quanto determinati dalla funzione, un attributo desiderato nel Sistema di Difesa Aerea.*

> *Il Sistema di Difesa Aerea, quindi, è un organismo [...] Che cosa sono gli organismi? Ve ne sono di tre tipi: gli organismi animati, fra cui gli animali e i gruppi di animali, incluso l'uomo; gli organismi in parte animati, che coinvolgono animali insieme con dispositivi inanimati, come nel Sistema di Difesa Aerea; e gli organismi inanimati come i distributori automatici. Tutti questi organismi possegono in comune: componenti sensori, impianti di comunicazione, dispositivi di analisi dei dati, centri di discernimento, direttori dell'azione, e effettuatori, ossia agenti esecutivi [...]*
> *È funzione di un organismo [...] il raggiungimento di un dato fine.*
>
> [Tratto da "Air Defense System: ADSEC Final Report", citato in Hughes 2000: 21-22]

La progettazione di SAGE fu sviluppata inizialmente secondo l'impostazione tradizionale dell'ingegneria, ossia come un insieme di singoli problemi di progettazione e di produzione delle sue componenti. Beninteso, le sole forze del MIT non bastavano a far fronte all'enorme varietà di problemi coinvolti nell'iniziativa, sia per quanto riguarda lo sviluppo tecnologico, sia la produzione industriale degli elementi. Ad esempio, quando si arrivò al passaggio dal computer Whirlwind alla progettazione di prototipi volti alla produzione industriale fu coinvolta l'azienda IBM, che trasse enorme vantaggio da questa esperienza, in termini di conoscenze e di ricavi successivi: si trattò di una delle prime esperienze di produzione in serie di computer (alcune decine di computer AN/FSQ-7 che dovevano essere installati nei centri direzionali dei vari settori di SAGE). Un altro problema riguardava la programmazione dei computer. Anche qui il MIT si rivolse altrove: se ne occupò prima la RAND, e fu poi creata, sul modello di quest'ultima, la System Development Corporation, che si occupò anche della formazione del personale per i centri di direzione delle operazioni.

Negli anni successivi, tuttavia, si rese sempre più evidente che il buon funzionamento dell'intero progetto, sia nelle fasi di pianificazione e di realizzazione, sia quando esso entrasse in funzione, presentava una complessità tale da non poter essere lasciato al buon senso o alle soluzioni caso per caso. Oltre agli aspetti legati direttamente all'elaborazione dell'informazione e a quelli relativi al controllo degli armamenti, sui quali si era concentrato il Laboratorio Lincoln, vi erano quelli relativi alla progettazione e costruzione dei centri operativi, degli impianti radar, della rete telefonica, degli aerei, dei missili terra-aerea e degli altri sistemi d'arma; e ognuno di questi era la responsabilità di un appaltatore fra le aziende industriali (fra cui Western Electric, Bendix Radio, i Laboratori Bell o Boeing), il quale aveva a sua volta altri subappalti. Tuttavia, da questo punto di vista, il progetto SAGE fu un esperimento pilota. La consapevolezza dell'esistenza di un problema gestionale e organizzativo di base emerse lentamente, e questa circostanza fu alla radice di molti disfunzioni, che, come ha scritto Thomas Hughes, spiegano in parte il suo relativo insuccesso. D'altra parte, in quegli anni la stessa giovane Air Force si confrontava con continui problemi di coordinamento dei vari progetti e delle varie unità militari create per la loro supervisione.

Solo nel 1958 fu affrontato finalmente il problema gestionale e organizzativo riguardante SAGE, con la creazione di una nuova azienda, ancora una volta *nonprofit*, MITRE Corporation, alla quale si trasferirono molti ricercatori che avevano lavorato nel gruppo di Forrester. Questa decisione era difatti un'eco delle riflessioni sorte nell'ambito di un'altra ambiziosa iniziativa dell'AF, il progetto di sviluppo del missile balistico intercontinentale Atlas (Atlas ICBM), il primo fra i sistemi missilistici americani che segnarono gli equilibri militari e politici internazionali del periodo centrale della Guerra Fredda. Infatti, il bilancio del progetto SAGE nell'ambito delle tecnologie mette in evidenza, come ha mostrato Hughes, che esso diede un enorme contributo allo sviluppo dell'informatica (tecnologia dell'elaboratore elettronico digitale e programmazione) e dell'automazione (la sostituzione dell'uomo nella trasmissione e nell'analisi delle informazioni e anche l'azione umana di comando nelle operazioni di difesa antiaerea); mentre per quanto riguarda il coordinamento, ossia il controllo in senso organizzativo e operativo, esso servì essenzialmente a rendere palese l'esigenza di nuove tecnologie dell'organizzazione.

## 13.4 Tecnologie organizzative e cultura del controllo: dall'ingegneria delle macchine all'ingegneria dei sistemi

Dal punto di vista dell'evoluzione della questione organizzativa, il sistema SAGE, o per meglio dire il progetto SAGE, rappresentò forse il culmine di una lunga preistoria di grandi progetti tecnici che costellano la storia dell'ingegneria civile, dell'ingegneria militare e dell'ingegneria industriale. Gli Stati Uniti si imbarcarono allora in un'iniziativa che riguardava la sicurezza di un paese che occupava quasi un continente, nella quale furono impegnati fondi ingenti, che coinvolse l'industria nazionale più potente del mondo e fu pensata da una cultura tecnica ricca e ambiziosa. L'entità e la portata di tale iniziativa furono scoperte man mano che essa si sviluppava, e il motore del suo sviluppo furono le singole tecnologie riguardanti le componenti materiali del sistema. In contrasto con quest'esperienza, nel progetto Atlas ICBM l'attenzione fu posta molto presto sul problema organizzativo, ossia sugli aspetti manageriali che erano essenziali per la buona riuscita del progetto. Infatti, in questo caso l'iniziativa che ci si accingeva a intraprendere poneva in primo piano i problemi di gestione di un progetto volto alla realizzazione di un prodotto tecnico complesso quale il sistema d'arma che si voleva mettere a punto.

Il comitato di valutazione dei missili strategici stabilito nel 1953 dall'AF, oltre a dare un parere positivo sull'opportunità di iniziare il progetto, concentrò subito l'attenzione sull'esigenza di considerare il problema organizzativo come problema tecnologico a sé stante, e discusse l'opportunità di fondare a tale scopo un'istituzione parauniversitaria, oppure di incaricare la pubblica amministrazione di un tale compito, decidendo infine per l'affidamento a un'azienda privata di consulenza. La scelta cadde su un'azienda, la Ramo-Wooldridge Corporation, creata da due membri del comitato, gli ingegneri Simon Ramo (n. 1913) e Dean E. Wooldridge (1913-1985). Subito dopo, nel 1954, il comitato decise di modificare il proprio nome in ICBM Scientific Advisory Committee, scelse von Neumann come presidente e affidò alla Ramo-Wooldridge tutti gli aspetti gestionale legati al progetto: dalle stesse riunioni del comitato von Neumann alla concezione globale del progetto del sistema missilistico, dalle specifiche dei contratti con le varie aziende titolari degli appalti, fino al coordinamento generale e le valutazione dell'andamento del progetto.

La decisione di questa commissione ebbe un impatto culturale forte sull'ingegneria, ed in particolare sui settori di punta, emblematici dell'ingegneria del Novecento. Come ha scritto Hughes, si trasferiva in questo modo il ruolo di coordinamento e gestione che era stato spesso riservato alle aziende del settore aeronautico, in qualità di titolari dell'"appalto principale" per conto dell'AF, alle aziende del settore elettronico: "Raccomandando che la Ramo-Wooldridge agisse come ingegnere di sistemi, il comitato aveva sostituito gli ingegneri familiarizzati con la pratica tradizionale nel campo dell'ingegneria aeronautica con scienziati e ingegneri di formazione scientifica e con particolarmente esperienza in elettronica e informatica. Per il comitato, la struttura aeronautica era meramente una piattaforma per portare sistemi complessi di guida elettronica e controllo di tiro" (Hughes 2000: 98). Quindi si spingeva verso la creazione di un approccio teorico ai problemi manageriali tagliato sul modello della nuova ingegneria elettronica, informatica e dei controlli automatici.

Questo modello includeva – lo abbiamo visto nel paragrafo precedente – due elementi fondamental. Da una parte, si partiva da un approccio globale ai problemi in termini di sistema e contrassegnato dal pensiero tecnologico del "controllo". Dall'altra, l'accento veniva posto, in ogni singolo problema, sull'individuazione delle strutture logiche e matematiche sottostanti, e quindi si scegliva un modo di confrontarsi con la realtà materiale concreta che faceva uso di uno schermo teorico astratto. La distanza fra questo modello epistemologico e quello dell'ingegneria precedente fu sottolineato in quegli anni parlando del passaggio dall'"ingegneria delle macchine all'ingegneria dei sistemi". Dalla prospettiva che abbiamo acquisito nel nostro percorso attraverso la storia dell'ingegneria, questo passaggio rappresenta l'inizio di una terza fase nell'evoluzione del pensiero tecnico sulla Natura e sull'artificiale, dopo quella dell'ingegneria classica e quella dell'ingegneria moderna, quasi un'ingegneria "modernista" o "postmoderna". Come nei casi precedenti, la trasformazione del pensiero dell'ingegnere fu accompagnata da un riposizionamento della figura professione dell'ingegnere.

Ovviamente questa trasformazione fu il frutto di molti contributi individuali e della stessa evoluzione delle tecnologie, non solo negli Stati Uniti. Tuttavia, non vi è dubbio che il comitato Atlas ICBM ebbe un ruolo significativo in questo processo. Al riguardo, basta esaminare la sua composizione – nelle due fasi che abbiamo descritto – che può essere considerata rappresentativa dell'élite tecnico-scientifica della costa ovest degli Stati Uniti, in contrasto con il gruppo del MIT coinvolto nel progetto SAGE, che rappresentava invece la potente area culturale del nordest del paese. Oltre a von Neumann e un gruppo di fisici e ingegneri professori del California Institute of Technology – generalmente considerato portabandiera di un approccio scientifico ai problemi della tecnica –, ne furono membri il presidente della RAND, Frank Collbohm, l'ingegnere e professore del MIT Jerome Wiesner (n. 1915, futuro rettore del MIT e consulente per la scienza del presidente Kennedy); e alcuni ingegneri di aziende private, come gli stessi Ramo e Wooldridge, e soprattutto Bode, dei Laboratori Bell. Il progetto SAGE era partito da un tentativo ancora debole di esplorazione della visione astratta di sistema, e si era subito indirizzato verso lo sviluppo e la progettazione delle componenti "reali" del sistema, concepito ancora intuitivamente, sulla base delle immagini ereditate dall'implementazione del radar durante la Seconda Guerra Mondiale. Il progetto ICBM partiva invece sotto la spinta di una richiesta forte di un approccio teorico di tipo scientifico, impostato da studiosi come Bode e von Neumann, che avevano sviluppato la visione dei processi materiali (rispettivamente nelle comunicazioni e nell'elaboratore elettronico) attraverso diagrammi di flusso e circuiti di retroazione di impulsi e segnali portatori di informazione.

L'impostazione del comitato trovò piena accoglienza nel responsabile militare del progetto Atlas ICBM, Bernard Schreiver (n. 1910, nato a Brema in Germania e diventato cittadino americano nel 1923). Sotto la direzione di Schriever – esperto pilota e con una formazione da ingegnere militare – lo sviluppo del progetto Atlas ICBM e le sue fasi successive (i missili Titan e Minuteman), e in particolare il lavoro della Ramo-Wooldridge, ebbero un ruolo pionieristico nella creazione della figura dell'"ingegnere dei sistemi", concepita come un'evoluzione della figura dell'ingegnere esperto in elettronica, automazione e informatica, arricchito da una competenza specifica delle tecniche gestionali: quindi una figura professionale straordinariamente complessa, in corrispondenza alle responsabilità che gli venivano affidate in progetti e sistemi complessi. Nei settori di avanguardia dell'industria americana, sotto l'impulso delle commesse militari, negli anni Cinquanta e Sessanta del Novecento l'ingegnere recuperava quindi parte delle competenze gestionali che nei decenni precedenti erano state affidate ai manager, interpretandole però in un modo diverso, ossia all'interno della tradizione gestionale della cultura tecnica e soprattutto secondo il pensiero tecnologico tipico delle discipline di appartenenza.

L'ingegnere dei sistemi aveva a sua disposizione, in primo luogo, le varie tecniche gestionali sviluppate nei decenni precedenti dalle varie scuole in ambito manageriale, con il quale vi fu un'interazione con influenze reciproche. In quegli anni gli ingegneri si volsero di nuovo verso le questioni di economia e di *management science*: sappiamo che non si trattava di una novità assoluta, bensì di un "ritorno di fiamma" di una lunga tradizione di interesse per le questioni *soft* – gestione di progetti, organizzazione industriale, economia applicata ed economia teorica – che abbiamo seguito fino a Fayol e Taylor e che all'inizio del Novecento si era interrotta per un certo periodo, un periodo di concentrazione sulle tecnologie *hard*. D'altra parte, gli anni della stella ascendente del taylorismo, della cultura manageriale e della gestione scientifica del lavoro erano stati un periodo straordinariamente creativo nell'ambito tecnologico, che aveva visto gli ingegneri confrontarsi con il problema del controllo dei sistemi artificiali di ogni genere. Questo nuovo avvicinamento ai problemi operativi, dopo tanti tentativi rimasti isolati, portò infine alla creazione di ciò che possono bene essere definite le «tecnologie organizzative» dell'ingegnere, un dei frutti intellettuali della cultura del controllo che si diffuse negli Stati Uniti e nelle società industrializzate negli anni della Guerra Fredda. Due aspetti importanti della cultura del controllo contribuirono a forgiare le nuove tecnologie organizzative: da una parte, le tecniche di programmazione matematica – vale a dire, le tecniche di pianificazione basate sull'ottimizzazione, la cui origine abbiamo seguito nel capitolo 12 – e, dall'altra, le tecniche derivate dal trasferimento dei modelli dell'ingegneria di controllo ai problemi gestionali.

La continuità con la tradizione precedente si manifestò infatti nel risorgere, e questa volta in modo deciso e destinato a consolidarsi, di un approccio matematico a tali questioni. L'ambito disciplinare, potremmo quasi dire "l'etichetta" sotto cui si raccolsero le nuove tecnologie organizzative di stampo ingegneristico, fu quella della ricerca operativa, che per prima, nel periodo bellico, aveva raccolto l'eredità dell'idea di un approccio scientifico-sistematico ai problemi operativi legati all'impiego delle tecniche. Negli anni Cinquanta furono esplorate intensamente le potenzialità di tale approccio in contesti militari diversi dal teatro di guerra, ossia nei grandi progetti e sistemi che abbiamo visto svilupparsi durante la Guerra Fredda; e anche in ambito civile, nella produzione di beni e servizi. Ciò che era stato inizialmente un progetto di azione guidato dagli strumenti scientifici di fronte all'emergenza diventò progressivamente una vera e propria disciplina fortemente matematizzata.

Questa trasformazione può essere seguita attraverso i testi di ricerca operativa pubblicati nel dopoguerra. Infatti, sotto la stessa etichetta, nel giro di pochi anni vedevano la luce libri con contenuti molto diversi, preceduti da introduzioni dove gli autori proponevano riflessioni su un'evoluzione che essi stessi contribuivano a forgiare (Rider 1994). L'esperienza bellica del gruppo di ricerca operativa del MIT fu raccolta subito dopo la fine della guerra in un saggio di Morse, in collaborazione con George E. Kimball (1906), che circolò per alcuni anni coperto dal segreto militare e nel 1951 fu pubblicato da MIT University Press e l'editore Wiley sotto il titolo *Methods of operations research*. Il libro era strutturato attorno a grandi problemi operativi militari (misure di efficienza, analisi tattica di misure e contromisure, valutazione delle armi e dei loro usi, organizzazione e procedure), mostrando per ognuno di essi l'impostazione sistematica del problema e gli strumenti scientifici di analisi, con l'uso quindi di formule matematiche e di analisi statistica. Morse fu il primo presidente dell'Operation Research Society of America (ORSA), creata nel 1952 insieme al suo giornale, che era in origine un'associazione interdisciplinare. Negli anni Cinquanta il numero dei suoi membri crebbe velocemente, come anche le pubblicazioni sull'argomento, e furono creati corsi di ricerca operativa in alcune università e politecnici.

Nel 1957 fu pubblicato un libro derivato in parte da un corso che si svolgeva da vari anni presso il Case Institute of Technology (a Cleveland, nell'Ohio), *Introduction to operations research*, strutturato dagli autori – C. West Churchman (n. 1913), Russell L. Ackoff (n. 1919) e E. Leonard Arnoff – attorno ad alcuni problemi operativi generali, quali l'allocazione e l'analisi delle attività, la tempificazione, le code o la gestione delle scorte. Il legame fra le situazioni operative concrete in ogni ambito (militare, industriale, amministrativo) e gli strumenti teorici era costituito da una metodologia basata sulla costruzione di un modello corrispondente alla natura del problema, e il libro forniva anche orientamenti per implementare e trattare i dati nei casi applicativi.

La definizione generale dei problemi operativi era basata sull'individuazione della struttura matematica soggiacente a vari gruppi di problemi. I primi fra questi erano quelli trattati con le tecniche della programmazione lineare, che negli anni Cinquanta ebbero un grande sviluppo, usando sia tecniche algebriche (matrici e disuguaglianze) sia la formulazione in termini di teoria dei grafi già adoperata dei problemi di trasporto, che portò alla creazione dell'analisi delle reti di flusso. Molte di queste ricerche furono condotte presso la RAND – ne è un esempio importante il libro *Flows in networks* (1962) di Lester R. Ford (n. 1927) e Delbert Ray Fulkerson – e in collegamento con i grandi progetti militari, come nel caso della tecnica di gestione di progetti nota come PERT (Program Evaluation and Review Technique, tecnica per la valutazione e revisione di progetto). PERT fu sviluppato nel 1958 da una ditta di consulenza gestionale, Booz, Allen & Hamilton, per conto della Marina statunitense, per la gestione del progetto di sviluppo del missile Polaris (un missile a medio raggio lanciato dai sottomarini). Questo strumento organizzativo, volto al controllo dei tempi di realizzazione dei progetti condotti in condizioni di incertezza anche perché legati allo sviluppo tecnologico, analizzava il flusso di attività sfruttando le potenzialità del computer. Esso ebbe un enorme successo anche nell'industria – insieme al CPM (Critical Path Method, metodo del percorso critico) sviluppato da J. E. Kelley nello stesso periodo per la gestione dei tempi e dei costi nella costruzione degli impianti chimici dell'azienda E. I. Dupont de Nemours – e stimolò l'interesse della cultura manageriale per gli strumenti matematici e statistici (Sapolsky 1972).

Al filone della programmazione matematica applicata alla gestione di progetti e alla pianificazione industriale si aggiunse negli anni Cinquanta quello delle tecniche di gestione basate sull'uso degli strumenti dell'ingegneria di controllo, iniziate con lo sviluppo delle tecniche di gestione delle scorte, in inglese *inventory control* (Klein 1999). Nel 1952 l'economista Herbert Simon (1916-2001) pubblicò nella rivista «Econometrica» un articolo intitolato "On the application of servomechanism theory in the study of production control". Insieme all'ingegnere elettrico Charles C. Holt e altri colleghi della

School of Industrial Administration fondata nel 1949 presso il Carnegie Institute of Technology (a Pittsburgh, in Pennsylvania), egli sviluppò il "servo-mechanism approach" nell'ambito di un contratto con la Marina statunitense sulla pianificazione e controllo della produzione industriale: si trattava di considerare il problema in termini di sistema, costruire le equazioni differenziali che lo governano e applicare tecniche e concetti dell'ingegneria di controllo. Nel corso di queste ricerche fu applicato il modello EWMA (Exponentially Weight Moving Average), sviluppato per fare previsioni dei movimenti del velivolo nemico nel controllo del tiro aria-aria, ai problemi di previsione legati alle scorte e la pianificazione della produzione.

I vari strumenti che abbiamo menzionato diventarono progressivamente parte della ricerca operativa, contribuendo a creare il suo nuovo profilo come disciplina matematica, ossia come insieme di modelli matematici e strategie nella risoluzione di problemi, di interesse per ingegneri e dirigenti aziendali. Nei libri di testo si riscontra progressivamente l'affermarsi di alcune tecniche fondamentali, divise in grandi gruppi secondo il tipo di problema considerato in astratto e anche secondo l'approccio matematico scelto: tecniche deterministiche/probabilistiche, ottimizzazione continua/combinatoria, programmazione lineare/non lineare. I contatti interdisciplinari che erano alla base del suo sviluppo portarono progressivamente alla visione della ricerca operativa come una scienza economico-sociale applicata, suscettibile di essere usata nei problemi gestionali dei sistemi di produzione di beni e servizi, dei sistemi amministrativi e dei sistemi sociali.

Il trasferimento dei modelli matematici della teoria del controllo dai dispositivi di tiro, non soltanto a problemi relativi ai magazzini e alle scorte, ma anche ai problemi teorici del funzionamento dell'economia, è un esempio molto significativo della metodologia modellistica tipica della matematica applicata moderna, basata sull'analogia matematica. Tale metodologia, come abbiamo visto nel capitolo 12, invalidava gli ostacoli epistemologici che avevano intralciato nell'Ottocento lo sviluppo delle tecnologie matematiche dell'organizzazione. Tuttavia, questo trasferimento non fu basato soltanto sull'uso "pragmatico" dei modelli. In realtà, esso ebbe delle connotazioni filosofiche forti, in quanto fu animato dal rinascere della visione dell'uomo come macchina, quell'idea di stampo materialistico che ha alle spalle una lunga storia, che aveva avuto molti sostenitori nel Settecento ed era stata oggetto di radicale rifiuto nell'Ottocento. La visione dell'uomo – e dell'animale – come macchina ha accompagnato lo sviluppo del macchinismo e si è manifestata anche attraverso le immagini forti degli automi e dei robot. In particolare, lo sviluppo dell'ingegneria di controllo, lo abbiamo visto, aveva avuto presto al proprio centro l'uomo come esempio da emulare con le macchine oppure da migliorare e sostituire con esse.

Dall'esperienza durante la Seconda Guerra Mondiale, con la fusione delle esperienze tecniche nel campo delle comunicazioni e del controllo, e anche dagli scambi con studiosi del sistema nervoso umano, Wiener trasse ispirazione per la stesura di un saggio che ebbe un grande influsso negli anni

Cinquanta e Sessanta, intitolato *Cybernetics: control and communication in the animal and the machine* (1948). Egli assegnava un ruolo fondamentale nella comprensione dei comportamenti intenzionali agli anelli di retroazione, facendo ricorso all'immagine classica negli studi sul controllo del timoniere (in greco *kybernetes*). Attorno alle idee di Wiener si era raccolto un gruppo di ricerca formato da scienziati, ingegneri, medici e studiosi delle scienze sociali e umane, che lavorava allo sviluppo di una nuova disciplina trasversale, la cibernetica, che nelle intenzioni dei suoi sostenitori doveva portare la scienza su terreni inesplorati, quelli del cervello umano, del comportamento e dei sistemi sociali complessi. Le idee della cibernetica ebbero molta diffusione fra gli ingegneri, in particolare fra quelli che guardavano con interesse alla creazione di una nuova ingegneria dei sistemi.

L'eco dell'analogia uomo-macchina si ritrova in questo periodo anche nelle ricerche volte ad applicare i modelli matematici dell'ingegneria di controllo ai problemi economici generali, e quindi a confrontare i processi di controllo economico con quelli tecnologici. La loro impostazione è efficacemente riassunta dal titolo di un libro dell'ingegnere britannico Arnold Tustin (1899-1994), professore dell'università di Birmingham, riguardante l'applicazione dei metodi per lo studio della stabilità sviluppati in ambito tecnologico alla stabilità del mercato, *The mechanism of economic system. An approach to the problem of economic stabilisation from the point of view of control-system engineering* (1954). Tustin è un esempio fra tanti di ingegneri autori di importanti contributi alla teoria dei sistemi e del controllo che si impegnarono attivamente a diffondere le loro idee fra gli economisti, e che ebbero una forte attrazione verso l'idea di esplorare l'economia e la società dal punto di vista dell'ingegneria dei sistemi. Quanto agli economisti, l'organizzazione della ricerca nel periodo della Seconda Guerra Mondiale e i finanziamenti militari nel dopoguerra li misero a contatto con tecniche matematiche come la programmazione lineare e la teoria dei sistemi e del controllo applicate ai problemi reali della pianificazione, la previsione e la gestione delle scorte. Essi le accolsero con entusiasmo e le applicarono nel seguito anche ai problemi dell'economia teorica.

Nel settembre del 1952 la rivista di divulgazione scientifica «Scientific American» uscì con un numero monografico dedicato ai controlli automatici (Klein 2001). Esso includeva un articolo di Tustin sul concetto di feedback e sulle sue potenziali applicazioni allo studio del fenomeno dell'autoregolazione non solo nelle macchine ma anche nei processi vitali e negli affari umani. Ma vi si trovava ancora un altro, scritto da un'illustre economista, Wassily Leontief, dal titolo "Machines and man": l'economia industriale funziona come un meccanismo di feedback, affermava Leontieff, e quindi non poteva sorprendere ai suoi lettori che gli economisti moderni facessero ricorso agli stessi sistemi di equazioni differenziali adoperati dai progettisti di servomeccanismi. Il numero era costellato di pubblicità entusiaste di ditte come Sperry, Ford Instrument Company, Douglas e Industrial Control, Inc. che si preparavano a confrontarsi con le sfide dell'automazione industriale.

# Lettura 16

## L'approccio sistemistico: scienza dei sistemi e tecnologia dei sistemi

---

Nel 1967 il biologo di origine austriaca Ludwig von Bertalanffy (1901-1972) pubblicò un saggio intitolato *General system theory*, nel quale prendeva spunto dagli sviluppi della teoria matematica dei sistemi dinamici nella biologia, nella tecnologia e nell'economia per proporre una nuova filosofia scientifica che doveva sostituire o complementare il pensiero riduzionista, ossia la decomposizione analitica e la ricerca del semplice, con un pensiero "olistico", ossia la ricomposizione sintetica e l'indagine del complesso, quindi del "sistema". Il libro cercava di contrastare il riduzionismo della biologia molecolare allora in auge, e più in generale, com'egli scriveva, "le teorie dichiaranti che la realtà è un *nient'altro che* (un cumulo di particelle fisiche, geni, riflessi, istinti e via dicendo)". Alcuni studiosi affermano che von Bertalanffy era stato influenzato dal pensiero di Bogdanov (che circolò anche nell'area europea di lingua tedesca prima della guerra), autore che, tuttavia, egli non menzionava. Egli prendeva invece spunto dal modo in cui, nella prima metà del Novecento, gli ingegneri e gli studiosi di ricerca operativa si erano confrontati con categorie come quella di "finalità" e soprattutto quella di "organizzazione" (un concetto in origine quasi esclusivamente inteso in senso biologico), senza rinunciare all'impalcatura matematica. Il libro ebbe molto impatto fra gli studiosi delle scienze sociali e fra gli ingegneri, i quali vedevano assegnare all'ingegneria dei sistemi un ruolo-guida epistemologico nella comprensione dei fenomeni mai prima di allora riconosciuto al pensiero tecnico.

---

Nella sfera del pensiero scientifico stanno entrando degli enti di un tipo essenzialmente nuovo. La scienza classica, nelle sue varie discipline (chimica, biologia, psicologia o scienze sociali), tentava di isolare gli elementi dell'universo osservato – composti chimici ed enzimi, cellule, sensazioni elementari, individui in libera competizione, e altro ancora – sperando che, nel rimettere insieme tali elementi, concettualmente o sperimentalmente, si potesse ottenere, rendendolo intelligibile, il complesso, ovvero il sistema – e poteva trattarsi della cellula, della mente o della società. Ora abbiamo imparato che, al fine della comprensione, non sono necessari solamente gli elementi, ma anche le loro interrelazioni: e cioè l'interagire degli enzimi entro una cellula e quello di molti processi mentali consci oppure inconsci, nonché la struttura e la dinamica dei sistemi sociali e via dicendo. E questo rende necessaria un'opera di ricerca sui vari sistemi esistenti nel nostro universo osservato, tenendo conto della loro specificità e della loro legittimità. Inoltre, si scopre che esistono degli aspetti generali, delle corrispondenze e degli isomorfismi che sono comuni a tutti i "sistemi". Ed è questo il regno della *teoria generale dei sistemi*; questi parallelismi e questi isomorfismi appaiono infatti – a volte in modo sorprendente – in sistemi che, sotto altri aspetti, sono tra di loro completamente diversi. La teoria generale dei sistemi costituisce allora l'esplorazione scientifica del "tutto" e della "globalità", e cioè di nozioni che, sino a non molto tempo fa, erano considerate metafisiche e tali da trascendere i confini delle scienze. Per trattare queste nozioni sono stati sviluppati concetti, modelli e campi matematici interamente nuovi, come la teoria dei sistemi dinamici, la cibernetica, la teoria degli automatismi, l'analisi dei sistemi mediante le teorie degli insiemi, delle reti e dei grafi, e così via.

Un secondo regno è quello della "tecnologia dei sistemi", e cioè quello costituito dai problemi che sorgono nella tecnologia e nella società moderna, comprendendo l'"indirizzo pesante" dei calcolatori, dell'automazione, dei dispositivi autoregolantisi, ecc., e l'"indirizzo leggero" dei nuovi sviluppi e delle nuove discipline in campo teorico.

La tecnologia e la società moderne sono diventate così complesse che i metodi e gli strumenti tradizionali d'indagine non sono più sufficienti, e sono diventate necessarie forme d'approccio ai problemi che hanno una natura olistica o fondata sui sistemi, generalizzante e interdisciplinare. Il che è vero sotto molti punti di vista. Abbiamo dei sistemi, a molti livelli, che necessitano di un controllo scientifico: ecosistemi, la cui perturbazione produce come risultato il sorgere di pressanti problemi, come quelli dell'inquinamento; organizzazioni formali, come un apparato burocratico, un sistema educativo o un esercito; gravi problemi che appaiono nei sistemi socio-economici, nelle relazioni internazionali, in politica e nella questione del deterrente bellico. Indipendentemente dalle questioni vertenti sul punto raggiungibile alla comprensione scientifica (cui si oppone l'ammissione dell'irrazionalità degli eventi culturali e storici), e sui limiti entro i quali sia possibile realizzare un controllo scientifico (o se addirittura un tale controllo sia da desiderare), non c'è ombra di dubbio sul fatto che questi siano essenzialmente dei problemi connessi ai sistemi, e cioè dei problemi di interrelazione fra un gran numero di "variabili". Lo stesso è vero in riferimento a questioni più ristrette, come quelle che si incontrano nei settori dell'industria, del commercio e dell'armamento. Le esigenze di tipo tecnologico hanno portato a nuove concezioni e a nuove discipline: in parte almeno, queste ultime hanno una grande originalità e stanno introducendo nuove nozioni fondamentali, come la teoria del controllo e dell'informazione, le teorie dei giochi e delle decisioni, le teorie dei circuiti, ecc. Ed ancora una volta la caratteristica comune è stata quella che tutte queste teorie sono state i frutti di determinati e concreti problemi tecnologici, ma che i modelli, le concettualizzazioni e i principi – quali, ad esempio, i concetti di informazione, retroazione, controllo, stabilità, teoria dei circuiti, ecc. – hanno superato di gran lunga i confini delle specializzazioni, sono stati di natura interdisciplinare e si sono rivelati come indipendenti dalle loro realizzazioni in campi particolari, come viene esemplificato dai modelli isomorfi di retroazione nei sistemi meccanici, idrodinamici, elettrici, biologici ecc. [...]

Si ha, in terzo luogo, una *filosofia dei sistemi*, e cioè un nuovo orientamento del pensiero e dell'elaborazione di un'immagine del mondo che segue all'introduzione del "sistema" come nuovo paradigma scientifico (in contrasto con il paradigma analitico, meccanicista e dotato di una causalità unidirezionale, paradigma che è caratteristico della scienza classica). Come ogni teoria scientifica di vasta portata, anche la teoria generale dei sistemi ha i suoi aspetti "metascientifici", o filosofici. Il concetto di sistema costituisce un nuovo paradigma, per usare il modo di esprimersi di Thomas Kuhn, oppure, nel linguaggio del presente autore, una "nuova filosofia della natura", che combatte le "cieche leggi della natura" della concezione meccanicista del mondo e il modo di intendere il processo naturale quasi si fosse al livello di una favola di Shakespeare narrata a un idiota, servendosi, per far questo, di una concezione organicista del "mondo come grande organizzazione".

[Tratto da Bertalanffy 2004: 13-15]

# 14 Il futuro dell'ingegneria industriale

SOMMARIO

**14.1** La diffusione dell'approccio sistemistico dal mondo militare ai contesti civili

**14.2** Matematica, sistemi e "fattore umano" nella moderna ingegneria industriale: la gestione della complessità nei sistemi organizzativi

**Lettura 17** Il processo manifatturiero dal mondo preindustriale al Novecento: il caso della Beretta

## 14.1 La diffusione dell'approccio sistemistico dal mondo militare ai contesti civili

Un processo intellettuale che ha caratterizzato spiccatamente la storia del XX secolo è stata l'attenzione specifica ai problemi del governo dei sistemi complessi e il tentativo di confrontarsi con la loro gestione operativa a partire da una rappresentazione razionale, esplicita, atta a stabilire delle generalizzazioni, eventualmente attraverso modelli matematici di programmazione e di controllo, che ha sostituito il tradizionale approccio a tali questioni basato su un tipo di conoscenza implicita e intuitiva, che le risolve caso per caso. Nel Novecento si sono posti con urgenza una serie di problemi industriali, militari e amministrativi complessi che hanno sollecitato un tale sviluppo, ad iniziare dalla diffusione della produzione di massa nei paesi industrializzati e dai problemi logistici della Seconda Guerra Mondiale, che sono stati all'origine di un nuovo concetto di pianificazione scientifica-industriale. Tale concetto si è plasmato anche, è bene ricordarlo, nella tragedia europea – sotto il regime nazista di Hitler e sotto il regime comunista di Stalin – dei grandi trasferimenti di persone selezionate e distribuite in luoghi di residenza forzata, in campi di lavoro coatto e in campi di sterminio.

Nei decenni centrali del secolo il paesaggio dei paesi industrializzati è stato ricoperto da una serie di grandi sistemi tecnici, fra cui quelli che facevano parte integrante della difesa militare e i sistemi di telecomunicazioni, la rete telematica e la delicata rete di trasporto e distribuzione volta a collegare le città, le fabbriche e gli impianti dell'industria estrattiva. Attorno a quest'impresa tecnologica senza precedenti si sono sviluppate le tecnologie della comunicazione, dell'automazione, dell'informazione e dell'organizzazione, volte a un comune oggetto di controllo. L'approccio sistemistico è stato applicato alla gestione degli equilibri internazionali durante il periodo della Guerra Fredda, allo sviluppo delle grandi organizzazioni pubbliche e alla progettazione e conduzione delle attività produttive delle aziende private. Lo sviluppo dei grandi sistemi come struttura portante della vita associata ha portato con sé l'affermarsi dell'esigenza di un governo della società e dell'economia basato sulla scienza e con l'ausilio degli esperti. La fine del Novecento ha visto lo sviluppo della rete informatica Internet e la globalizzazione delle attività produttive e del commercio. I problemi di organizzazione e di controllo si rivelano ancora più urgenti in un mondo profondamente interconnesso, dove ad esempio una notizia su un rotocalco statunitense può provocare una rivolta con morti e feriti dall'altra parte del pianeta e dove ci si pone il problema dei rischi di instabilità dell'enorme sistema globale di transazioni economiche, oppure gli scenari di disastri o attacchi diretti imprevisti, di fronte ai quali la struttura odierna delle catene logistiche nazionali e internazionali si rivela assai fragile.

In tal modo, i problemi della pianificazione e della gestione sono diventati un nuovo, ampio ambito di applicazioni della matematica, nel quale esercitare la moderna pratica modellistica. Tale pratica, insieme al concetto chiave di sistema (*production system, operations system, social system*) ha permesso di unificare lo studio di problemi molto diversi, come quelli prima elencati. D'altra parte, poiché molti di questi problemi sono sorti in ambito industriale e tecnologico e riguardano essenzialmente il controllo dei sistemi, ossia una questione centrale nell'ingegneria, essi hanno costituito un banco di prova dei concetti e dei metodi tipici del sapere tecnologico e della loro applicazione a questioni che esulano dell'ingegneria tradizionale delle macchine.

L'"ingegneria dei sistemi" non era destinata a diventare una vera e propria branca dell'ingegneria: essa può essere descritta come una filosofia dell'ingegneria che ha animato lo straordinario sviluppo tecnologico del dopoguerra, nei campi dell'automazione industriale, della ricerca operativa, dell'analisi strategica degli armamenti, dello sviluppo dei grandi sistemi e dei progetti nel settore missilistico e aerospaziale. Questa filosofia o pensiero dei sistemi si è forgiata nell'ambiente multidisciplinare e multiculturale degli Stati Uniti che avevano accolto l'emigrazione scientifico-tecnica europea, ma si è diffusa un po' ovunque nei paesi industrializzati, attraverso canali che oggi sono oggetto di attenta ricerca da parte degli storici.

Negli Stati Uniti, l'approccio sistemistico raggiunse una grande eco ai tempi del presidente John Kennedy (1961-63) e del suo successore Lyndon Johnson (1963-1968), grazie all'attività di Robert McNamara (n. 1916) come Secretario alla Difesa. McNamara, che si era formato alla Harvard Business School, era un deciso sostenitore delle tecniche moderne di razionalizzazione delle decisioni e della gestione dei costi, che aveva offerto come consulente alla Ford Motor Company e che lo avevano portato alla presidenza dell'azienda nel 1960. Chiamato a far parte del governo degli Stati Uniti, egli ingaggiò alcuni membri della RAND e lavorò all'introduzione del "pensiero dei sistemi" nella pianificazione delle attività e della spesa militare.

Negli anni Sessanta, la RAND concluse il suo rapporto esclusivo con l'Air Force e iniziò ad applicare le sue tecniche interdisciplinari di analisi di sistemi (che coinvolgevano matematici, economisti e scienziati sociali) a problemi diversi da quelli militari. Personalità di spicco come Jay Forrester (dal 1956 professore della Sloan School of Management del MIT), Simon Ramo, Bernard Schreiver e molti altri si impegnarono attivamente nella diffusione dell'ingegneria dei sistemi in ambito civile, applicando le sue tecniche e i suoi concetti innanzitutto ai grandi progetti dell'ingegneria civile, ma più in generale anche alla gestione dei problemi sociali, ed in particolare nello scenario delle grandi città che combinava problemi tecnici e sociali sempre più complessi. Essi sostenevano, ancora una volta, l'ottimismo tecnologico, di fronte a un'evoluzione delle società industrializzate che sembrava invece in gran parte fuori controllo.

Una tale visione si riflette nel titolo di un libro di Ramo pubblicato nel 1969: *Cure for caos: fresh solutions to social problems through the systems approach*. Tuttavia, all'epoca, quest'ottimismo tecnologico, come anche la fiducia nella figura degli esperti, era al centro delle critiche della cultura alternativa che si diffuse negli Stati Uniti alla fine degli anni Sessanta, sull'onda delle drammatiche conseguenze della guerra del Vietnam iniziata con i bombardamenti americani sul Vietnam del Nord nel febbraio del 1965. Fu elaborata in quel periodo – anche come riflesso della contrapposizione fra l'ideologia comunista sostenuta dall'Unione Sovietica e i regimi democratici dove vigeva l'economia di mercato, guidati dagli Stati Uniti – una visione negativa dell'imponente alleanza industriale-tecnologico-militare che era stata alla base dell'ascesa degli Stati Uniti allo status di grande superpotenza e un'acuta critica delle disuguaglianze che la produzione di massa e la società del benessere non avevano eliminato. Si diffuse anche in molti settori, ed in particolare fra i giovani, la sfiducia verso le strutture sociali e i meccanismi del potere delle società democratiche e anche verso l'uso della tecnologia, soprattutto per il suo pesante intervento nella vita e nel lavoro umano e anche sull'ambiente naturale, e quindi anche verso le pretese di "controllo" e di "razionalità" di ingegneri e tecnici.

Paradossalmente, negli anni in cui questa "controcultura" si diffondeva negli Stati Uniti e nelle università europee, in Francia e anche in Italia, e con essa entravano in crisi il pensiero dei sistemi e la cibernetica, in Unione Sovietica e nei paesi comunisti dell'Europa dell'Est fiorivano gli istituti di ricerca e le pubblicazioni scientifiche sull'argomento. Infatti, all'epoca della pubblicazione del libro di Wiener queste idee erano state al centro del dibattito culturale nell'Unione Sovietica, sia per le loro implicazioni riguardo alla rivalità tecnologico-militare con gli Stati Uniti, sia perché esse erano state utilizzate in senso politico dai critici del sistema politico e osteggiate da molti difensori dell'ortodossia comunista. Nella fase di relativa apertura successiva alla morte di Stalin erano state finalmente accettate e quindi si erano istituzionalizzate, in un processo di assorbimento che portò a far cadere la loro carica critica e anche il dinamismo che esse avevano avuto (Gerovitch 2002). Negli anni Settanta si tentò di lavorare alla distensione est-ovest su queste basi culturali comuni: questa filosofia animò la creazione dell'IIASA (International Institute for Applied Systems Analysis) a Laxenburg.

Nonostante quest'apparente crisi – che spazzò via l'euforia tecnologica che aveva contrassegnato il clima della prima fase della Guerra Fredda –, la cibernetica e il pensiero di sistemi lasciarono un'impronta forte nella cultura scientifico-tecnica, ed in particolare nell'ingegneria, insieme tuttavia ad altri contributi. All'epoca della pubblicazione della *Cibernetica* di Wiener videro la luce altri libri destinati ad avere una grande influenza culturale nella seconda metà del secolo: il pensiero tecnologico del Novecento si era avventurato nel terreno dell'immateriale, era andato oltre i congegni e i dispositivi del mondo inanimato, e aveva tentato una descrizione in termini matematici di concetti come azione/comportamento intenzionale, ma anche informazione/comunicazione oppure obiettivo/decisione. La definizione astratta di sistema di comunicazione e dell'informazione era stato al centro delle ricerche degli studiosi dei Laboratori Bell, culminate negli studi di Claude Shannon (1916), autore, in collaborazione con Warren Weaver, del famoso libro *The mathematical theory of communication* (1949). Inoltre, fra quanti si occupavano degli studi di ricerca operativa si andò profilando una visione della loro disciplina come una scienza sociale applicata che girava attorno al concetto cardine di decisione (*decision-making*), secondo l'impostazione introdotta da Herbert Simon nel suo libro *Administrative behaviour: a study of decision-making processes in administrative organization* (1947).

Infatti, i pionieri della programmazione matematica avevano una visione delle loro ricerche imperniata su idee quali quella di programma o quella di funzione obiettivo (introdotte da Dantzig come concetti fondamentali formalizzati matematicamente), intesi come strumenti di pianificazione e controllo delle attività, confrontabili ai "meno precisi" diagrammi di Gantt o ai rapporti di attività di Fayol e Taylor. Simon, la cui formazione interdisciplinare spaziava dalla matematica all'economia e alle scienze sociali, all'inizio della sua carriera scientifica a metà degli anni Trenta si era occupato della pubblica amministrazione, e a partire da queste ricerche sviluppò le sue idee generali sul "comportamento organizzativo", che esprimeva il rapporto fra l'amministratore o manager e l'organizzazione da lui gestita attraverso l'idea di decisione. Lo stesso Dantzig si avvicinò a quest'impostazione: è significativo il titolo del volume collettivo da lui curato nel 1968 per la American Mathematical Society, *Mathematics for the decision sciences* (Dantzig, Veinott 1968).

## Il fascino della complessità

Lo sviluppo della teoria dei sistemi e del controllo, a metà strada fra matematica e ingegneria, è stato animato da una filosofia mutuata dal mondo scientifico: l'esistenza di leggi sottostanti che garantiscono il successo dell'azione di controllo. Questa filosofia ha portato, fra l'altro, a ricondurre i rapporti matematici a equazioni lineari. Paradossalmente, l'evoluzione sia nelle esperienze reali, sia nelle ricerche teoriche, ha riproposto con forza la consapevolezza della complessità, della difficoltà di capire e di controllare, legati ad aspetti sia tecnici, sia organizzativi: per il gran numero delle parti interagenti, per la varia natura delle interazioni, per causa dell'interazione fra gli uomini e le macchine. Il problema della flessibilità nei sistemi di produzione, i black out della rete di distribuzione dell'energia elettrica, i problemi operativi della rete Internet, la questione della reazione della catena logistica internazionale di fronte a interruzioni inaspettate, sono alcuni di questi aspetti. Al di là dell'analisi dei singoli aspetti di un sistema, è emersa l'esigenza di un approccio concettuale diverso ai sistemi, che li guardi in modo globale, "olistico", in opposizione al punto di vista analitico riduzionista tipico della scienza classica.

Anche in ambito scientifico nella seconda metà del Novecento l'idea di sistema ha acquistato grande importanza, e insieme a essa la nozione di complessità opposta all'idea di semplicità. Vi è un esempio classico di sistema in ambito scientifico: il sistema solare oppure, più in generale, il "sistema del mondo" che fa riferimento all'intero universo. Con questo esempio prendiamo le misure dell'ottimismo epistemologico della scienza che ha creduto nella possibilità di comprendere il sistema del mondo e di prevedere il suo comportamento (la scienza classica è interessata a comprendere e prevedere i fenomeni, non a controllarli); e che ha cercato una legge semplice (la legge di gravitazione universale) per spiegarlo. Nel corso del Novecento in biologia, soprattutto in ecologia, si è acquisito una consapevolezza della difficoltà di ridurre la spiegazione di un "aggregato" biologico alla somma delle parti: un'associazione biologica è formata da popolazioni, ognuna con un proprio comportamento e caratteristiche, ma a sua volta l'insieme delle popolazioni interagenti fra di loro e con l'ambiente esterno reagisce o si evolve seguendo un proprio andamento.

L'espressione «sistema dinamico» per far riferimento a un insieme regolato da un sistema di equazioni differenziali è diventata molto usata alla fine del Novecento, in collegamento, oltre che agli studi di teoria del controllo, a quelli di meteorologia. Questi studi sono stati stimolati dalla scoperta del fenomeno del caos, ossia del fatto che anche un fenomeno descritto in tal modo può essere non prevedibile, in quanto un minimo modificarsi delle condizioni iniziali porta a una evoluzione dinamica radicalmente diversa. In questo caso è lo strumento matematico usato che porta alla complessità, intesa come difficoltà di prevedere il comportamento di un sistema. Ma poiché le equazioni differenziali sono uno degli strumenti fondamentali della fisica matematica, ed in particolare dei modelli matematici in meteorologia, esso ha ridimensionato la classica fiducia degli scienziati nei loro strumenti per spiegare la realtà.

## 14.2 Matematica, sistemi e "fattore umano" nella moderna ingegneria industriale: la gestione della complessità nei sistemi organizzativi

Le basi dell'articolazione fondamentale dell'ingegneria moderna nelle varie "ingegnerie", in corrispondenza con i vari settori di intervento tecnico, furono poste nell'Ottocento. Si trattò di un'evoluzione legata allo sviluppo tecnologico, all'avanzare della Rivoluzione Industriale e all'istituzionalizzazione della professione dell'ingegnere e delle scuole degli ingegneri. Alla figura più antica, quella dell'ingegnere militare, si aggiunsero via via quelle dell'ingegnere civile – attivo nel settore edile e dei trasporti –, dell'ingegnere minerario, dell'ingegnere chimico e dell'ingegnere industriale. L'ingegneria industriale si diversificò, alla fine del secolo, in ingegneria meccanica ed elettrica. Nel Novecento furono create le ingegnerie aeronautica, elettronica, delle telecomunicazioni, in corrispondenza allo sviluppo delle varie "tecnologie". Tali tecnologie, pur coinvolgendo aspetti teorici sempre più complessi e articolati, facevano comunque riferimento a elementi materiali (gli aerei, i tubi a vuoto, il telefono o la televisione), ossia a oggetti concepiti fondamentalmente alla stregua degli "ingegni", delle macchine dell'ingegneria antica.

Un'innovazione portata dal Novecento è stata la nascita delle tecnologie organizzative, ossia di un insieme di strumenti sviluppati per l'analisi dei sistemi organizzativi, nei quali interagiscono strettamente uomini e macchine, e per ottenere da essi comportamenti assegnati in termini di ottimizzazione delle prestazioni, dell'efficienza, dei costi e così via. In tali tecnologie si accentuava una fondamentale diversità con il passato, presente anche nell'informatica e nell'ingegneria del controllo, le quali però ai loro inizi facevano ancora forte riferimento a un oggetto materiale, come i computer, i regolatori e i servomeccanismi. Infatti, in queste nuove tecnologie entrano in gioco con prepotenza oggetti di studio immateriali: si tratta dei flussi e dei processi all'interno dei sistemi trattati, flussi che a loro volta possono riguardare oggetti materiali, come le merci fabbricate in un determinato impianto, ma anche "oggetti" astratti, seppur quantificabili, come l'informazione.

Lo sviluppo di queste tecnologie ha portato all'istituzionalizzazione di una nuova branca dell'ingegneria. Il termine usato per designarla in italiano è «ingegneria gestionale» o ingegneria economico-gestionale; un'altra espressione diffusa anche internazionalmente è «ingegneria della produzione». Negli Stati Uniti si fa riferimento a questo settore usando le espressioni *management engineering* o *industrial engineering*. Quest'uso oggi diffuso dell'espressione «ingegneria industriale» nel senso ristretto relativo agli aspetti organizzativi e gestionali delle imprese industriali, come pure l'espressione «ingegneria della produzione» si spiega in quanto le tecnologie organizzative sono state sviluppate in origine per i sistemi di produzione industriale di beni manifatturieri. Gran parte delle decisioni dell'ingegnere industriale inteso in tal senso dipende dalla competenza nel campo della gestione e dell'organizzazione, ed è questa competenza manageriale che caratterizza la corrispondente figura professionale.

La prima caratteristica distintiva dell'ingegneria industriale/gestionale del Novecento risiede quindi nel fatto che essa, pur occupandosi di "oggetti" concreti e aventi una realtà materiale (quali una fabbrica o una catena logistica), in realtà ha a che fare fondamentalmente con oggetti astratti quali le decisioni, l'informazione, i flussi e i processi.

Un secondo aspetto che contraddistingue questo settore è l'eredità lasciata, nei suoi modi di porsi di fronte ai problemi, nel suo linguaggio e nei suoi metodi, dalla sistemistica o ingegneria dei sistemi, sviluppata nel Novecento per confrontarsi con i grandi progetti tecnologici. Le interazioni sono state molteplici, anche attraverso la mediazione dei modelli matematici della teoria dei sistemi e del controllo. Ma bisognerebbe far riferimento più in generale a un "pensiero dei sistemi" inteso in un senso ampio, come una corrente intellettuale che ha avuto uno straordinario sviluppo nel Novecento, e che si è manifestata in vari tempi, luoghi e contesti culturali e attraverso diversi filoni di riflessione: al suo interno sono stati pensati, seguendo approcci molto diversi fra di loro, e con un diverso livello di matematizzazione, sia i sistemi naturali, sia i sistemi artificiali, sia i sistemi umani, sia i sistemi uomo-macchina. E se il pensiero dei sistemi ha prestato concetti e modi di pensare la realtà all'ingegneria del controllo e all'ingegneria gestionale, esso ne è stato anche fortemente influenzato.

Una terza caratteristica, legata intimamente alle due precedenti, è che tale settore dell'ingegneria presenta oggi uno spiccato livello di matematizzazione, e anzi, il suo emergere come settore autonomo è contraddistinto da un profilo specifico che le tecniche matematiche della ricerca operativa contribuiscono fortemente a definire. L'istituzionalizzazione di questi studi all'inizio degli anni Sessanta in Gran Bretagna, come disciplina accademica autonoma e "rispettabile", rivolta principalmente all'analisi dei problemi organizzativi e gestionali della produzione industriale, è stata descritta in questi termini: "L'ingegneria della produzione come disciplina universitaria era allora nuova, e in quanto tale aveva bisogno di ottenere rispettabilità accademica, così come utilità industriale. L'introduzione dell'ingegneria della produzione come materia di studio all'università era contemporanea di quella della scienza della gestione [*management science*], ed emergeva specialmente attraverso la ricerca operativa e altri studi. La tendenza era quella di sottoporre la trattazione ai rigori della matematica. L'ingegneria della produzione riguardava i processi produttivi, l'ingegneria del prodotto, il coordinamento e controllo attraverso l'ingegneria industriale, l'economia e così via, e questi aspetti a loro volta consistevano in un gruppo di tecniche, principalmente numeriche, volte controllare e migliorare la produzione e i suoi aspetti economici" (Crookall 1996: v).

Infatti, nei decenni centrali del Novecento furono mesi a punto i nuovi strumenti matematici della ricerca operativa, i quali – anche se si collegavano a settori classici della matematica come l'ottimizzazione, il calcolo delle probabilità, la teoria dei grafi e in generale la matematica discreta – furono concepiti proprio per affrontare i problemi di programmazione e di gestione. Benché, come abbiamo visto nel capitolo 12, in molti casi questi strumenti non siano nati direttamente in risposta a problemi di tipo industriale, tali tecniche, strumenti e modelli sono alla base di molte delle moderne tecnologie della gestione della produzione industriale, a tal punto che le tecniche matematiche e il corrispondente settore tecnologico e dell'ingegneria arrivano a essere identificati, come è sottolineato ad esempio nella voce "Industrial Engineering and Production Management" dell'*Encyclopaedia Britannica* (ed. 1994-98):

"Negli anni Settanta e Ottanta l'ingegneria industriale diventò una professione più quantitativa e basata sull'informatica, e le tecniche della ricerca operativa furono adottate come il nucleo della maggior parte dei corsi di studio accademici in ingegneria industriale, negli Stati Uniti come in Europa. Poiché molti dei problemi della ricerca operativa traggono origine dai sistemi di produzione industriale, spesso è arduo determinare dove finisce la disciplina di ingegneria e dove inizia la disciplina scientifica più di base (la ricerca operativa è una branca della matematica applicata). Difatti, molti dipartimenti accademici di ingegneria industriale usano oggi il termine ingegneria industriale e ricerca operativa o al contrario, oscurando ancora di più la differenza".

---

### Ingegneria industriale e tecnologie organizzative: dal "scientific management" alla ricerca operativa

All'interno dell'ingegneria industriale rimane viva una tensione fra i metodi matematici e quelli più ancorati nella tradizione gestionale dell'ingegneria e legati al contatto diretto con la realtà dei sistemi di produzione di beni e servizi, eredi dell'impostazione sistematica di Taylor. Un rappresentante di quest'ultima è ad esempio John L. Burbidge (1915-1995), che già negli anni Sessanta era polemico con l'impostazione quantitativa e affidata fortemente all'informatica. Nell'introduzione al manuale *Industrial engineering and operations research* (1984) gli autori descrivono efficacemente la convivenza fra i problemi e gli strumenti tradizionali dell'ingegneria industriale (industrial engineering, IE), derivati dal "scientific management" della prima metà del Novecento e che riguardano questioni quali la pianificazione del processo produttivo, la progettazione degli impianti, la misurazione del lavoro o la valutazione delle mansioni e gli approcci e le tecniche della ricerca operativa (operations research, OR) della seconda metà del Novecento, quali la programmazione lineare, l'ottimizzazione combinatoria, il controllo statistico di qualità, le reti di flusso, la gestione delle scorte o l'analisi delle code (Miller, Schmidt 1984: 8):

> *A causa del contrasto che esiste, riguardo all'orientamento matematico, fra l'ingegneria industriale tradizionale e la ricerca operativa, può essere utile concepire queste due aree inquandrandole in uno spettro o continuum di attività con l'IE da un estremo e OR dall'altro. L'IE tradizionale è tendenzialmente più applicabile ai problemi negli ambienti manufatturieri. All'altro estremo dello spettro, OR ha una portata più ampia, poiché è orientata verso problemi a livello più macroscopico in un'ampia varietà di aree di applicazione di cui la produzione manufatturiera è solo un esempio. La ricerca operativa inoltre si affida più fortemente ai concetti matematici, e specialmente ai modelli matematici di quanto non faccia la IE tradizionale.*

> *[...] Tuttavia, vi è una grande sovrapposizione [...] Ne è un esempio la progettazione degli impianti. Gli ingegneri industriali si sono occupati tradizionalmente di questioni di progettazione di impianti quali determinare la migliore configurazione di uno stabilimento opppure la migliore ubicazione di un magazzino di distribuzione. Sono state usati al riguardo strumenti di analisi tradizionali quali i diagrammi di flusso, schemi, elenchi di verifica prestabiliti. Tuttavia, alcune tecniche più recenti come la teoria delle code e la programmazione matematica sono state applicate con successo alla risoluzione dello stesso genere di problemi di progettazione di impianti. In più, la portata del problema della progettazione di impianti è stato esteso oltre il contesto industriale ai problemi di configurazione e ubicazione di uffici postali, aeroporti, organizzazioni sportivi e altri servizi. Altre aree di attività e problemi che si collocano a metà di questo spettro IE/OR sono la gestione delle scorte, le previsioni, la tempificazione e il controllo di qualità.*

Un quarto aspetto che contraddistingue l'ingegneria industriale/gestionale è la presenza del "fattore umano". L'essere umano è stato uno degli elementi fondamentali fin dai primordi dell'organizzazione della produzione industriale: nei primi stabilimenti di manifatture si trattava esclusivamente dell'operaio, uomo, donna o bambino; nel seguito, di una grande varietà di persone con diversità di ruoli, di responsabilità, di capacità tecniche che interagiscono fra di loro e con le macchine. Anzi, abbiamo visto che, da Coulomb e Babbage fino a Taylor e Mayo, è stato il fattore umano ad aver stimolato molti degli studi pionieristici di gestione operativa dei sistemi di produzione industriale. Questo aspetto, inoltre, avvicina questo settore del sapere dell'ingegnere alle scienze sociali. Abbiamo anche osservato che, proprio per questa circostanza, il programma di matematizzazione si è confrontato in questo ambito con gli stessi ostacoli epistemologici che si presentavano nell'ambito dell'economia e delle scienze sociali, relativi alla possibilità di fare oggetto di "calcolo" realtà che coinvolgono l'essere umano e la sua libertà. Nel Novecento, la presenza del fattore umano divenne sempre maggiore, e non soltanto per quanto riguarda i problemi trattati dalla cosiddetta "ergonomics and human factors engineering". Infatti, la formulazione dei problemi di gestione e organizzazione in termini di *decisione* e di *comportamento razionale* ha portato a ricondurre le questioni di base in questo ambito alle scienze del comportamento, alla psicologia e alle scienze cognitive. Abbiamo menzionato il contributo fondamentale di Simon in questa direzione. Anche la teoria dei giochi di von Neumann, sviluppata in collegamento con un programma di rinnovamento della economia teorica, rappresentò un importante riferimento teorico nello sviluppo della ricerca operativa. Nel pensiero di von Neumann, essa era collegata anche alla descrizione matematica delle decisioni razionali, e difatti questo genere di problemi lo portò, nell'ultima fase della sua attività, allo sviluppo della teoria degli automi, uno dei filoni dell'intelligenza artificiale.

L'uso dei modelli matematici della ricerca operativa ha spinto in una direzione di maggiore generalità e astrazione l'evoluzione dell'ingegneria industriale/gestionale, il cui scopo è diventato la gestione e l'organizzazione delle attività e delle operazioni, sia nell'ambito dei sistemi di produzione, sia in qualsiasi contesto organizzativo e amministrativo. Quindi il contesto di riferimento si è allargato molto oltre l'archetipo della fabbrica, fino ad includere tutte le configurazioni di produzione e di distribuzione di beni e di servizi, e ancora oltre: dall'industria ai grandi sistemi militari, dalla pubblica amministrazione ai sistemi sanitari nazionali. Un tale punto di vista generale è condizionato dall'approccio tipico della ricerca operativa, la quale è diventata uno strumento fondamentale nell'ambito della gestione industriale, ma le cui potenzialità applicative esulano di molto dall'ambito stretto della produzione. Una tale evoluzione è segnata inoltre dall'approccio modellistico nell'applicazione della matematica, che permette, attraverso l'analogia matematica, di stabilire connessioni fra problemi apparentemente distanti.

D'altra parte, anche i contatti con le scienze umane e sociali, prima con la psicologia industriale, poi con l'economia matematica e infine con la sociologia, hanno messo il problema dell'organizzazione industriale al centro delle ricerche volte a costruire una vera e propria teoria dell'organizzazione. Questa tendenza è emersa e si è andata affermando nel corso della seconda metà del Novecento: era già presente, ad esempio, nel classico saggio di Joan Woodward, professore di sociologia industriale dell'Imperial College di Londra, *Industrial organization: theory and practice* (1965) e ha ricevuto una significativa accoglienza con la creazione da parte dell'Institute for Operations Research and the Management Sciences (INFORMS), negli anni Novanta, della rivista «Organization Science». Il problema industriale, la "fabbrica", ritorna così come modello concreto del problema umano, sociale e politico dell'"organizzazione", che racchiude le strutture di potere, i meccanismi della comunicazione, il dispiegamento delle attività, le tensioni, le transazioni e la creatività che si esprime nelle associazioni umane. La visione di Bogdanov, a metà fra matematica, politica e scienze sociali, si è proposta così con forza alla fine del Novecento, e ciò è avvenuto anche come conseguenza all'eco che hanno avuto fra gli studiosi di scienze sociali le concezioni elaborate da ingegneri e tecnici, nel corso del Novecento, per confrontarsi con la gestione della complessità dei "sistemi organizzativi".

L'ingegneria industriale si evolve nell'ambito della cultura tecnologica, la quale non può essere ridotta a semplice applicazione delle teorie scientifiche, ma costituisce una forma specifica di conoscenza che interagisce con altri saperi. Tale interazione si è accentuata straordinariamente nel Novecento, e questa circostanza costituisce un aspetto molto rilevante per arrivare a una comprensione della storia intellettuale del XX secolo. A partire dallo sviluppo dello "scientific management", della cibernetica, della teoria dei sistemi e del controllo automatico, infatti, e lungo tutta la seconda metà del Novecento, l'ingegneria ha fornito concetti, parole e metafore (controllo, feedback, flessibilità, integrazione, complessità) al problema della gestione e dell'organizzazione dei sistemi considerato da un punto di vista del tutto generale. Tale problema è diventato così una via fondamentale d'ingresso del sapere tecnologico nel moderno discorso culturale. È anche responsabilità dell'ingegneria mantenere la propria preziosa eredità culturale radicata nel contatto con il mondo reale dei sistemi tecnici e degli uomini che interagiscono con essi. L'approccio dell'ingegnere ha un valore inestimabile se esso preserva l'onestà intellettuale di fronte alla valutazione dei vari approcci teorici, dell'uso dei modelli e della scelta degli strumenti di analisi, evitando che essi diventino formule vuote di fronte ai problemi tecnologici, sociali ed economici concreti. L'ingegnere, ed in particolare l'ingegnere industriale e gestionale, si trova all'inizio del XXI secolo di fronte alla sfida di gestire un adeguato equilibrio fra i valori dell'uomo e l'avanzare dei sistemi tecnici, fra le esigenze della vita umana e i requisiti dei sistemi artificiali.

## Lettura 17

### Il processo manifatturiero dal mondo preindustriale al Novecento: il caso della Beretta

---

Concludiamo il nostro percorso storico esaminando il caso della Beretta, una azienda di produzione d'armi (anche se oggi produce anche scarpe e abbigliamento) e quindi emblematica dell'interazione fra i problemi e le soluzioni della sfera militare (produzione, logistica, organizzazione) e della sfera civile, soprattutto industriale. La fabbrica d'armi Beretta a Gardone Valtrompia iniziò la propria attività nel Quattrocento: un documento del 1526 attesta che Mastro Bartolomeo Beretta da Gardone – il fondatore di una dinastia di imprenditori che è arrivata alla 15° generazione – consegnò all'Arsenale di Venezia 185 canne d'archibugio e ricevette in pagamento 296 ducati. Era il periodo della fine del Medioevo e dell'inizio del mondo moderno, dopo il quale l'azienda ha proseguito le attività, dal periodo preindustriale fino all'industrializzazione e fino ai nostri giorni. Eppure, l'evoluzione in tempi recenti è stata segnata da un ritorno alle origini. L'analisi di Mario Lucertini e Daniela Telmon, che poggia sugli studi di Ramchandran Jaikumar (1990, 1991), prende spunto dall'esperienza storica della Beretta per esaminare l'interazione fra cultura tecnica e cultura manageriale nell'impresa moderna. Questo testo mostra efficacemente il ruolo che l'analisi storica può svolgere nello studio dell'ingegneria industriale, insieme ai contributi della ricerca operativa, dell'informatica, dell'economia e delle scienze sociali.

---

L'evoluzione del concetto di controllo di processo è emblematico dell'integrazione tra cultura tecnica e cultura manageriale e rende più esplicita la scomposizione e poi l'accorpamento dei diversi elementi che caratterizzano le due culture.

*Processi di trasformazione e controllo di processo*

Nel caso, per esempio, di un'industria manifatturiera tradizionale, un processo consiste essenzialmente nell'effettuazione di una trasformazione, sulla base di specifiche, di materie prime e semilavorati in un componente dotato di un determinata forma e determinate caratteristiche fisiche. La trasformazione di informazioni, che necessariamente accompagna ogni trasformazione fisica, rimane sullo sfondo; esiste, ma viene riconosciuta ed esplicitata solo in alcune circostanze.

Un aspetto della qualità di un processo è dato dal livello con il quale i prodotti fabbricati si conformano alle specifiche tecniche. Un certo grado di variabilità, causato da uomini, macchine procedure e dal prodotto stesso è implicito nell'attività di trasformazione che qui consideriamo. Il controllo di tale varianza è l'aspetto principale del controllo di processo; la qualità del controllo di processo si misura dal grado con cui tali varianze vengono minimizzate.

Si possono identificare sei fasi o epoche nella storia del controllo di processo. Una prima si colloca intorno all'inizio dell'Ottocento ed è caratterizzata dall'invenzione e dall'introduzione delle macchine utensili e dal sistema "inglese" di fabbricazione. La seconda si distingue per l'avvento di macchine dedicate e l'interscambiabilità dei componenti, che definiscono il sistema "americano" di fabbricazione, tipico della seconda metà dell'Ottocento. La terza è quella del management scientifico e dell'ingegneria del lavoro nel sistema tayloristico. La quarta è relativa all'introduzione del processo di controllo statistico (SPC) negli anni Trenta. Si entra poi nell'era del controllo numerico (NC) e dell'elaborazione computerizzata delle informazioni, fino ad arrivare a una sesta fase, quella dei sistemi intelligenti, della produzione integrata dal calcolatore (CIM) e dei sistemi flessibili, tipica degli anni Ottanta.

*Il caso Beretta*

Un caso manifatturiero emblematico è quello della Beretta, nota e studiata azienda italiana di armi. R. Jaikumar della Harvard Business School, che ne analizza l'evoluzione su un periodo di circa 500 anni, individua chiaramente le sei fasi citate sopra nell'evoluzione dell'azienda.

Fondata nel 1492, la Beretta è stata diretta dalla stessa famiglia per quattordici generazioni. La stabilità della direzione della società va di pari passo con il suo prodotto, che non è cambiato sostanzialmente nel corso di cinque secoli. Vi sono infatti pocchissime differenze sostanziali tra un archibugio del 1675 e una 9 mm automatica del 1975. Queste circostanze fanno della Beretta un esempio ideale dell'impatto che le nuove tecnologie di produzione e le tecniche manageriali hanno prodotto nella storia dell'azienda.

È importante evidenziare come la Beretta non abbia "inventato" nessuna delle innovazioni di processo citate, ma le abbia sempre introdotte dall'esterno. Come afferma Jaikumar, "tutti i cambiamenti furono indotti da tecnologie sviluppate al di fuori della fabbrica".

Per quasi 300 anni dall'inizio delle attività, le tecniche di produzione impiegate alla Beretta non subirono alcun cambiamento. Le armi da fuoco che la ditta produceva erano fabbricate a mano da artigiani che si rifacevano a un modello di base, "con il solo ausilio di un calibro". Le diverse parti venivano costruite e modificate in modo tale da adattarsi perfettamente le une alle altre; ogni arma era un pezzo unico, perché le sue parti erano incompatibili con quelle di altri (o, almeno, non era previsto che dovessero essere compatibili). Fino al 1800 circa, la Beretta aveva costruito le sue armi a mano, usando mascherine, morsetti e lime.

Ma il "sistema inglese", che nasce con la Rivoluzione Industriale, raggiunge la Beretta durante le guerre napoleoniche. Il sistema inglese separa la funzione della produzione dai processi impiegati per ottenerla. I nuovi strumenti di produzione, come per esempio il tornio per metallo, diventano il momento centrale della produzione. Mentre quindi l'accento viene spostato dal prodotto alla macchina, da parte degli operatori ci si aspettava meno abilità di carattere generale e un maggior numero di competenze specifiche, incentrate sull'uso di quella particolare macchina.

Il "sistema americano" viene importato dagli USA verso il 1860, quando erano già in produzione carabine per l'esercito americano. Dopo avere assistito al successo degli impianti Colt a Londra, la Beretta acquista dalla Pratt e Whitney un sistema completo di produzione impostato secondo il modello americano. Quest'ultimo è caratterizzato dalla meccanizzazione del lavoro e dalla specializzazione. La Beretta, dopo avere per 350 anni costruito una gamma teoricamente infinita di prodotti, con il sistema americano si limita a produrre tre soli modelli.

L'introduzione del taylorismo e la conseguente razionalizzazione del lavoro umano comporta per la Beretta una ristrutturazione delle officine e delle macchine utensili in base a studi sui tempi di esecuzione e sui movimenti dei singoli operai. Il nuovo ruolo della direzione consiste nell'esame minuzioso delle equazioni prodotte dall'interazione tra lavoratore, macchina e processo, per determinare quale fosse l'organizzazione più efficiente da attuare. L'aumento di efficacia dovuto alla razionalizzazione del lavoro, sostiene Jaikumar, permette alla Beretta di aumentare la gamma dei prodotti da 3 a 10.

Le tradizionali responsabilità individuali di lavoro vengono eliminate e attribuite a squadre di operai appositamente addestrati; la discrezionalità del singolo operaio viene sostituita da una rigida normativa sul "migliore e unico modo" per condurre a termine un'operazione. La direzione assume il compito di supervisionare tutti gli aspetti del lavoro, confrontandoli con un modello predeterminato.

Per quanto riguarda la fase relativa all'introduzione del controllo statistico di processo, negli anni Cinquanta la Beretta è autorizzata dalla NATO a produrre il fucile Springfield M1 Garand, punto di forza dell'esercito USA durante la Seconda Guerra Mondiale. Con questa licenza si chiede che le parti degli M1 prodotte dalla Beretta non solo rispondano a standard di tolleranza più rigidi, ma consentano anche una perfetta interscambiabilità. Pertanto la Beretta doveva non solo creare idonee attrezzature, ma anche sviluppare una tecnica di campionatura per assicurarsi che i prodotti non deviassero oltre limiti stabiliti molto stretti.

Il controllo statistico di qualità cambia completamente l'organizzazione del lavoro. Dato per scontato che i macchinari operassero con la dovuta accuratezza, vengono sottoposte a scrupolosa verifica solo le deviazioni dalla norma prefissata. Con la macchina che funziona autonomamente, l'operaio è libero di occuparsi anche della qualità del prodotto.

Negli anni Settanta vengono introdotte nell'industria degli armamenti le prime tecniche di elaborazione dati (grandi computer, poi microprocessori). Le macchine a controllo numerico possono ora svolgere automaticamente sequenze di compiti che prima richiedevano una molteplicità di macchinari diversi. Ciò significa che ci si allontana sempre di più dal modello tradizionale, per quanto riguardava l'organizzazione del lavoro. Gli operai alla catena di montaggio rappresentano, in questa fase, solo la metà del personale di fabbrica. Ma aumenta contemporaneamente di un fattore cinque l'ampiezza dei controlli, che comprendeva parecchie macchine contemporaneamente, in una organizzazione della lavorazione per celle.

Il Parabellum 8 mm della Beretta vinse il contratto per sostituire la Colt 45 dell'esercito americano. L'azienda si aggiudicò la commessa perché i suoi nuovi impianti le consentivano di offrire un prezzo che era la metà di quello del concorrente più prossimo, e la possibilità di trasferire ovunque i suoi programmi a controllo numerico le permise di ottemperare alla clausola che imponeva che la produzione venisse effettuata interamente negli Stati Uniti.

Con il controllo numerico, la Beretta si trasforma da azienda che utilizza le informazioni ma basata sui flussi di materiali, ad azienda basata sull'informazione, nella quale la maggior parte dei dati necessari per la produzione è immagazzinata in forma digitale sul computer, piuttosto che su supporti cartacei, o stampe e forme.

Negli anni Ottanta la Berretta è impegnata nella sua più recente trasformazione, di storica importanza: l'intera azienda viene integrata entro una rete informatica, e viene introdotto un sistema flessibile di produzione e un sistema di progettazione computerizzata. Ciò significa che lo stabilimento si trasforma in una serie di stazioni di lavoro semi indipendenti, controllate da un elaboratore centrale e connesse da sistemi automatici di trasporto, costituiti da nastri con pedane su cui vengono distribuiti i singoli pezzi. Un computer di controllo, con i dati relativi ai pezzi, dirige la movimentazione attraverso l'intero processo di fabbricazione, assegnando priorità, fissando le code di attesa, gestendo gli imprevisti, controllando il collegamento dei diversi strumenti di lavorazione, caricando i programmi numerici giusti nelle macchine giuste e controllando le operazioni che vengono svolte.

L'impatto della produzione computerizzata integrata alla Beretta ha portato a un balzo di 3 a 1 nella produttività. Il numero di macchine necessarie ora per costruire un singolo prodotto è sceso a 30, il numero più basso in cinquant'anni. Il numero minimo di persone necessarie ad assicurare la produttività della fabbrica è di 30 unità: meno di quante non fossero necessarie alla fine del XVII secolo. Nel frattempo le rilavorazioni sono state ridotte a zero e il personale impiegatizio costituisce i due terzi del totale dei dipendenti della Beretta.

Oggi la produzione viene considerata come fosse un servizio, essendo possibile modificare i prodotti secondo i desideri di particolari segmenti di mercato. Questa possibilità, a sua volta, richiede la presenza di lavoratori istruiti e altamente qualificati. Torneremo più avanti su questo concetto di sistema produttivo come sistema di servizio, centrale per il rapporto tra competenze tecniche e manageriali.

In termini di prodotto, la novità più interessante che l'epoca della produzione computerizzata ha portato alla Beretta è che, per la prima volta dal tempo delle corporazioni, trecento anni fa, l'azienda è in teoria di nuovo in grado di creare un'ampia gamma di prodotti. La produzione di pezzi "su misura" e l'abilità artigianale hanno fatto la loro ricomparsa. La Beretta è tornata al suo punto di partenza.

[Tratto da Lucertini, Telmon 1996: 42-46]

# Percorsi di lettura e bibliografia

Nella bibliografia sono elencate separatamente le fonti – divise cronologicamente fra quelle precedenti il 1900 e quelle novecentesche – e gli studi. Per agevolare la consultazione è citata in primo luogo la traduzione italiana, ove disponibile, nell'edizione più recente; e anche per le fonti precendenti il 1900 è indicata, se disponibile, l'edizione più recente.

Suggeriamo alcuni percorsi di lettura fra gli studi, privilegiando i testi disponibili in italiano, per il lettore interessato ad approfondire i tanti periodi che abbiamo appena sfiorato, poiché il nostro intento era fornire un quadro storico-culturale d'insieme dell'evoluzione dell'ingegneria industriale. Innanzitutto citiamo le principali opere collettive di riferimento, che abbracciano l'intera storia della tecnica, dove si troveranno dettagli sulle invenzioni e sull'evoluzione di macchine e tecnologie. In Gran Bretagna, *A history of technology*, in 5 volumi, diretta da da Charles Singer, uscì negli anni 1954-58 presso la Clarendon Press di Oxford; i due volumi 6 e 7 riguardanti il Novecento furono pubblicati nel 1978 a cura di Trevor Williams. L'intera opera è disponibile in traduzione italiana (Singer 1992-96). Vi sono anche due brevi sintesi (rispettivamente Derry, Williams 1961 e Williams 1982).

In Francia, *Histoire générale des techniques*, in 5 volumi, diretta da Maurice Daumas, uscì negli anni 1962-79 a Parigi. Nel 1978 uscì l'opera in 2 volumi *Histoire des techniques: technique et civilisations, technique et science*, diretta da Bertrand Gille, e disponibile in italiano (Gille 1985). Un'opera generale riguardante il mondo occidentale, pubblicata negli Stati Uniti e che segue un'impostazione molto attenta al contesto sociale ed economico della tecnica, è *Technology in Western civilization* (Kranzberg, Pursell 1967).

Citiamo alcune monografie generali volte a collocare la tecnica e la tecnologia nel contesto storico generale: i classici *Technics and civilization* (1934) e *The myth of the machine: technics and human development* (1967) di Lewis Mumford e *Technik. Eine Geschichte ihrer Probleme* (1954) di Friedrich Klemm, tutti disponibili in italiano (Mumford 1968, 1969 e Klemm 1966); e le opere più recenti, in inglese, di Donald S. L. Cardwell, Arnold Pacey e R. Angus Buchanan (Cardwell 1994, Pacey 1990, Buchanan 1992). Per quanto riguarda la storia dell'ingegneria, oltre al classico *The story of engineering* (1960) di James K. Finch, ricordiamo i seguenti lavori su singoli fasi storiche e contesti culturali del lavoro e la scienza degli ingegneri: due libri di Bertrand Gille sugli ingegneri del Rinascimento, *Les ingénieurs de la Renaissance* (1964), tradotto in italiano (Gille 1980a; si veda anche Galluzzi 1995), e sui "meccanici greci", *Les mécaniciens grecs: la naissance de la technologie* (Gille 1980b); il libro di Donald Hill sul periodo classico e medievale, *A history of engineering in classical and medieval times* (Hill 1996); il saggio di Paolo Rossi *I filosofi e le macchine (1400-1700)*, pubblicato nel 1962 (Rossi 2002, si veda lettura 4); il libro di Antoine Picon sulle origini dell'ingegneria moderna in Francia, *L'invention de l'ingénieur moderne* (Picon 1992); e, infine, il lavoro di R. Angus Buchanan *The engineers: a history of the engineering profession in Britain, 1750-1914* (Buchanan 1989). Per quanto riguarda l'ingegneria italiana nell'Ottocento, si veda Giuntini, Minesso 1999 e Lacaita 2000.

Negli ultimi anni, gli storici e i filosofi della storia e della tecnica, insoddisfatti della concezione secondo la quale la tecnica moderna, ossia la tecnologia, è essenzialmente "scienza applicata", si sono posti il problema di capire la tecnica/tecnologia come forma di conoscenza. Ciò ha portato a riesaminare i rapporti fra scienza e tecnica e il ruolo degli strumenti matematici nel pensiero tecnico prima e dopo la Rivoluzione Scientifica. Questo corso si ispira alle idee presentate da Alexandre Koyré in due articoli pubblicati nella rivista francese «Critique» nel 1948 (Koyré 2000; si vedano le letture 2 e 4). Negli anni Settanta il problema è stato risollevato da Edward Layton, da un punto di vista che pone in primo piano l'identità culturale e intellettuale dell'ingegnere e la nascita delle scienze dell'ingegnere (Layton 1971, 1974, 1988; Seely 1993; Vincenti 1990; Wise 1985; Kline 1995). Molti contributi sono usciti sulle pagine della rivista «Technology and culture» pubblicata dalla Society for the History of Technology statunitense, fondata nel 1958 (*www.shot.org*). Un gruppo significativo di essi fu pubblicato in un fascicolo della rivista che presentò i lavori di un convegno sul tema "The Interaction of Science and Technology in the Industrial Age" (Reingold, Molella 1976), fra cui gli interventi di Layton e di Otto Mayr (Layton 1976, Mayr 1976). Si ispira a questo approccio una bibliografia, a cura di David F. Channell, sulla storia delle scienze dell'ingegnere, che si concentra sull'ingegneria meccanica (Channell 1989), pubblicata nella collana di bibliografie della storia della scienza e della tecnica di Garland Publishing. La stessa collana include bibliografie riguardanti la tecnologia mineraria e metallurgica (Molloy 1986), chimica (Multhauf 1984) ed elettrica (Finn 1991).

Per quanto riguarda l'evoluzione del pensiero tecnico verso la tecnologia, fra Settecento e Ottocento, le ricerche sulla ruota ad acqua e sulla macchina a vapore sono l'oggetto del classico studio *From Watt to Clausius* (1971) di Donald S. L. Cardwell e del lavoro di Terry Reynolds sui motori primi (Reynolds 2002). L'approccio matematico ai problemi di meccanica applicata, ed in particolare il concetto di lavoro meccanico, è stato approfonditamente analizzato da Grattan-Guinness (1990b). Una visione d'insieme si trova nel saggio, in italiano, Rossi 1984; sulla storia delle macchine, si veda Marchis 2005.

Per quanto riguarda l'interazione fra innovazione tecnica e sviluppo economico, sono classici i lavori del grande storico dell'economia Joseph Schumpeter e i lavori di Nathan Rosenberg, tutti tradotti in italiano. Alcuni grandi problemi della tecnica e della tecnologia sono esaminati dal punto di vista delle scienze sociali (economia, sociologia, scienze politiche) nella *Enciclopedia delle Scienze Sociali* (ESS, Roma, Istituto della Enciclopedia Italiana, 1991-2001, 9 voll.), in particolare nelle voci seguenti: Divisione del lavoro, Innovazioni tecnologiche e organizzative, Industrializzazione, Invenzione, Organizzazione, Tecnica e tecnologia. Per quanto riguarda la rivoluzione industriale del Medioevo trattata nel capitolo 2, citiamo il classico *Medieval technology and social change* (1962) di Lynn White (traduzione italiana, White 1976), i lavori di Carlo M. Cipolla (1969, 1973) e, in francese, *La révolution industrielle du Moyen Age* di Jean Gimpel (Gimpel 1975). Gli specialisti di storia medievale, in particolare in Francia, hanno dedicato molta attenzione alla tecnica e al lavoro, integrando questi elementi della vita quotidiana nel quadro storico generale. Molti di questi libri sono disponibili in italiano, ad esempio Le Goff 1999, Bloch 2004, Dossier 2002. Per quanto riguarda la Rivoluzione Industriale e l'industrializzazione è fondamentale il libro *Prometeo liberato* di David Landes (Landes 1978, si veda lettura 6). Il classico *Scienza e tecnologia nella Rivoluzione Industriale* di Albert E. Musson ed Eric Robinson offre un avvincente racconto della straordinaria esperienza britannica, dell'attività dei grandi tecnici-imprenditori e dell'ambiente culturale nel quale si muovevano (Musson, Robinson 1974, si veda lettura 12).

L'analisi dell'evoluzione tecnico-organizzativa dei sistemi di fabbrica è stato condotto soprattutto da storici della tecnica statunitensi negli ultimi trent'anni: ricordiamo il lavoro di Merritt R. Smith sulle fabbriche statali d'armi americane (Smith 1977) dagli atti del convegno sul "sistema americano di produzione" curati da Otto Mayr e Robert C. Post (Mayr, Post 1981) e della monografia sull'evoluzione successiva verso la produzione di massa di David Hounshell (Hounshell 1984). Per quanto riguarda il ruolo dei problemi militari nell'evoluzione tecnico-industriale, si veda ad esempio Gillispie (1983, 1992) per la Francia e Smith (1985) per gli Stati Uniti. Per quanto riguarda il Novecento, i lavori di Jonathan Zeitlin confrontano le varie esperienze nazionali, britannica, inglese, statunitense e giapponese e considerano sia i problemi di origine militare, sia quelli riguardanti la concorrenza industriale (Zeitlin 1995, Sabel, Zeitlin 1996, Zeitlin, Herrigel 2000).

Per quanto riguarda temi del pensiero economico quali la divisione del lavoro, l'organizzazione industriale e la programmazione delle attività e il ruolo della matematica nella scienza economica, può essere interessanti approfondire i profili di personaggi che abbiamo menzionato quali Smith, Walras, Marshall, Pareto o Morgenstern, trattati nel libro Ingrao, Ranchetti 1996. Quanto al problema della matematica sociale e dell'economia matematica, il quadro culturale d'insieme presentato nel libro *La mano invisibile* di Bruna Ingrao e Giorgio Israel (1997) rende più chiaro il ruolo degli ingegneri in questo contesto (al quale si fa anche cenno nel libro). Diversi approcci al pensiero economico degli ingegneri sono presentati in Porter 1995, Klein 1999 e 2001, Zylberberg 1990.

Vi è abbondanza di testi a disposizione sulla storia del management, a partire dagli studi fondamentali di Alfred Chandler, quasi tutti tradotti in italiano (Chandler 1962, 1992, 1993). Nel capitolo 11 abbiamo ricordato che, in quest'ambito, la ricerca storica si combina con la discussione e la difesa dei vari approcci e soluzioni: un punto di partenza possibile è la discussione al riguardo presentata in Nelson 1988 (si veda lettura 14). Anche per quanto riguarda l'evoluzione della programmazione matematica, molti degli studi disponibili sono opera degli stessi protagonisti, fra cui lo stesso Dantzig. L'approccio modellistico porta in primo piano, in molti casi, la storia degli strumenti matematici, mentre in questo libro l'accento è posto sulla storia dei problemi ai quali tali strumenti hanno dato una possibile soluzione, e sull'evoluzione culturale di fondo, ossia sull'emergere dell'esigenza di un approccio sistematico ai problemi organizzativi e sul ruolo della matematica in tal senso. Sulla storia della ricerca operativa e dell'ingegneria dei sistemi, la bibliografia disponibile è tutta in italiano. Citiamo per tutti i fondamentali lavori di Thomas Hughes (Hughes 1983, 1998) e i vari contributi raccolti in due libri collettivi, *The development of large technical systems* (Maintz, Hughes 1988) e *Systems, experts, and computers. The systems approach in management and engineering* (Hughes, Hughes 2000).

# Fonti: prima del 1900

AGRICOLA 1556: Georg Bauer, *De re metallica. Bermannus*, a cura di Paolo Macini ed Ezio Mesini, Bologna, CLUEB, 2004.

PSEUDO-ARISTOTELE: *Problemi meccanici/Aristotele*, a cura di Maria Elisabetta Bottecchia Deho, Soveria Mannelli, Rubbettino, 2000.

BABBAGE 1834: Charles Babbage, *Sulla economia delle macchine e delle manifatture*, Firenze, 1834.

BABBAGE 1835: Charles Babbage, *The economy of machinery and manufactures, The works of Charles Babbage* (M. Campbell-Kelly, ed.), vol. 8, New York, New York University Press, 1989.

BÉLIDOR 1729: Bernard Forest de Bélidor, *La science des ingénieurs dans la conduite des travaux de fortification et d'architecture civile*, Paris, C. Jombert,1729 (2ª ed., 1813).

BÉLIDOR 1737: Bernard Forest de Bélidor, *Architecture hydraulique*, ristampa, Paris, Jombert jeune, 1782.

COMTE 1830: Auguste Comte, *Cours de philosophie positive*, Paris, Hermann, 1975.

COULOMB 1799: Charles-Augustin Coulomb, "Résultats de plusieurs expériences destinées à déterminer la quantité d'action que les hommes peuvent fournir par leur travail journalier, suivant les différentes manières dont ils employent leurs forces", *Mémoires de l'Institut National des sciences et arts-Sciences mathématiques et physiques*, 1ᵉ s., 2 (1799): 380-428.

CREMONA 1873: Luigi Cremona, *Elementi di geometria proiettiv ad uso degli istituti tecnici del Regno d'Italia*, Torino, Paravia, 1873.

FAIRBAIRN 1864-65: William Fairbairn, *Treatise on mills and millwork*, London, 2 voll.

FRANCESCO DI GIORGIO MARTINI: Francesco di Giorgio Martino, *Trattati di architettura ingegneria e arte militare* (a cura di C. Maltese), Milano, Edizioni Il Polifilo, 1967.

FYFE 1861: J. Hamilton Fyfe, *The triumphs of invention and discovery*, London, T. Nelson & Sons, 1861.

GALILEO 1638: Galileo Galilei, *Discorsi e dimostrazioni matematiche intorno a due nuove scienze attinenti alla meccanica e i movimenti locali*, in *Opere*, a cura di S. Timpanaro, Milano-Roma, Rizzoli, 1938, vol. II.

MONGE 1784: Gaspard Monge, "Mémoire sur la théorie des déblais et des remblais", in *Histoire de l'Académie des Sciences, Année MDCCLXXXI. Avec les Mémoires de Mathématiques et de Physique pour la même année*, Paris 1784.

PERRONET 1739: Jean Rodolphe Perronet, *Explication de la façon dont on réduit le fil de laiton à différentes grosseurs dans la ville de Laigle en Normandie*, École National des Ponts et Chaussées, Paris, ms 2383.

PERRONET 1740: Jean Rodolphe Perronet, *Description de la façon dont on fait les épingles à Laigle, en Normandie*, École Nationale de Ponts et Chaussées, Paris, ms 2385.

RAMELLI 1588: Agostino Ramelli, *Le diverse et artificiose machine*, Milano, Edizioni Il Polifilo, 1991.

RANKINE 1856: William J. M. Rankine, *Introductory lecture on the harmony of theory and practice in mechanics*, London, Richard Griffin, 1856.

RÉAMUR 1761: R.-A. F. de Réamur, R.-A. F. de, *Art de l'épinglier, par M. de Réamur, avec des additions de M. Duhamel du Monceau, et des remarques extraites des Mémoires de M. Perronet*, Paris, Saillant et Nyon, 1761.

SMILES 1874: Samuel Smiles, *Lifes of the engineers*, London, John Muray, 1874², 5 voll.

SMITH 1776: Adam Smith, *Indagine sulla natura e le cause della ricchezza delle nazioni*, Milano, ISEDI, 1973.

URE 1835: Andrew Ure, *Philosophy of manufactures, or an exposition of the scientific moral & commercial economy of the factory system of Great Britain*, London, Charles Knigh, 1835 (tr. it. Parziale, Filosofia delle manifatture, in "Biblioteca dell'economista", II s., vol. III (1862): 17-152).

VILLARD DE HONNECOURT: *Villard de Honnecurt disegni*, Milano, Jaca Book, 1988 (dal Manoscritto conservato alla Biblioteca Nazionale di Parigi (nr. 19093) presentato e commentato da A. Erlande, Brandenburg, R. Pernoud, J. Gimpel, R. Bechmann).

VITRUVIO: Marco Vitruvio Pollione, *De Architectura libri 10*, a cura di Luciano Migotto, Pordenone, Studio Tesi, 1993.

WALRAS 1965: , Léon Walras, *Correspondence of Léon Walras and related papers*, ha cura di W. Jaffé), 3 vols., Amsterdam, North-Holland Publishing Company, 1965.

WHITWORTH 1954: *The American system of manufactures: the report of the Committee on the Machinery of the United States 1855, and the special reports of George Wallis and Joseph Whitworth 1854*, a cura di N. Rosenberg, Edinburgh, Edinbugh University Press, 1969.

## Fonti: dal 1900

AGNETIS, A., ARBIB, C., LUCERTINI, M., 1995, "The combinatorial approach to flow management in FMS", in *Optimization models and concepts in production management*, a cura di P. Brandimarte, A. Villa, Basel, Gordon and Breach Science Publishers: 107-152.

ANDERSON, E.H., SCHWENNING, G.T., 1936, *The Science of Production Organization*, New York, John Wiley & Sons.

ASKIN, R. G., STANDRIGE, C. R., 1993, *Modeling and analysis of manufacturing systems*, New York, John Wiley & Sons.

VON BERTALANFFY, L., 2004, *Teoria generale dei sistemi. Fondamenti, sviluppo, applicazioni*, Milano, Mondadori (*General system theory*, New York, George Braziller, 1967).

BOGDANOV, A., 1980, *Essays in tektology*, Seaside (Cal.), Intersystem Publications.

BOGDANOV, A., 1989, *Tektologiia: vseobschaia organizatsionnaia nauka*, a cura di L. I. Abalkin, Moskva, Ekonomika.

BOOTH, A. D. (a cura di), 1960, *Progress in automation, vol. 1*, London, Butterworths Scientific Publications.

BUCKLEY, W., 1967, *Sociology and modern systems theory*, Englewood Cliffs (N.J.), Prentice-Hall.

BUCKLEY, W., 1998, *Society – A complex adaptative system*, Amsterdam, Gordon an Beach Publishers.

BURBIDGE, J., 1996, *Periodic batch control*, Oxford, Clarendon Press.

CHURCHMAN, C. W., ACKOFF, R. L., ARNOFF, E. L., 1957, *Introduction to operations research*, New York, Wiley.

CHVÁTAL, V., 1987, *Linear programming*, New York, W. H. Freeman.

CROOKALL, J. R., 1996, "Foreword", in Burbidge 1996: v-vii.

DANTZIG, G. B., 1951, "The programming of interdependent activities: mathematical model", in Koopmans 1951: 19-32.

DANTZIG, G. B., 1951, "Maximization of a linear function of variables subject to linear inequalities", in Koopmans 1951: 339-347.

DANTZIG, G. B., 1963, *Linear programming and extensions*, Princeton, Princeton University Press.

DANTZIG, G. B., VEINOTT, A. F. (a cura di), 1968, *Mathematics of the decision sciences*, Providence, American Mathematical Society.

EDHOLM, O. G., 1967, *The biology of work*, New York, McGraw-Hill.

ELMAGHRABY, S. E., 1977, *Activity networks: Project planning and control by network models*, New York, John Wiley & Sons.

FAYOL, H., 1931, *Administration industrielle et générale: prévoyance, organisation, commandement, coordination, contrôle*, Paris, Dunod.

FORD, L. R., FULKERSON, D. R., 1962, *Flows in networks*, Princeton (N.J.), Princeton University Press.

GAIO, L., GINO, F., ZANINOTTO, E., 200, *I sistemi di produzione. Manuale per la gestione operativa dell'impresa*, Roma, Carocci Editore.

GANTT, H., 1910, *Work, wages, and profits*, New York, The Engineering Magazine.

GANTT, H., 1919, *Organizing for work*, New York, Harcourt, Brace and Howe.

GULICK, L., URWICK, L. (a cura di), 1937, *Papers on the science of administration*, New York, Institute of Public Administration-Columbia University.

JOHNSON, R. A., NEWELL, W. T., VERGIN, R. C., 1972, *Operations management: A systems concept*, Boston (Mass.), Houghton Mifflin.

KANTOROVICH, L. V., 1992, "Leonid Vitaliyevich Kantorovich – Autobiography", in *Nobel Lectures, Economics 1969-1980*, a cura di A. Lindbeck, Singapore, World Scientific Publishing Co.

KELLEY, J. E., 1961, "Critical path planning and scheduling – Mathematical basis", *Operations Research*, 9: 296-320.

KOOPMANS, T. C. et al (a cura di), 1951, *Activity analysis of production and allocation. Proceedings of a Conference*, New York, John Wiley & Sons, Cowles Foundation Monographs, vol. 8 (8° ed., New Haven/London, Yale University Press. 1976).

KUHN, H. W., TUCKER, A. W. (a cura di), 1956, *Linear inequalities and related systems*, Princeton, Princeton University Press.

LEIFMAN, L. J. (a cura di), 1990, *Functional analysis, optimization, and mathematical economics: A collection of papers dedicated to the memory of Leonid Vital'evich Kantorovich*, New York/Oxford, Oxford University Press.

MACCORMICK, E. J., 1957, *Human engineering*, New York, McGraw-Hill (2° ed., *Human factors engineering*, 1964)

MACCORMICK, E. J., SANDERS, M.S., 1982, *Human factors in engineering and design* New York, McGraw-Hill.

MARCH, J. G., SIMON, H., 1958, *Organizations*, New York, Wiley (Cambridge (Mass.), Blackwell, 1993²).

MAYO, E., 1969, *I problemi umani e socio-politici della civiltà industriale*, Torino, UTET (ed. or. *The human problem of an industrial civilization*, New York, Macmillan, 1933 e *The social problems of an industrial civilization*, Cambridge (Mass.), Harvard University Press, 1945).

MILLER, D.M., SCHMIDT, J.W., 1984, *Industrial engineering and operations research*, New York, John Wiley & Sons.

MORGENSTERN, O., 1959, *The question of national defense*, New York, Random House.

MORSE, PH. M., 1948, "Mathematical problems of operations research", *Bulletin of the American Mathematical Society*, 54: 602-621.

MORSE, PH. M., KIMBALL, G. E., 1951, *Methods of operations research*, New York, MIT Tech. Press/John Wiley.

NEUMANN, J. Von, 1955, "Method in the physical sciences", in *The unity of knowledge*, a cura di L. Leary, New York, Doubleday: 491-498.

NEUMANN, J. von, 1961-63, *John von Neumann: Collected works*, a cura di H. Taub, 6 vols., New York, Macmillan.

OUCHI, W. G., 1981, *Theory Z*, Reading (Mass.), Addison-Wesley.

SIMON, H., 1947, *Administrative behaviour*, New York, Macmillan (*Administrative behaviour: a study of decision-making processes in administrative organizations*, New York, Free Press, 1997[4]).

TAHA, H. A., 1987[4], *Operations research. An introduction*, New York, Macmillan/London, Collier Macmillan.

TAYLOR, F. W., 1911, *The principles of scientific management*, New York, Harper and Brothers.

VAN DER POL B. L., VAN DER MARK, J., 1928, "The heartbeat considered as a relaxation osciallation, and an electrical model of the heart", *The London Edinburgh and Dublin philosophical magazine and journal of science*, serie 7, 6: 763-775.

WARNECKE, H.-J., STEINHILPEER, R. (a cura di), 1985, *Flexible manufacturing systems*, Bedford, IFS (Publications)/Berlin-New York, Springer-Verlag.

WOOD, M. K., DANTZIG, G., 1951, "The programming of interdependent activities: General discussion", in: KOOPMANS 1951:15-18.

YIN, G., ZHANG, Q., 1996, *Recent advances in control and optimization of manufacturing systems*, London-New York, Springer-Verlag.

## Studi

AITKEN, H. G. J., 1976, *Syntony and spark: the origins of radio*, New York, Wiley.

AITKEN, H. G. J., 1985, *The continuous wave: technology and American radio, 1900-1932*, Princeton (N.J.), Princeton University Press.

AITKEN, H. G. J., 1985b, *Scientific management in action: Taylorism at Watertown Arsenal, 1908-1915*, Princeton (N.J.), Princeton University Press.

ARMYTAGE, W. H. G., 1976[4], *A social history of engineering*, London, Faber and Faber.

BAILES, K. E., 1990, *Science and Russian Culture in an Age of Revolutions. V. Vernadsky and his Scientific School*, Bloomington, Indiana University Press.

BARNES, B., 1982, "The science-technology relationship: A model and a query", *Social studies of science* 12: 166-172.

BASSIGNANA, P. L., 1990, *Immagini del progresso. La tecnica attraverso le esposizioni nei documenti dell'archivio storico AMMA*, Torino, Umberto Allemandi & C.

BAYART, D., Crépel, P., "Statistical control of manufacture", in Grattan-Guinness 1994: vol. II, 1386-1391.

BELHOSTE, B., DAHAN-DALMEDICO, A., PICON, A. (a cura di), 1994, *La formation polytechnicienne, deux siècles d'histoire*, Paris, Dunod.

BENNETT, S., 1979, 1993, *A history of control engineering, 1800-1930 – 1930-1950*, London, Peter Peregrinus.

BENNETT, S., 1984, "Nicholas Minorsky and the automatic steering of ships", *IEEE*

*Control Systems*, 4:10-15.

BENVENUTO, E., 1981, *La scienza delle costruzioni e il suo sviluppo storico*, Firenze, Santoni.

BERGIER, J. 1969, *L'espionnage industriel*, Paris, Hachette.

BIGGART, J., DUDLEY, P., KING, F. (a cura di), 1998, *Alexander Bogdanov and the origins of systems thinking in Russia*, Aldershot, Ashgate.

BISSEL, CH., 1996, "Textbooks and subtexts: a sideways look at the postwar control engineering textbooks, which appeared half a century ago", *IEEE Control Systems*, 16: 71-78.

BLACK, E., 2001, *L'IBM e l'Olocausto*, Milano, Rizzoli.

BLOCH, M., 2004[4], *Lavoro e tecnica nel Medioevo*, Roma-Bari, Laterza.

BOYER, R. et al. (a cura di), 1998, *Between imitation and innovation: The transfer and hybridization of productive models in the international automobile industry*, Oxford-New York, Oxford University Press.

BRADLEY, M., 1992, "Engineers as military spies? French engineers come to Britain, 1780-1790", *Annals of science*, 49: 137-161.

BRENTJES, S., 1985, "Zur Herausbildung der linearen Optimierung", in: *Ökonomie und Optimierung* (Lassmann, W. and Schilar, H., eds.), Berlin, Akademie Verlag: 298-330.

BRETON, PH., 1992, *La storia dell'informatica*, Bologna, Cappelli Editore.

BRIANTA, D., 2000, "Education and training in the mining industry, 1750-1860: European models and the Italian case", *Annals of Science*, 57: 267-300.

BUCHANAN, R. A., 1989, *The engineers: a history of the engineering profession in Britain, 1750-1914*, London, Kingsley.

BUCHANAN, R. A.,1992, *The power of the machine*, London, Penguin.

CAMBIANO, G., 1991[2], *Platone e le tecniche*, Roma-Bari, Laterza.

CARDONE, V., 1996, *Gaspard Monge scienziato della Rivoluzione*, Napoli, CUEN.

CARDWELL, D. S. L., 1971, *From Watt to Clasius. The rise of thermodinamics in the early industrial age*, Ithaca, Cornell University Press.

CARDWELL, D. S. L., 1972, *Turning points in Western technology. A study of technology, science, and history*, New York, Science History Publications.

CARDWELL, D. S. L., 1994, *History of technology*, London, Fontana.

CHANDLER, A. D. (a cura di), 1962, *The railroads: The nations's first big business*, New York, Harcourt, Brace & World.

CHANDLER, A. D., 1992[2], *La mano visibile: la rivoluzione manageriale nell'economia americana*, Milano, Franco Angeli (*The visibile hand: the managerial revolution in American business*, Cambridge (Mass.)-London, Harvard University Press).

CHANDLER, A. D., 1993[4], *Strategia e struttura: storia della grande impresa americana*, Milano, Franco Angeli.

CHANDLER, A. D., 2003, *La rivoluzione elettronica: i protagonisti della storia dell'elettronica e dell'informatica*, Milano, EGEA.

CHANNELL, D. F., 1982, "The harmony of theory and practice: The engineering science of W. J. M. Rankine." *Technology and culture*, 23: 39-52.

CHANNELL, D., 1989, *The history of engineering science. An annotated bibliography*, New York, Garland Publishing.

CHRISTENSEN, D. Ch., 1993, *European historiography of technology*, Odense, Odense University Press.

CIPOLLA, C. M., 1969, *Velieri e cannoni d'Europa sui mari del mondo*, Torino, UTET

(*Guns and sails in the early phase of European expansion 1400-1700*, London, Collina, 1965).

CIPOLLA, C. M., 1973, *Le macchine del tempo*, Bologna, Il Mulino (*Clocks and culture 1300-1700*, London, Collins, 1967).

COMBEROUSSE, CH., 1879, *Histoire de l'École centrale des arts et manufactures depuis sa fondation jusqu'à ce jour*, Paris.

DANTZIG, G. B., 1991, "Linear programming. The story about how it began", in: Lenstra et al, 1991: 19-31.

DAUMAS, M. (a cura di), 1962-1979, *Histoire générale des techniques*, Paris, Presses Universitaires de France, 5 voll.

DAWSON, C. S., McCALLUM, Ch. J., MURPHY, R.B., WOLMAN, E., 2000, "Operations research at Bell Laboratories through the 1970s: Part I", *Operations Research*, 48:205.

DE LISO, N., 1998, "Babbage, Charles", in: *The Elgar Companion to Classical Economics*, a cura di H. D. Kurz, N. Salvadori, Cheltenham-Northampton (Mass.), E. Elgar Publishers: vol. I, 24-28.

DERRY. T. K., WILLIAMS, T. I., 1960, *A short history of technology from the earliest times to A.D. 1900*, Oxford, Clarendon Press.

DICKINSON, H. W., 1994, "La macchina a vapore fino al 1830", in: Singer 1992-96: vol. 4, 173-205.

DORAY, B., 1979, *Le taylorisme, une folie rationnelle?*, Paris, Dunod.

DOYON, A., LIAIGRE, L., 1966, *Jacques Vaucanson, mécanicien de génie*, Paris, Presses Universitaires de France.

EDWARDS, P. N., 1996, *The closed world. Computers and the politics of discourse in Cold War America*, Cambridge (Mass.)-London, MIT Press.

ELLUL, J., 1969, *La tecnica rischio del secolo*, Milano, Giuffrè (*La technique ou l'enjeu du siècle*, Paris, Librairie A. Colin, 1954).

FARRINGTON, B., 1982[4], *Scienza e politica nel mondo antico. Lavoro intellettuale e lavoro manuale nell'antica Grecia*, Milano, Feltrinelli (*Science and politics in the ancient world*, London, G. Allen & Unwin, 1939 e *Head and hand in ancient Greece: four studies in the social relations of thought*, London, Watts, 1947).

FERRIELLO, G., 1995, "Problemi di storia della scienza nel trattato medievale di idraulica del persiano Karagi", *Oriente moderno*, n. s., 14:267-285.

FERRIELLO, G., 1998, *Il sapere tecnico-scientifico fra Iran e Occidente. Una ricerca nelle fonti*, Tesi di dottorato in studi iranici, Napoli, Istituto Universitario Orientale.

FINCH, J. K, 1962, "Engineering and science: a historical review and appraisal", *Technology and culture*, 2: 318-332.

FINCH, J. K., 1960, *The story of engineering*, Garden City (NY), Doubleday.

FINCH, J. K., 1951, *Engineering and Western civilization*, New York, McGraw-Hill.

FINN, B., 1991, *The history of electrical technology: an annotated bibliography*, New York, Garland Pub.

FOLKERTS, M., KNOBLOCH, E., REICH, K., (a cura di), 2001, *Mass, Zahl und Gewicht. Mathematik als Schlüssel zu Weltverständnis und Weltbeherrschung*, Wiesbaden, Harrassowitz Verlag.

FORBES, R. J., 1994, "L'energia fino al 1850", in Singer 1992-96: vol. 4, 152-172.

FORTUN, M., SCHWEBER, S. S., 1993, "Scientists and the legacy of World War II: The case of operations research (OR)", *Social studies of science*, 23: 595-642.

Fossier, R., 2002, *Il lavoro nel Medioevo*, Torino, Einaudi (*Le travail au Moyen Age*, Paris, Hachette, 2000).

Fox, R. (a cura di), 1996, *Technological change: Methods and themes in the history of technology*, Amsterdam, Harwood Academic Publishers.

Fox, R., Weisz, G. (a cura di), 1980, *The organization of science and technology in France 1808-1914*, Cambridge-New York, Cambridge University Press.

Franci, R., Toti Rigatelli, L., 1981, *Introduzione all'aritmetica mercantile del Medioevo e del Rinascimento*, Urbino, Quattroventi.

Freeman, Ch., 1994, "Innovazione tecnologiche e organizzative", in ESS, ad vocem.

Friedmann G., 1975, *Problemi umani del macchinismo industriale*, Torino, Einaudi (*Problèmes humains du machinisme industriel*, Paris, Gallimard 1946, 1968²)

Galluzzi, P., 1995, *Les ingénieurs de la Renaissance de Brunelleschi à Léonard de Vinci*, Firenze, Giunti.

Gamba, E., Montebelli, V., 1989, *Galileo Galilei e gli scienziati del Ducato di Urbino, Catalogo della mostra 4.09-14.10.1989, Palazzo Ducale, Pesaro*, Urbino, Edizioni Quattroventi.

Galluzzi, P. (a cura di), 1987, *Leonardo da Vinci: Engineer and Architect*, Montreal, Montreal Museum of Fine Arts.

García-Diego, J. A., 1985, *En busca de Betancourt y Lanz*, Madrid, Castalia.

García-Diego, J. A., 1985, "Agustín de Betancourt como espía industrial", in *Estudios sobre historia de la ciencia y de la técnica (IV Congreso de la Sociedad Española de Historia de las Ciencias y de las Técnicas)*, a cura di M. Esteban Piñeiro et al., Valladolid, Junta de Castilla y León: vol. 1, 105-125.

García Tapia, N., Carrello, J., 2000, *Tecnología e imperio. Ingenios y leyendas del siglo de oro. Turriano, Lastanosa, Herrera y Ayanz*, Madrid, nivola.

Garner, S. P., 1954, *Evolution of cost accounting to 1925*, University of Alabama Press (New York, Garland Pub., 1988).

Gemelli, G. (a cura di), 1994, *Big culture: Intellectual cooperation in large-scale cultural and technical systems*, Bologna, CLUEB.

Gerovitch, S., 2002, *From newspeak to cyberspeak: a history of soviet cybernetics*, Cambridge (Mass.), MIT Press.

Geymonat, M., 1998 "Razionalità matematica, indagine sulla natura e aspetti tecnici nella cultura romana", in *Storia della Società Italiana, vol. IV*, Milano, Teti Editore: 321-458.

Gilbert, K. R., 1994, "Macchine utensili", in Singer 1992-96: vol. 4, 427-452.

Gille, B., 1947, *Les origines de la grande industrie métallurgique en France*, Paris, Domat Montchrestien.

Gille, B., 1966, *Histoire de la métallurgie*, Paris, Presses Universitaires de France.

Gille, B.,1968, *La sidérurgie française au 19ᵉ siècle: recherches historiques*, Genève, Librairie Droz.

Gille, B., 1980², *Leonardo e gli ingegneri del Rinascimento*, Milano, Feltrinelli (*Les ingénieurs de la Renaissance*, Paris, Hermann, 1964).

Gille, B., 1980, *Les mécaniciens grecs: la naissance de la technologie*, Paris, Seuil.

Gille, B., dir., 1985, *Storia delle tecniche*, Roma, Editori Riuniti, 2 voll. (*Histoire des techniques: technique et civilisations, technique et sciences*, Paris, Gallimard, 1978).

Gillispie, Ch. C., 1983, *Scienza e potere in Francia alla fine dell'ancien régime*, Bologna, Il Mulino (*Science and polity in France at the end of the old regime*,

Princeton (N. J.), Princeton University Press).

GILLISPIE, CH. C., 1992, "Science and secret weapons development in revolutionary France, 1792-1804. A documentare history", *Historical studies in the physical and biological* sciences, 23: 35-152.

GIMPEL, J., 1975, *La révolution industrielle du Moyen Age*, Paris, Le Seuil.

GILLMOR, C. S., 1971, *Coulomb and the evolution of physics and engineering in eighteenth-century France*, Princeton (N.J.), Princeton University Press.

GIUNTINI, A., MINESSO, M. (a cura di), 1999, *Gli ingegneri in Italia tra Ottocento e Novecento*, Milano, Franco Angeli Editore.

GLIOZZI, M., 2003, *Storia della fisica*, Torino, CDR.

GÖKALP, I., 1993,"Sull'analisi dei grandi sistemi tecnici", *Intersezioni, rivista di storia delle idee*, 13:277-298.

GRATTAN-GUINNESS, I., 1970, "Joseph Fourier's anticipation of linear programming", *Operational Research Quarterly*, 21: 361-364.

GRATTAN-GUINNESS, I., 1990a, "Work for the Hairdressers: The Production of de Prony's logarithmic and trigonometric tables", *Annals of the History of Computing*, 12 (3):177-185.

GRATTAN-GUINNESS, I., 1990b, *Convolutions in French mathematics, 1800-1840. From the calculus and mechanics to mathematical analysis and mathematical physics*, Basel-Berlin, Birkhäuser, 3 voll.

GRATTAN-GUINNESS, I., 1994a, "'A new type of question': On the prehistory of linear and non-linear programming, 1770-1940", in *History of modern mathematics, vol. 3, Images, ideas, and communities*, a cura di E. Knobloch, D. E. Rowe, New York, Academic Press: 43-89.

GRATTAN GUINNESS, I. (a cura di), 1994b, *Companion Encyclopaedia of the History and Philosophy of the Mathematical Sciences*, 2 voll., London, Routledge.

GRELON, A., STÜCK, H. (a cura di), 1994, *Ingenieure in Frankreich, 1747-1990*, Frankfurt/New York, Campus Verlag.

GREMMEN, B. (a cura di), 1992, *The Interaction between Technology and Science*,Wageningen, Wageningen Agricultural University.

GEROVITCH, S., 2002, *From newspeak to cyberspeak. A history of Soviet cybernetics*, Cambridge (Mass.), The MIT Press.

HADOT, I., 2000, "Le scienze nella Tarda Antichità. Cap. XXXIV, Scienza e istituzioni", in: *Storia della Scienza, vol. 1, La scienza antica*, Roma, Istituto della Enciclopedia Italiana: 999-1008.

HALL, B. S., WEST, D. C. (a cura di), 1976, *On pre-modern technology and science, A volume of studies in honor of Lynn White, jr.*, Malibu (Cal.), Undena Publications.

HERMANN, A., SCHÖNBECK, CH. (a cura di), 1991, *Technik und Kultur*, vol. 3, *Technik und Wissenschaft*, Düsseldorf, Verein Deutscher Ingenieure.

HERRIGEL, G. B., 1994, "Industry as a form of order: A comparison of historical development of the machine tool industries in the United States and Germany", in: *Governing capitalist economies: Performance and control of economic sectors*, a cura di J. R. Hollingsworth, Ph. C. Schmitter, W. Streeck, New York-Oxford, Oxford University Press: 97-128.

HEYMAN, J., 1972, *Coulomb's memoir on statics. An essay in the history of civil engineering*, Cambridge, Cambridge University Press.

HILL, D. R., 1996, *A history of engineering in classical and medieval times*, London/New York, Routledge.

HOKE, D. R., 1990, *Ingenious yankees: The rise of the American system of manufac-*

*tures in the private sector*, New York, Columbia University Press.

HOMBURG, H., 1978, "Anfänge des Taylorsystems in Deutschland vor dem Ersten Weltkrieg", *Geschichte und Gesellschaft*, 4: 170-194.

HOUNSHELL, D. A., 1984, *From the American system to mass production, 1800-1932: The development of manufacturing technology in the United States*, Baltimore, Johns Hopkins University Press.

HOUNSHELL, D., 1997, "The Cold War, RAND, and the generation of knowledge, 1946-1962", *Historical Studies on the Physical and Biological Sciences*, 27: 237-267.

HUGHES, TH. P., 1976, "The science-technology interaction: The case of high-voltage power transmission systems", *Technology and culture*, 17: 646-672.

HUGHES, TH. P., 1983, *Networks of power: electrification in Western society*, Baltimore (Md.), Johns Hopkins University Press.

HUGHES, TH. P., 1998, *Rescuing Prometheus, Four monumental projects that changed the modern world*, Vintage Books, Random House, New York, 1998.

HUGHES, A., HUGHES, TH. P. (a cura di), 2000, *Systems, experts, and computers: The systems approach in management and engineering, World War I and after*, Cambridge (Mass.), MIT Press.

HYMAN, A., 1982, *Charles Babbage, pioneer of the computer*, Princeton (N. J.), Princeton University Press.

INGRAO, B. Israel, G., 1997², La mano invisibile. L'equilibrio economico nella storia della scienza, Bari, Laterza (*The invisible hand. Economic equilibrium in history of science*. Cambridge, Mass.-London, The MIT Press, 1990).

INGRAO, B., RANCHETTI, F., 1996, *Il mercato nel pensiero economico. Storia e analisi di un'idea dall'Illuminismo alla teoria dei giochi*, Milano, Hoepli.

ISNARDI PARENTE, M., 1966, *Techne. Momenti del pensiero greco da Platone a Epicuro*, Firenze, La Nuova Italia.

ISRAEL, G., 1996, "*Administrer c'est calculer*: due 'matematici sociali' nel declino dell'Età dei Lumi", *Bollettino di Storia delle Scienze Matematiche*, 16(2): 241-314.

ISRAEL, G., 1997², *La visione matematica della realtà*, Roma-Bari, Laterza.

ISRAEL, G., 1998, "Balthasar van der Pol e il primo modello del battito cardiaco", in *Modelli matematici nelle scienze biologiche*, a cura di P. Freguglia, Grosseto, Quattro Venti: 133-162.

ISRAEL, G., MILLÁN GASCA A., 1995, *Il mondo come gioco matematico. John von Neumann, scienziato del Novecento*, Roma, La Nuova Italia Scientifica.

ISRAEL, G., MILLÁN GASCA A., 2002, *The Biology of Numbers, The Correspondence of Vito Volterra on Mathematical Biology*, Basel, Birkhäuser Verlag.

JAIKUMAR, R., 1990, "An architecture for a process control costing system", in: *Measures for manufacturing excellence*, a cura di R. S. Kaplan, Cambridge (Mass.), Harvard Business School Press: 193-222.

JAIKUMAR, R., 1991, "From filing and fitting to flexible manufacturing: a study in the evolution of process control", in *Conference Global Changes in Production and Manufacturing, University of California-Berkeley, 14-16 April 1991* (pubblicato in Foundations and Trends® in Technology, Information and Operations Management, 1, 2005).

JOHNSON, S., 1997, "Three approaches to big technology: operations research, systems engineering, and project management", *Technology and Culture*, 38: 891-919.

KANIGEL, R., 1997, *The one best way. Frederick Winslow Taylor and the enigma of efficiency*, New York, Viking Books.

KELLER, A. G., 1972, "Mathematical Technologies and the Growth of the Idea of Technical Progress in the Sixteenth Century", in: *Science, Medicine and Society in the Renaissance, Essays to honour Walter Pagel*, a cura di A. G. Debus, New York, Science History Publications: vol. 1, 11–27.

KELLER, A. G., 1985, "Mathematics, mechanics, and the originis of the culture of mechanical invention", *Minerva*, 23: 348-361.

KERKER, M., 1961, "Science and the steam engine", *Technology and culture*, 2: 381-390.

KIRBY, R. S. et al, 1956, *Engineering in history*, New York, McGraw-Hill.

KLEIN, J., 1997, *Statistical visions in time. A history of time series analysis, 1662-1938*, Cambridge/New York/Melbourne, Cambridge University Press.

KLEIN, J., 1999, *Controlling gunfires, inventories, and expectations with the exponentially weighted moving average*, Mary Baldwin College, preprint.

KLEIN, J., 2001, "Post-war economics ad shotgun weddings in control engineering", Mary Baldwin College, preprint.

KLEIN, J., 2001, "Economics for a client: the case of statistical quality control and sequential analysis", «History of Political Economy», 33.

KLEMM, F., 1966, *Storia della tecnica*, Milano, Feltrinelli (*Technik. Eine Geschichte ihrer Probleme*, Freiburg, Alber, 1954).

KLINE, R., 1995, "Constructing 'technology' as 'applied science'. Public rhetoric of scientists and engineers in the United States, 1880-1945", *Isis*, 86: 194-221.

KNOBLOCH, E., NIEHANS, J., HOFMANN, A., TEOCHARIS, R. D., 1994, *Wilhelm Launhardts "Mathematische Begrüngung der Volkswirtschaftslehre". Vademecum zu einem Klassiker der Theorie der Raumwirtschaft*, Düsseldorf, Verlag Wirtschaft und Finanzen GmbH.

KOHLI, M. C., 2002, "Leontief and the Bureau of Labor Statistics, 1941-1954: Developing a framework for measurement", in *The age of economic measurement*, a cura di J. Klein, M. Morgan, Durham, Duke University Press.

KOYRÉ, A., 1961, *Études d'histoire de la pensée philosophique*, Paris, Armand Colin.

KOYRÉ, A., 2000, *Dal mondo del pressappoco all'universo della precisione. Tecniche, strumenti e filosofia dal mondo classico alla rivoluzione scientifica*, Torino, Einaudi.

KRANAKIS, E., 1989, "Social determinants of engineering practice: A comparative view of France and America in the nineteenth century", *Social studies of science*, 19: 5-70.

KRANZBERG, M., ELKANA, Y., TADMOR, Z. (a cura di), 1989, *Innovation at the crossroads between science and technology*, Technion City, Haifa, The S. Neaman Press.

KRANZBERG, M., PURSELL, C. W., 1967, *Technology in Western civilization*, New York, Oxford University Press, 2 voll.

KROES, P., BAKKER, M. (a cura di), 1992, *Technological development and science in the Industrial Age: new perspectives on the science-technology relationship*, Dordrecht-London, Kluwer Academic.

KROHN, W., LAYTON, E. T., WEINGART, P., 1978, *The dynamics of science and technology*. Dordrecht, D. Reidel.

LACAITA, C., 1999, "Cultura politecnica e modernizzazione", *Physis, Rivista internazionale di storia della scienza*, 35: 432-450.

LACAITA, C. (a cura di), 2000, *Scienza, tecnica e modernizzazione in Italia fra Otto e Novecento*, Milano, Franco Angeli Editore.

LANDES, D. S., 1978, *Prometeo liberato. Trasformazioni tecnologiche e sviluppo indu-*

striale nell'Europa occidentale dal 1750 ai nostri giorni, Torino (*The unbound Prometheus. Technological change and insdustrial development in Western Europe from 1750 to the present*, Cambridge (Mass.), Cambridge University Press, 1968).

LAUDAN, R. (a cura di), 1984, *The nature of technological knowledge: Are models of scientific change relevant?*, Dordrecht, D. Reidel.

LAYTON, E. T., 1971a, "Mirror-image twins: The communities of science and technology in nineteenth century America", *Technology and culture*, 12: 562-580.

LAYTON, E. T., 1971b, *The revolt of engineers: Social responsability and the American engineering profession*, Baltimore, The Johns Hopkins University Press.

LAYTON, E. T., 1974, "Technology as knowledge", *Technology and culture*, 15: 31-41.

LAYTON, E. T., 1976, "American ideologies of science and engineering", *Technology and culture*, 17: 688-701.

LAYTON, E. T., 1988, "Science as a form of action: The role of engineering sciences", *Technology and culture*, 29: 82-97.

LECUYER, CH., 1992, "The making of a science-based technological university: Karl Compton, James Killian, and the reform of MIT, 1930-1957", *Historical studies in the physical sciences*, 23: 153-180.

LEFÈVRE, W. (a cura di), 2005, Picturing Machines 1400-1700, Cambridge (Mass.), The MIT Press.

LEFÈVRE, W., RENN, J. E SCHOEPFLIN, U. (a cura di), 2003, *The power of images in early modern science*, Basel, Birkhäuser.

LE GOFF, J., 1999, *La civiltà dell'Occidente medievale*, Torino, Einaudi (*La civilisation de l'Occident médiéval*, Paris, Flammarion, 1997).

LENSTRA, J. K., RINNOOY KAN, A. H. G., SCHRIJVER, A. (a cura di), 1991, *History of mathematical programming. A collection of personal reminiscences*, Amsterdam, CWI/North Holland.

LEPSCHY, A., VIARO, U., 2004, "Feedback: a technique and a «tool for thought»", in Lucertini et al 2004: 129-155.

LESLIE, S., 1993, *The Cold war and American science: The military-industrial-academic complex at MIT and Stanford*, New York, Columbia University Press.

LEVIN, M. R. (a cura di), 1999, *Cultures of control*, Amsterdam, Harwood.

LITTERER, J. A., 1963, "Systematic management: Design for organizational recoupling in America manufacturing firms", *Business History Review*, 37:369-91.

LIVERANI, M., 2000, "Il Vicino Oriente Antico. Introduzione", in *Storia della Scienza*, vol. I., *La scienza antica*, Roma, Istituto della Enciclopedia Italiana:195-211.

LONG, P. O., 1997, "Power, Patronage, and the Authorship of Ars. From Mechanical Know-how to Mechanical Knowledge in the Last Scribal Age", *Isis*, 88:1-41.

LOPEZ, R. S., 1975, *La rivoluzione commerciale del Medioevo*, Torino, Einaudi.

LUCERTINI, M., NICOLÒ, F., 1997, *Automazione, robotica e nuova organizzazione della fabbrica*, Roma, Istituto della Enciclopedia Italiana, preprint.

LUCERTINI, M., TELMON, D., 1993, *Le tecnologie di gestione. I processi decisionali nelle organizzazioni integrate*, Milano, Franco Angeli.

LUCERTINI, M., TELMON, D., 1994, "Cultura tecnica e cultura manageriale", *Società dell'informazione. Rivista della Scuola Superiore G. Reiss Romoli*, 2: 50-61.

LUCERTINI, M., TELMON, D., 1996, "Innovazione tecnica e capacità manageriale: alcuni aspetti dell'evoluzione dei sistemi di produzione nelle moderne organizzazioni", *Società dell'informazione. Rivista della Scuola Superiore G. Reiss*

*Romoli*, 4: 42-53.

LUCERTINI, M., MILLÁN GASCA, A., NICOLÒ, F. (a cura di), 2004, *Technological concepts and mathematical methods in the evolution of modern engineering systems. Controlling, managing, organizing*, Basel, Birkhäuser.

LUNDGREEN, P., 1990, "Engineering Education in Europe and the U. S.A., 1750-1930: The rise to dominance of school culture and the engineering professions", *Annals of science*, 47: 33-75.

McCLOSKEY, J. F., 1987a, "The beginning of operations research: 1934-1941", *Operations Research*, 35: 143-152.

McCLOSKEY, J. F., 1987b, "British operational research in World war II", *Operations Research*, 35: 453-470.

McCLOSKEY, J. F., 1987c, "U. S. operations research in World war II", *Operations Research*, 35: 910-925.

MAGNUSSON, R. J., 2001, *Water Technology in the Middle Ages: Cities, Monasteries, and Waterworks after the Roman Empire*, Baltimore, Johns Hopkins University Press.

MARCHIS, V., 2005², Storia della macchina, Roma-Bari, Laterza.

MAYNTZ, R., HUGHES, TH. P. (a cura di), 1988, *The development of large technical systems*, Frankfurt a.M, Campus Verlag/Boulder (Colo.), Westview Press.

MAYR, O., 1970, *The origins of feedback control*, Cambridge (Mass.), MIT Press

MAYR, O., 1976, "The science-technology relationship as an historiographic problem", *Technology and culture*, 17: 663-672.

MAYR, O., 1986, *Authority, liberty, and automatic machinery in early modern Europe*, Baltimore, The Johns Hopskins University Press.

MAYR, O., POST, R. C. (a cura di), 1981, *Yankee enterprise: The rise of the American system of manifactures: A symposium*, Washington, D.C., Smithsonian Institution Press. 1995 rev. Editino

MILLÁN GASCA, A., 1996, "El ideal de la matematización. La introducción de la matemática en las ciencias biológicas, humanas y sociales", *Arbor, ciencia, pensamiento y cultura*, 606: 79-102.

MILLÁN GASCA, A., 2003a, "Early approaches to the management of complexity in engineering systems", in: *Complexity, determinism, holism*, a cura di P. Cerrai, P. Freguglia, C. Pellegrini, New York, Kluwer: 349-357.

MILLÁN GASCA, A., 2003b, "La aplicación de las matemáticas a los problemas de administración y organización: antecedentes históricos", *Llull, Revista de la Sociedad Española de Historia de las Ciencias y de las Técnicas*, 57: 929-961.

MILLÁN GASCA, A., 2004, "Organization and mathematics: a look into the prehistory of industrial engineering", in: LUCERTINI et al 2004: 21-50.

MINDELL, D. A., 1996, *Datum for its own annihilation: feedback, control, and computing, 1916-1945*, MIT, tesi di dottorato.

MINDELL, D. A., 1996, "Automation's finest hour: radar and system integration in World War II", in Hughes, Hughes 2000: 27-56.

MIROWSKI, PH., 1999, "Cyborg Agonistes: Economics meets operations research in mid-century", *Social Studies of Science*, 29: 685-718.

MITCHAM, C., 1994, *Thinking through technology: The path between engineering and philosophy*, Chicago, Chicago University Press.

MOLLOY, P. M., 1986, *The history of metal mining and metallurgy. An annotated bibliography*, New York, Garland Publishing.

MORRELL, J., THACKRAY, A., 1981, *Gentlemen of science: Early years of the British*

*Association for the Advancement of Science*, Oxford, Clarendon Press.

MOUTET, A., 1992, "Rationalisation et formation des ingénieurs en France avant la Seconde Guerre mondiale", *Cahiers d'histoire du CNAM*, 1: 93-116.

MOWERY, D., ROSENBERG, N., 2001, *Il secolo dell'innovazione : breve storia della tecnologia americana nel 20° secolo*, Milano, Università Bocconi (*Paths of innovation: technological change in 20th century America*, Cambridge, Cambridge University Press, 1999).

MULTHAUF, R. P., 1984, *The history of chemical technology : an annotated bibliography*, New York, Garland Pub.

MUMFORD, L., 1968[3], *Tecnica e cultura*, Milano, Il Saggiatore (*Technics and civilization*, New York, Harcourt, 1934, varie riedizioni).

MUMFORD, L., 1969 *Il mito della macchina*, Milano, Il Saggiatore (*The myth of the machine: techics and human development*, New York, Harcourt, Brace & World, 1967).

MURRAY, P., 1997, *Dreams of development: Colombia's National School of Mines and its engineers, 1887-1970*, Tuscaloosa, University of Alabama Press.

MUSSON, A. E., ROBINSON, E., 1974, *Scienza e tecnologia nella rivoluzione industriale*,Bologna, Il Mulino (*Science and technology in the industrial revolution*, Manchester 1969)

NELSON, D., 1995[2], *Managers and workers: Origins of the new factory system in the United States 1880-1920*, Madison, University of Wisconsin Press.

NELSON, D., 1988, *Taylor e la rivoluzione manageriale. La nascita dello "scientific management"*, Torino, Einaudi (*Frederick W. Taylor and the rise of scientific management*, Madison, University of Wisconsin Press, 1980).

NELSON, D. (a cura di), 1992, *A Mental Revolution: Scientific Management since Taylor*, Columbus, Ohio State University Press.

NICOLAÏDIS, E., CHATZIS, K. (a cura di), 2000, *Science, technology, and the 19th century state*, Athens, Institut de Recherches Néohélleniques.

NOBLE, D., 1984, *Forces of production: A social history of industrial automation*, New York, Alfred A. Knof.

OPPENHEIM, A. L., 1964, *Ancient Mesopotamia. Portrait of a dead civilization*, Chicago, University of Chicago Press.

ORTEGA Y GASSET, J., 1939, *Meditación de la técnica y otros ensayos sobre ciencia y filosofía*, Buenos Aires, Espasa Calpe Argentina.

PACEY, A., 1983, *The culture of technology*, Oxford, Blackwell.

PACEY, A., 1990, *Technology in world civilization: A thousand year history*, Cambridge (Mass.), MIT Press.

PATTERSON, R., 1993, "Filatura e tessitura", in: Singer 1992-96:156-186.

PAYEN, J., 1985, *Technologie de l'énergie vapeur en France dans la première moitié du XIXe siècle: la machine à vapeur fixe*, Paris, Comité des travaux historiques et scientifiques.

PEAUCELLE, J.-L., 2003, *Henri Fayol, inventeur des outils de gestion: textes originaux et recherches actuelles*, Paris, Économica.

PEPE, L., 1994, " La formazione degli ingegneri in Italia nell'età napoleonica", *Bollettino di Storia delle Scienze Matematiche*, 14:159-193.

PICON, A., 1987-88, "Les ingénieurs et l'idéal analytique à la fin du XVIIIe siècle", *Sciences et techniques en perspective*, 13:70-108.

PICON, A., 1989, "Les ingénieurs et la mathématisation. L'exemple du génie civil et de la construction", *Revue d'Histoire des Sciences*, 42 (1-2):155-172.

PICON, A., 1992, *L'invention de l'ingénieur moderne. L'Ecole des Ponts et Chaussées 1747-1851*, Paris, Presses de l'Ecole Nationale des Ponts et Chaussées.

PICON, A., 2000, "Technological traditions and national identities. A comparison between France and Great Britain during the XIXth century", in Nicolaïdis, Chatzis 2000: 13-21.

POLLARD, S., 1968, *The genesis of modern management*, Harmondsworth, Penguin Books.

PORTER, T. M., 1986, *The rise of statistical thinking, 1820-1900*, Princeton University Press, Princeton.

PORTER, T. M., 1995, *Trust in numbers*, Princeton (N. J.), Princeton University Press.

PROVINE, W. B., 1971, *The Origins of Theoretical Population Genetics*, Chicago/London, University of Chicago Press.

RAPP, F., 1981, *Analytical philosophy of technology*, Dordrecht, D. Reidel.

RAU, E. P., 2000, "The adoption of operations research in the United States during World War II", in Hughes, Hughes 2000: 57-92.

REES, W., 1968, *Industry before the Industrial Revolution*, Cardiff, University of Wales Presss.

REINGOLD, N., MOLELLA, A. (a cura di), 1976, "The interaction of science and technology in the Industrial Age", *Technology and culture*, 17: 621-724.

REYNOLDS, T., 2002a, *Stronger than a hundred men. A history of the vertical water wheel*, Baltimore, Johns Hopkins University Press.

REYNOLDS, T., 2002b, "Macchine e idraulica", in *Storia della Scienza*, Roma, Istituto della Enciclopedia Italiana: vol. 6, 149-165.

REYNOLDS, T., 2002c, "I motori primi", in *Storia della Scienza*, Roma, Istituto della Enciclopedia Italiana: vol. 6, 279-286.

RIDER, R., 1992, "Operations research and game theory: early connections", in *Toward a history of game theory*, a cura di E. R. Weintraub, Durham (NC), Duke University Press: 225-239.

RIDER, R., 1994, "Operational research", in: Grattan Guinness 1994: vol. I, pp. 837-842.

ROSENBERG, N., 1987, *Le vie della tecnologia*, Torino, Rosenberg & Sellier. (*Perspectives on technology*, Cambridge, Cambridge University Press, 1976)

ROSENBERG, N., 1991, *Dentro la scatola nera: tecnologia ed economia*, Bologna, Il Mulino (*Inside the black box: technology and economics*, Cambridge, Cambridge University Press, 1982).

ROSENBERG, N., 1999, *Esplorando la scatola nera: tecnologia, economia e storia*, Milano, Giuffrè, (*Exploring the Black Box. Technology, Economics, and History*, Cambridge, Cambridge University Press, 1994).

ROSSI, A., 1984, *Strumenti, macchine e scienza dalla preistoria all'automazione. Saggio storico-critico*, Pescara, Editrice Trimestre.

ROSSI P., 2002, *I filosofi e le macchine (1400-1700)*, Milano, Feltrinelli (ed. originale 1962).

SABEL, C. F., ZEITLIN, J. (a cura di), 1996, *Worlds of possibilities: Flexibility and mass production in western industrialization*, New York/Cambridge, Cambridge University Press.

SAKAROVITCH, J., 1998, *Épures d'architecture. De la coupe de pierres à la géométrie descriptive. XVIᵉ-XIXᵉ siècles*, Basel, Birkäuser.

SALVATI, M., 1993, "Divisione del lavoro", in ESS, ad vocem.

SAPOLSKY, H., 1972, *The Polaris System Development*, Cambridge, Harvard University Press.

SCHIMANK, H., 1961, *Der Ingenieur. Entwicklungsweg eines Berufes bis Ende des 19. Jahrhunderts*, Köln, Bund-Verlag.

SCHUMPETER, J. A., 2002, *Teoria dello sviluppo economico*, Milano, ETAS (*Theorie der wirtschaftlichen Entwicklung*, München-Leipzig, 1912).

SCHUMPETER, J. A., 1977, *Il processo capitalistico: cicli economici*, Torino, Boringhieri (traduzione parziale di *Business cycles: a theoretical, historical and statistical analysis of the capitalist process*, 2 voll., London-New York, 1939).

SEELY, B., 1993, "Research, engineering and science in American engineering colleges 1900-1960", *Technology and culture*, 34: 344-386.

SHELDRAKE, J., 1997, Management theory: from Taylorism to Japanization, Boston, International Thomson Business Press.

SHINN, T., 1980, "From 'corps' to 'profession': the emergence and definition of industrial engineering in modern France", in Fox, Weisz 1980:183-208.

SIMON, H. A., 1969, *The sciences of the artificial*, Cambridge (Mass.), MIT Press, 1996[3].

SINGER, CH. J. et al (a cura di), 1992-96, *Storia della tecnologia*, Torino, Bollati-Boringhieri, 7 voll. (*A history of technology*, Oxford, Clarendon Press, 8 voll., 1954-1984).

SLATON, A., 2001, "As near as praticable. Precision, ambiguity, and the social features of industrial quality control", *Technology and culture*, 42: 51-80.

SMITH, M. R., 1977, *Harpers Ferry armory and the new technology. The challenge of change*, Ithaca (N.Y.), Cornell University Press.

SMITH, M. R. (1985) (a cura di) *Military entreprise and technological change: perspectives on the American experience*, Cambridge (Mass.), The MIT Press.

SMITH, M. R., MARX, L. (a cura di), 1994, *Does technology drive history? The dilemma of technological determinism*, Cambridge (Mass.), The MIT Press.

STAUDENMAIER, J. M., 1988, *I cantastorie della tecnologia*, Milano (*Technology's storytellers. Reweaving the human fabric*, Cambridge, Mass., 1985).

STRAUB, H., 1949, Die Geschichte der Bauingenieurkunst, Basel: Birkhäuser (tr. ingl.: *A history of civil engineering: An outline from ancient to modern times*, Cambridge (Mass.), MIT Press, 1964).

TATON, R., 1951, *L'œuvre scientifique de Monge*, Paris, Presses Universitaires de France.

TEOCHARIS, R. D., 1994, *Die Ökonomen aus dem Ingenieurwesen und die Entwicklung von Launhardts mathematisch-ökonomischen Denken*, in: Knobloch et al 1994: 55-83.

THÉPOT, A., 1991, *Les ingénieurs du corps des Mines au XIX^e siècle, 1810-1914. Recherches sur la naissance et le développement d'une technocratie industrielle*, Tesi di dottorato, Paris, Université de Paris X-Nanterre.

TOLLIDAY, S. (a cura di), 1998, *The rise and fall of mass production*, 2 voll. Cheltenham-Northhampton (Mass.), E. Elgar Publ.

URMANTSEV, Y., 1998, "Tektology and General System Theory: A comparative analysis", in: Biggart et al 1998: 237-253.

URWICK, L. F., BRECH, E.F.L., 1945-48, *The making of scientific management*, 3 voll., London, Management Publications Trust.

USHER, A. P., 1954[2], *A history of mechanical inventions*, Cambridge (Mass.), Harvard University Press, 2nd ed.

VINCENTI, W., 1990, *What engineers know and how they know it: Analytical studies from aeronautical history*, Baltimore, Johns Hopkins University Press.

WARING, S. P., 1991, *Taylorism transformed: Scientific management theory since 1945*, Chapel Hill, University of Carolina Press.

WARING, S. P., 1995, "Cold War calculus: the Cold War and operations research", *Radical History Review*, 63: 28-52.

WEINER, D., 1988, *Ecology, Conservation and Cultural Revolution in Soviet Russia*, Bloomington, Indiana University Press.

WEISS, J.H., 1982, *The making of the technological man. The social origin of French engineering education*, Cambridge (Mass.)-London, MIT Press.

WHITE, Lynn jr, 1976, *Tecnica e società nel Medioevo*, Milano, Il Saggiatore (Medieval technology and social change, Oxford, Clarendon Press, 1962).

WILLIAMS, T. I., 1982, *A short history of 20th century technology*, Oxford, Clarendon Press/New York, Oxford University Press.

WISE, G., 1985, "Science and technology", in: *Historical writing on American science*, a cura di S. G. Kohlstedt e M. W. Rossiter, M. W., *Osiris*, 2nd series, vol. I: 229-246.

de WIT, D., 1994, *The shaping of automation: An historical analysis of the interaction between technology and organization 1950-1985*, Hilversun, Verloren.

WREN, D. A., 1994[4], The evolution of management thought, New York, John Wiley & Sons.

YATES, J., 1989, *Control through communication: the rise of system in American management*, Baltimore, Johns Hopkins University.

YURKOVICH, S. (a cura di), 1996, "The evolving history of control", *IEEE Control Systems*, 16 (3), special issue on the history of control.

ZEITLIN, J., 1995, "Flexibility and mass production at war: aircraft manufacture in Britain, the United States, and Germany, 1939-1945", *Tecnology and culture*, 36:46-79.

ZEITLIN, J., HERRIGEL, G. (a cura di) 2000, *Americanization and its limits: Reworking US technology and management in postwar Europe and Japan*, Oxford-New York, Oxford University Press.

ZYLBERBERG, A., 1990, *L'économie mathématique en France 1870-1914*, Paris, Économica.

# Fonti delle illustrazioni

Fig. 1.1 P. E. Newberry, 1900, *The life of Refkhmara*, London, Constable, fig. XVIII (in Singer 1992-96: vol. 1, fig. 383).

Fig. 1. 2 Disegno di D. E. Woodall, da un vaso conservato presso il Metropolitan Museum of Art di New York, in Singer 1992-96: vol. 1, fig. 281).

Fig. 1.3 H. R. H. Hall, 1928, *Babilonian and Assyrian sculpture in the British Museum*, Paris, van Oest, fig. xxx (disegno di D. E. Woodwall in Singer 1992-96: vol. 1, fig. 283).

Fig. 2.1 J. de Strada, *Kunstliche Abriss allerhand Wasser-Wind-Ross- und Handt Mühlen*, Frankfurt a. M., Octavius de Strada, 1617: fol. 5 (sinistra) e fol. 4 (destra).

Fig. 2.3 Agricola 1556: 227.

Fig. 3.1 A sinistra: *Das mittelalterliche Hausbuch: Nach dem Originale im Besitze des Fürsten von Waldburg-Wolfegg-Waldsee*, a cura di H. T. Bossert, W. F. Stock, Leipzig, E. A. Seemann, 1912, pl. xxxv (fol. 34°). A destra: Leonardo da Vinci, Codice Atlantico (Biblioteca Ambrosiana, Milano), fol. 393ᵛa (in Singer 1992-96: vol. 2, figg. 168 e169).

Fig. 3.2 Agricola 1556: (a) 155, (b) 158, (c) 164, (d) 169.

Fig. 4.1 *Album de Villard de Honnecourt, architecte du XIIIᵉ siècle*, a cura di J. B. A. Lassus e A. Darcel, Paris, 1858:153, pl. 38 (in Gimpel 1975: 135).

Fig. 4. 2 (a) Francesco di Giorgio Martini, *Trattato di architettura e macchine*, ms. Ashb. 361 (Biblioteca Laurenziana, Firenze), c. 34r (in Lefèvre et al 2003: 51, fig. 8) (b) Leonardo da Vinci, Codice Atlantico (Biblioteca Ambrosiana, Milano), c. 1069 r (in Lefèvre et al 2003: 53, fig. 11).

Fig. 4.3 Walter H. Ryff, *Der furnembsten notwendigsten der gantzen Architectur angehöringen Mathematischen und Mechanischen künst eygentlicher bericht ...*, Nürnberg, 1547 (in Folkerts et al 2001: 144, 6.17 b).

Fig. 4.4. Lepschy, Viaro 2004: figg. 3 (sinistra) e 4 (destra).

Fig. 4.5 Johann Faulhaber, *Ingegnieurs-Schul*, Nürnberg, Wolfgang Endter, 1673 (in Folkerts et al 2001: 15, 2.4).

Fig. 4.6 Guidobaldo Dal Monte, *Le mechaniche*, traduzione in volgare di Filippo Pigafetta, Venezia 1581, per Francesco de' Franceschi, copia della Biblioteca Oliveriana, Pesaro, Dir. 7.6.5. (in *Galileo Galilei e gli scienziati del Ducato di Urbino*, Catalogo della mostra a cura di E. Gamba e V. Montebelli, Urbino, Edizioni Quattroventi, 1989: tavole, IV.19).

Le figg. 5.1-5.2-5.3, 6.1-6.2 e 7.1-7.2 sono tratte dall'*Encyclopédie de Diderot et D'Alembert*.

Fig. 6.4 Sakarovitch 1998: 246.

Fig. 8.1 Domenico Fontana, *Della trasportatione dell'obelisco Vaticano e delle fabriche di nostro Signore Sisto V*, Roma, Domenico Basa, 1590 (nella ristampa Düsseldorf, Werner Verlag, 1987: vol. "Übersetzung und Commentare", 73).

Fig. 8.2 Donato Granafei, *Meccanica animale, esercizio fisico-matematico*, Siena, 1795, ristampa a cura di A. Rossi, Lecce, Edizioni del Grifo, 1993, fig. VII.

Fig. 8.3, Babbage 1834, copia della Biblioteca della Reale Scuola degli Ingegneri, Roma, depositata presso la Biblioteca del Dipartimento di Matematica "Guido Castelnuovo", Università di Roma La Sapienza, 11 A 7.

Fig. 8.4 Babbage 1834: 143 e 144.

Fig. 9.1 Bassignana 1990: 41 (sopra) e 37 (sotto).

Fig. 9. 2 *Enciclopedia delle Scienze Sociali*, "Macchine", tavole, n. 36 (Disegni degli allievi della Scuola di applicazione per gli ingegneri di Torino, 1878-1885).

Fig. 9. 3 The American Precision Museum, Windsor, Vermont (*http://www.americanprecision.org/armory.html*)

Fig. 10.1 e 10.2 Bassignana 1990: 14 e 35.

Fig. 10.3 *Enciclopedia delle Scienze Sociali*, "Macchine", tavole, n. 37 (Disegni degli allievi della Scuola di applicazione per gli ingegneri di Torino, 1878-1885).

Fig. 10.4 Bassignana 1990: 29.

Fig. 10.5 W. Launhardt, *Ueber Rentabilität und Richtungsfeststellung der Straben*, Hannover, Schmorl & von Seefeld,1869 (in Knobloch et al 1994: 22).

Fig. 10.6 Le Creusot, Saône-et-Loire en 1851, *Les établissements Schneider. Économie sociale*, Paris, Imprimerie Génerale Lahure, 1912 (in "Le Creusot. L'histoire: Le Creusot de 1253 a 1910 selon Schneider", *http://www.creusot.net/creusot/histoire/1200_1900_sch/creusot1851.htm*).

Fig. 11.1 Lucien Huard, *Le monde industriel*, Paris, L. Boulanger, 1884 (versione elettronica Paris, Bibliothèque Nationale, *http://gallica.bnf.fr*); Albert Robida, *La vie électrique*, Paris, Librarie illustrée, 1892 (versione elettronica Paris, Bibliothèque Nationale, 2000, *http://gallica.bnf.fr*).

Fig. 11.2 Henri Fayol, "Étude sur le terrain houiller de Commentry", *Bulletin de la Société de l'Industrie Minérale*, 25, 1886-87, pl. 4, fig. 2, (in Beaudoin, B., "Henri Fayol, Géologue perspicace et novateur"?, 2002, in (« Annales des mines », Les ingénieurs des mines au XIXème et au XXème siècles, Henri Fayol, *www.annales.org/archives/x/fayol.html*).

Figg. 11.3, 12. 1, 13.1 e 13.2 Siemens Archives, Monaco (Siemens AG – Our History, Timeline, *www.siemens.com*).

Fig. 12.2 Koopmans 1951: 245, Map 1, Efficient graph of ballast traffic.

Fig. 12.3 Lenstra et al 1991: 11.

Fig. 13.3 Keating , J. M., "Application of electronics to process control systems", in Booth 1960: 37 (fig. 3.1) e 39 (figg. 3.2 e 3.3).

# Indice dei nomi

Ackoff, Russel L., 247
Agricola, Giorgio, 35, 56, 57
Alessandro I, 98
Apollodoro di Damasco, 40
Apollonio, 9
Archimede di Siracusa, 9, 44, 48, 49, 56, 58
Archita di Taranto, 49
Aristotele, 9, 16, 20, 42, 51, 111, 228
Arkwright, Richard, 76, 78
Arnoff, Leonard E., 247
Atlee, Clement, 210
Augusto, 41
Babbage, Charles, 109, 119, 122-130, 132, 171, 172, 179, 223, 261
Bacon, Francis (Bacone), 9, 10, 54, 55, 67
Barth, Carl G., 182
Bauer, Georg, 35
Bayart, D., 201, 202
Becker, Richard, 201, 203
Bélidor, Bernard Forest de, 88, 91, 92
Bell, Alexander, 150
Benedetto da Norcia, 14
Bennett, S., 233
Bentham, Samuel, 139, 140
Beretta da Gardone,Mastro Bartolomeo, 264
Bernoulli, Daniel, 89, 120
Betancourt, Agustín, 97
Biddel Airy, George, 229
Bigelow, Julian H., 234, 239
Bismarck, Otto, 153
Bissel, Ch.,234
Black, Harold S., 231
Blackett, Patrick, 208, 210
Blanc, Honoré, 145
Bode, Hendrick W., 231, 245
Bogdanov, vedi Malinovskij
Borda, Jean Charles, 69, 70, 73, 90, 92, 94
Boulton, Mattew, 96, 98, 135, 136, 138, 139, 172, 187
Bourbaki, Nicholas, 200
Boyle, Robert, 55
Bramah, Joseph, 139, 140
Branca, Giovanni, 70
Breton, Ph., 228

Brioschi, Francesco, 159
Brouwer, Luitzen E.J., 196
Brunel, Marc Isambard, 139, 140, 148
Brunelleschi, Filippo, 44
Burbidge, John L., 260
Bush, Vannevar, 210, 211
Byron, Ada, 124, 125
Carlo I, 65
Carnegie, Andrew, 181
Carnet, Sadi, 72, 92, 94
Carnot, Lazare, 91, 92, 94
Carson, John R., 231
Cartesio, 53, 87
Cartwright, Edward, 76
Carus-Wilson, E.M., 22
Cauchy, Augustin-Louis, 95
Cesare, 41
Chandler, Alfred D., 172
Chaplin, Charles, 185
Cheysson, Émile, 164, 166, 167, 200
Churchill, Winston, 210
Churchman C. West, 247
Clement, Joseph, 124, 139
Colbert, Jean Baptiste, 36, 84, 87
Collbohm, Frank, 245
Colombo, Cristoforo, 17, 64
Colt, Samuel, 142
Condorcet, Marchese di, 97, 104, 105
Cooke, William F., 150
Copernico, 53, 89
Cort, Henry, 136
Costantino, 20, 40
Coulomb, Charles-Augustin, 91, 92, 94, 118, 119, 120, 122-127, 130, 223, 261
Courtois, Charlemagne, 162
Cremona, Luigi, 159
Crépel, P., 201, 202
Crompton, Samuel, 78
Crookall, J.R., 259
Ctesibio, 49, 50, 59
D'Alembert, Jean-B. Le Rond, 97
D'Ancona, Umberto, 197
D'Aubuisson, Jean-François, 92
Dangon, Claude, 76

Dantzig, George, 110, 211, 212, 213-215, 217, 219, 220, 222, 226, 256
Darwin, Charles, 171, 204
Dawson, C. S., 194
de Colmar, Charles-Xavier Thomas, 108
de Gribeauval, Jean-Baptiste Vaquette, 145
de la Goupillière, Haton, 166
de Prony, Gaspard Riche, 106, 108, 109, 123, 124, 126, 127
de Saint-Simon, C.H., 155
Deming, Edwards W., 188
Depuit, Jules, 105, 130
Desaguliers, Jean Theophile, 91
Descartes, René, 53
Dickinson, H.W., 70
Diderot, Denis, 67, 86
Dupin, Charles, 156
Dupuit, Jules, 162
Edison, Thomas Alva, 149
Eginardo, 41
Eiffel, Alexandre Gustave, 153
Einstein, Albert, 195, 196, 230, 238
Elisabetta I, 54
Erodoto, 42
Erone di Alessandria, 9, 50
Euclide, 9, 44
Euler, Leonhard, 89, 90, 92
Faulhaber, Johann, 53
Fayol, Henri, 172-178, 185, 186, 246, 256
Federico I Barbarossa, 15
Federico II, 15
Ferchault de Réamur, René-Antoine, 88
Fermi, Enrico, 211
Ferraris, Galileo, 159
Fibonacci (Leonardo da Pisa), 15, 18
Filippo II, 64
Filone di Bisanzio, 49
Fisher, Ronald, 200, 201
Follet, Mary Parker, 186
Fontana, Domenico, 118

Forbes, 136
Ford, Henry, 184
Ford, Lester R., 247
Forrester, Jay W., 239, 243, 254
Francesco di Giorgio Martino, 17, 45, 46
Friedmann, G., 60
Fry, Thornton C., 202
Fulkerson, Delbert Ray, 247
Galileo Galilei, 50-54, 57, 59, 60, 89, 91, 196
Galton, Francis, 200, 203
Gannt, Henry, 182, 186, 189, 191, 256
García Diego, J.A., 98
Geiringer, Hilda, 202
Gerovitch, S., 255
Giacomo I, 54, 55
Gilbert, K.R., 138
Gilbreth, Frank, 186
Gilbreth, Lilian M., 186
Gille, Bertrand, 48
Gimpel, J., 20
Gioia, Melchiorre, 127
Giordano Bruno, 53
Giustiniano, 14
Gloveli, T., 205
Gödel, Kurt, 195, 196
Gosset, William, 201
Granafei, Donato, 121
Guglielmo il Conquistatore, 15, 153
Guidobaldo del Monte, 47, 51, 56, 57
Halsey, Frederick A., 179
Hargreaves, James, 76, 78
Heisenberg, Werner, 195
Herschel, John, 123
Hilbert, David, 195, 199, 202
Hitchcock, Frank, 210, 221
Hitler, Adolph, 208, 226, 253
Hollerith, Hermann, 227
Holt, Charles C., 247
Hoover, Herbert C., 24, 184, 185
Huard, Charles-Lucien, 172
Hughes, Th., 239, 240, 242-244
Hume, David, 104
Hurwitz, Adolf, 230
Huygens, Christian, 52, 59, 60, 70
Isnard, Achylle-Nicolas, 105
Israel, G., 199, 200
Jacopo de Strada, 21

Jacquard, Marie, 76
Jaikumar, R., 264, 265
James de Saint-Georges, 35, 44
James, Hubert M., 234
Jefferson, Thomas, 144
Jenkin, 229
Johnson, Lyndon, 254
Kanigel, R, 223
Kantorovich, Leonid, 205, 206, 207, 214
Kay, John, 76
Kein, Judy, 233
Kelley, J.E., 247
Kellogg, James, 191
Kennedy, John F., 245, 254
Kepler, Johannes, 89
Khinchin, Aleksandr Y., 202
Kimball, George E., 246
Klein, Felix, 199, 202, 247
Kolmogorov, Andrei, 204
Koopmans, Tjalling, 209, 210, 213-216, 221
Koyré, A., 9, 20, 48, 53, 68, 228
Kuhn, Thomas, 251
Kyeser Konrad, 16, 44
Lacroix, Sylvestre François, 123
Lagrange, Joseph-Louis, 90
Landes, D.S., 25, 77, 79, 147
Laplace, Pierre Simon, 90, 95
Launhardt, Wilhelm, 163, 164
Lavoisier, Antoine-Laurent, 90
Le Chatelier, Henri, 203
Le Rond D'Alembert, Jean-Baptiste, 67, 90
Legendre, Adrien Marie, 108
Leibniz, Gottfried, 89, 90, 124
Leon Battista Alberti, 47, 58
Leonardo da Vinci, 31, 44, 45, 46, 47, 74, 76
Leontief, Wassily, 212, 217, 219, 249
Lepschy, A., 50
Lewis, 191
Linderman, Robert, 181, 189
Liverani, M., 7
Lorentz, Hendrick Antoon, 198
Lotka, Alfred J., 196

Louvois, Marchese di, 84
Lucertini, M., 264, 267
Ludd, Ned, 78
Luigi XIV, 36, 65, 83, 84, 85
Luigi XV, 86
Luigi XVI, 97, 165
Malinovskij, Aleksandr, A., 205, 250, 262
Manuzio, Aldo, 17, 35
Marco Vitruvio Pollione, 40
Marconi, Guglielmo, 150
Mariano Daniello di Jacopo, 44
Marshall, Alfred, 129, 171, 172
Marshall, Mary Paley, 171
Marx, Karl, 79, 112, 129, 172, 185
Maxwell, 229
Maudslay, Henry, 132, 133, 138-141
Mayo, Elton, 186, 261
McGregor, Douglas M., 187
McNamara, Robert, 254
Menabrea, Luigi, 125
Miguel de Cervantes, 65
Miller, 260
Minorsky, Nicholas, 233
Molina, Edward C., 202
Monge, Gaspard, 88, 94, 95, 96, 97, 100, 101, 118, 119, 122, 130, 156
Montesquieu, 90
Morgenstern, Oskar, 196, 211
Morse, Philip M., 211, 246
Mstislavskij, 206
Mussolini, Benito, 207
Musson, A.E., 94
Napier, John, 124
Napoleone, 83, 105
Nash, John, 214
Nasmyth, James, 139, 141, 143, 145, 172
Navier, Claude, 162
Nelson, D., 178, 184, 189
Newcomen, Thomas, 69, 71, 73
Newton, Isaac, 51, 89, 90, 195
Neyman, Jerzy, 211, 212
Nichols, Nathaniel B., 234
North, Simeon, 142
Nyquist, Harry, 231
Ohno, Taiichi, 188

Olivier, Théodore, 156
Omero, 42
Oppenheimer, Robert, 238
Ouchi, William G., 187
Pacioli, Luca, 47
Pambour, F.-M., 92
Papin, Denis, 70
Pareto, Vilfredo, 207
Pascal, Blaise, 108, 124
Pasteur, Louis, 151
Patterson, R., 74
Paul, Lewis, 76, 78
Payen, Anselme, 122
Peacock, George, 123
Pearson, Egon, 201, 203, 204, 211
Pearson, Karl, 200, 201
Pedro Juan de Lastanosa, 64
Périer, 96
Perronet, Jean-Rodolphe, 87, 95, 106, 123, 127, 128
Petty, William, 103
Phillips, Ralph S., 234
Pico della Mirandola, 17
Pigafetta, Filippo, 57
Pirelli, 160
Platone, 9, 42, 51, 111
Plaut, Hubert, 201
Plutarco, 56
Polo, Marco 16, 18
Poncelet, Jean Vicor, 92, 94, 156
Provine, W.I., 203
Ramelli, Agostino, 47, 57
Ramo, Simon, 244, 245, 254, 255
Rankine, William J., 151, 152
Réamur, 106
Ricci, Matteo, 18
Riccioli, 59
Rider, R., 246
Roberto Grossatesta, 16
Robida, Albert, 172
Robinson, 94
Roosvelt, Franklin, 237
Root, Elisha, 142
Runge, Carl, 202
Runge, Iris, 201, 202
Sakarovitch, J., 148
Salmoiraghi, 160
Salvati, M., 110
San Bernardo, 15
Sapolsky, H., 247
Savery, Thomas, 69, 71, 73
Schewhart, W., 201

Schmidt, 260
Schreiver, Bernard, 245, 254
Schumpeter, Josef A., 5, 79
Sennacherib, 4
Senofonte, 111
Sesto Giulio Frontino, 40
Shannon, Claude, 256
Shewhart, 203
Siemens, Werner, 183
Simon, Herbert, 247, 256, 261
Singer, C., 2, 20
Singer, Isaac H., 149
Slater, Samuel, 148
Sloan, Alfred, 188
Smeaton, John, 69, 70, 71, 73, 74, 90, 136
Smith, Adam, 104, 106, 108, 109, 110, 112, 113, 123, 126, 171, 187
Somerset, Edward, 70
Sperry, Elmer, 231
Stalin, 206, 215, 253
Stephenson, George, 136, 150
Stevin, Simon, 52, 68
Stigler, George J., 211, 221
Stodola, Aurel Boleslav, 230, 231
Strabone, 19
Taccola Brunelleschi, 16, 44
Tartaglia Nicolò, 52, 53
Taylor, Frederick W., 172, 173, 177, 178-182, 184, 185, 187-189, 191, 203, 223, 224, 246, 256, 261
Telford, Thomas, 155
Teller, Edward, 211, 238
Telmon, D., 264, 267
Teofilo, 14
Thurston, Robert H., 177
Tucidide, 42
Tolstoj, A.N., 205
Tommaso d'Aquino, 16
Towne, Henry R., 179
Traiano, 40
Tullio Levi Civita, 196
Tustin, Arnold, 249
Ulam, Stanislaw, 238
Urmantsev, Y., 205
Urwick, Lyndall F., 186
Valley, Georges E., 241
van der Mark, J., 198, 199
van der Pol, Balthazar, 198, 199, 203
Vauban, Sébastien Le

Prestre de, 84, 85, 88, 117, 223, 224
Vaucanson, Jacques de, 76, 86, 88, 138
Veblen, Thorstein, 184
Veinott, 256
Vernadsky, Vladimir, 204
Vespasiano, 20
Viaro, 50
Villard de Honnecurt, 16, 35, 43, 44
Vitruvio, 9, 16, 41, 44, 48
Volterra, Vito, 196, 197, 203, 204
von Bertalanffy, Ludwig, 250, 251
von Humboldt, Wilhelm, 157
von Kárman, Theodor, 240
von Mises, Richard, 202
von Neumann, John, 196, 197, 211, 213, 217, 236, 238-241, 245, 261
Vyshnegradsky, Ivan Alekseevich, 229, 230
Wald, Abraham, 211
Wallis, John, 94
Walras, Léon, 163, 166, 167, 203, 207
Watt, James, 69, 73, 74, 96, 98, 106, 120, 135, 136, 138, 139, 187, 228, 230
Weaver, Warren, 233, 256
Weber, Max, 185
Welden, Joseph, 191
Wharton, Joseph, 181, 189
Wheatstone, Charles, 150
Wherewell, William, 151
White, Mansuel, 180
Whitney, Eli, 142
Whitworth, Joseph, 125, 139-141, 143
Wiener, Norbert, 234, 236, 241, 248, 255, 249
Wiesner, Jerome, 245
Wigner, Eugene, 200
Wilkinson, John, 135, 138-140, 148
Winsor, Frederic A., 150
Wood, Marshall K., 212, 213, 217, 219
Woodward, Joan, 262
Wooldridge, Dean, 244, 245
Wyatt, John, 78
Yastremskij, 207
Zeitlin, J., 235
Zuse, Konrad, 239